中小型景观工程实例详解

——方案及施工图设计

王强　李志猛　编著

U0238709

中国水利水电出版社
www.waterpub.com.cn

内 容 提 要

若想完成一个优秀的园林景观设计作品,方案设计、施工图设计、施工过程三者缺一不可,尤其是施工图设计,其在景观园林建设过程中起着非常重要的承上启下作用。本书搜集了一些近年来的中小型园林景观工程典型实例,较全面地呈现了设计方案和施工图纸,使读者能够详细了解他们之间的关系、借鉴施工图设计方法。实例包括某街头绿地景观设计、某居住区景观设计、某行政办公楼景观设计方案、济南园博园景观设计、某古村落景观设计方案等。

本书适用于园林景观设计师、景观工程施工及管理人员,也可作为景观设计、环境设计、建筑设计等专业的院校师生教学辅助用书。

图书在版编目(C I P)数据

中小型景观工程实例详解 : 方案及施工图设计 / 王强, 李志猛编著. -- 北京 : 中国水利水电出版社,
2013.5(2023.2重印)
  ISBN 978-7-5170-0877-4

  Ⅰ. ①中… Ⅱ. ①王… ②李… Ⅲ. ①景观设计
Ⅳ. ①TU986.2

中国版本图书馆CIP数据核字(2013)第103116号

书　　名	中小型景观工程实例详解——方案及施工图设计
作　　者	王　强　李志猛　编著
出版发行	中国水利水电出版社
	(北京市海淀区玉渊潭南路1号D座　100038)
	网址:www.waterpub.com.cn
	E-mail:sales@mwr.gov.cn
	电话:(010)68545888(营销中心)
经　　售	北京科水图书销售有限公司
	电话:(010)68545874、63202643
	全国各地新华书店和相关出版物销售网点
排　　版	北京时代澄宇科技有限公司
印　　刷	天津嘉恒印务有限公司
规　　格	285mm×210mm　横16开　27.5印张　660千字
版　　次	2013年5月第1版　2023年2月第3次印刷
印　　数	5001—7000册
定　　价	**88.00**元

　　景观园林是一门艺术和技术高度结合的专业,方案设计和工程实践存在着密切而又复杂的关系,实际施工的过程中会面临很多易变的、不确定的因素,这些因素处理得好,可为设计作品锦上添花,否则也有可能会让设计成为败笔。

　　作为景观园林专业的从业人员,长期以来,大家的注意力往往比较多地集中在方案的前期规划设计上,很多业内的竞赛比赛项目或者项目设计方案的招投标,都是根据方案设计图纸来评价,评价优劣,所以对设计人员来说,一旦方案确定,就会觉得设计已经成功了大半,而很少再有人去关注检验设计方案实施完成之后的实际效果。但事实上,业界一直有这种说法:"三分设计,七分施工",有经验的专业人士都知道成就一件好的景观设计作品,方案设计、施工图设计、施工过程三者缺一不可,都要做好,而且设计和施工细节起着举足轻重的关键作用。

　　要指出的是,施工图设计在景观园林建设过程中起着非常重要的承上启下的作用,是工程设计和施工之间的桥梁和纽带。作为施工图设计师,一方面要能深入解读设计方案的设计风格、主题构思、尺度布局,只有这样才能在施工图设计中合理充分地表达出方案设计的本意,甚至使之更加完善;另一方面施工图设计师要有相当的工程技术知识甚至是工程施工经验,这决定着设计方案的可操作性,决定着施工技术人员可以充分以施工图为依据来进行工程施工,建造出精美的景观工程作品。这里面包含这样几个方面的内容:一是对相关工程施工技术规范的了解和掌握;二是对景观园林施工工序的了解和掌握;三是对常见工程施工材料的了解和掌握;四是对工程造价预算等知识的了解和掌握。诚然,由于景观园林工程涉及面广,专业知识交叉繁杂,对于施工图设计师来说,要有一个较长的学习成长时间和过程。

　　本书搜集了一些近年来的景观园林设计案例,试图较全面地呈现这些案例的设计方案和施工图纸,使读者能够更方便地了解和认识景观园林设计方案与施工图之间的关系,能够为从业人员提供一些有益的借鉴和参考。

　　由于图幅等原因所限,书中所列案例的施工图仅为部分主要的设计图纸内容,不足之处,敬请批评指正!
　　本书方案效果图主要由耿佳佳等绘制,在此表示感谢!

编者

2013 年 4 月

目 录

第一部分

景观设计方案

某街头绿地景观设计方案

方案设计：王强　　施工图设计：李志猛

设计概况

　　本方案为济南某街头绿地景观设计方案。设计充分考虑了设计场地及周边环境的尺度和车流人流等具体情况，硬景材质和色彩体现了现代景观简洁大方的风格。左图方案中景墙和铺装使用灰色石材为基本色调，配以红色钢板围合的种植池，条状黑色光面石材点缀地面，结合高低错落的景墙，形成色彩鲜明、视觉效果强烈的街头景观效果。右图方案则采用弧形廊架和小景墙划分空间，为街头行人创造出闹中取静的一方天地。

　　本方案施工图设计详见本书 27～70 页。

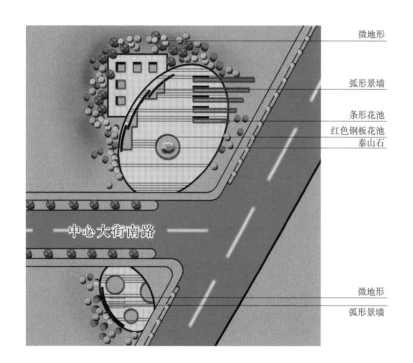

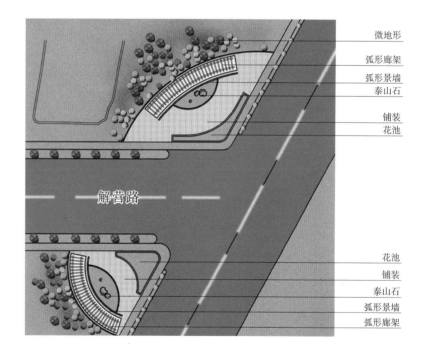

居住区 A 景观设计方案

方案设计：王强　陈春燕　施工图设计：于涛

设计概况

本方案为某小区景观设计方案，设计主题为："梅兰竹菊香满园，琴棋书画润万家"。

景观空间结构——"一轴、二带"。一轴就是由入口出发的南北向主要景观轴；二带则是指东西向两条景观带。

景观文化元素——引入中国传统文化的人生四韵"琴、棋、书、画"的概念。中国传统文化与"琴、棋、书、画"的关系，可以追溯到两千多年前孔子所倡导并为儒家所尊奉的六艺，即"礼、乐、射、御、书、数"。经过数千年的积淀和演进，"琴、棋、书、画"逐渐成为六艺的精简和提炼，成为中国传统文化的精髓。以"琴、棋、书、画"为理念规划具有中国文化底蕴的小区景观。

景观植物元素——以梅、兰、竹、菊四君子为植物元素，带有浓厚的中国文化元素基调。植被设计在符合车库顶面覆土要求的前提下，尽量做到乔灌草的搭配，满足观花、闻香等审美需求。

本方案施工图设计详见本书 71～108 页。

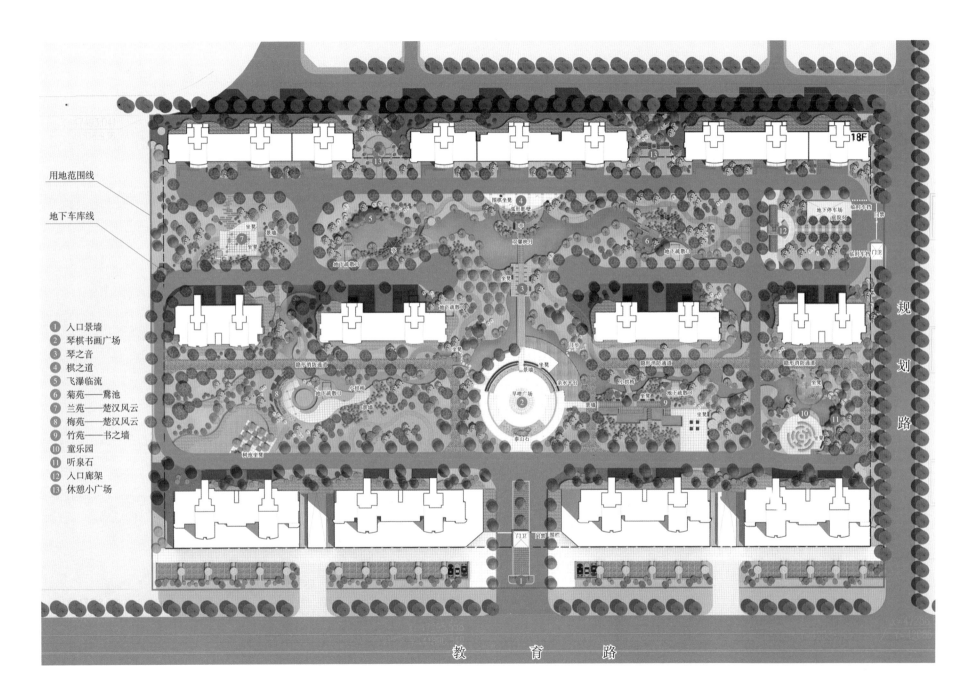

用地范围线

地下车库线

① 入口景墙
② 琴棋书画广场
③ 琴之音
④ 棋之道
⑤ 飞瀑临流
⑥ 菊苑——鸳池
⑦ 兰苑——楚汉风云
⑧ 梅苑——楚汉风云
⑨ 竹苑——书之墙
⑩ 童乐园
⑪ 听泉石
⑫ 入口廊架
⑬ 休憩小广场

规 划 路

教 育 路

某行政办公楼景观设计方案

方案设计：王强　魏云鹤　施工图设计：于涛　王强

设计概况

　　本方案为某单位行政办公楼景观设计方案。设计中强调景观的整体性以及景观与建筑的统一布局和协调问题，充分考虑了设计场地及周边环境的尺度和交通流线等情况，重点处理了景观材质、色彩、形态、景观与环境的关系等设计因素的对比统一关系。中心建筑为规整的方形，景观则以圆形为构图要素，形成方圆的对比统一；硬景材质和色彩体现了现代景观简洁大方的风格；中心建筑前的广场上设有圆形喷泉水池景观以及中心雕塑，雕塑采用六面体及圆形构图元素，寓意方圆合一；白色不锈钢框架和金色字形成了质感的对比，营造出行政办公环境景观特有的庄重大方的氛围。

　　本方案施工图设计详见本书 109～155 页。

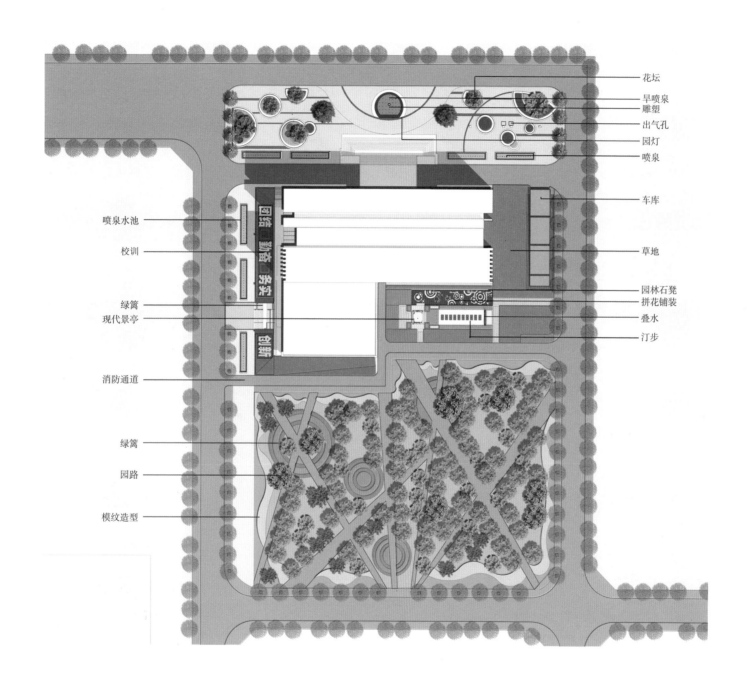

花坛

旱喷泉

雕塑

出气孔

园灯

喷泉

车库

草地

园林石凳

拼花铺装

叠水

汀步

喷泉水池

校训

绿篱

现代景亭

消防通道

绿篱

园路

模纹造型

团结 勤奋 务实 创新

济南园博园景观设计方案

方案设计：王强　　施工图设计：李志猛

设计概况

本方案为第七届中国济南国际园林花卉博览会德州园景观设计方案。德州展园位于园博园中央湖西侧的齐鲁园北部，南邻务子河，背靠"落霞园"，总占地面积约2000余平方米。德州市既具有悠久的历史文化积淀，又是新兴的太阳城，因此德州展园的设计主题定位为太阳之城，重点表现德州新时期的社会经济文化发展面貌。设计通过院落式空间组合手法，有机地将入口主题广场、下沉空间、弧形太阳能玻璃柱廊、浮雕景墙等景观要素进行串联，形成典型的园中园总体布局，使德州展园与齐鲁园整体景观空间既相对分割，又相互联系。同时设计在构图上以方形作为母题表现元素，并复合45度斜线及弧线，形成规整灵活的平面布局，充分融入了空间收放、框景、对景、高差变化等造景手法。

德州展园的入口广场采用对称式布局，主入口两侧栽植两株体现德州特色的百年枣树。沿台阶而上是主题雕塑广场，命名为"太阳之城"雕塑，位于全园中轴线之上，其造型兼具传统与现代风格，并以德州深厚的历史文化内涵为基础，结合太阳的抽象造型体现出太阳之城的核心主题。

德州展园的另一主要景观是太阳能科技展廊。该展廊采用钢架、玻璃、单晶硅太阳能电池片等现代材料，同时结合了太阳能光伏发电、风力发电等高科技环保发电技术，形成了一个既具有园林景观功能，又能展示现代可持续发展理念的景观小品，充分表达了太阳之城的主题理念。

另外，德州展园还布置有特色展台、浮雕景墙、木质铺装广场、种植池、菊花台等景观设施，形成了主题鲜明、变化丰富的园林空间。在植物配植上，德州展园以枣树和菊花为主题景观植物，突出德州的城市特色，同时结合植物造景和空间塑造合理搭配其他园林景观树种，形成了配植合理、色彩丰富、主题突出的植物景观特色。

本方案施工设计图详见本书157～202页。

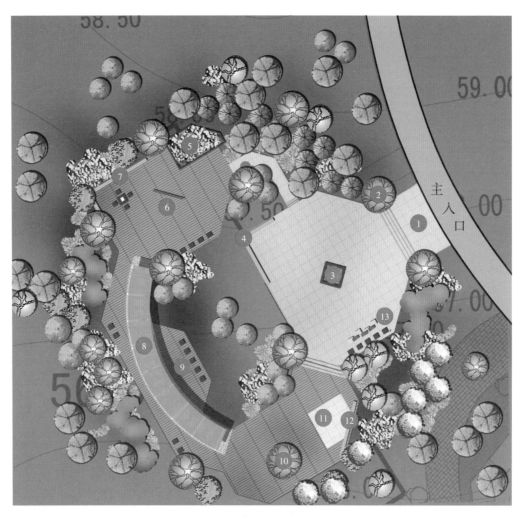

①	主入口
②	古枣树
③	太阳之城雕塑
④	历史文化景墙
⑤	种植池
⑥	太阳树剪影墙
⑦	浮雕影墙
⑧	太阳能发电廊架
⑨	木质平台
⑩	树池
⑪	太阳历地刻
⑫	太阳浮雕景墙
⑬	特色展台

居住区 B 景观设计方案

方案设计：刘棋　李志猛　施工图设计：李志猛

设计概况

　　设计现状以坡地为主,高差起伏极大,所以运用场地是本方案的重点。首先在景观结构层次上以中庭景观为视觉中心,起伏的坡地为视线的引导,以此来达到景观层次的丰富性,在景观风格定位上,通过对建筑外立面的解读和地形高差的仔细推敲,发现高低起伏的地形和中国古典园林模山范水的造景手法有很多共同特点。中国古典园林对空间的把握是极其精炼的,通过对景、障景等手法使空间层次极其丰富。本设计就是在这一基础之上对中式元素加以提炼,使空间丰富但不沉闷。主入口的设计用水体和大门相结合,使局促的空间开敞了许多,再通过曲折的踏步营造了三处景观,使人能够三次停留,这样可以减轻人们的疲劳感,小空间的营造使人们拥有自家院落的感觉;经过一段迂回的台阶之后迎面而来的就是逐级跌水,宽阔的水面使视线瞬间开敞,这样大开大合的景观面使人的行走路线充满趣味。逐级抬升的踏步缓缓地到达中庭景观区,这一区域以一个能供人休息停留的景观亭为开始,既是逐级台阶的一个结束,也是主入口的一个视觉聚集点,景观亭和小溪给人们提供了一处安静的游玩场所。在运动设施的位置选择上充分考虑住户的私密性和幼儿的安全性。园区景观坡地处理上以台地景观为主,坡地景观为辅,台地景观可以营造出休息和交流的空间,可以弥补因园区地形而造成的空间不足。

　　本方案施工设计图详见本书 203～330 页。

某古村落景观设计方案

方案设计:刘美凤　李志猛　施工图设计:李志猛

设计概况

"天下有泉城,泉城有水乡,水乡在书院"——这是一次从泉水开始的朝圣。

"一条千年文化展示与传承的山水画廊"——泉文化、水文化与渠文化。

"建筑风格的追溯与保留"——古朴的、富有质感的石屋,组成古朴的、富有质感的山间村落,点缀在虽不雄奇但却秀美的山峦之间。

"自然生态景观的梳理"——对原生态的保留,见证着一座城市的人文传承和对城市风貌的精心呵护。

"一道古朴、自然、返璞归真的绿色风景线"——来到这里,会唤起人们心中对巡礼者的情愫。

本方案施工设计图详见 331～435 页。

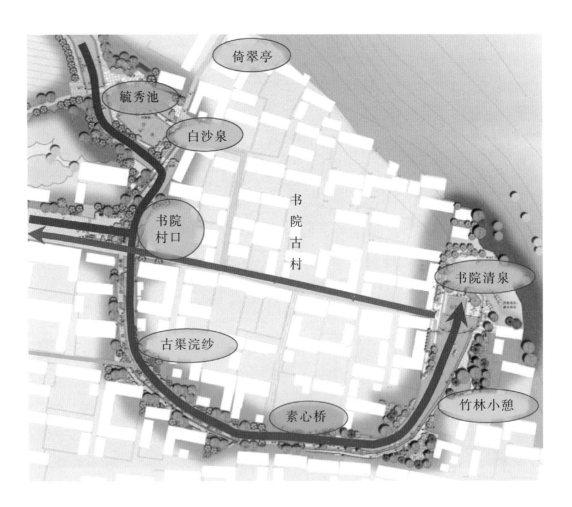

书院村口为书院村的主入口,根据现场设计台地景观,将入口景观区与现有道路进行空间划分。入口设计旅游区标识,标识形式结合书院村主题设计成一本厚重的石书,与书院主题相呼应。石书展开在草坪与花朵的簇拥中,以观姿植被为点缀,结合小造型自然石,形成入口景观小组景。石书雕刻内容为书院古村简介与景点介绍。在入口空间北侧设计旅游景点分布图与简介,靠近草坪位置,设计休息坐凳与垃圾箱等公共设施。设计充分考虑到村民心理与景观布局的结合,寻找两者的契合点,将景区入口的背景墙与住宅的影背墙合二为一,重新修建与整体景观风格相一致的景观墙。景墙以青砖贴面,镶嵌文人墨客的诗词,成为整个古村入口的影背墙,运用园林造景中的"藏景"手法,使古朴的石屋藏于入口之内,影影绰绰,更加吸引游人有想一览书院村的意愿。

台地景观与村中道路之间,通过植被进行分隔,通过台阶进行过渡,将两者有机地联系起来,边缘处理似断非断,符合游人的行走心理。村中沿渠的道路设计,整体风格古朴自然,靠近水渠边缘的小道以青石板铺装地面,结合现场保留的树木,形成一种随水渠转折而铺设的人行园路。在空间较窄的地方,设置台阶,人们可以直接走到渠面上来,更有一番探险挑战的意味。

白沙泉为书院村景区的一个重要节点,常年泉水不断,清澈见底,水温适宜。设计方案中对现有建筑物进行改造,将原本破坏整体景观的院墙转变为"泉"景壁刻,借景造景,既提升了整体环境,又节省了空间,使竖向景观也更加丰富,泉水主题更加明显。泉眼位置原来的形状为一与地面相平的四方形,考虑到古村统一的韵律,将泉眼重新塑造,用石块砌筑一自然井台,与古村整体风格相一致,对水源也起到一定的保护作用。

　　在泉眼西侧有水面很大的水池,将其设计为毓秀池,寓意水景秀美雅致,水池周边打破现有的直线水泥式的造型,采用古村中的自然石护岸,传达返璞归真的意念。毓秀池由几个池子组成,在池与池之间,打破现有路面,设计水流小瀑布将两个池塘连接起来,由水位落差造成的小型跌水瀑布使毓秀池中的水流动起来。在面积较大的水面,则设计有水车景观。人们游览古村,亲近水源,本性中就会有一种很强烈的与水接触的愿望,而在这里,就是人们可以参与到水的活动中来的地方。人们可以自行转动水车,使水流提升,水流又从高空落入毓秀池,整个过程都将给游人带来美好的回忆。

　　白沙泉的东北方向为山体景观,有陡峭的山路连接,山中有一处平地,在此处可俯瞰书院全景。设计借助这一优势,在此设计景观亭,主题为"倚翠亭"(出自明代于慎行的《雨中东流泉上合朱可大》:"风雨鸣丹谷,林亭倚翠岑"),成为鸟瞰书院村的一个景观节点。

书院泉透视

天池山

第二部分

施工图设计

某街头绿地景观施工图设计

	图纸一览表		
编号	图纸标题	图纸编号	备注
1-概况部分			
1	图纸封面	LN-0.00	
2	设计说明	LN-0.01	
3	图纸目录	LN-0.02	
2-详图部分			
4	解营路北侧节点	LD-1.00	
5	解营路南侧节点	LD-1.01	
6	中心大街南路北侧节点	LD-1.02	
7	中心大街南路南侧节点	LD-1.03	
8	解营路北侧节点尺寸网格定位	LD-1.04	
9	解营路南侧节点尺寸网格定位	LD-1.05	
10	中心大街南路北侧节点尺寸网格定位	LD-1.06	
11	中心大街南路南侧节点尺寸网格定位	LD-1.07	
12	解营路北侧节点铺装	LD-1.08	
13	解营路南侧节点铺装	LD-1.09	
14	中心大街南路北侧节点铺装	LD-1.10	
15	中心大街南路南侧节点铺装	LD-1.11	
3-通用部分			
16	路沿石种植池	LT-0.01	
17	标准园路做法	LT-0.02	
18	标准节点做法	LT-1.03	
19	景观墙详图	LT-0.04	
20	弧形廊架	LT-0.05	
21	弧形廊架详图	LT-0.06	
22	弧形廊架结构图	LT-0.07	

	图纸一览表		
编号	图纸标题	图纸编号	备注
4-植物部分			
23	植物种植设计说明	LG-0.00	
24	解营路北侧节点植物种植	LG-0.01	
25	解营路南侧节点植物种植	LG-0.02	
26	中心大街南路北侧节点植物种植	LG-0.03	
27	中心大街南路南侧节点植物种植	LG-0.04	
5-水电部分			
28	电气设计说明	LE-0.00	
29	电气设计说明二	LE-0.01	
30	解营路北侧照明平面	LE-0.02	
31	解营路南侧照明平面	LE-0.03	
32	中心大街南路北侧照明平面	LE-0.04	
33	中心大街南路南侧照明平面	LE-0.05	

街头绿地-图纸目录-T01

景观工程设计总说明一

一、项目概况
1.项目名称：崔寨解营路、中心大街路口景观绿化
2.项目位置：山东济阳崔寨
3.建设单位：

二、设计依据
1.国家和地区现行各类设计规范、规定及标准。
2.已获甲方认可的景观规划设计方案及初步设计文件。
3.甲方与乙方签订的本工程设计合同。
4.甲方提供的总图及相关专业施工图设计资料。

三、设计内容及范围
园林景观施工图设计

四、设计技术说明
1.本工程总平面图设计标高采用黄海高程标高值；
2.本工程设计中如无特殊指明，标高以米（m）为单位，其余尺寸均以毫米（mm）为单位。
3.本工程设计中如无特殊指明，所示标高均为完成面标高；总平面图中定位、竖向与详图
　　有细小出入时，应以详图为准。
4.本工程设计中所注材料配合比除注明重量比外，其余均为体积比。
5.本工程各种材料做法标注顺序自上而下；垂直面上以施工先后次序注写；水平面上按实际的上下层次注写。

五、竖向设计
1.施工方应对整个设计范围内最终实施的地形、场地、路面及排水的最终效果负责。
　　施工方应于施工前对照相关专业施工图纸，粗略核实相应的场地标高，并将有疑问及与施工
　　现场相矛盾之处提醒设计师，以便在施工前解决此类问题。
2.对于车行道路面标高、道路断面设计、室外管线综合系统等均应参照建施总平面图的设计，
　　施工方应于施工前对照建施总平面图核实本工程竖向设计平面图中注明的竖向设计信息。
3.路面排水，场地排水，种植区排水，穿孔排水管线等的布置与设计均应与室外雨水系统
　　相连接，并应与建施总平面图密切配合使用。
4.本工程设计中如无特殊标明，竖向设计坡度均按下列坡度设计：
　　a.广场及庭院：如无特殊指明，坡向排水方向，坡度0.5%；
　　b.道路横坡：如无特殊指明，坡向路沿，坡度1.0%；
　　c.台阶及坡道的休息平台：如无特殊指明，坡向排水方向，坡度1.0%；
　　d.种植区：如无特殊指明，坡向排水方向，坡度2.0%；
　　e.排水明沟：如无特殊指明，坡向集水口，坡度1.0%；
5.所有地面排水，应从构筑物基座或建筑外墙面向外找坡最小2%。
6.施工前施工方应与甲方协调建筑出入口处的室内外高差关系，并知会设计师以便协调室外场地竖向关系；

六、室外工程材料及构造措施
1.道路及广场：
　　a.铺装广场面积大于100平方米时应设置伸缩缝，缝深至基层，缝宽10~20mm，
　　内嵌沥青油膏，上撒粗砂；广场基层每6m×6m应设置伸缩缝，缝宽10~20mm，
　　混凝土两侧荷载相差悬殊时，需设置沉降缝。

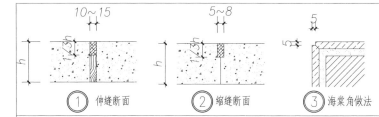

① 伸缩断面　　② 缩缝断面　　③ 海棠角做法

　　b.台阶或坡道平台与建筑外墙面之间须设变形缝，缝宽30mm。灌建筑嵌缝油膏，深50mm。
　　c.地面、墙面石材铺装留缝除特殊指明外均应≤2mm；地面铺地砖铺装留缝除特殊指明外
　　均应≤5mm；
　　d.铺贴材料尺寸基本按模数整砖施工；但在特殊情况下，小边角料宽度必须大于100mm，
　　小于100mm的用订做大尺寸整砖铺贴。

2.砌体工程：
　　a.砌筑材料及做法由单体设计注明。
　　b.一般砖砌体均为普通粘土砖，强度等级（标号）不低于MU7.5；围墙使用KP1型
　　承重型粘土空心砖，埋地部分用M5水泥砂浆砌筑，地上部分用M7.5混合砂浆砌筑。
　　c.围墙与花坛应设泄水孔，围墙每标段设一个，孔口尺寸120x140mm，做法
　　参照当地图集，单个花坛不少于2个，条形花坛每3M设一个泄水孔，孔口尺寸为120X60mm。
　　d.围墙及高度超过50cm的矮墙、园景墙应设防潮层，防潮层做法为20mm厚1：2.5水泥砂浆内掺
　　5%防水剂。
　　e.围墙长度超过50m时，以50m为准在砖砾部位设置伸缩缝，遇复杂地形时应设置变形缝。
　　f.各类墙面或柱子转角处花岗岩均采用5x5海棠角进行处理。
　　g.各类墙面或台阶压顶侧面须按下图进行处理：
3.台阶侧面均须进行石材贴面，石材进入种植土内不少于50mm。

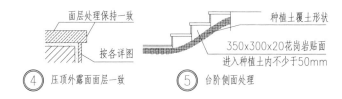

④ 压顶外露面面层一致　　⑤ 台阶侧面处理

4.除特殊说明外，所有有关设计细部、选材、饰面均须按园林建筑师指定做法完成。
5.为保证视觉景观效果的统一，所有位于广场及园林路面的井盖均应做双层井盖，面层做法应与周围铺装一致。
6.所有外露铁件表面漆处理方法如下：
　　a.钢结构采用Q235（即A3）钢材，钢材要求具有标准强度，伸长率、屈服强度
　　及硫、磷、碳含量的合格保证书，符合GB/T 700-2006结构钢技术条件。
　　b.所有铁件之间的连接采用满焊方式，电焊条选用E4315手工电弧焊条型号，所有
　　构件的焊缝高度均为6mm，焊缝长度见各大样。

街头绿地-设计总说明（1）-T02

景观工程设计总说明二

c.所有外露铁件，应于完成最终饰面之前，按照相关施工规范进行除锈、防锈处理。

7.所有木料均应采用直纹一级木料，其含水率不大于12%，须经过防腐处理后方可使用。

8.所有室外墙面所用之外墙涂料，均应具有防水、防污及适应当地气候条件的耐候性。

9.石材：

    a.图纸中弧形铺贴石材及压顶均需按弧形切割，异形石材需在厂家异形加工好才能运至现场进行施工。

    b.水景石材的铺贴均应采用低碱化水泥（要求三氧化硫含量不超过3.5%，碱含量不得超过0.6%）
      用防水水泥砂浆铺贴，铺贴完成后用同色大理石胶封闭所有接缝。

10.建筑小品：

    a.建筑小品中除单体设计注明做法外，其余钢结构部分由专业厂家提供施工方案。

    b.在地面层建筑小品的施工中，对原建筑结构的拆、破除部分要求不影响原结构
    的整体性、稳定性，不影响防水或按照结构设计师的解决方案。

    c.建筑中预埋件及预埋水管、电管应先预留，不得后凿，并对照水电图纸施工。

    d.建筑小品中外悬部分均应做滴水。

11.消防通道

    a.消防通道做法：

      （1）道路面层

      （2）30mm厚1:3干硬性水泥砂浆结合层

      （3）150mm厚C30混凝土垫层(内配ø8@150双层双向)，设分隔缝不大于2mX2m
        （钢筋需断开)，缝内嵌PVC防水油膏

      （4）200mm厚碎石垫层

      （5）素土回填夯实(具体厚度见竖向图)

    b.如遇到消防通道借用种植区域，则取消上说明做法中(1)，(2)，用种植土替代。

1.凡本设计采用的涉及到景观造型、色彩、质感、大小、尺寸、性能、安全等方面的
材料，除按本设计图纸要求外，均需报小样，经甲方及设计单位审核认可后方可采用。

七、施工要求

2.施工时应按图施工，如有改变，需征得设计单位同意；如替换材料及饰面，必须取得甲方及园林
建筑师的同意。

3.成品休闲椅、垃圾箱及儿童游乐设施等室外家具的选型，应根据园林建筑师的设计意向，结合整个
景观区域的风格，由甲方协同园林建筑师，最终选定相应的配套设施。

4.地下管线应在绿化施工前铺设，高功率灯具应距离植物≥1.0m。

八、本项目图纸文件编辑方式及图纸使用说明

    1.图纸编号及索引方法

LN—XX	概况部分		LW—XX	给排水部分
LP—XX	总图部分		LE—XX	照明部分
LD—XX	标准详图、特色景观		LG—XX	绿化部分
LT—XX	通用图		LF—XX	铺地详图

2.图纸使用说明

    a.本套图纸对设计范围内的景观内容及要求均作了较明确的表述，在施工过程中应依据相关
    施工规范和工艺要求，严格按照设计图纸效果进行施工。

    b.本工程所涉及非常规工程做法的部分，实施单位应与供货厂商协作提出施工方案及深化图纸。

    c.本工程范围内所涉及其它相关专业应积极配合达到设计效果，由于客观原因造成的图纸矛盾
    要及时与设计师联系，协商解决。施工过程中图中未及的消防、强弱电、给排水、智能化等专业，
    各类机电设备选型及定位等经设计师认可。

    d.本套图纸如用于招标，使用者对图纸有任何疑问须在图纸答疑阶段及时与设计师
    联系，协商解决。如无疑问，则视为完全了解图中的做法。本套图纸如用于施工，施工单位有
    责任和义务根据现场情况由驻现场设计师及机电工程师对图纸进行理解和完善，以期最大限度指导现场施工。

九、其他

    1.本设计的场地资料完全根据甲方提供的电子文件。由于甲方提供的电子文件与实际
    的现场存在可能的差异，所以施工队在进场后，应该立即进行尺寸核对工作，如果发现误差，
    立即将现场有关情况与图纸间的差异书面知会甲方和设计师。

    2.图中相对标高±0.000参照原建筑标高。

    3.各图纸中标高数字在道路、控制性标高中含路面结构或粉刷层，除单体设计注明外，
    余皆为结构完成面标高。

    4.当施工发现总图与大样图之间存在的做法和尺寸上的差异时，如果条件许可则以
    大样图的具体做法和尺寸为准，否则应书面通知设计师进行确认。

    5.图中未注明素土夯实夯实系数的均为≥93%(环刀取样)。

    6.图中未注明的混凝土强度等级除钢筋混凝土为C25外，其余均为C15。

    7.凡本说明未尽事宜，应按国家有关施工标准、规范、规程的规定严格执行。

图例：

FL	FLOOR LEVEL	TL	TOP OF PLANTER	TD	TOP OF DECK
	完成面标高		种植池顶标高		墙顶标高
PA	PLANTING AREA	TSW	TOP OF SEAT WALL	→	FALL TO DRAIN
	种植区		座墙顶标高		排向雨水管
TW	TOP OF WALL	E.V.A.	EMERGENCY VEHICULAR ACCESS	(P1)	PAVING DETAIL
	墙顶标高		消防车道		铺装详图
RL	ROAD LEVEL	TR	TOP OF RAILING		
	道路标高		柱顶标高		
TC	TOP OF KERB	WL	WATER LEVEL		
	路牙顶面标高		水面标高		
TS	TOP OF SOIL	BL	BOTTOM OF FOUNTAIN/POND/POOL		
	土壤面标高		水池底标高		
BP	BOTOM OF PLANTER	TT	TOP OF STEPS		
	种植池底标高		台阶标高		

街头绿地-设计总说明（2）-T03

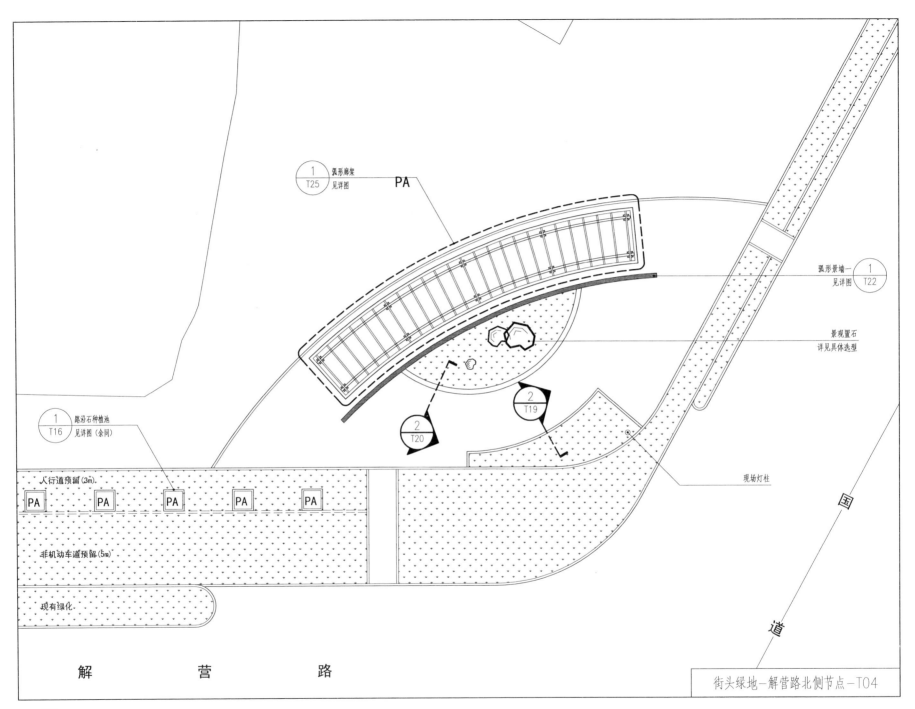

街头绿地–解营路北侧节点–T04

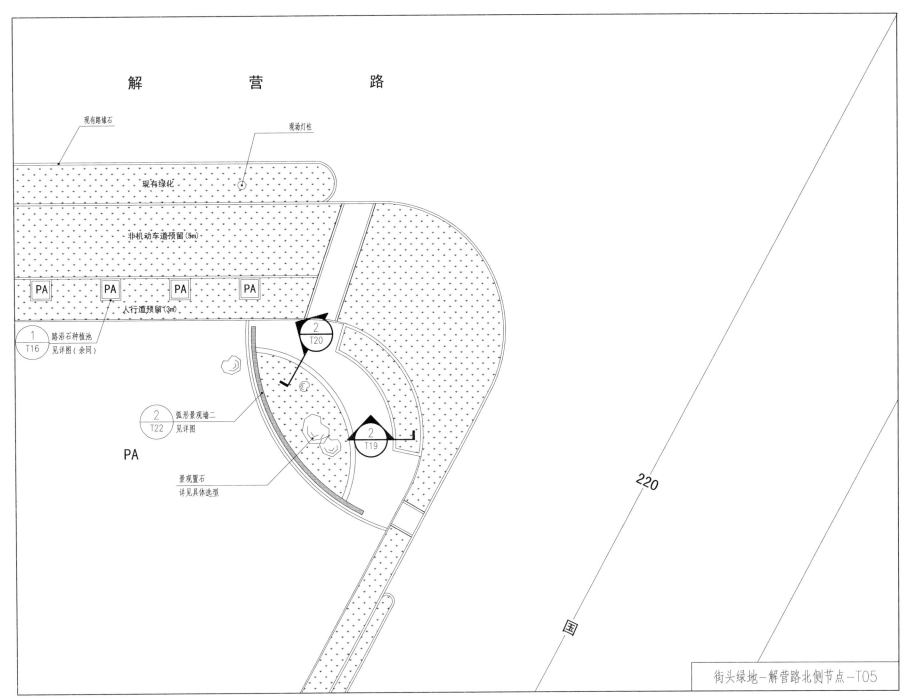

解　营　路

现有路缘石

现场灯柱

现有绿化

非机动车道预留(5m)

PA　PA　PA　PA

人行道预留(3m)

1
T16　路沿石种植池
见详图（余同）

2
T22　弧形景观墙二
见详图

PA

景观置石
详见具体选型

2
T20

2
T19

220

国

街头绿地–解营路北侧节点–T05

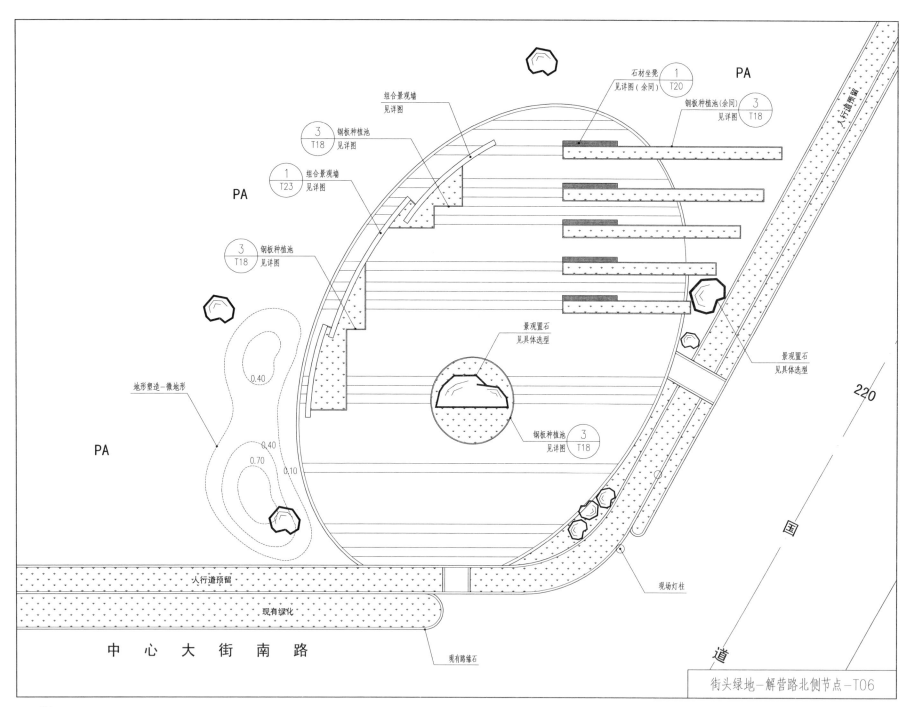

石材坐凳
见详图（余同）　①　T20

钢板种植池(余同)
见详图　③　T18

PA

组合景观墙
见详图

③　T18　钢板种植池
见详图

①　T23　组合景观墙
见详图

PA

③　T18　钢板种植池
见详图

景观置石
见具体选型

地形塑造-微地形

0.40

0.40

0.70

0.10

PA

景观置石
见具体选型

钢板种植池　③
见详图　T18

220

现场灯柱

国

道

人行道预留

现有绿化

现有路缘石

中 心 大 街 南 路

街头绿地-解营路北侧节点-T06

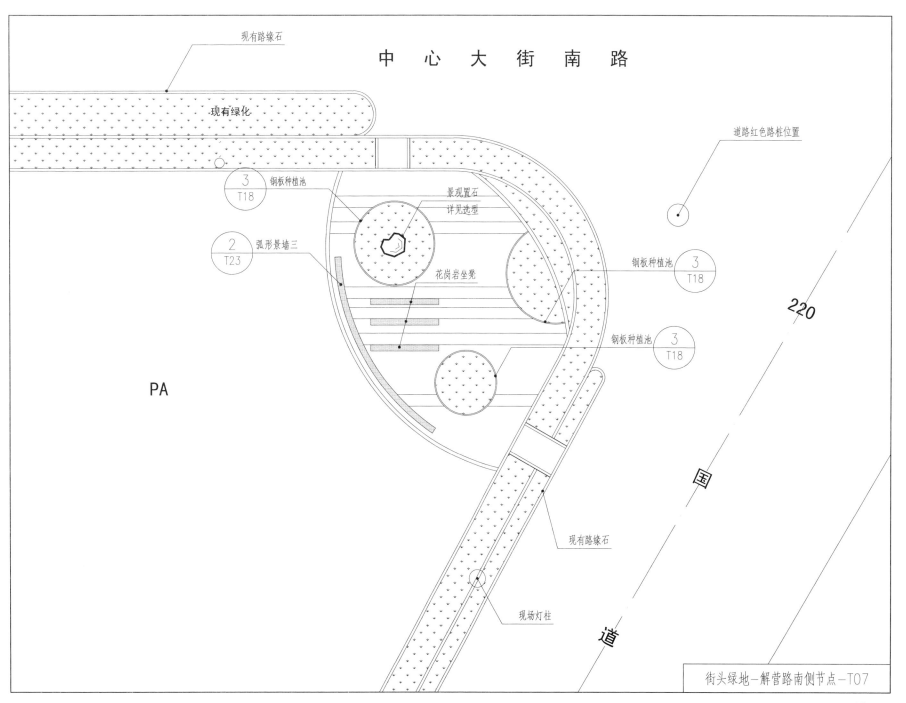

中 心 大 街 南 路

现有路缘石

现有绿化

道路红色路桩位置

③ T18 钢板种植池

景观置石
详见选型

② T23 弧形景墙三

钢板种植池 ③ T18

花岗岩坐凳

钢板种植池 ③ T18

PA

220

国

道

现有路缘石

现场灯柱

街头绿地－解营路南侧节点－T07

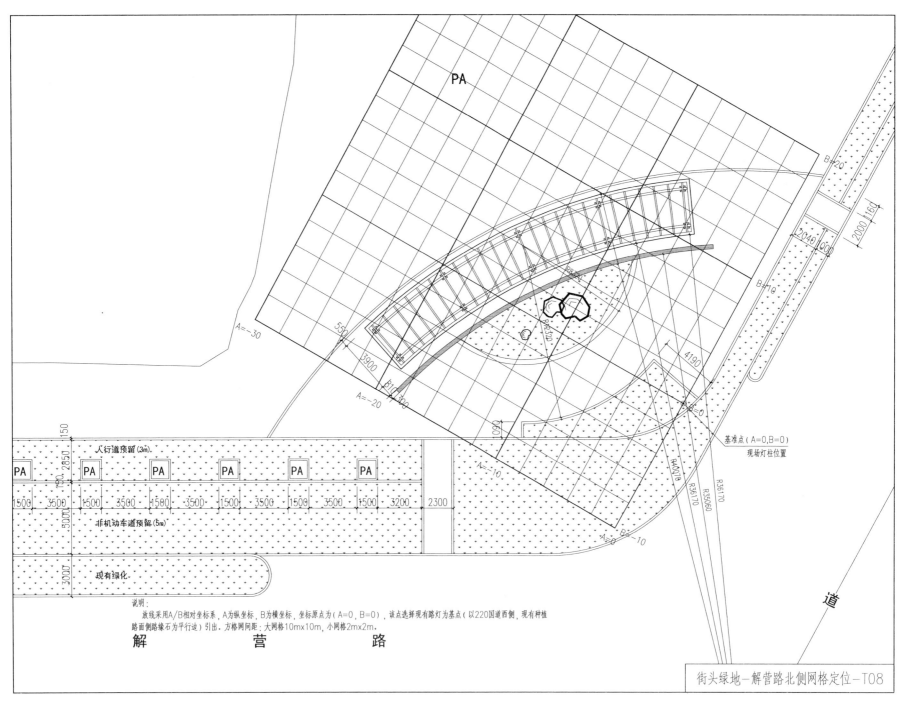

PA

PA

PA PA PA PA PA PA

人行道预留(3m).

非机动车道预留(5m).

现有绿化

基准点（A＝0,B＝0）
现场灯柱位置

说明：
　　放线采用A/B相对坐标系，A为纵坐标，B为横坐标，坐标原点为（A＝0，B＝0），该点选择现有路灯为基点（以220国道西侧，现有种植路面侧路缘石为平行边）引出。方格网间距：大网格10m×10m，小网格2m×2m。

解　　营　　路

道

街头绿地-解营路北侧网格定位-T08

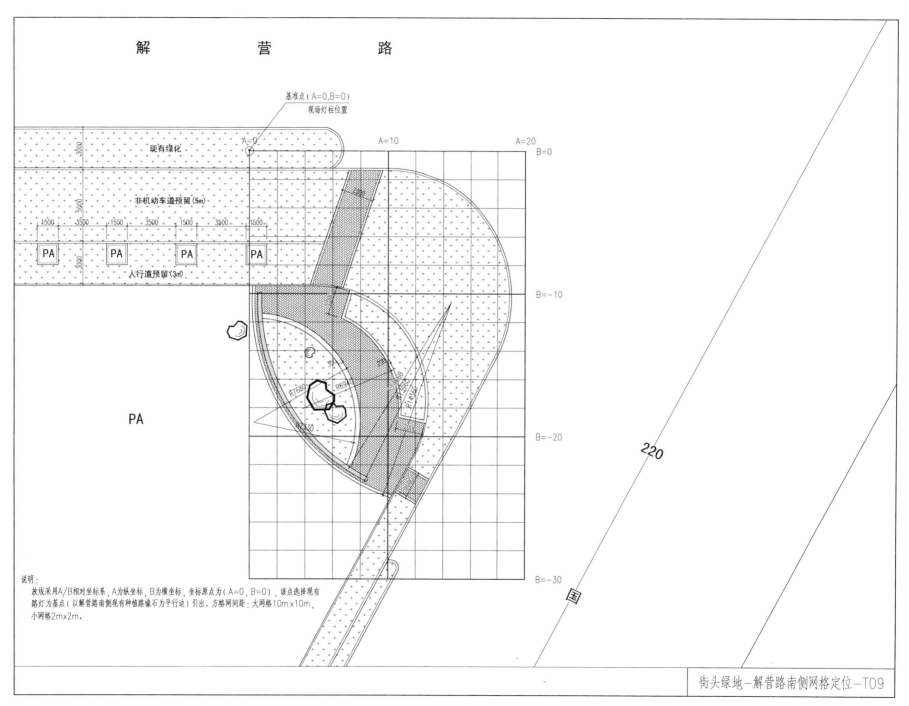

解 营 路

基准点（A=0,B=0）
现场灯柱位置

A=0   A=10   A=20
B=0

现有绿化

非机动车道预留（5m）

4500 3500 1500 3500 1500 3500 1500

PA   PA   PA   PA

人行道预留（3m）

B=-10

PA

B=-20

220

B=-30

国

说明：
　　放线采用A/B相对坐标系，A为纵坐标，B为横坐标，坐标原点为（A=0、B=0），该点选择现有
路灯为基点（以解营路南侧现有种植路缘石为平行边）引出。方格网间距：大网格10m×10m，
小网格2m×2m。

街头绿地—解营路南侧网格定位—T09

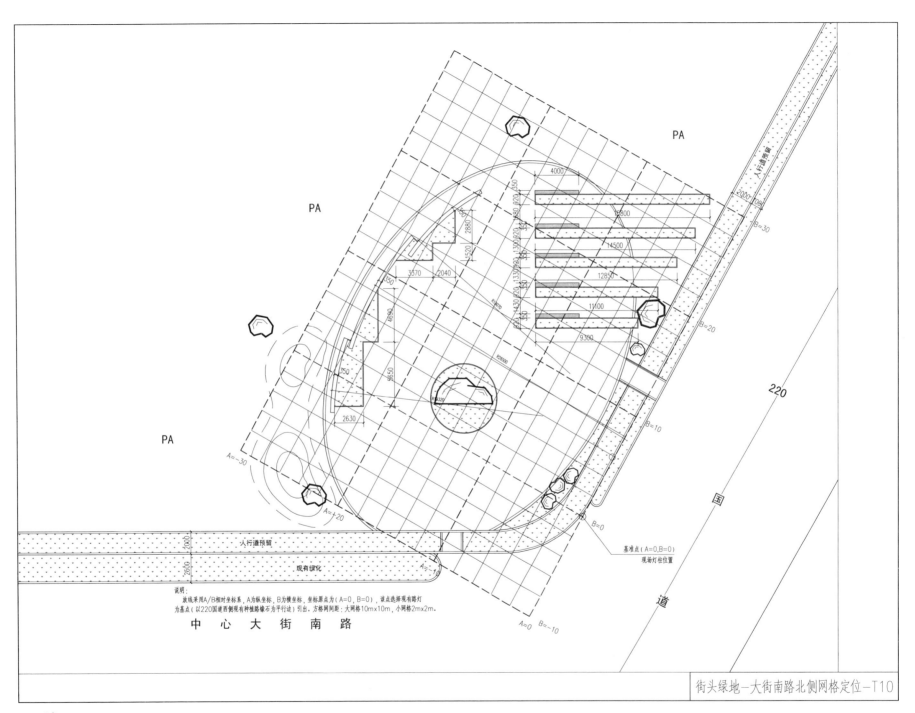

PA

PA

PA

PA

4000

15800

14500

12850

11100

9300

说明：
放线采用A/B相对坐标系，A为纵坐标，B为横坐标，坐标原点为（A=0，B=0），该点选择现有路灯
为基点（以220国道西侧现有种植路缘石为平行边）引出。方格网间距：大网格10m×10m，小网格2m×2m。

人行道预留

人行道预留

现有绿化

基准点（A=0,B=0）
现场灯柱位置

中 心 大 街 南 路

220

国

道

街头绿地—大街南路北侧网格定位—T10

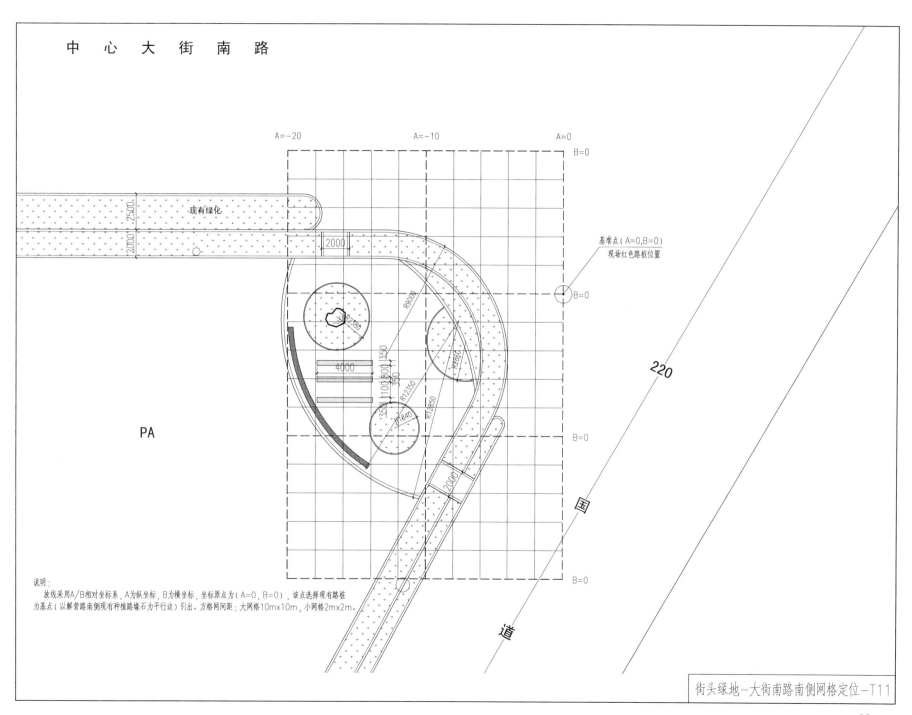

中 心 大 街 南 路

A=-20   A=-10   A=0

B=0

现有绿化

2000

基准点（A=0,B=0)
现场红色路桩位置

B=0

R9000

R2380

4000

R2860

350 110 800 350
350

R12350

350 R11840 R12850

B=0

PA

2000

220

国

B=0

道

说明：
　　放线采用A/B相对坐标系，A为纵坐标，B为横坐标，坐标原点为（A=0，B=0)，该点选择现有路桩
为基点（以解营路南侧现有种植路缘石为平行边）引出。方格网间距：大网格10m×10m，小网格2m×2m.

街头绿地-大街南路南侧网格定位-T11

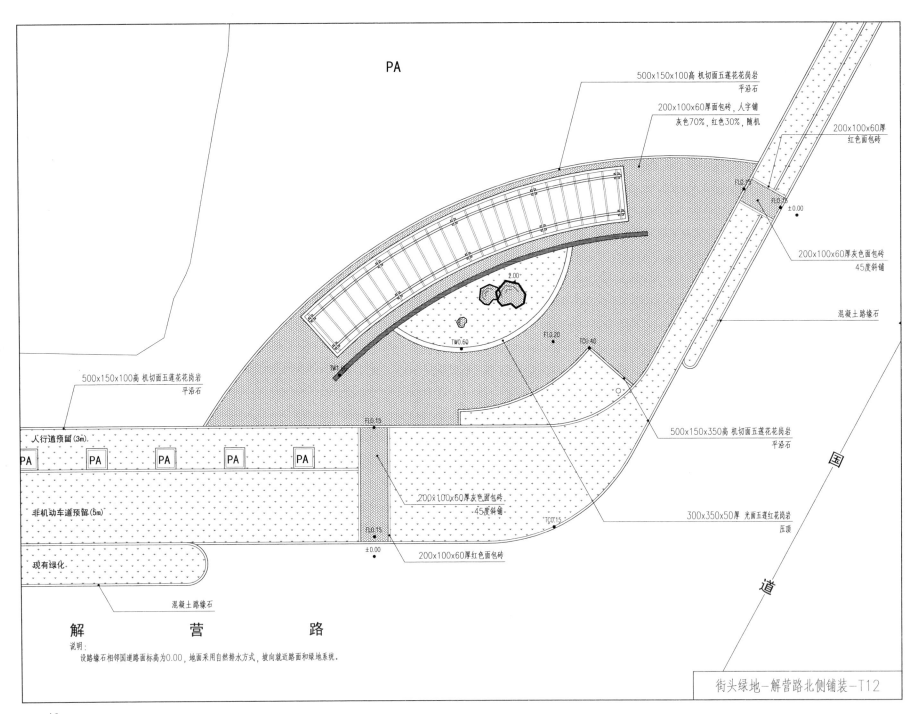

PA

500x150x100高 机切面五莲花花岗岩
平沿石

200x100x60厚面包砖，人字铺
灰色70%，红色30%，随机

200x100x60厚
红色面包砖

200x100x60厚灰色面包砖
45度斜铺

混凝土路缘石

500x150x100高 机切面五莲花花岗岩
平沿石

500x150x350高 机切面五莲花花岗岩
平沿石

人行道预留(3m).

| PA | PA | PA | PA | PA |

非机动车道预留(5m).

200x100x60厚灰色面包砖
45度斜铺

300x350x50厚 光面五莲红花岗岩
压顶

现有绿化

混凝土路缘石

200x100x60厚红色面包砖

解　营　路

说明：
　　设路缘石相邻国道路面标高为0.00，地面采用自然排水方式，坡向就近路面和绿地系统.

国

道

街头绿地-解营路北侧铺装-T12

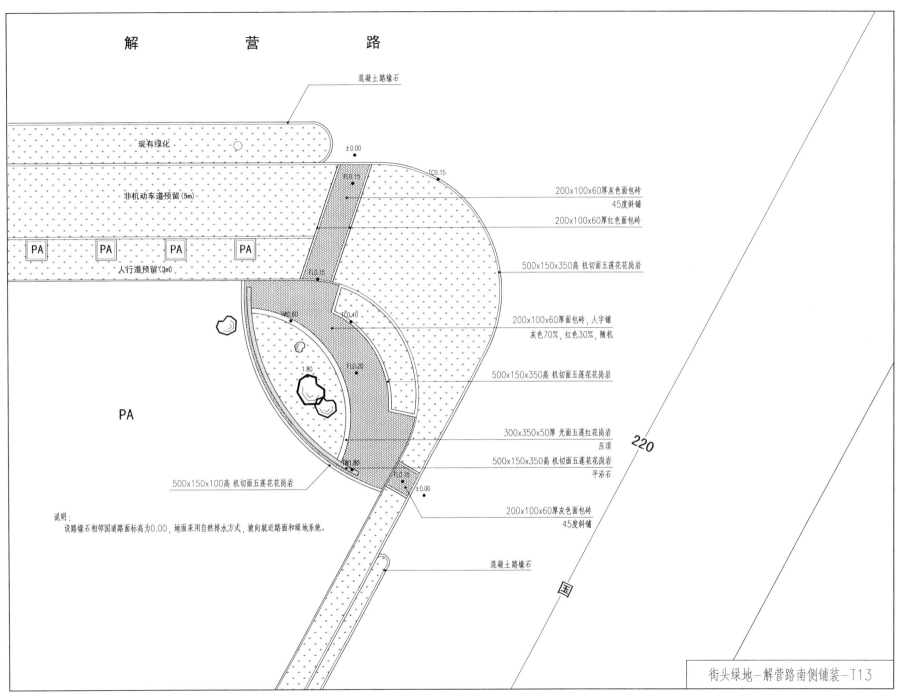

解　营　路

混凝土路缘石

现有绿化

±0.00

TC0.15

FL0.15

200x100x60厚灰色面包砖
45度斜铺

200x100x60厚红色面包砖

非机动车道预留(5m)

PA　PA　PA　PA

500x150x350高 机切面五莲花花岗岩

FL0.15

人行道预留(3m)

TC0.40

200x100x60厚面包砖，人字铺
灰色70%，红色30%，随机

FL0.20

1.80

500x150x350高 机切面五莲花花岗岩

PA

300x350x50厚 光面五莲红花岗岩
压顶

500x150x350高 机切面五莲花花岗岩
平沿石

FL0.15

±0.00

500x150x100高 机切面五莲花花岗岩

200x100x60厚灰色面包砖
45度斜铺

说明：
　设路缘石相邻国道路面标高为0.00，地面采用自然排水方式，坡向就近路面和绿地系统。

混凝土路缘石

国

220

街头绿地–解营路南侧铺装–T13

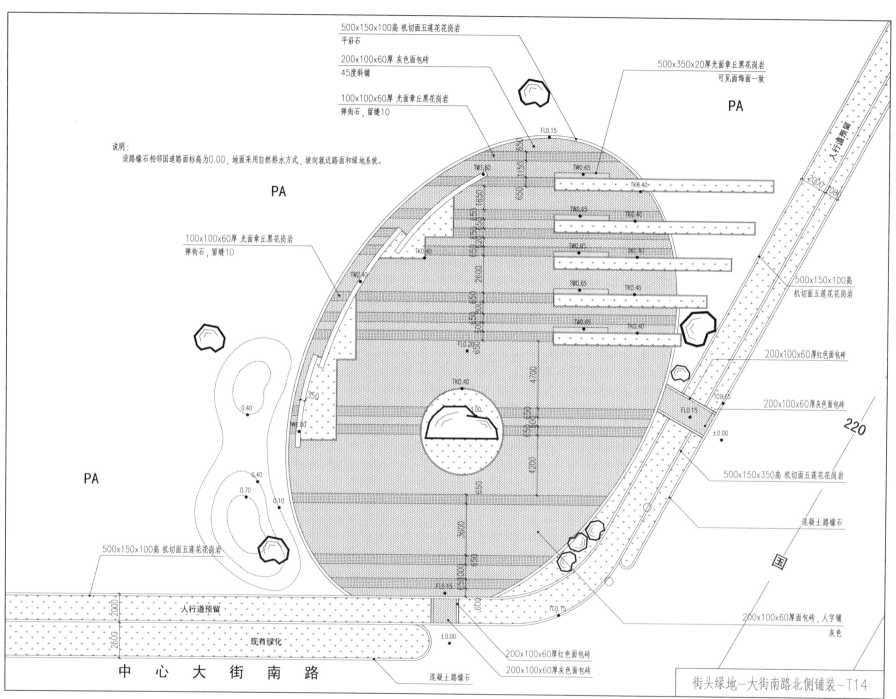

500x150x100高 机切面五莲花花岗岩
平沿石

200x100x60厚 灰色面包砖
45度斜铺

100x100x60厚 光面章丘黑花岗岩
弹街石，留缝10

500x350x20厚光面章丘黑花岗岩
可见面饰面一致

PA

说明：
　　设路缘石相邻国道路面标高为0.00，地面采用自然排水方式，坡向就近路面和绿地系统。

PA

100x100x60厚 光面章丘黑花岗岩
弹街石，留缝10

500x150x100高
机切面五莲花花岗岩

200x100x60厚红色面包砖

200x100x60厚灰色面包砖

500x150x350高 机切面五莲花花岗岩

混凝土路缘石

PA

500x150x100高 机切面五莲花花岗岩

200x100x60厚面包砖，人字铺
灰色

中 心 大 街 南 路

人行道预留

现有绿化

混凝土路缘石

200x100x60厚红色面包砖
200x100x60厚灰色面包砖

街头绿地－大街南路北侧铺装－T14

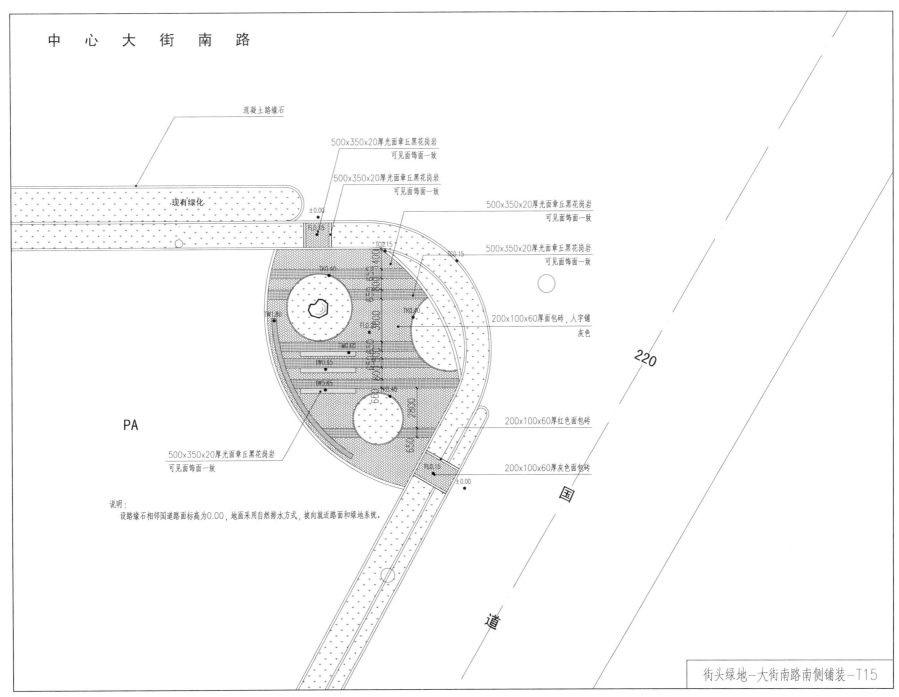

中 心 大 街 南 路

混凝土路缘石

500x350x20厚光面章丘黑花岗岩
可见面饰面一致

500x350x20厚光面章丘黑花岗岩
可见面饰面一致

500x350x20厚光面章丘黑花岗岩
可见面饰面一致

500x350x20厚光面章丘黑花岗岩
可见面饰面一致

现有绿化

±0.00

200x100x60厚面包砖，人字铺
灰色

PA

200x100x60厚红色面包砖

500x350x20厚光面章丘黑花岗岩
可见面饰面一致

200x100x60厚灰色面包砖

±0.00

220

国

道

说明：
设路缘石相邻国道路面标高为0.00，地面采用自然排水方式，坡向就近路面和绿地系统。

街头绿地-大街南路南侧铺装-T15

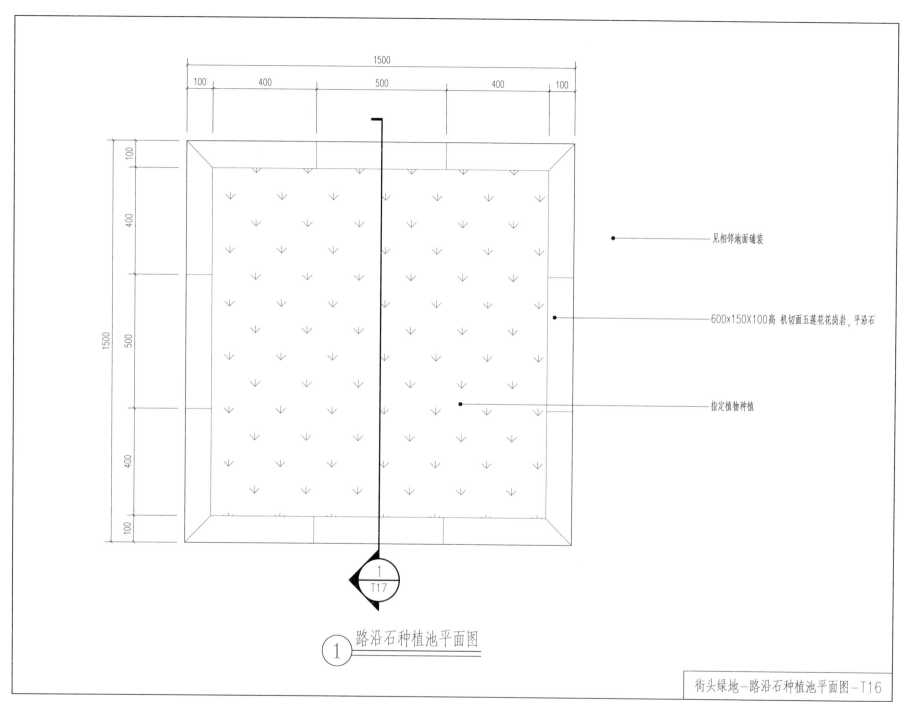

1500

100 400 500 400 100

100
400
1500
500
400
100

见相邻地面铺装

600x150X100高 机切面五莲花花岗岩，平沿石

指定植物种植

1
T17

① 路沿石种植池平面图

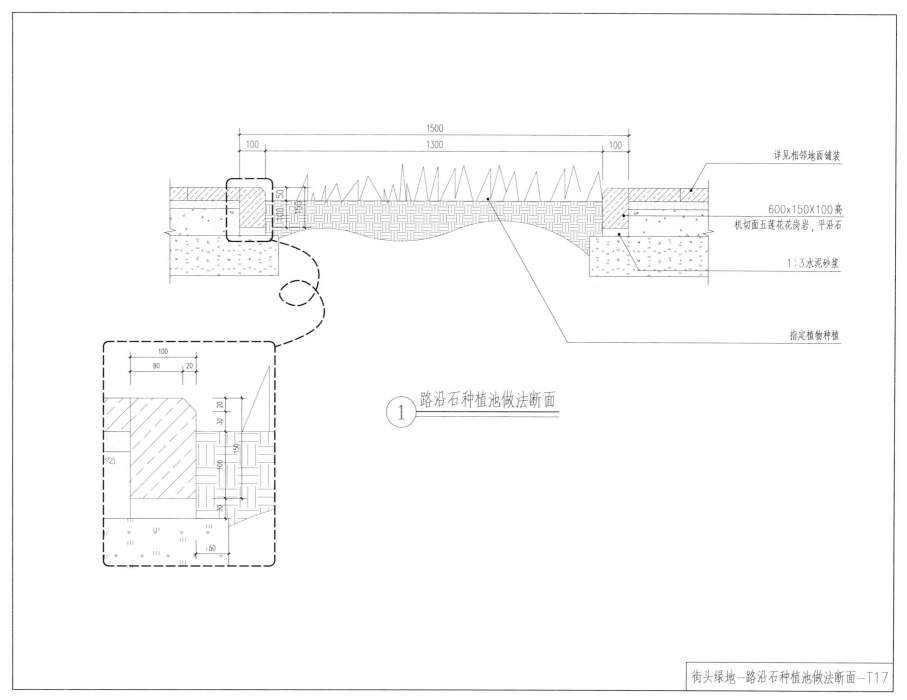

1500
1300
100 100

详见相邻地面铺装

600x150X100高
机切面五莲花花岗岩，平沿石

1:3水泥砂浆

指定植物种植

100
80 20
20
30
150
100
30
50

$\textcircled{1}$ 路沿石种植池做法断面

街头绿地－路沿石种植池做法断面－T17

— 45 —

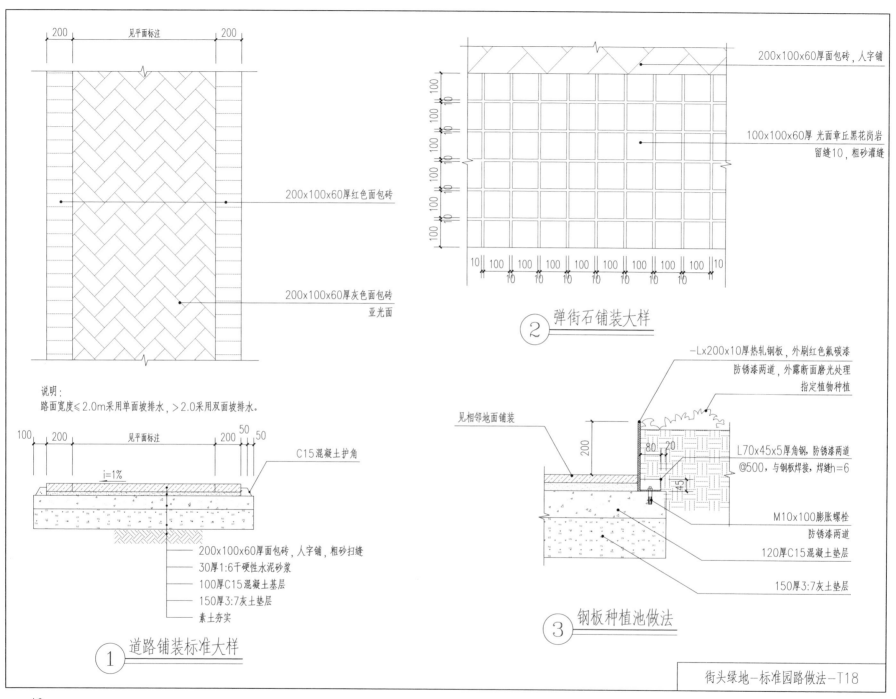

200x100x60厚面包砖,人字铺

200x100x60厚红色面包砖

100x100x60厚 光面章丘黑花岗岩
留缝10,粗砂灌缝

200x100x60厚灰色面包砖
亚光面

② 弹街石铺装大样

说明:
路面宽度≤2.0m采用单面坡排水,>2.0采用双面坡排水。

i=1%

C15混凝土护角

-Lx200x10厚热轧钢板,外刷红色氟碳漆
防锈漆两道,外露断面磨光处理
指定植物种植

见相邻地面铺装

L70x45x5厚角钢,防锈漆两道
@500,与钢板焊接,焊缝h=6

M10x100膨胀螺栓
防锈漆两道

120厚C15混凝土垫层

150厚3:7灰土垫层

200x100x60厚面包砖,人字铺,粗砂扫缝
30厚1:6干硬性水泥砂浆
100厚C15混凝土基层
150厚3:7灰土垫层
素土夯实

① 道路铺装标准大样

③ 钢板种植池做法

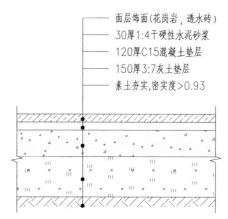

面层饰面(花岗岩, 透水砖)
30厚1:4干硬性水泥砂浆
120厚C15混凝土垫层
150厚3:7灰土垫层
素土夯实, 密实度>0.93

注：用于承载路面时C15垫层厚度150, 垫层厚度300
用于非承载路面时C15垫层厚度120, 垫层厚度150

① 花岗岩(面包砖) 铺装做法

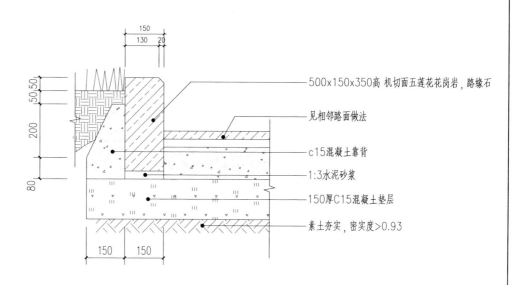

500x150x350高 机切面五莲花岗岩, 路缘石
见相邻路面做法
c15混凝土靠背
1:3水泥砂浆
150厚C15混凝土垫层
素土夯实, 密实度>0.93

② 路缘石种植池做法

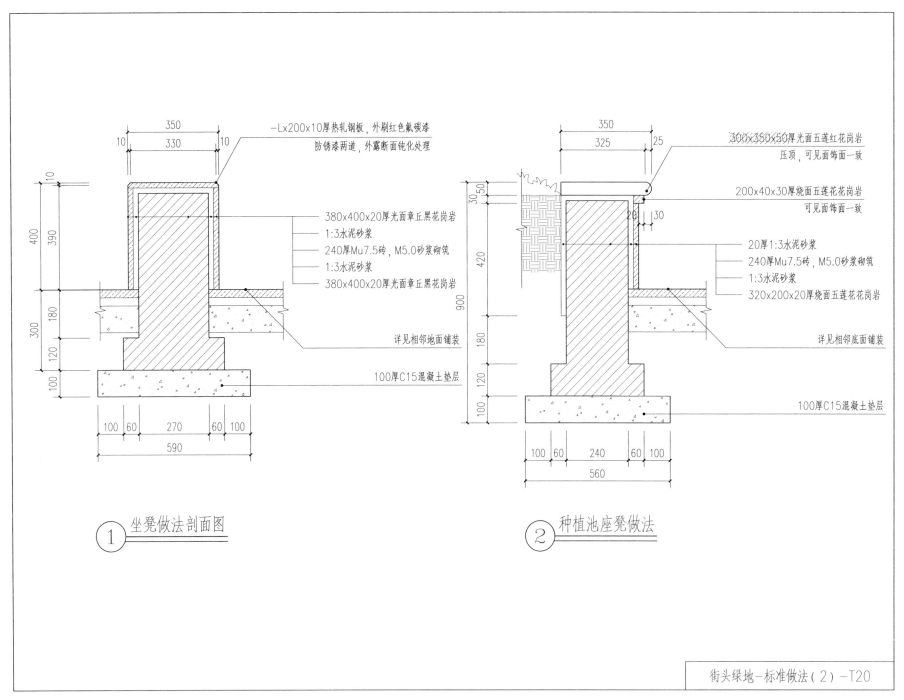

－L×200×10厚热轧钢板，外刷红色氟碳漆
防锈漆两道，外露断面钝化处理

380×400×20厚光面章丘黑花岗岩
1:3水泥砂浆
240厚Mu7.5砖，M5.0砂浆砌筑
1:3水泥砂浆
380×400×20厚光面章丘黑花岗岩

详见相邻地面铺装

100厚C15混凝土垫层

350
10 330 10
10
400
390
300
180
120
100
100 60 270 60 100
590

①坐凳做法剖面图

300×350×50厚光面五莲红花岗岩
压顶，可见面饰面一致

200×40×30厚烧面五莲花花岗岩
可见面饰面一致

20厚1:3水泥砂浆
240厚Mu7.5砖，M5.0砂浆砌筑
1:3水泥砂浆
320×200×20厚烧面五莲花花岗岩

详见相邻底面铺装

100厚C15混凝土垫层

350
325 25
30 50
30
420
180
120
100
100 60 240 60 100
560

②种植池座凳做法

街头绿地-标准做法（2）-T20

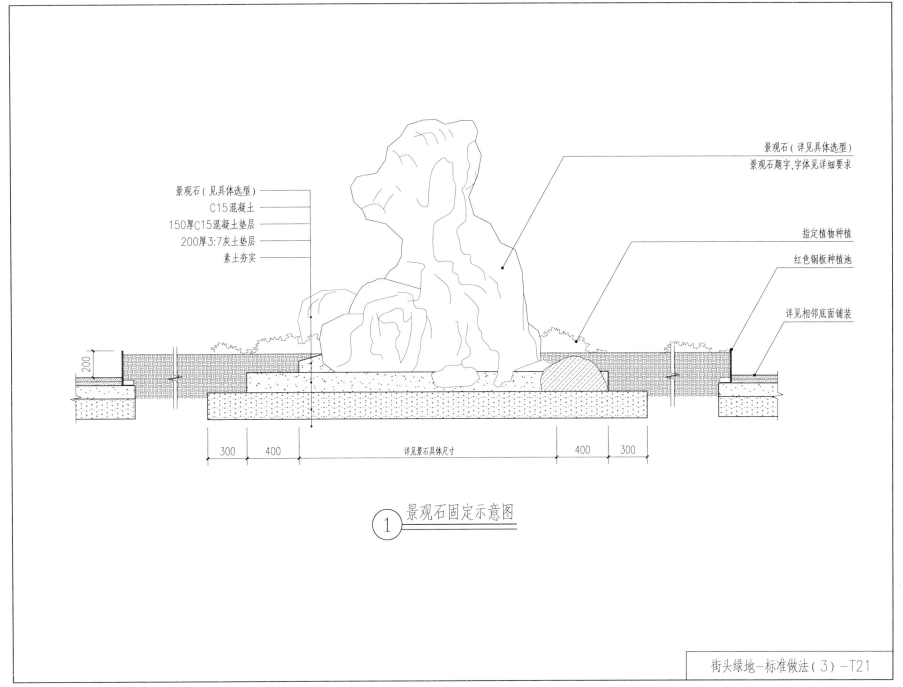

景观石（详见具体选型）
景观石题字,字体见详细要求

指定植物种植

红色钢板种植池

详见相邻底面铺装

景观石（见具体选型）
C15混凝土
150厚C15混凝土垫层
200厚3:7灰土垫层
素土夯实

200

300　400　　详见景石具体尺寸　　400　300

① 景观石固定示意图

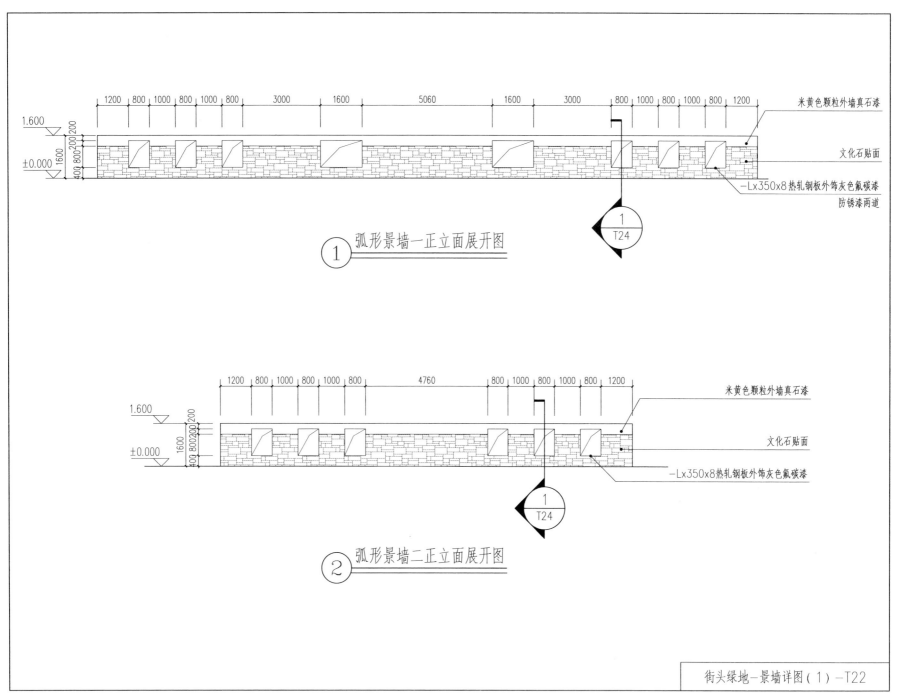

米黄色颗粒外墙真石漆

文化石贴面

－Lx350x8热轧钢板外饰灰色氟碳漆

防锈漆两道

1200 800 1000 800 1000 800 3000 1600 5060 1600 3000 800 1000 800 1000 800 1200

1.600

±0.000

1/T24

① 弧形景墙一正立面展开图

米黄色颗粒外墙真石漆

文化石贴面

－Lx350x8热轧钢板外饰灰色氟碳漆

1200 800 1000 800 1000 800 4760 800 1000 800 1000 800 1200

1.600

±0.000

1/T24

② 弧形景墙二正立面展开图

街头绿地－景墙详图（1）－T22

— 50 —

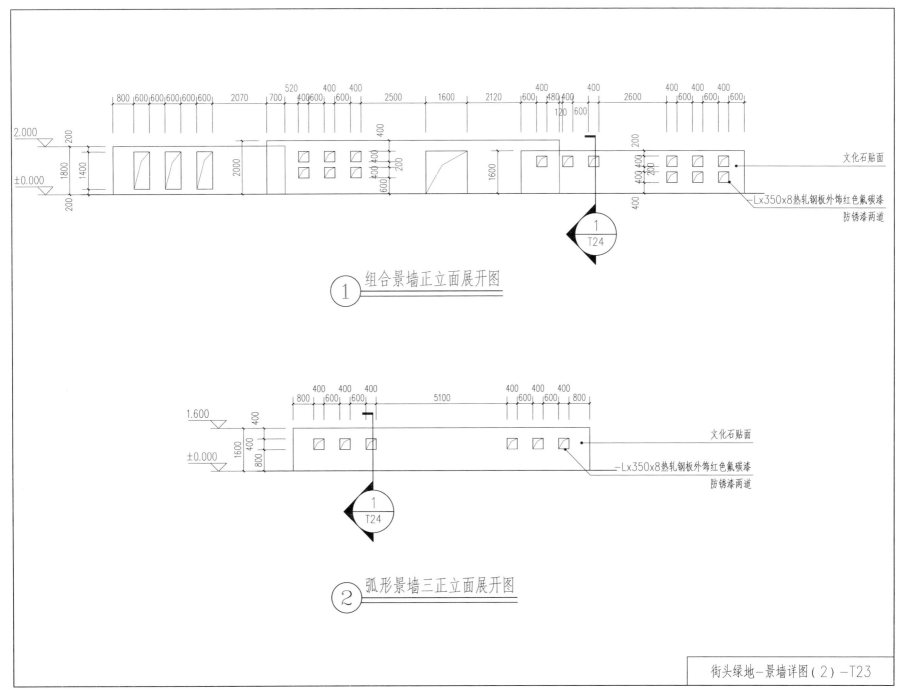

文化石贴面

—Lx350x8热轧钢板外饰红色氟碳漆
防锈漆两道

① 组合景墙正立面展开图

文化石贴面

—Lx350x8热轧钢板外饰红色氟碳漆
防锈漆两道

② 弧形景墙三正立面展开图

街头绿地－景墙详图（2）－T23

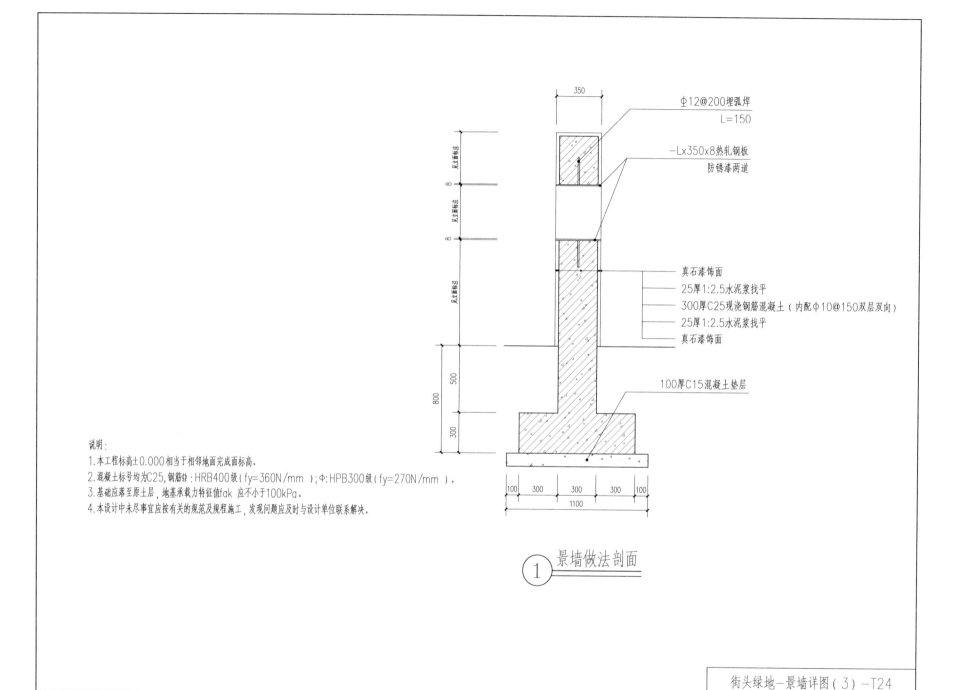

Φ12@200埋弧焊
L=150

—Lx350x8热轧钢板
防锈漆两道

真石漆饰面
25厚1:2.5水泥浆找平
300厚C25现浇钢筋混凝土（内配Φ10@150双层双向）
25厚1:2.5水泥浆找平
真石漆饰面

100厚C15混凝土垫层

350

见立面标注
8
见立面标注
8
见立面标注

500
300
800

100 300 300 300 100
1100

说明：
1.本工程标高±0.000相当于相邻地面完成面标高。
2.混凝土标号均为C25,钢筋Φ:HRB400级（fy=360N/mm²）;Φ:HPB300级（fy=270N/mm²）。
3.基础应落至原土层,地基承载力特征值fak应不小于100kPa。
4.本设计中未尽事宜应按有关的规范及规程施工,发现问题应及时与设计单位联系解决。

① 景墙做法剖面

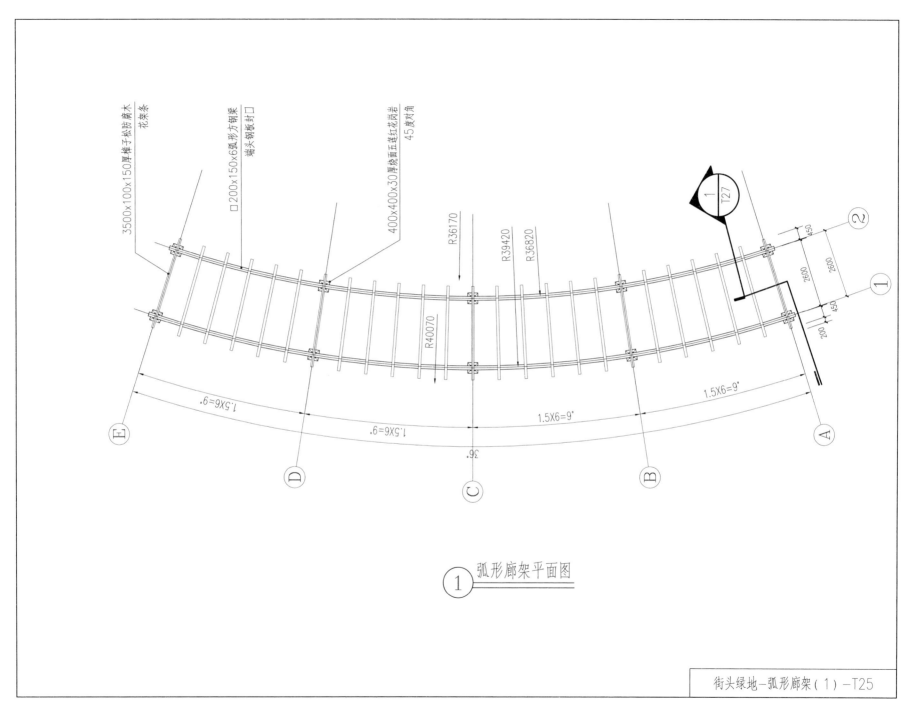

弧形廊架平面图

1

街头绿地－弧形廊架（1）－T25

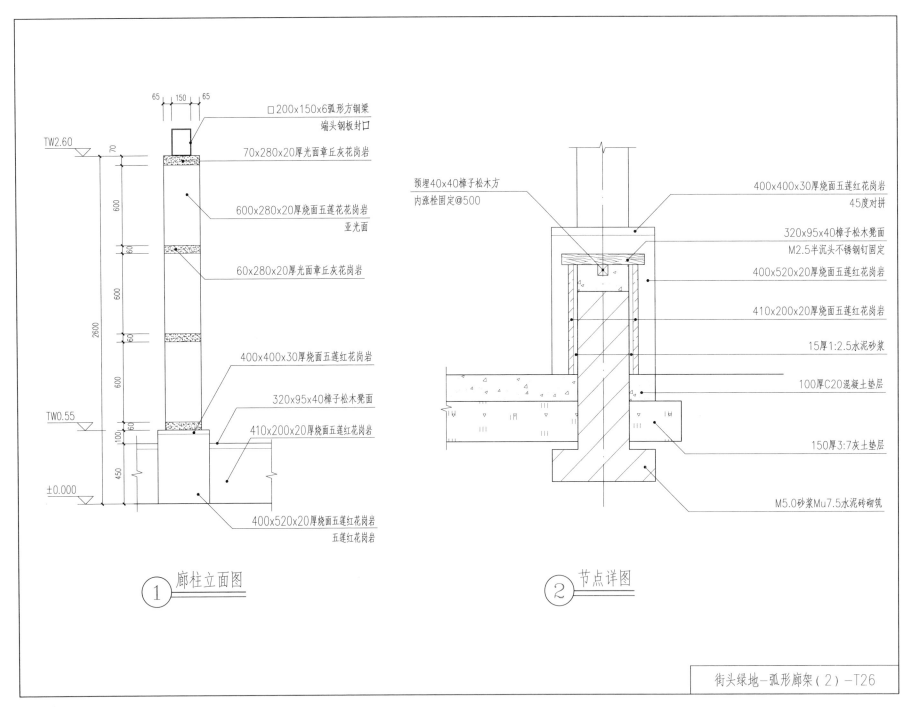

□200x150x6弧形方钢梁
端头钢板封口

70x280x20厚光面章丘灰花岗岩

600x280x20厚烧面五莲花花岗岩
亚光面

60x280x20厚光面章丘灰花岗岩

400x400x30厚烧面五莲红花岗岩

320x95x40樟子松木凳面

410x200x20厚烧面五莲红花岗岩

400x520x20厚烧面五莲红花岗岩
五莲红花岗岩

TW2.60
TW0.55
±0.000

65 150 65
70
600
60
600
60
600
60
100
450
2600

① 廊柱立面图

预埋40x40樟子松木方
内涨栓固定@500

400x400x30厚烧面五莲红花岗岩
45度对拼

320x95x40樟子松木凳面
M2.5半沉头不锈钢钉固定

400x520x20厚烧面五莲红花岗岩

410x200x20厚烧面五莲红花岗岩

15厚1:2.5水泥砂浆

100厚C20混凝土垫层

150厚3:7灰土垫层

M5.0砂浆Mu7.5水泥砖砌筑

② 节点详图

街头绿地-弧形廊架（2）-T26

— 54 —

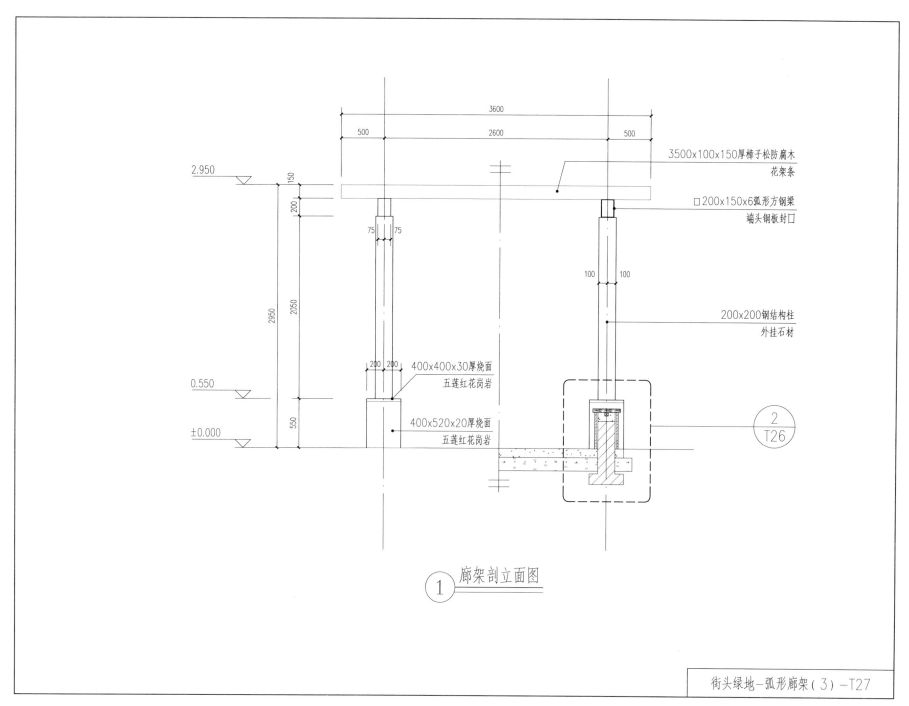

3600
500   2600   500

2.950

150
200

3500x100x150厚樟子松防腐木
花架条

□200x150x6弧形方钢梁
端头钢板封口

75 75

2950   2050

100 100

200x200钢结构柱
外挂石材

200 200

400x400x30厚烧面
五莲红花岗岩

0.550

±0.000

550

400x520x20厚烧面
五莲红花岗岩

2
T26

1 廊架剖立面图

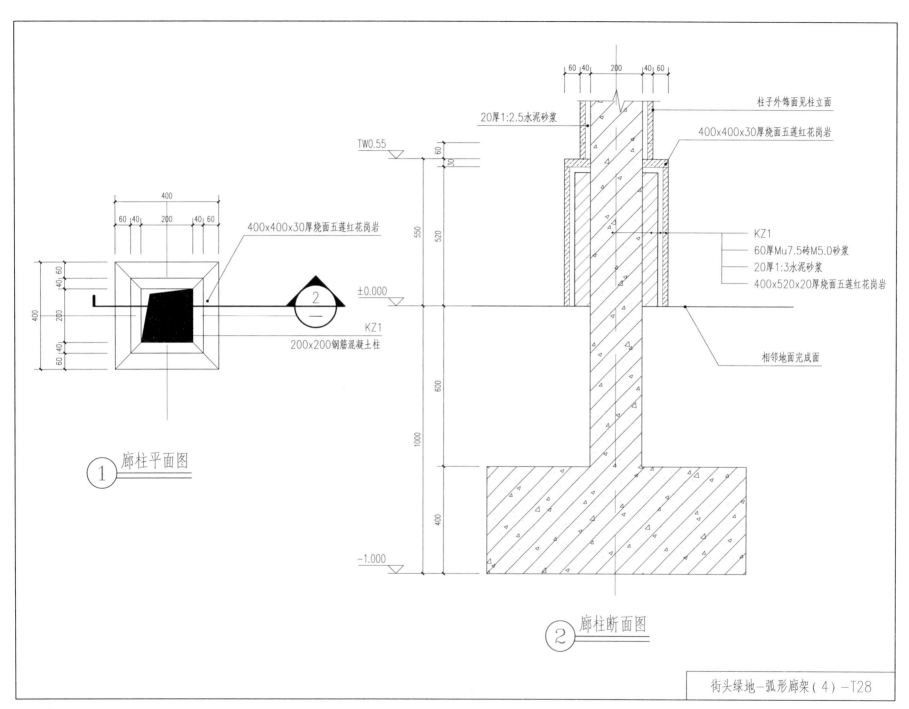

20厚1:2.5水泥砂浆

柱子外饰面见柱立面

400x400x30厚烧面五莲红花岗岩

TW0.55

400x400x30厚烧面五莲红花岗岩

200x200钢筋混凝土柱

±0.000

KZ1
60厚Mu7.5砖M5.0砂浆
20厚1:3水泥砂浆
400x520x20厚烧面五莲红花岗岩

相邻地面完成面

KZ1

① 廊柱平面图

② 廊柱断面图

-1.000

街头绿地-弧形廊架(4)-T28

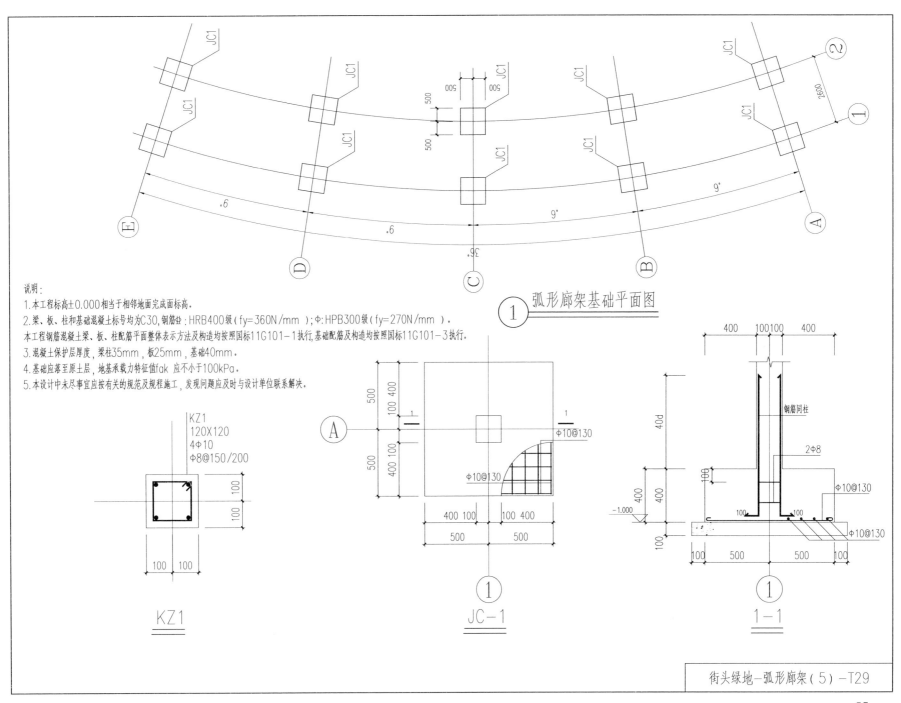

说明：
1. 本工程标高±0.000相当于相邻地面完成面标高。
2. 梁、板、柱和基础混凝土标号均为C30，钢筋Φ：HRB400级（fy=360N/mm²）；Φ：HPB300级（fy=270N/mm²）。
本工程钢筋混凝土梁、板、柱配筋平面整体表示方法及构造均按照国标11G101-1执行，基础配筋及构造均按照国标11G101-3执行。
3. 混凝土保护层厚度，梁柱35mm，板25mm，基础40mm。
4. 基础应落至原土层，地基承载力特征值fak应不小于100kPa。
5. 本设计中未尽事宜应按有关的规范及规程施工，发现问题应及时与设计单位联系解决。

① 弧形廊架基础平面图

KZ1
120X120
4Φ10
Φ8@150/200

KZ1

JC-1

1-1

植物设计说明

1、本植物种植设计是依据当地植物特性进行选择，以乡土植物为主，适当引进外来品种，以丰富景区景观效果。

2、本图中所示上木层植物泛指高度高于1.5米的乔木和一些花灌木，下木层植物泛指高度低于1.5米的小灌木和地被植物以及球类植物等。

3、种植施工过程中掌握以下原则：

(1) 人流集中及重点景观部位应特别注意选用大苗。

(2) 施工过程中若因苗源问题而使规格有差异时，可对部分苗木根据实际情况调整。

(3) 园林植物栽植到位后，应对植物进行不断、全面的养护管理。

(4) 种植材料应根系发达，生长苗壮，无病虫害，规格及形态应符合设计要求

(5) 苗木挖掘、包装应符合现行行业标准《城市绿化和园林绿地用植物材料–木本苗》CJ/T34的规定。

(6) 铺栽草坪用的草块及草卷应规格一致，边缘平直，杂草不得超过5%。草块土层宜为3–5cm厚度为宜，草卷土层厚1–3cm。

(7) 园林植物生长所必需的最低种植土层厚度应符合下表的规定。

表

植被类型	草本花卉	草坪地被	小灌木	大灌木	浅根乔木	深根乔木
土层厚度(cm)	30	30	45	60	90	150

4、种植定位采用方格网法，定位方格尺寸为5m x 5m。

5. 图中过树木中心点为树木栽植点。施工中发现地下管线、出水口或其他构筑物时，根据实际情况及管线与树木间距规范进行现场调整。

6. 建筑物周围栽植灌木时，要留有1.5米间距，栽植时按此原则现场避让。绿地与铺装衔接处，绿地地坪低于路缘石5cm。

7. 图中植物图例表现植物栽植后当年景观，施工单位按图施工，如有变动，及时通知设计单位。

8. 若因苗源问题，实际施工过程中可根据苗木高度进行前后调整。

9. 根据当地实际情况，若无法采购到相应要求的苗木，可与设计单位联系，采用当地其他乡土树种替换。

10. 所植苗木，必须符合苗木出圃标准，苗木树形完整，植株健康，无病虫害。

11. 图中内容与实际施工发生冲突时，及时通知设计方进行调整。

12. 草坪为冷季型草坪，选用早熟禾、结缕草、黑麦草混播，比例为：6：3：1。

苗木材料一览表

序号	名 称	图 例	规 格			数 量	单位	备 注
			高度（m）	胸径/地径（cm）	冠幅（m）			
1	紫薇		2.0－2.5m	胸径6cm	1.0－1.5m	27	株	全冠
2	雪松		4.5－5.0m	－	2.5－3.0m	29	株	树形优美
3	大叶女贞		2.0－2.5m	胸径8－10cm	2.0－2.5m	15	株	全冠，造型优美
4	黑松		2.0－2.5m	胸径8－10cm	1.5－2.5m	6	株	全冠，造型优美
5	碧桃		1.5－2.0m	地径5－6cm	2.0－2.5m	36	株	3分枝以上,树形优美
6	栾树		4.0－5.0m	胸径15－17cm	3.0－4.0m	27	株	半冠，树形优美 分枝点2.5m以上
7	石楠		1.0－1.5m	－	1.0－1.2m	15	株	修剪成圆形
8	龙柏		2.0－2.5m	－	0.5－0.6m	42	株	树形优美
9	榆叶梅		1.5－2.0m	地径5－6cm	2.0－2.5m	17	株	树形优美
10	白皮松		3.0－3.5m	胸径8－10cm	2.5－3.0m	1	株	全冠，造型优美
11	小龙柏		－	－	0.25－0.3m	215	m²	25株/m²
12	鸢尾		－	－	－	21	m²	
13	草坪						m²	结缕草、黑麦草 早熟禾混播

注 胸径：苗干地面土痕处向上1.2m处的苗干直径   地径：距离地面高30cm处测量所得的树(苗)干直径。

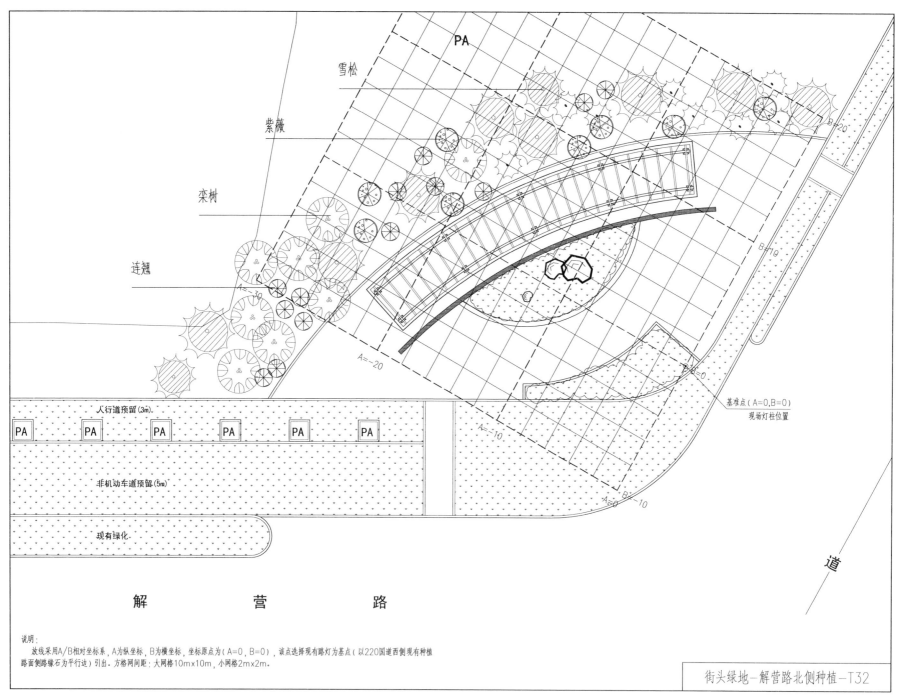

PA

雪松

紫薇

栾树

连翘

人行道预留(3m).

PA　PA　PA　PA　PA　PA

非机动车道预留(5m).

现有绿化

基准点(A=0,B=0)
现场灯柱位置

解　营　路

道

说明:
　　放线采用A/B相对坐标系, A为纵坐标, B为横坐标, 坐标原点为(A=0, B=0), 该点选择现有路灯为基点(以220国道西侧现有种植
路面侧路缘石为平行边)引出. 方格网间距: 大网格10m×10m, 小网格2m×2m.

街头绿地-解营路北侧种植-T32

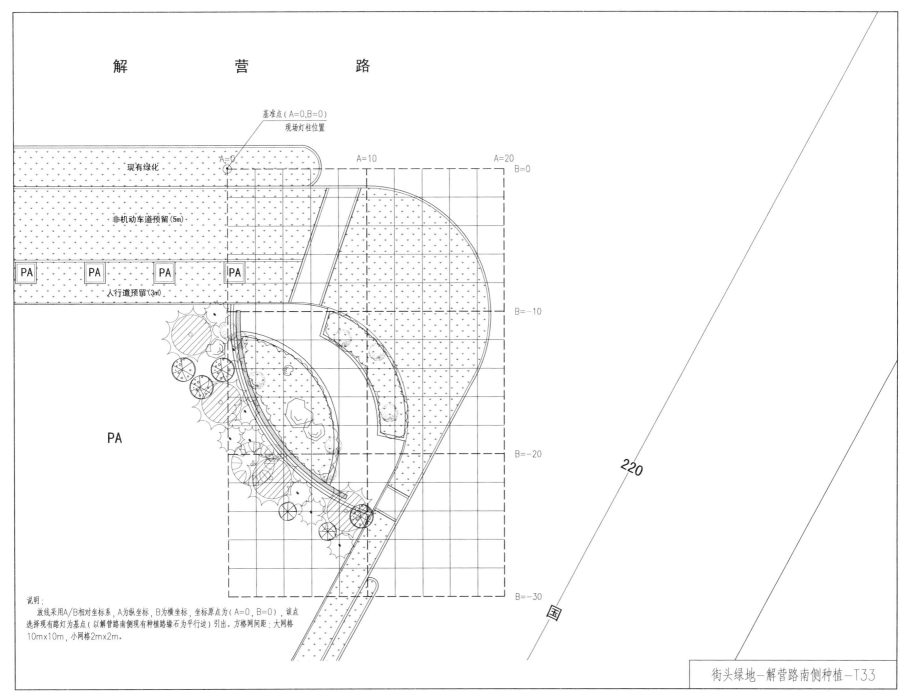

解　　　营　　　路

基准点(A=0,B=0)
现场灯柱位置

现有绿化

A=0

A=10

A=20

B=0

非机动车道预留(5m)

| PA | | PA | | PA | | PA |

人行道预留(3m)

B=−10

PA

B=−20

220

国

B=−30

说明:
　　放线采用A/B相对坐标系,A为纵坐标,B为横坐标,坐标原点为(A=0,B=0),该点选择现有路灯为基点(以解营路南侧现有种植路缘石为平行边)引出。方格网间距:大网格10m×10m,小网格2m×2m.

街头绿地—解营路南侧种植—T33

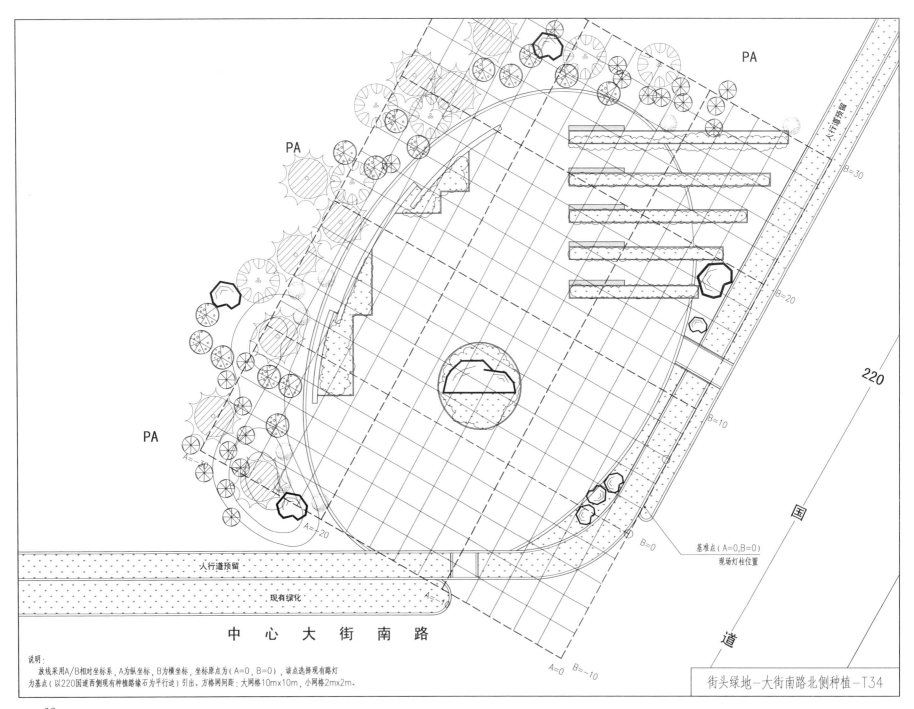

PA

PA

PA

PA

人行道预留

B=30

B=20

B=10

B=0

基准点（A=0,B=0)
现场灯柱位置

A=-20

A=0

B=-10

A=-1

人行道预留

现有绿化

中 心 大 街 南 路

220

国

道

说明：
　　放线采用A/B相对坐标系，A为纵坐标，B为横坐标，坐标原点为（A=0，B=0），该点选择现有路灯
为基点（以220国道西侧现有种植路缘石为平行地）引出。方格网间距：大网格10m×10m，小网格2m×2m.

街头绿地-大街南路北侧种植-T34

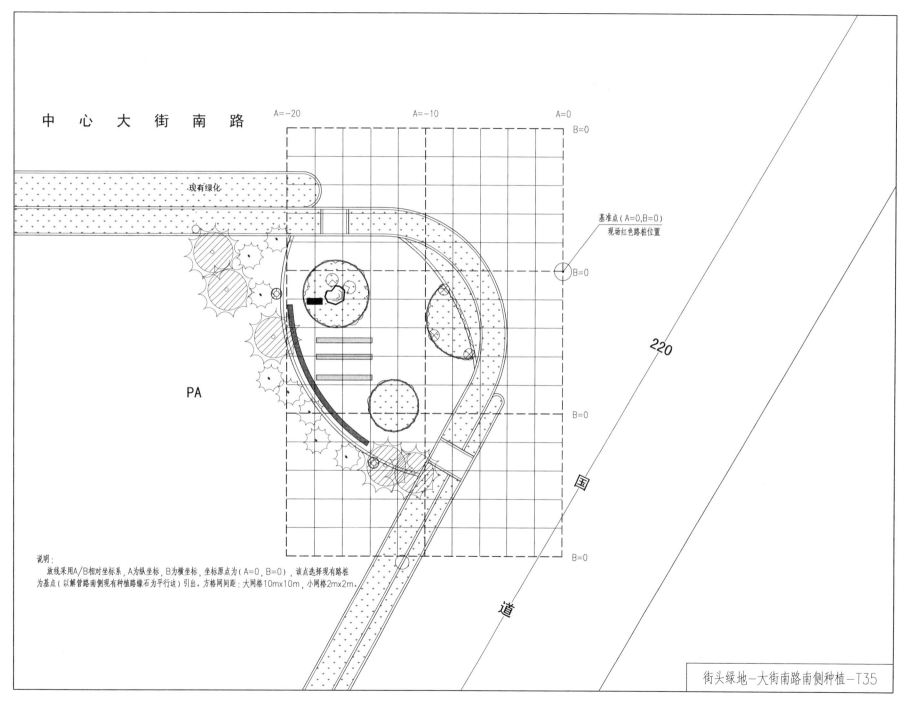

中 心 大 街 南 路

现有绿化

PA

A=-20   A=-10   A=0

B=0

基准点 (A=0,B=0)
现场红色路桩位置

B=0

B=0

B=0

B=0

220

国

道

说明：
　　放线采用A/B相对坐标系，A为纵坐标，B为横坐标，坐标原点为(A=0，B=0)，该点选择现有路桩
为基点 (以解营路南侧现有种植路缘石为平行边) 引出。方格网间距：大网格10mx10m，小网格2mx2m。

街头绿地－大街南路南侧种植－T35

电气设计说明

一、设计依据

1. 建设单位提供的设计资料和要求。
2. 景观设计提供的景观设计图和灯具布置方案图。
3. 国家现行电气设计及安装施工有关规范和标准。

《低压配电设计规范》 GB 50054-95
《民用建筑电气设计规范》JGJ16-2008
《城市道路照明设计标准》CJJ45-2006
《城市夜景照明设计规范》JGJ/T163-2008

二、设计范围

本工程设计为景观电气系统：

1. 景观照明、电力配电系统。
2. 设备接地系统及安全措施。

三、照明设计施工说明

1. 用电负荷均为三级负荷。配电箱电源引自甲方指定变配电室，系统采用TT系统，电压等级为0.4/0.23kV。
2. 配电箱按系统图订制，设于甲方指定位置，距地1.5m明装。
3. 环境照明以庭院灯、草坪灯、射灯为主.景观照明回路电缆采用YJV22电缆直埋敷设，电缆外皮以地面敷设深度不小于
   0.7m，电缆上下均敷设200mm圆原砂或细软土。过路、穿墙、混凝土土段加镀锌钢管保护，穿管内径不应小于电缆
   外径的1.5倍，穿管长度超过30m，需加设90cmX120cm手孔井，内配接线盒，直埋电缆沿路敷设距路边1m，沿建筑物距散水0.5m敷设
4. 电力线路与其它管线平行和交叉应按有关规定执行。
5. 灯具安装由灯具厂家提供准确安装尺寸图，安装做法详见电气标准图集96D702-2和03D702-3。
6. 灯具具体选型由甲方和景观专业共同完成，功率如变化过大应通知电气设计人员核算。
7. 灯具负荷尽量均匀分布于各相上，景观照明回路采用手动及时控两种控制方式，可根据使用情况进行调整。
8. 灯具基础图均由灯具供应商提供，灯具均应自带熔断器，灯具功率因数应为0.8以上，不足的灯具
   必须采用电容进行分散补偿，补偿后功率因数不得小于0.90。
9. 各灯具防护等级：庭院灯为IP54，草坪灯等为IP55以上。

四、建筑物接地系统及安全措施：

1. 低压配电系统接地形式采用TT系统，凡在正常情况下不带电之用电设备金属外壳均应与专用PE线可靠联接，PE绿色标线。接地电阻小于4欧姆。
2. 本工程水池周围采用25mmx4mm热镀锌扁钢做电位均衡线。具体做法参见国标图集《等电位联结安装》02D501-2。
3. 每个照明回路的末端灯具处设置一组接地极，并长度超过50m时中间增设一组接地极。
4. 接地极采用L5X50X2500热镀锌角钢，一组三根。角钢间距大于3m，上端入地0.7m，地下连接体采用40X4热镀锌扁钢。

五、其他

1. 凡与施工有关而又未说明之处，参见国家、地方标准图集施工，或与设计院协商解决。
2. 本工程所选设备、材料必须具有国家级检测中心的检测合格证书（3C认证），必须满足与产品相关的国家标准。

主要材料设备表

序号	图例	设备名称	型号及规格	单位	数量	备注
1	⊕	庭院灯	节能灯 70W H=4.0m 黄光	套	9	
2	⊗	草坪灯	节能灯 26W H=800mm黄光	套	23	
3	⊘	投光灯	节能灯 70W	盏	13	
4	▭	壁灯	节能灯 15W	套	5	
5	▬	配电箱	详见配电系统	台	4	
6						
7						
8						
9						

材料设备表应以实为准

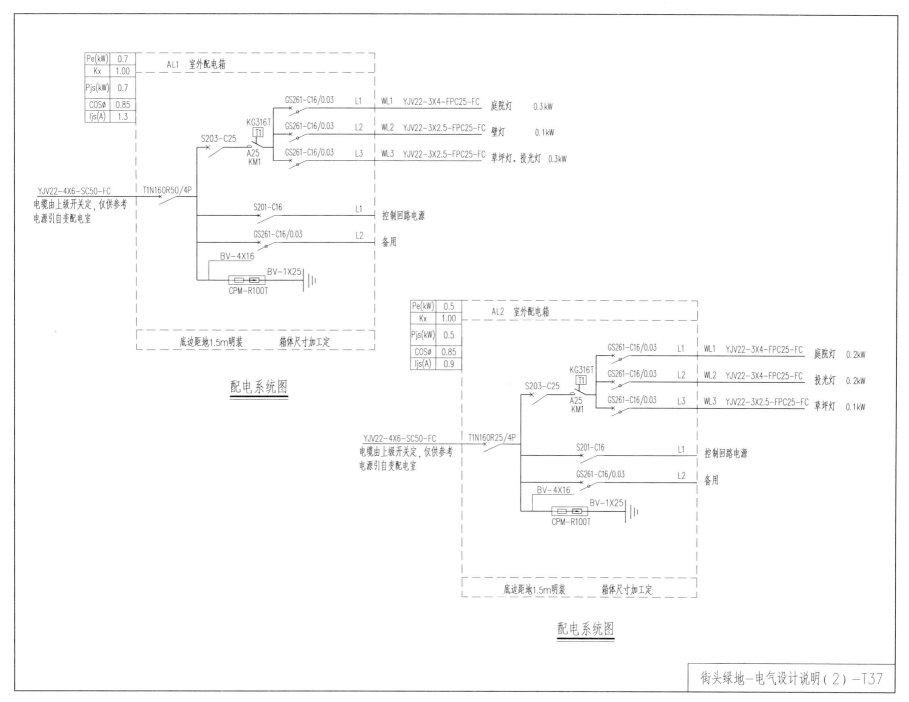

Pe(kW)	0.7
Kx	1.00
Pjs(kW)	0.7
COSø	0.85
Ijs(A)	1.3

AL1 室外配电箱

GS261-C16/0.03 L1 WL1 YJV22-3X4-FPC25-FC 庭院灯 0.3kW
GS261-C16/0.03 L2 WL2 YJV22-3X2.5-FPC25-FC 壁灯 0.1kW
GS261-C16/0.03 L3 WL3 YJV22-3X2.5-FPC25-FC 草坪灯、投光灯 0.3kW

KG316T T1
S203-C25
A25 KM1

YJV22-4X6-SC50-FC
电缆由上级开关定，仅供参考
电源引自变配电室

T1N160R50/4P

S201-C16 L1 控制回路电源
GS261-C16/0.03 L2 备用

BV-4X16
BV-1X25
CPM-R100T

底边距地1.5m明装　箱体尺寸加工定

配电系统图

Pe(kW)	0.5
Kx	1.00
Pjs(kW)	0.5
COSø	0.85
Ijs(A)	0.9

AL2 室外配电箱

GS261-C16/0.03 L1 WL1 YJV22-3X4-FPC25-FC 庭院灯 0.2kW
GS261-C16/0.03 L2 WL2 YJV22-3X4-FPC25-FC 投光灯 0.2kW
GS261-C16/0.03 L3 WL3 YJV22-3X2.5-FPC25-FC 草坪灯 0.1kW

KG316T T1
S203-C25
A25 KM1

YJV22-4X6-SC50-FC
电缆由上级开关定，仅供参考
电源引自变配电室

T1N160R25/4P

S201-C16 L1 控制回路电源
GS261-C16/0.03 L2 备用

BV-4X16
BV-1X25
CPM-R100T

底边距地1.5m明装　箱体尺寸加工定

配电系统图

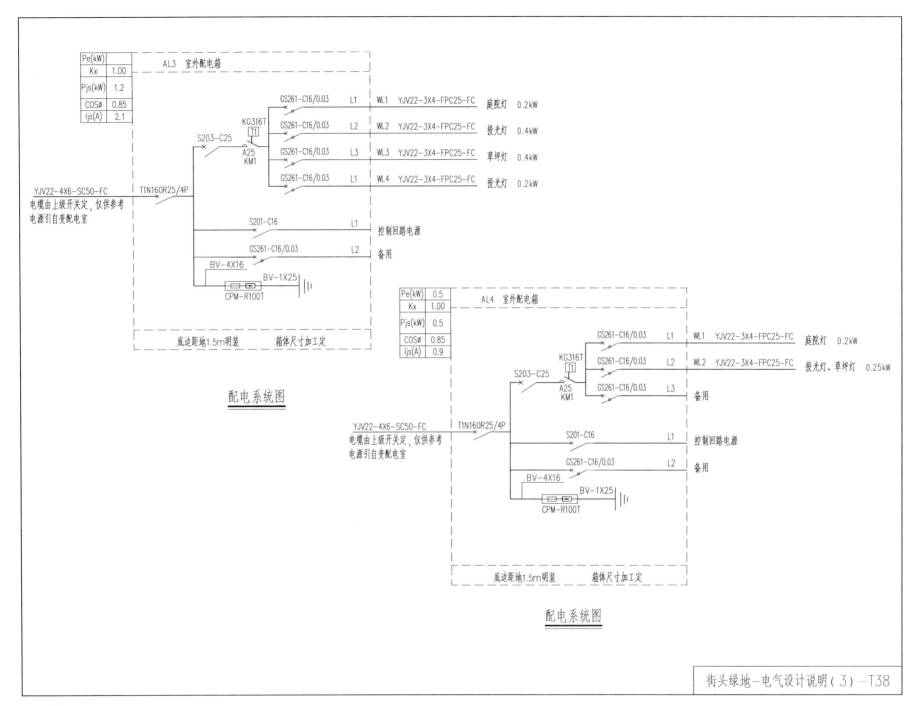

Pe(kW)	
Kx	1.00
Pjs(kW)	1.2
COSØ	0.85
Ijs(A)	2.1

AL3　室外配电箱

GS261-C16/0.03　L1　WL1　YJV22-3X4-FPC25-FC　庭院灯　0.2kW
KG316T
GS261-C16/0.03　L2　WL2　YJV22-3X4-FPC25-FC　投光灯　0.4kW
S203-C25
GS261-C16/0.03　L3　WL3　YJV22-3X4-FPC25-FC　草坪灯　0.4kW
A25
KM1
GS261-C16/0.03　L1　WL4　YJV22-3X4-FPC25-FC　投光灯　0.2kW

YJV22-4X6-SC50-FC
电缆由上级开关定，仅供参考
电源引自变配电室
T1N160R25/4P

S201-C16　　L1　控制回路电源

GS261-C16/0.03　L2　备用

BV-4X16
BV-1X25
CPM-R100T

底边距地1.5m明装　　箱体尺寸加工定

配电系统图

Pe(kW)	0.5
Kx	1.00
Pjs(kW)	0.5
COSØ	0.85
Ijs(A)	0.9

AL4　室外配电箱

GS261-C16/0.03　L1　WL1　YJV22-3X4-FPC25-FC　庭院灯　0.2kW
KG316T
GS261-C16/0.03　L2　WL2　YJV22-3X4-FPC25-FC　投光灯、草坪灯　0.25kW
S203-C25
GS261-C16/0.03　L3　备用
A25
KM1

YJV22-4X6-SC50-FC
电缆由上级开关定，仅供参考
电源引自变配电室
T1N160R25/4P

S201-C16　　L1　控制回路电源

GS261-C16/0.03　L2　备用

BV-4X16
BV-1X25
CPM-R100T

底边距地1.5m明装　　箱体尺寸加工定

配电系统图

街头绿地－电气设计说明（3）－T38

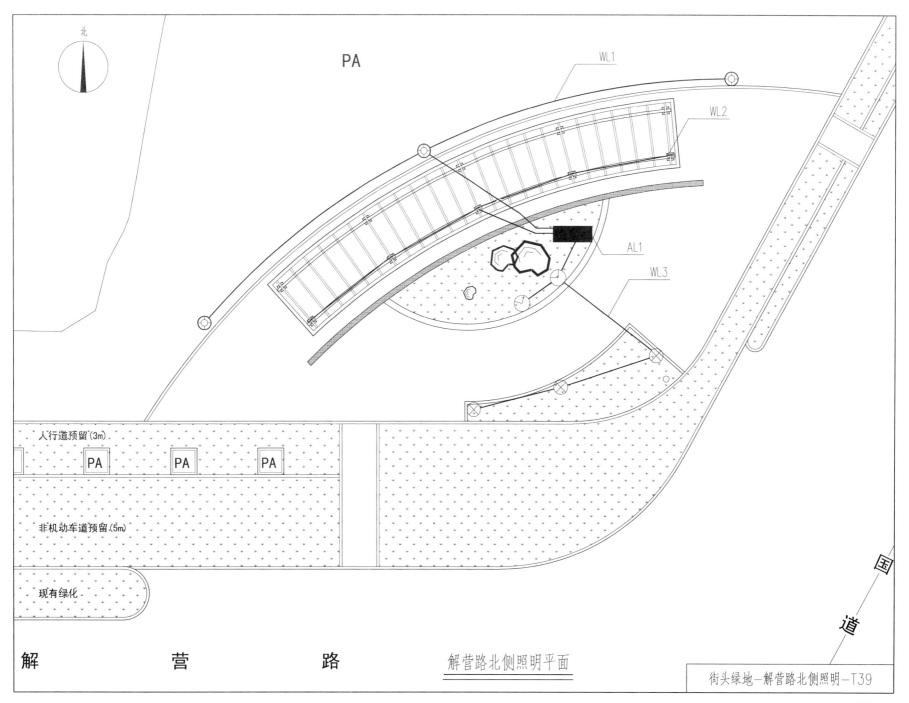

PA

WL1

WL2

AL1

WL3

PA

人行道预留(3m)

PA   PA   PA

非机动车道预留(5m)

现有绿化

解　　营　　路

解营路北侧照明平面

街头绿地-解营路北侧照明-T39

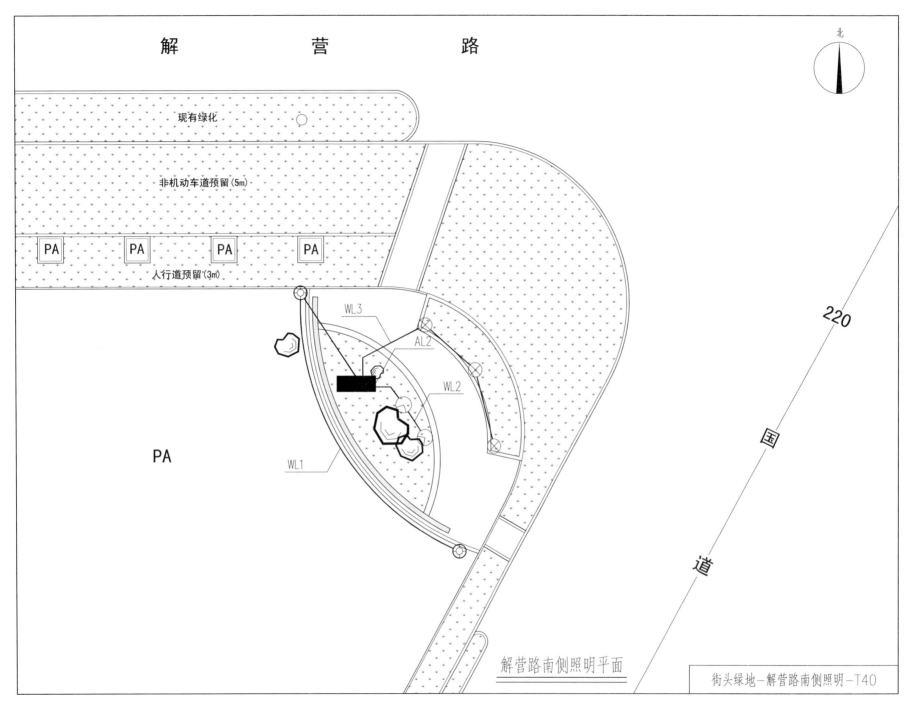

解营路南侧照明平面

街头绿地-解营路南侧照明-T40

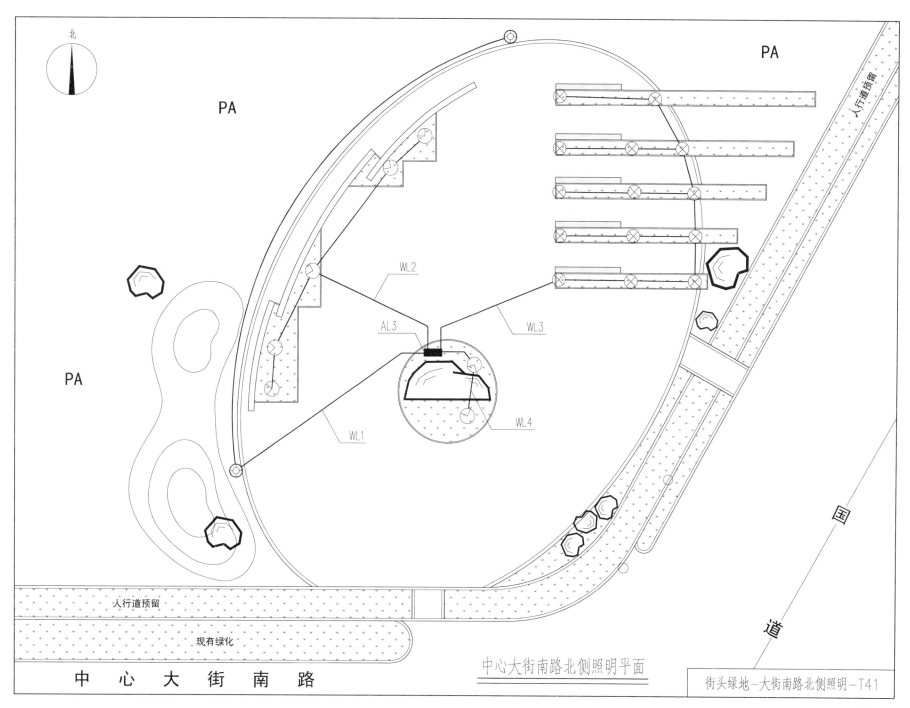

北

PA

PA

PA

PA

WL2

AL3

WL3

WL1

WL4

人行道预留

人行道预留

现有绿化

中 心 大 街 南 路

中心大街南路北侧照明平面

街头绿地-大街南路北侧照明-T41

国

道

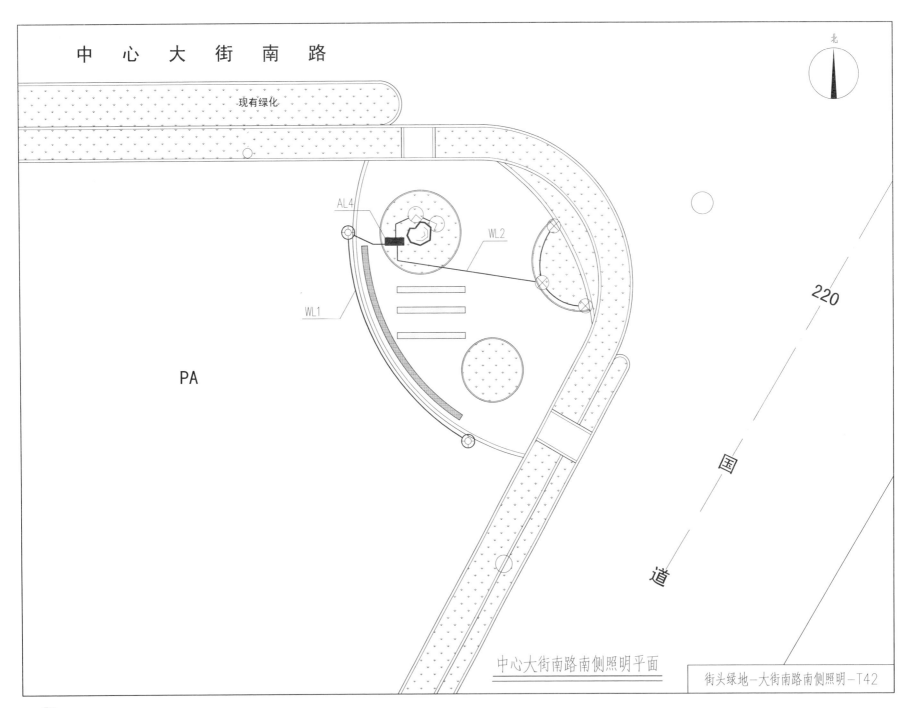

中 心 大 街 南 路

现有绿化

北

AL4

WL2

WL1

PA

220

国

道

中心大街南路南侧照明平面

街头绿地—大街南路南侧照明—T42

居住区 A 景观施工图设计

设计说明

一、设计范围说明
本设计为某小区景观绿化种植设计。

二、设计原则
1.以疏林草地、自然式种植为基调，在广场区采用树池、树穴，形成整体统一的环境效果，各个景区以个性化的植物配置，做到统一中又有变化。各个景点的植物配置因空间不同而调整。
2.配合地块功能特征进行空间组织。根据景观区域或开放或幽闭或疏朗的空间要求，配以庭荫、孤植、密林、草坪等不同的形式，形成多种不同形态的空间形式，充分发挥植物的生态功能。
3.绿化树种选择既考虑景观效果，使常绿落叶搭配，季相变化丰富，又要快慢结合形成植被景观，同时注重树种选择的经济性。

三、基肥
施工图中的各种苗木均需按预定要求施基肥。

四、苗木要求
1.严格购苗，应选择枝干健壮，形体优美的苗木，苗木移植尽量减少截枝量，严禁出现没有枝的单干苗木，乔木的分枝应不少于四个，常绿树全冠移植，落叶树尽可能保持冠形冠幅。
2.规则式种植的乔灌木，苗木的规格大小应统一。
3.丛植或群式种植的乔灌木，组团内同种或不同种苗木都应高低错落，充分体现自然生长的特点，植后同种苗木相差30cm左右。
5.所有靠近主干道以及临界景观面的乔木均要球树树形较好。
6.所有花草树木必须健康，新鲜，无病虫害，无缺乏矿物质症状，生长旺盛而不老化。
7.严格选苗，花灌木尽量选用容器苗，地苗应保证移植根系，带好土球，包结实牢靠。大规格乔木木详见图纸，应先做好移植前工作。
8.具体苗木品种规格见施工图"苗木表"。

五、定点放线
严格按照施工平面图定点放线，自然式的不规则种植应用方格网法及图中比例尺定点放线，图中未标明尺寸的种植，按图比例依实放线定点。各组团先测出范围，确保符合景观设计要求，大乔木要求定点放线准确，严格符合设计要求。如遇种植附近有地下管线，绿化树种与各类地下管线间的最小水平净距，按GB50180-93执行，如有地方规范，按最高标准执行。

六、挖穴
如在施工过程中，图标所示位置有管线穿过，则可根据实际情况，对数位进行微调，如须进行较大范围的调整则须与设计方洽商后再做调整。

七、种植及固定
种植高于2m的植物应采用防风固定技术。根据现场情况及景观效果选择地上支撑法或地下固定法（见附图）。按园林绿化常规方法施工，要求基肥应与碎土充分混均，乔木应按苗木的自然高度组合排列;点植的花草树木应自然种植，高低错落有致。所有树池内均须用地被植物覆盖，或者放置50厚陶粒覆盖面层，切忌露黄土。

八、修剪造型
花草树木种植后，因种植前修剪主要是为了运输和减少水分损失等而进行的，种植后应考虑植物造景重新进行修剪造型，使花草树木种植后初始冠形能有利于将来形成优美冠形，达致理想绿化景观。

九、其他
其它按照总说明和定地园林施工规范标准执行。

苗木总表

编号	种 类		规 格			数量	备 注
			高度（米）	冠幅（米）	胸径（地径）	（株）	
1		白蜡 Fraxinus velutina Torr.	H=2.5-3		D=7-8cm	94	
2		国槐 Sophora japonica Linn.	H=2.5-3		D=7-8cm	169	
3		栾树 Koelreuteria paniculata	H=2-2.5		D=7-8cm	41	
4		苦楝 Melia azedarach L.	H=2-2.5		D=7-8cm	82	
5		垂柳 Salix babylonica	H=2-2.5		D=8-10cm	52	
6		鸡爪槭 Acer palmatum Thunb			D=5-6cm	47	
7		大叶女贞 Ligustrum lucidum Ait			D=6-7cm	16	
8		樱花 Cerasus serrulata			D=6-7cm	21	
9		紫叶李 Prunus cerasifera f. atropurpurea		P=1.2-1.5	d=4-5cm	278	
10		西府海棠 Malus micromalus Makino		P>=1.2	d=4-5cm	23	
11		碧桃 Prunus persica cv.Duplex		P>=1.2	d=3-4cm	115	
12		紫薇 Lagerstroemia indica L.		P>=1.2	d=3-4cm	130	
13		腊梅 Chimonanthus praecox		P>=1	d=3-4cm	23	
14		榆叶梅 Amygdalus triloba		P>=1.2	d=3-4cm	171	
15		紫荆 Lagerstroemia speciosa		P>=1.2	d=4-5cm	70	
16		花石榴 Punica granatum		P>=1.2	d=4-5cm	138	

说明H表示自然高；D表示胸径；d表示地径；P表示冠幅

苗木总表

编号	种 类		规 格		数量	备 注
			高度（米）	冠幅	（株）	
1		迎春 Jassminum nudiflorum Lindl.			235	12-14分枝多年生,形态自然良好
2		海桐球 Pittosporum tobira	H=0.4-0.5		102	
3		黄杨球 Euonymus japonicus	H=0.4-0.5	50-60CM	371	
4		紫叶小檗 Berberis thunbergii cv.atropurpurea	H=0.25-0.3	18-20CM	475平	40株/平方米
5		金叶女贞 Ilex purpurea Hassk.	H=0.25-0.3	18-20CM	935平	42株/平方米
6		大叶黄杨 Buxus megistophylla Lévl.	H=0.25-0.3	18-20CM	1138平	36株/平方米
7		金边黄杨 Euonymus Japonicus cv.Aureo-ma	H=0.25-0.3	18-20CM	530平	36株/平方米
8		小龙柏 Sabina chinensis cv. kaizuka	H=0.25-0.3	18-20CM	290平	36株/平方米
9		淡竹 Phyllostachys glauca McClure			400墩	
10		草坪(矮化早熟禾)Poapretensis			13000平	

居住区A景观－植物设计说明－01

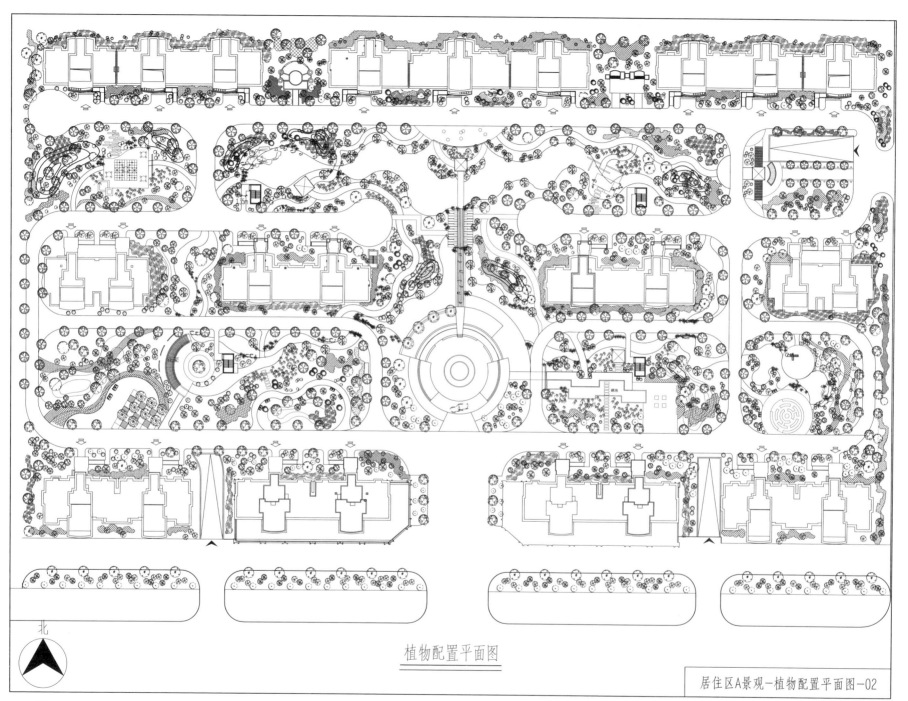

植物配置平面图

北

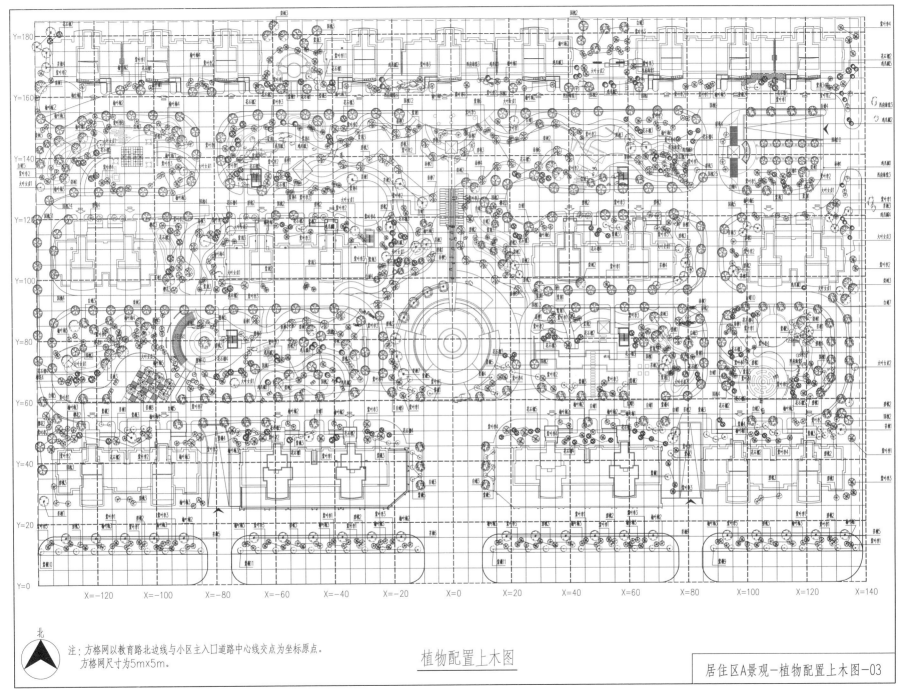

植物配置上木图

居住区A景观-植物配置上木图-03

注：方格网以教育路北边线与小区主入口道路中心线交点为坐标原点。
方格网尺寸为5m×5m。

北

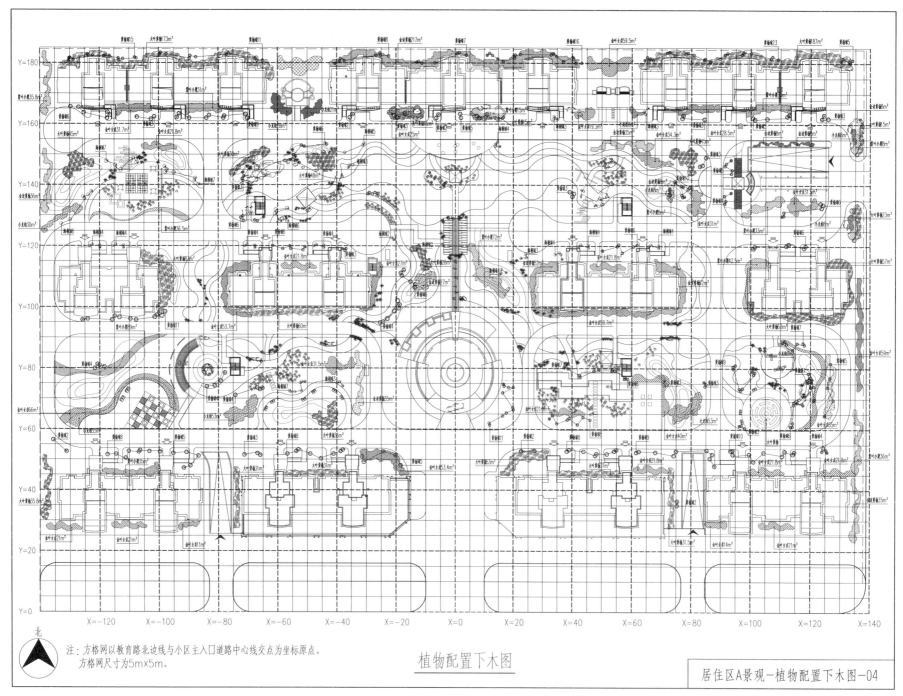

植物配置下木图

居住区A景观—植物配置下木图—04

北

注: 方格网以教育路北边线与小区主入口道路中心线交点为坐标原点。
　　方格网尺寸为5m×5m。

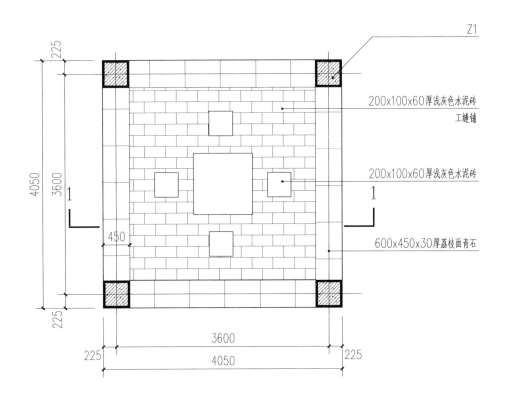

225

Z1

4050

3600

1

1

450

225

225   3600   225

4050

200x100x60厚浅灰色水泥砖

工缝铺

200x100x60厚浅灰色水泥砖

600x450x30厚荔枝面青石

① 景观亭铺装平面

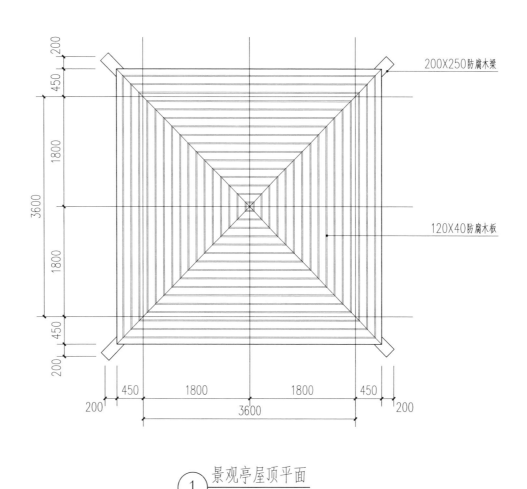

200X250防腐木梁

120X40防腐木板

① 景观亭屋顶平面

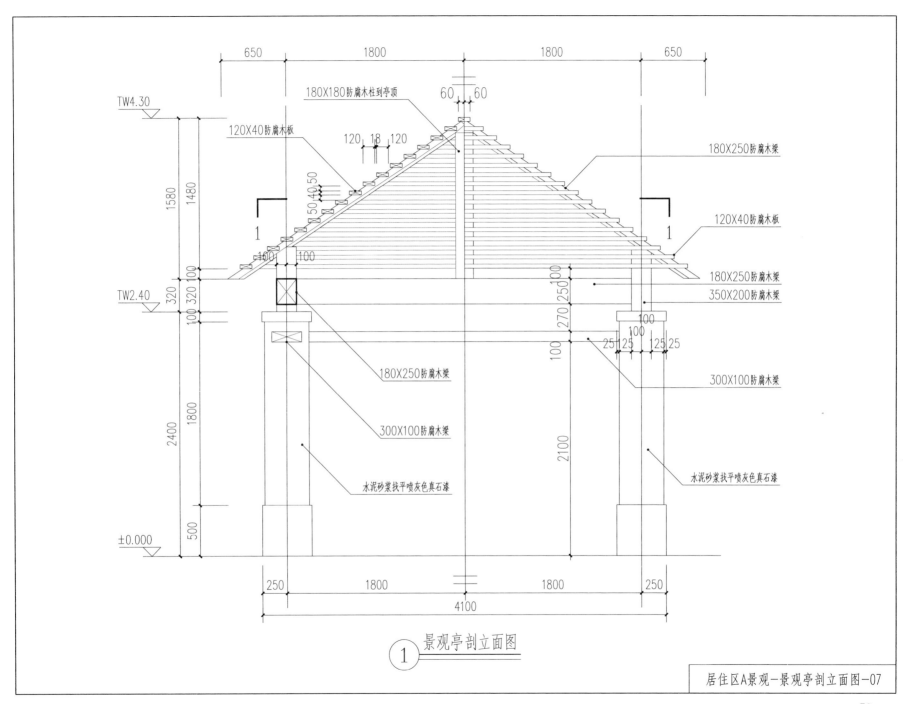

TW4.30

650 1800 1800 650

180X180防腐木柱到亭顶

60 60

120X40防腐木板

120 18 120

180X250防腐木梁

50 40 50

1580 1480

120X40防腐木板

1

1

100 100

180X250防腐木梁
350X200防腐木梁

TW2.40

100 320

100 320 100

270 250 100

100

100

25 125 125 25

180X250防腐木梁

300X100防腐木梁

2400 1800

2100

300X100防腐木梁

水泥砂浆找平喷灰色真石漆

水泥砂浆找平喷灰色真石漆

±0.000

500

250 1800 1800 250

4100

① 景观亭剖立面图

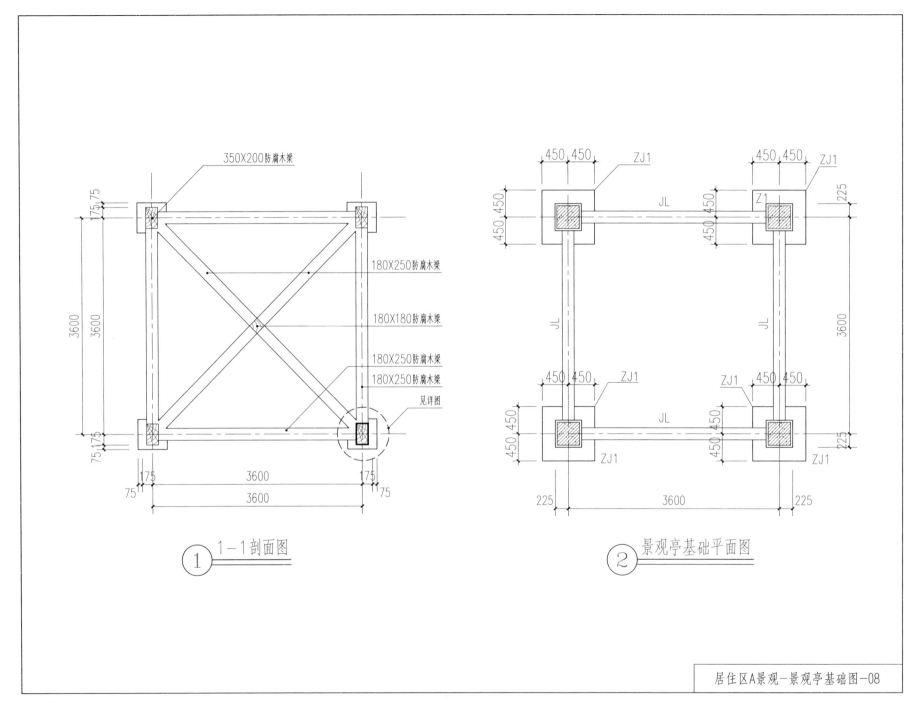

350X200防腐木梁

180X250防腐木梁

180X180防腐木梁

180X250防腐木梁

180X250防腐木梁

见详图

175,75

3600
3600

175,175

75,175

175

3600
3600

75 | 175

① 1—1剖面图

450,450 ZJ1

450,450 ZJ1

450,450

ZJ1

450,450

JL

Z1

225

JL

JL

3600

450,450 ZJ1

450,450

ZJ1

450,450 ZJ1

ZJ1

225

450,450

225

3600

225

② 景观亭基础平面图

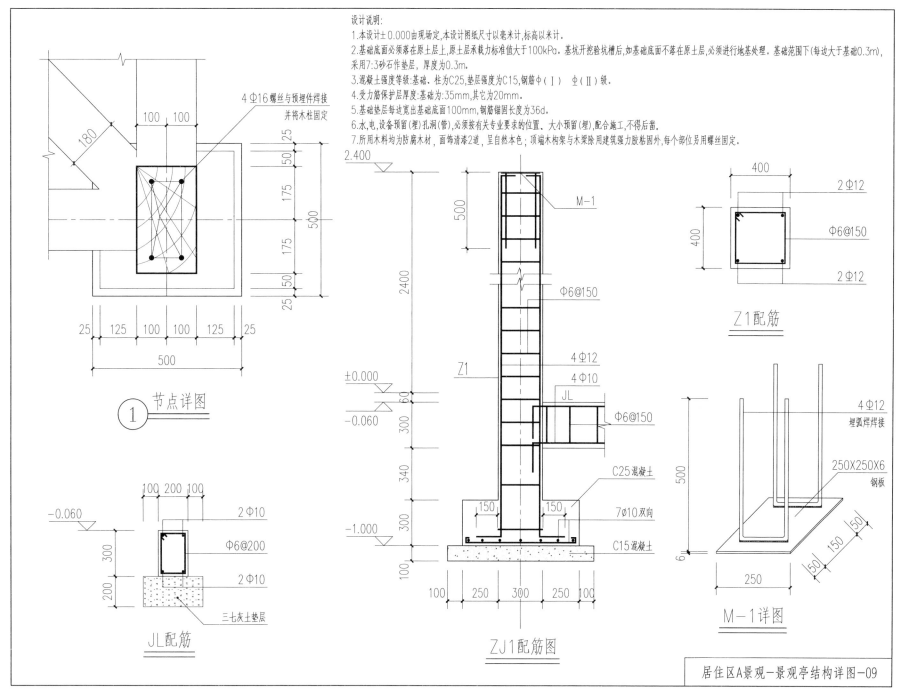

设计说明:
1.本设计±0.000由现场定,本设计图纸尺寸以毫米计,标高以米计。
2.基础底面必须落在原土层上,原土层承载力标准值大于100kPa。基坑开挖验坑槽后,如基础底面不落在原土层,必须进行地基处理。基础范围下(每边大于基础0.3m),采用7:3砂石作垫层,厚度为0.3m。
3.混凝土强度等级:基础、柱为C25,垫层强度为C15,钢筋φ(Ⅰ) Φ(Ⅱ)级。
4.受力筋保护层厚度:基础为:35mm,其它为20mm。
5.基础垫层每边宽出基础底面100mm,钢筋锚固长度为36d。
6.水,电,设备预留(埋)孔洞(管),必须按有关专业要求的位置、大小预留(埋),配合施工,不得后凿。
7.所用木料均为防腐木材,面饰清漆2道,呈自然本色;顶端木构架与木梁除用建筑强力胶粘固外,每个部位另用螺丝固定。

4Φ16螺丝与预埋件焊接
并将木柱固定

① 节点详图

JL配筋

ZJ1配筋图

Z1配筋

M-1详图

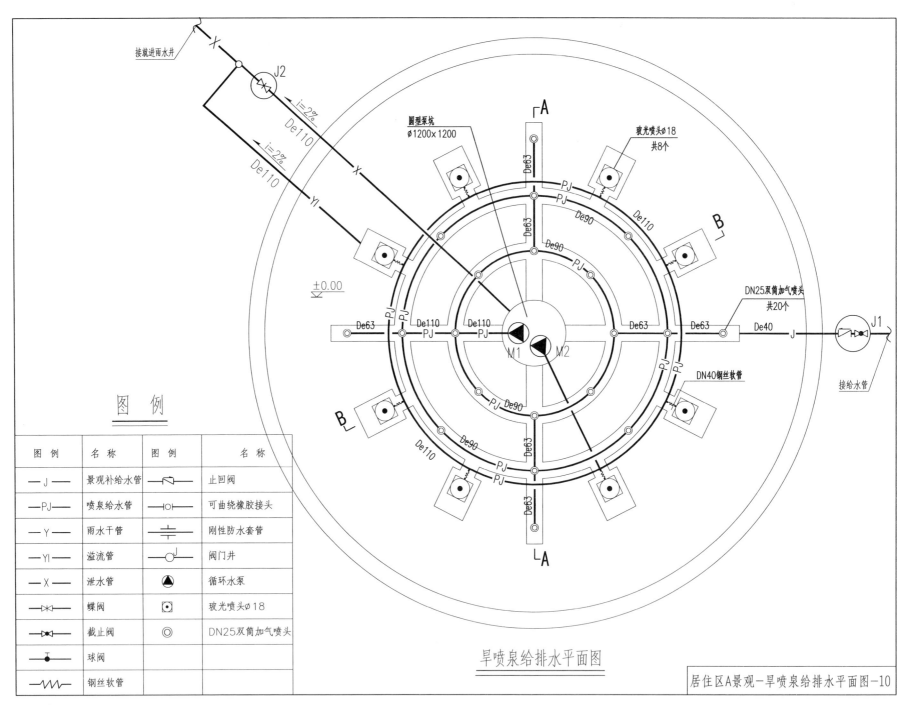

旱喷泉给排水平面图

居住区A景观−旱喷泉给排水平面图−10

接就进雨水井

J2

i=2‰

De110

i=2‰

De110

±0.00

圆型泵坑
∅1200×1200

玻光喷头∅18
共8个

A

PJ
PJ
De90
De110

B

De63

De90

PJ

De63

PJ
PJ
De110
PJ
PJ
De110
PJ

M1
M2

De63
De63
De40
J

DN25双筒加气喷头
共20个

J1

接给水管

DN40钢丝软管

PJ
PJ

B

De90

PJ
De90

De110
De90
PJ
PJ
De63

A

图　例

图例	名　称	图例	名　称
—J—	景观补给水管	⎯◁⎯	止回阀
—PJ—	喷泉给水管	—IOI—	可曲绕橡胶接头
—Y—	雨水干管	等	刚性防水套管
—YI—	溢流管	⎯○⎯	阀门井
—X—	泄水管	▲	循环水泵
—▷◁—	蝶阀	⊙	玻光喷头∅18
—▷—	截止阀	◎	DN25双筒加气喷头
—●—	球阀		
—⋀⋀⋀—	钢丝软管		

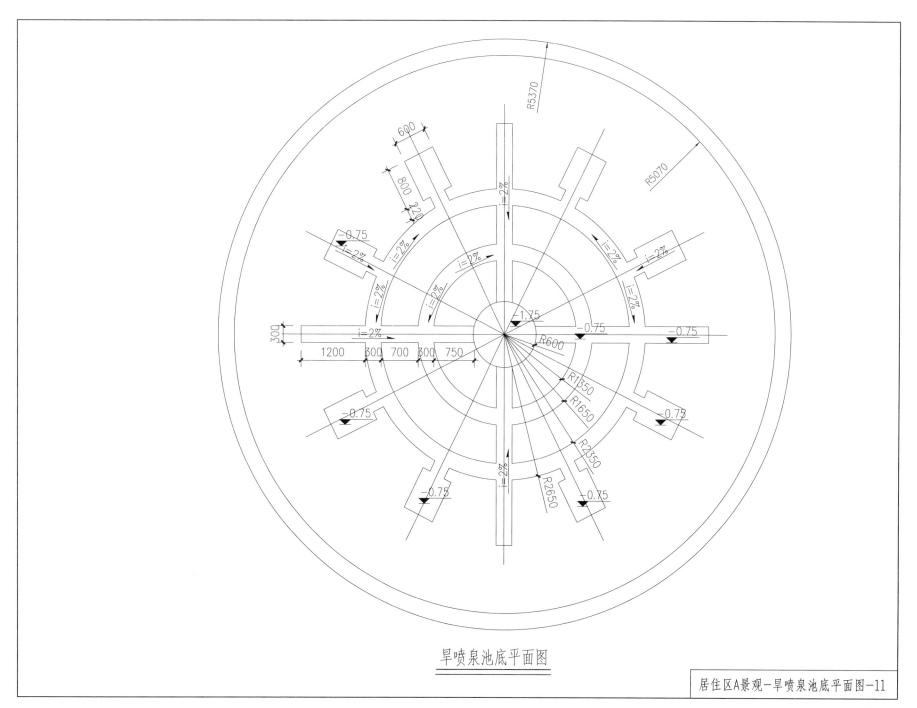

旱喷泉池底平面图

居住区A景观－旱喷泉池底平面图－11

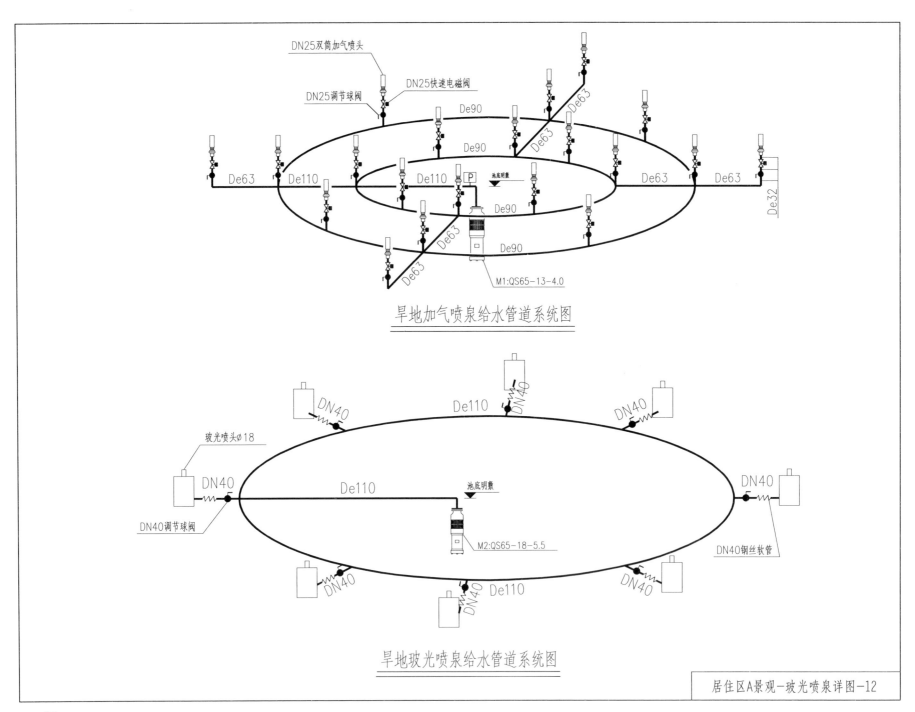

DN25双筒加气喷头
DN25快速电磁阀
DN25调节球阀
De90
De90
De63
De63
De63
De63
De63
De110
De110
池底明敷
De90
De63
De63
De63
De32
De90
M1:QS65-13-4.0

旱地加气喷泉给水管道系统图

玻光喷头∅18
DN40
De110
De110
DN40
DN40
DN40
DN40
池底明敷
De110
M2:QS65-18-5.5
DN40调节球阀
DN40钢丝软管
DN40
DN40
DN40
De110

旱地玻光喷泉给水管道系统图

居住区A景观－玻光喷泉详图－12

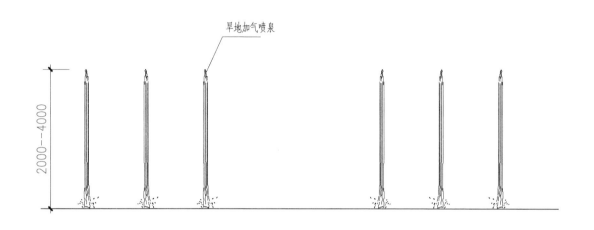

旱地加气喷泉

2000--4000

A—A立面示意图

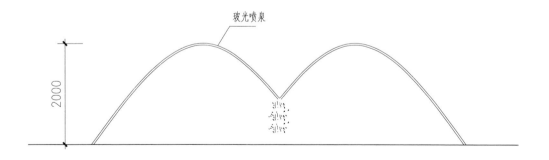

玻光喷泉

2000

B—B立面示意图

居住区A景观—玻光喷泉剖面—13

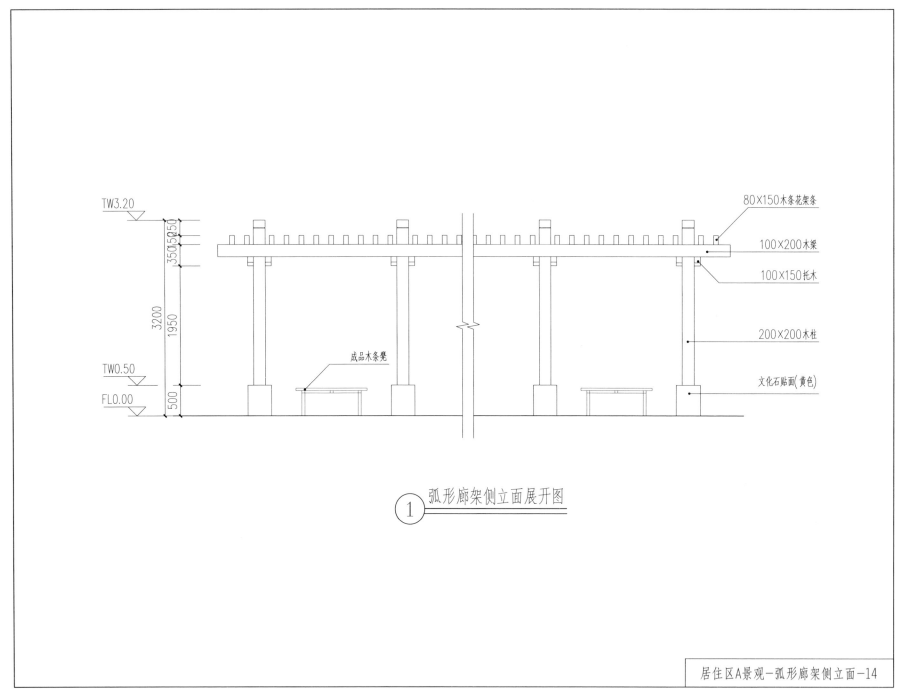

TW3.20

TW0.50

FL0.00

3200

350 150 250

1950

500

80×150木条花架条

100×200木梁

100×150托木

200×200木柱

文化石贴面(黄色)

成品木条凳

① 弧形廊架侧立面展开图

居住区A景观－弧形廊架侧立面－14

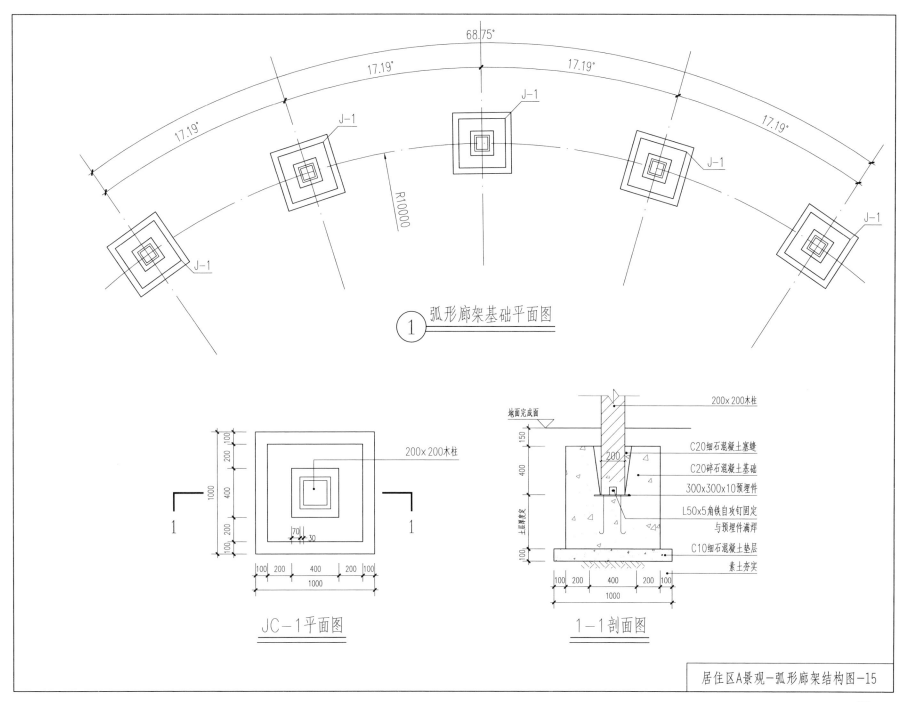

68.75°

17.19°　　17.19°

17.19°　　　　　　　　　17.19°

J-1

J-1

J-1

J-1

R10000

J-1

J-1

① 弧形廊架基础平面图

JC-1平面图

200x200木柱

100
200
200
400
200
100

1000

100 200 400 200 100
1000

70 30

1

1

1-1剖面图

200×200木柱

地面完成面

150

400

土层厚度定

100

200

100 200 400 200 100
1000

C20细石混凝土塞缝

C20碎石混凝土基础

300x300x10预埋件

L50x5角铁自攻钉固定
与预埋件满焊

C10细石混凝土垫层

素土夯实

居住区A景观－弧形廊架结构图-15

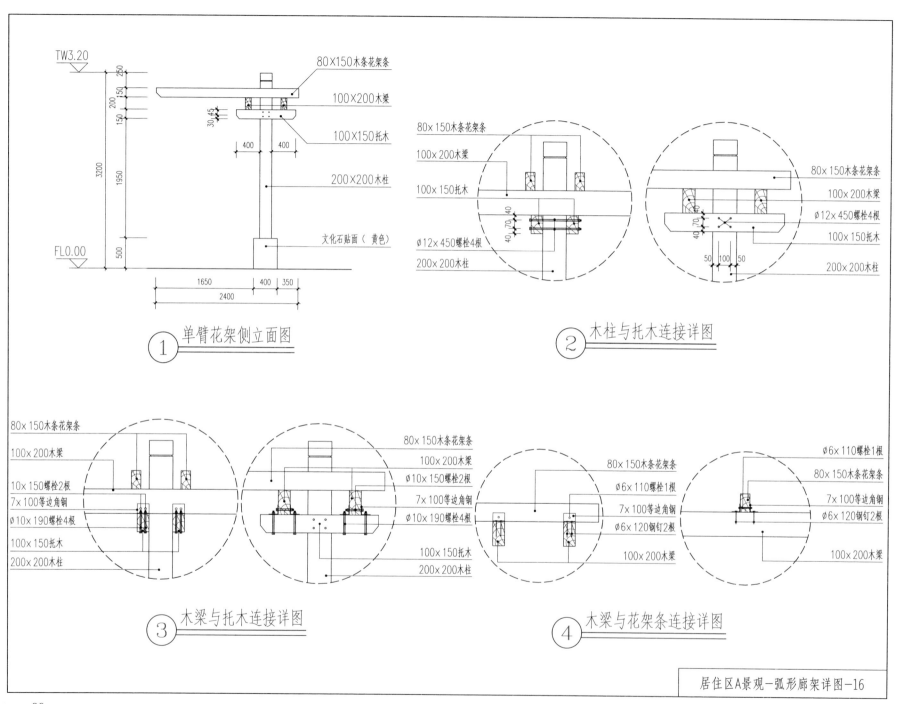

① 单臂花架侧立面图

② 木柱与托木连接详图

③ 木梁与托木连接详图

④ 木梁与花架条连接详图

居住区A景观—弧形廊架详图-16

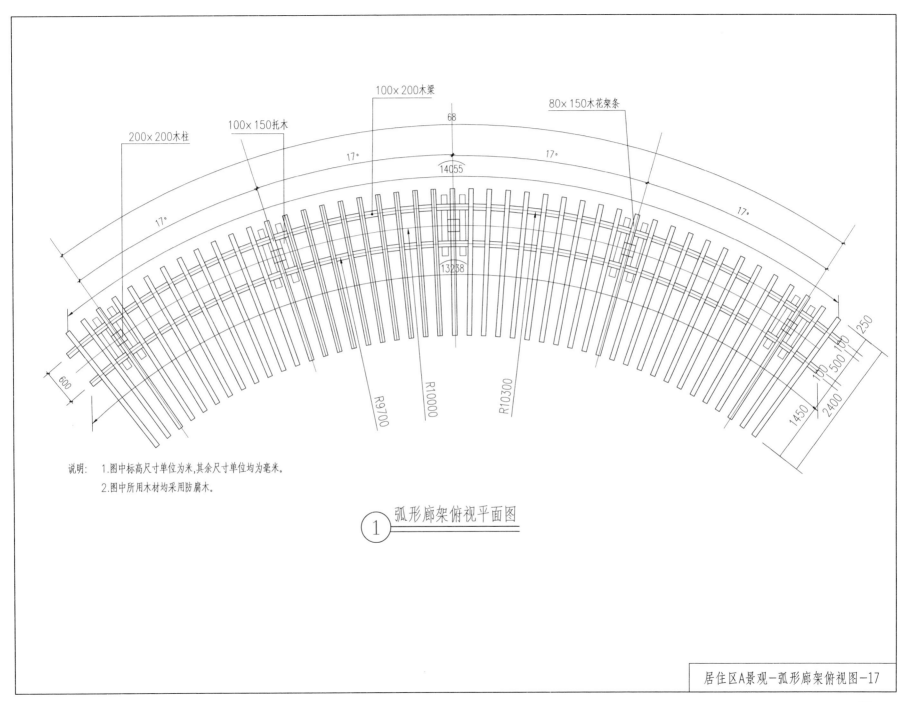

200×200木柱　100×150托木　100×200木梁　80×150木花架条

68

14055

17°　17°　17°

17°

13238

600

R9700　R10000　R10300

1450　2400　100　500　160　250

说明:　1.图中标高尺寸单位为米,其余尺寸单位均为毫米。
　　　　2.图中所用木材均采用防腐木。

① 弧形廊架俯视平面图

居住区A景观-弧形廊架俯视图-17

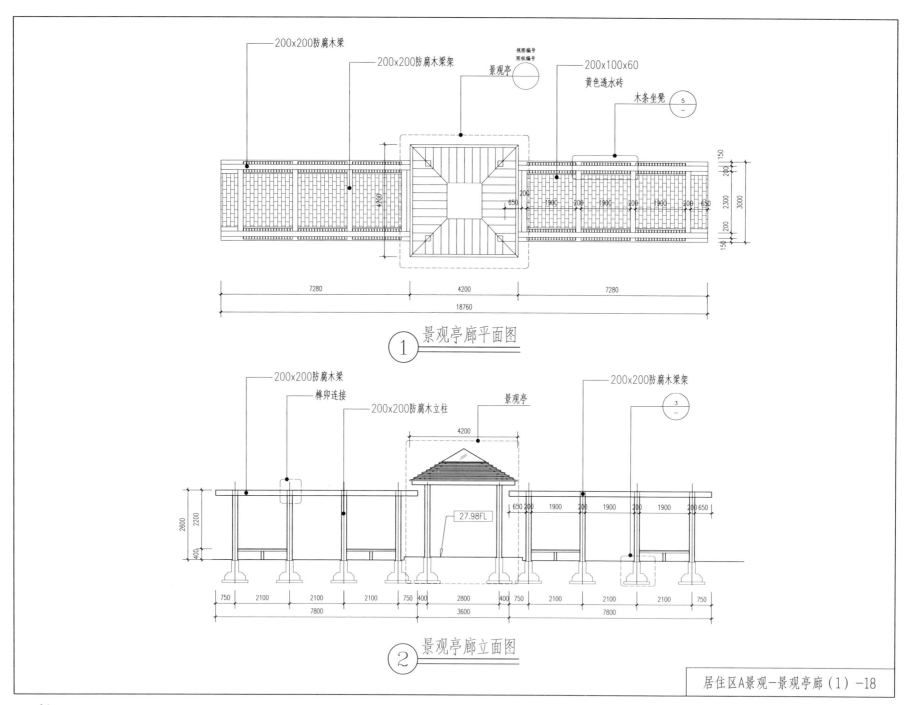

景观亭廊平面图 ①

景观亭廊立面图 ②

27.98FL

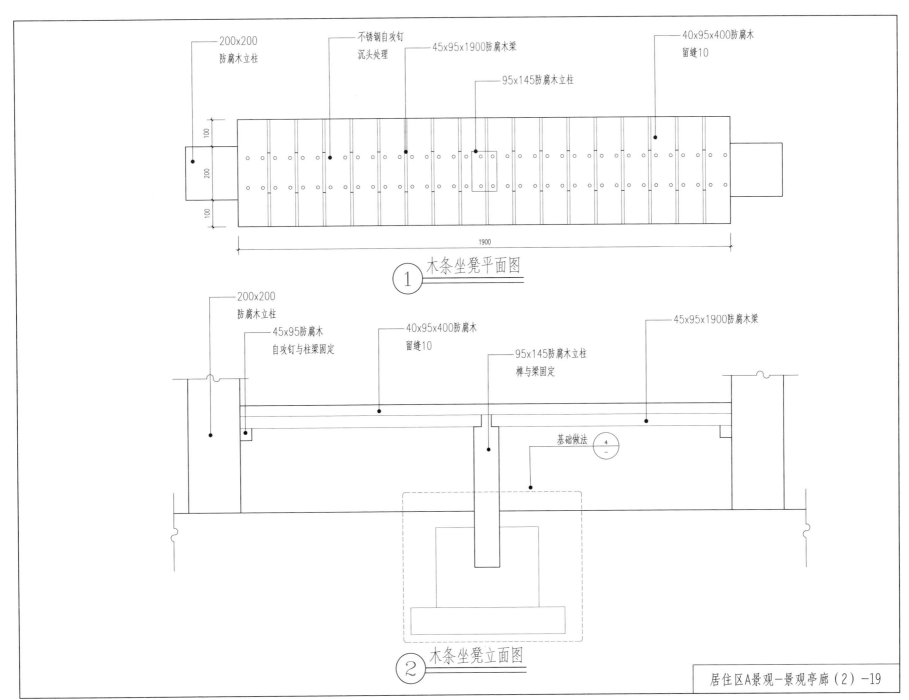

200x200
防腐木立柱

不锈钢自攻钉
沉头处理

45x95x1900防腐木梁

95x145防腐木立柱

40x95x400防腐木
留缝10

100

200

100

1900

木条坐凳平面图

①

200x200
防腐木立柱

45x95防腐木
自攻钉与柱梁固定

40x95x400防腐木
留缝10

95x145防腐木立柱
榫与梁固定

45x95x1900防腐木梁

基础做法 ④

木条坐凳立面图

②

居住区A景观－景观亭廊（2）－19

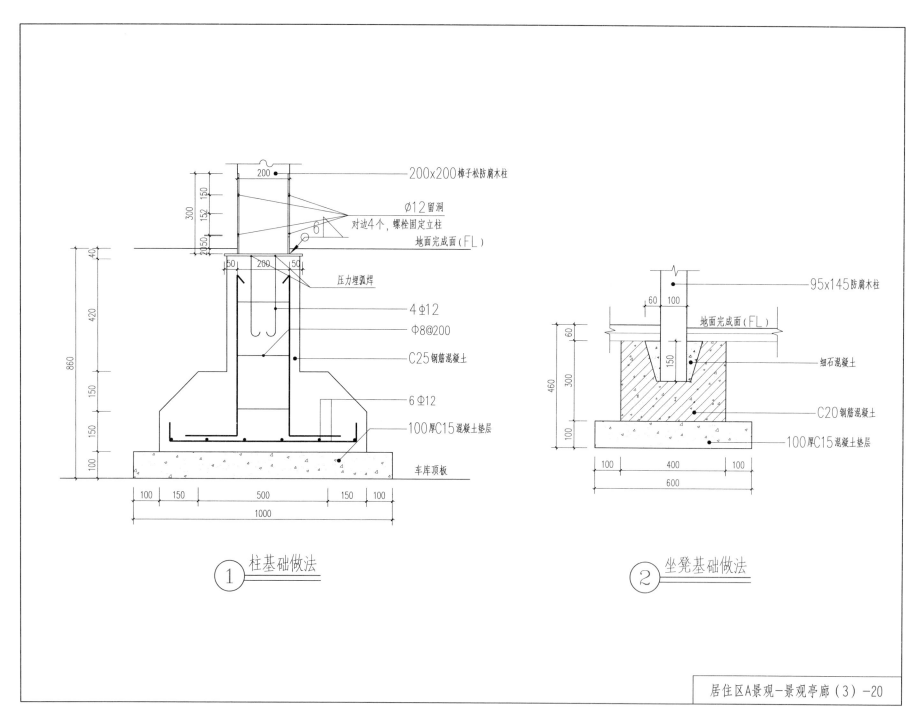

200×200樟子松防腐木柱

Ø12留洞
对边4个，螺栓固定立柱

地面完成面（FL）

300 / 150 / 152 / 2050

压力埋弧焊

4Φ12

Φ8@200

C25钢筋混凝土

6Φ12

100厚C15混凝土垫层

车库顶板

40 / 420 / 150 / 150 / 100 / 860

50 / 200 / 50

100 / 150 / 500 / 150 / 100
1000

①　柱基础做法

95×145防腐木柱

地面完成面（FL）

60 / 100 / 150

细石混凝土

C20钢筋混凝土

100厚C15混凝土垫层

60 / 300 / 100 / 460

100 / 400 / 100
600

②　坐凳基础做法

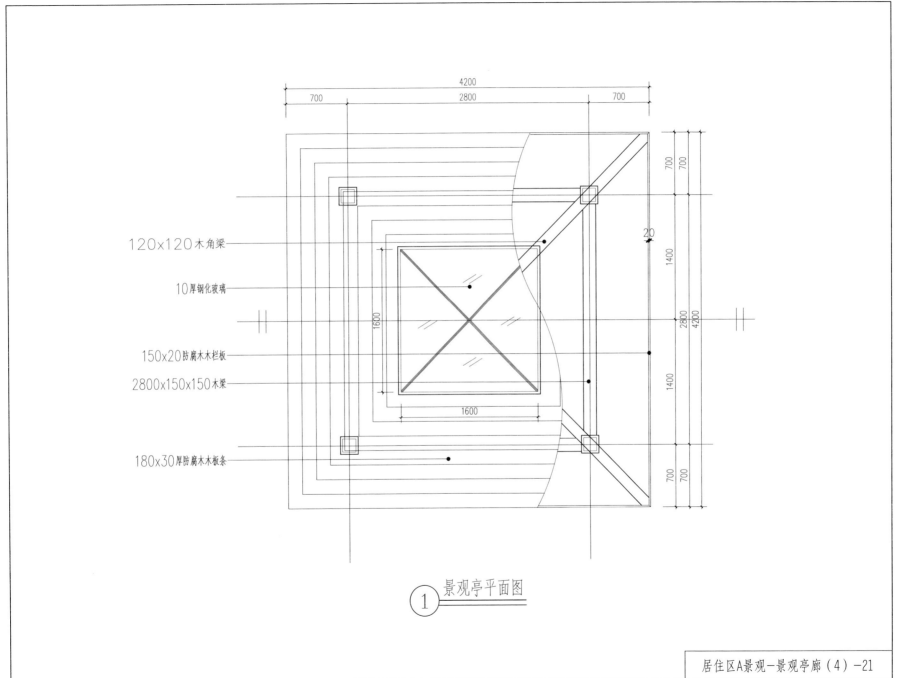

4200
700 2800 700

700
700

120×120木角梁

20

1400

10厚钢化玻璃

2800
4200

1600

150×20防腐木木栏板

1400

2800×150×150木梁

1600

180×30厚防腐木木板条

700
700

① 景观亭平面图

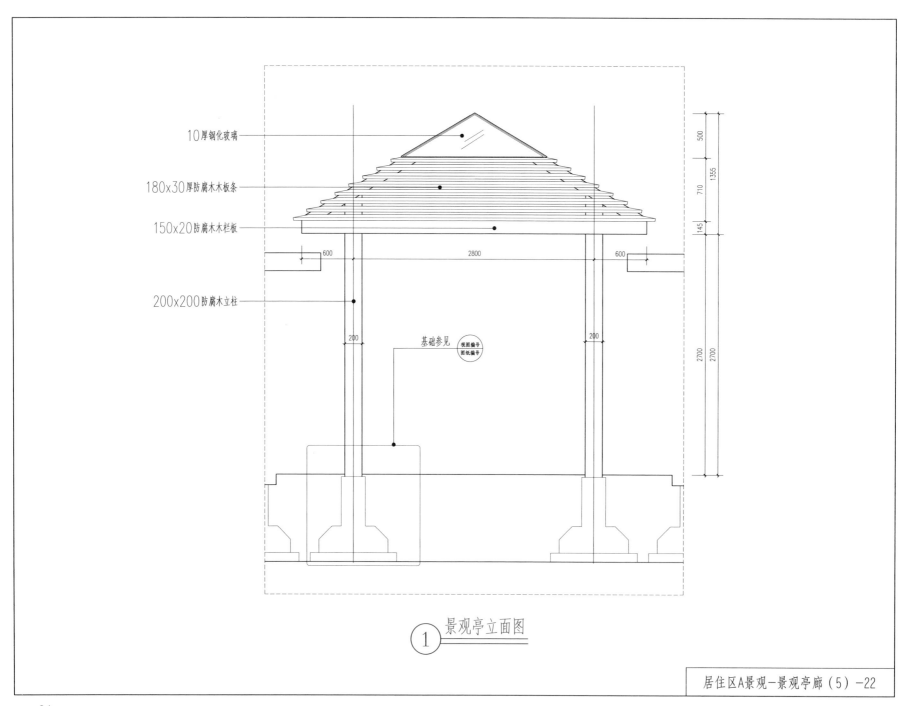

10厚钢化玻璃

180x30厚防腐木木板条

150x20防腐木木栏板

200x200防腐木立柱

600

2800

600

500

1355

710

145

200

200

2700

2700

基础参见

视图编号
图纸编号

① 景观亭立面图

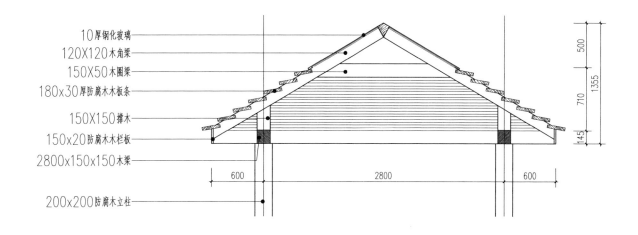

10厚钢化玻璃
120X120木角梁
150X50木圈梁
180x30厚防腐木木板条
150X150撑木
150x20防腐木木栏板
2800x150x150木梁

200x200防腐木立柱

500
710
145
1355

600
2800
600

① 景观亭剖面图

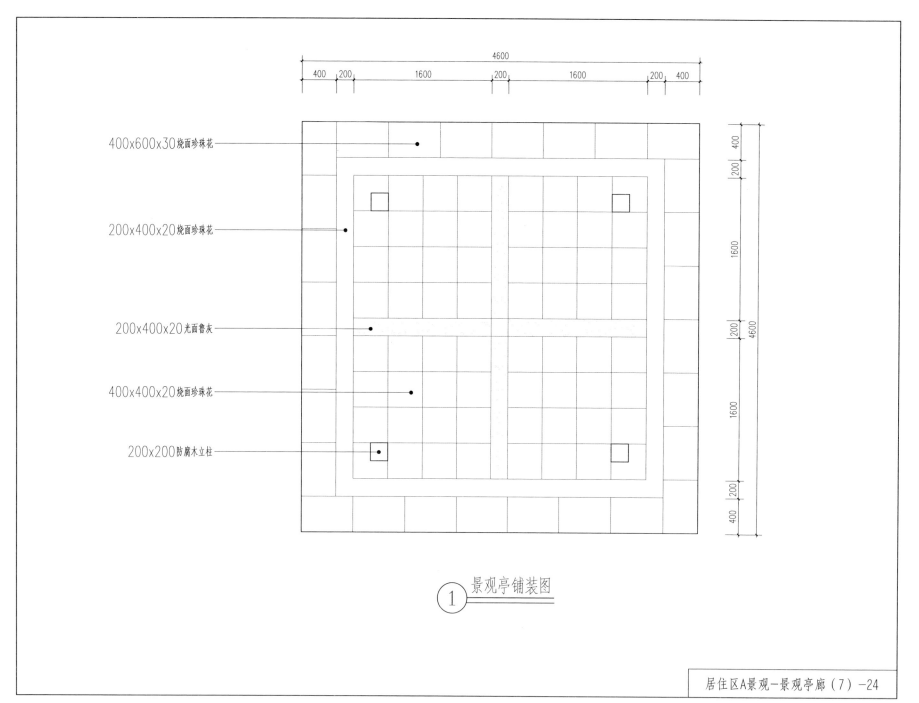

400x600x30烧面珍珠花

200x400x20烧面珍珠花

200x400x20光面鲁灰

400x400x20烧面珍珠花

200x200防腐木立柱

4600
400 200 1600 200 1600 200 400

400 200 1600 200 1600 200 400 4600

① 景观亭铺装图

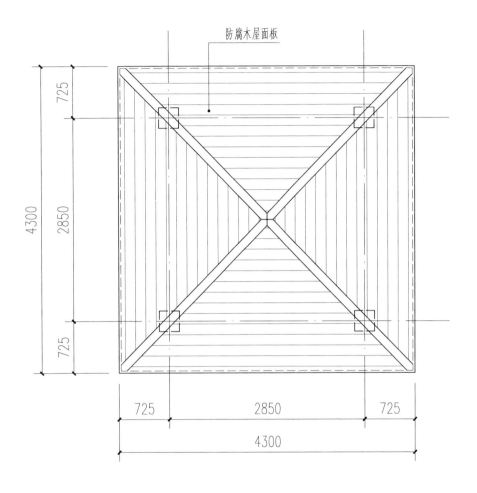

防腐木屋面板

725

2850

4300

725

725

2850

725

4300

① 四角亭平面图

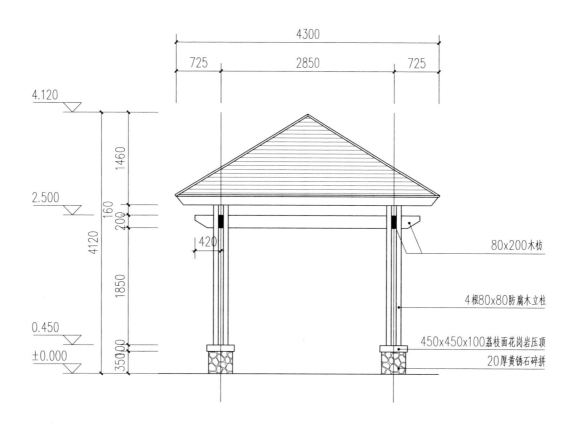

4300

725   2850   725

4.120

1460

2.500

160

200

420

4120

1850

80x200木枋

4根80x80防腐木立柱

0.450

350

450x450x100荔枝面花岗岩压顶

20厚黄锈石碎拼

±0.000

① 四角亭立面图

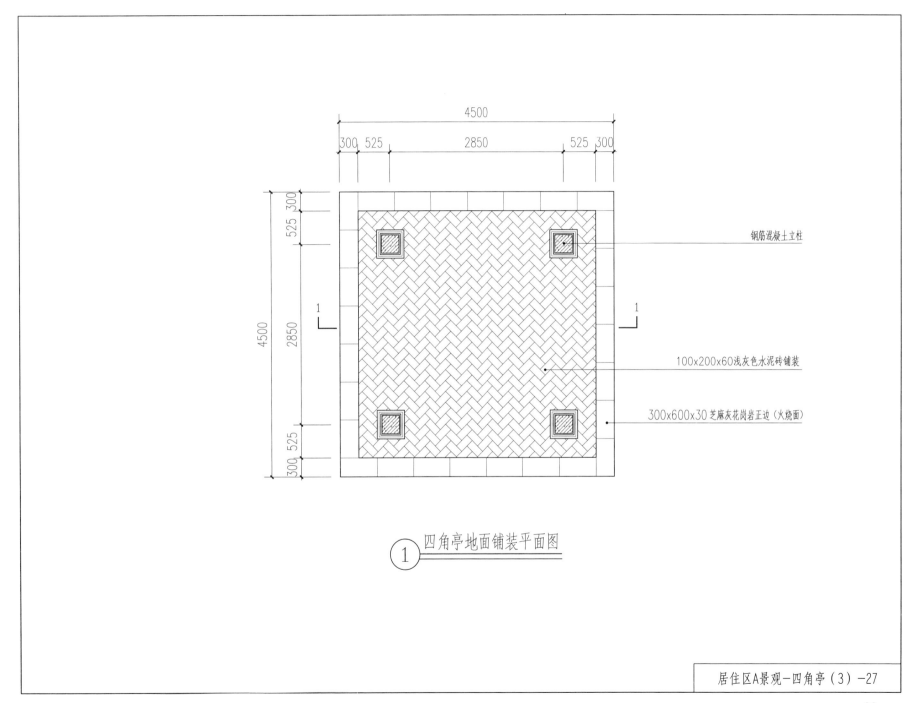

4500

300 525 2850 525 300

300

525

2850

525

300

4500

1

1

钢筋混凝土立柱

100x200x60浅灰色水泥砖铺装

300x600x30芝麻灰花岗岩正边（火烧面）

（1） 四角亭地面铺装平面图

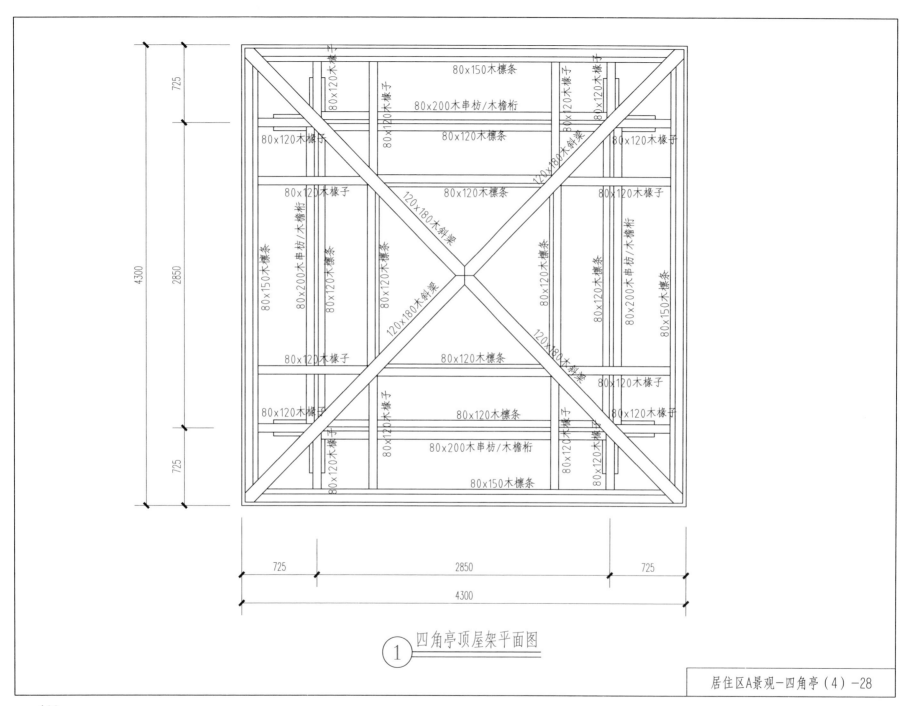

725

2850

4300

725

80x150木檩条

80x120木椽子

80x200木串枋/木檐桁

80x120木椽子

80x120木椽子

80x120木檩条

80x120木椽子

120x180木斜梁

80x120木椽子

80x120木椽子

80x150木檩条

80x200木串枋/木檐桁

80x120木檩条

80x120木檩条

80x120木檩条

120x180木斜梁

120x180木斜梁

80x120木檩条

80x120木檩条

80x200木串枋/木檐桁

80x150木檩条

120x180木斜梁

80x120木椽子

80x120木檩条

80x120木椽子

80x120木椽子

80x120木椽子

120x180木斜梁

80x120木椽子

80x120木椽子

80x120木椽子

80x120木檩条

80x200木串枋/木檐桁

80x150木檩条

725

2850

725

4300

四角亭顶屋架平面图

①

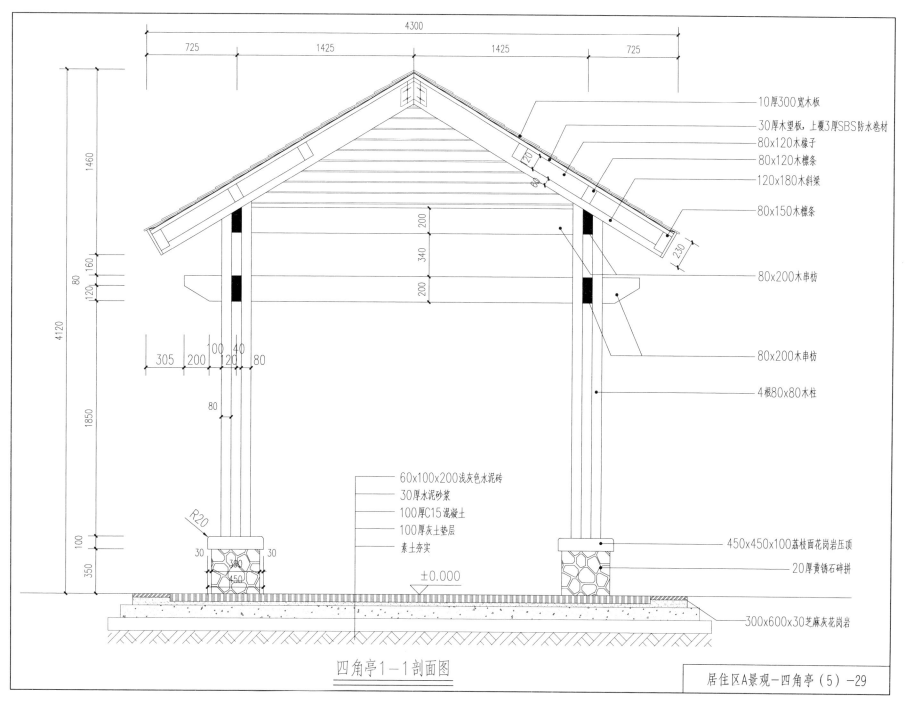

四角亭1－1剖面图

10厚300宽木板
30厚木塑板，上覆3厚SBS防水卷材
80x120木椽子
80x120木檩条
120x180木斜梁
80x150木檩条
80x200木串枋
80x200木串枋
4根80x80木柱
60x100x200浅灰色水泥砖
30厚水泥砂浆
100厚C15混凝土
100厚灰土垫层
素土夯实
450x450x100荔枝面花岗岩压顶
20厚黄锈石碎拼
300x600x30芝麻灰花岗岩
±0.000

4300
725   1425   1425   725
1460
80
160
120
4120
1850
80
305 200 120 80
100
350
R20
30 30
390
450
200
340
200
20
80
230

居住区A景观－四角亭（5）－29

－ 101 －

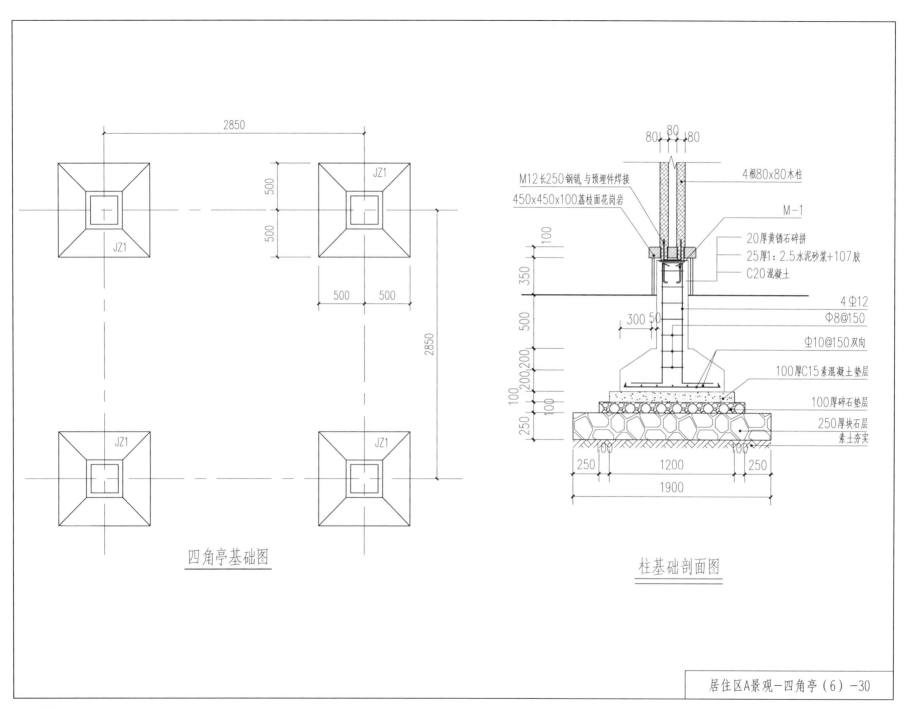

2850

500

500

JZ1

JZ1

500 500

2850

JZ1

JZ1

四角亭基础图

80 80 80

M12长250钢销,与预埋件焊接

450x450x100荔枝面花岗岩

4根80x80木柱

M-1

20厚黄锈石碎拼

25厚1:2.5水泥砂浆+107胶

C20混凝土

100

350

500

200 200

100

250

100

300 50

100

4Φ12

Φ8@150

Φ10@150双向

100厚C15素混凝土垫层

100厚碎石垫层

250厚块石层

素土夯实

250 1200 250

1900

柱基础剖面图

居住区A景观-四角亭(6)-30

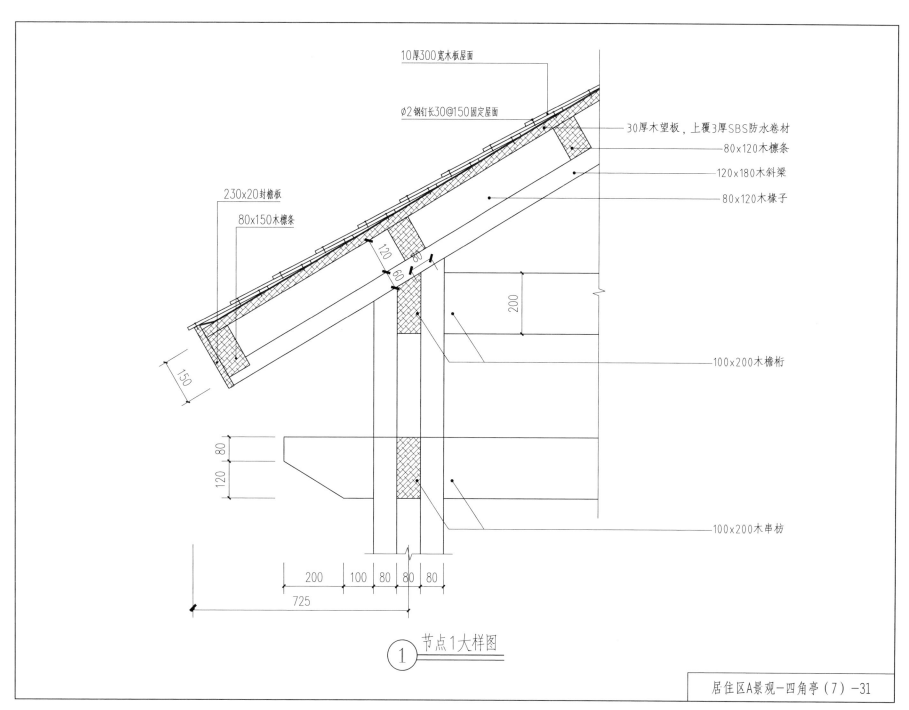

10厚300宽木板屋面

∅2钢钉长30@150固定屋面

30厚木望板，上覆3厚SBS防水卷材

80x120木檩条

120x180木斜梁

80x120木椽子

230x20封檐板

80x150木檩条

120

80

60

80

200

100x200木檐桁

150

80

120

100x200木串枋

200 | 100 | 80 | 80 | 80

725

① 节点1大样图

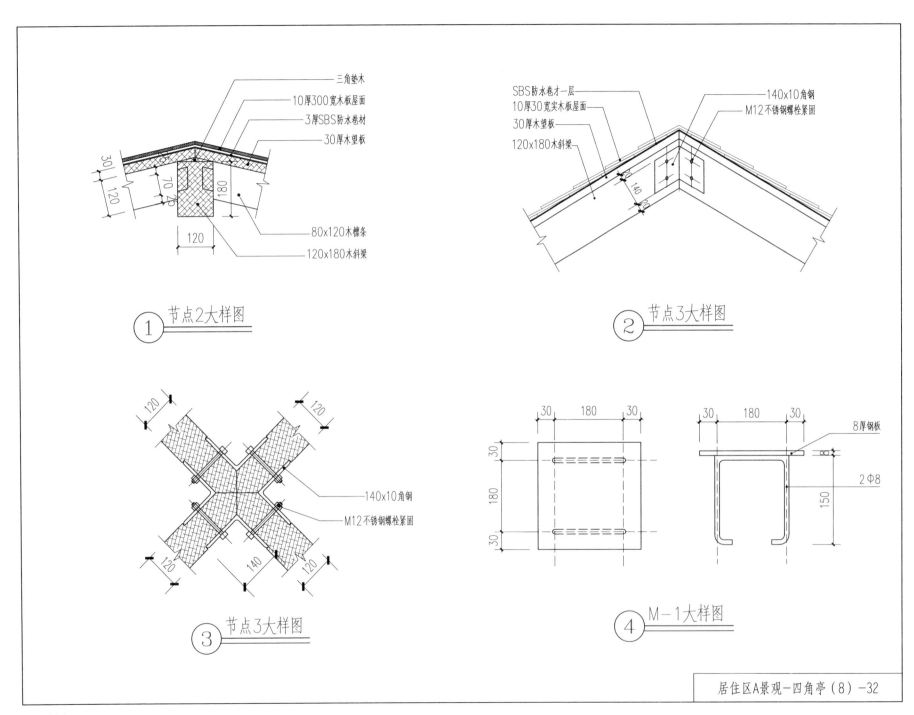

三角垫木
10厚300宽木板屋面
3厚SBS防水卷材
30厚木望板

80x120木檩条
120x180木斜梁

$\overset{1}{\bigcirc}$ 节点2大样图

SBS防水卷才一层
10厚30宽实木板屋面
30厚木望板
120x180木斜梁

140x10角钢
M12不锈钢螺栓紧固

$\overset{2}{\bigcirc}$ 节点3大样图

140x10角钢
M12不锈钢螺栓紧固

$\overset{3}{\bigcirc}$ 节点3大样图

8厚钢板
2Φ8

$\overset{4}{\bigcirc}$ M-1大样图

居住区A景观-四角亭（8）-32

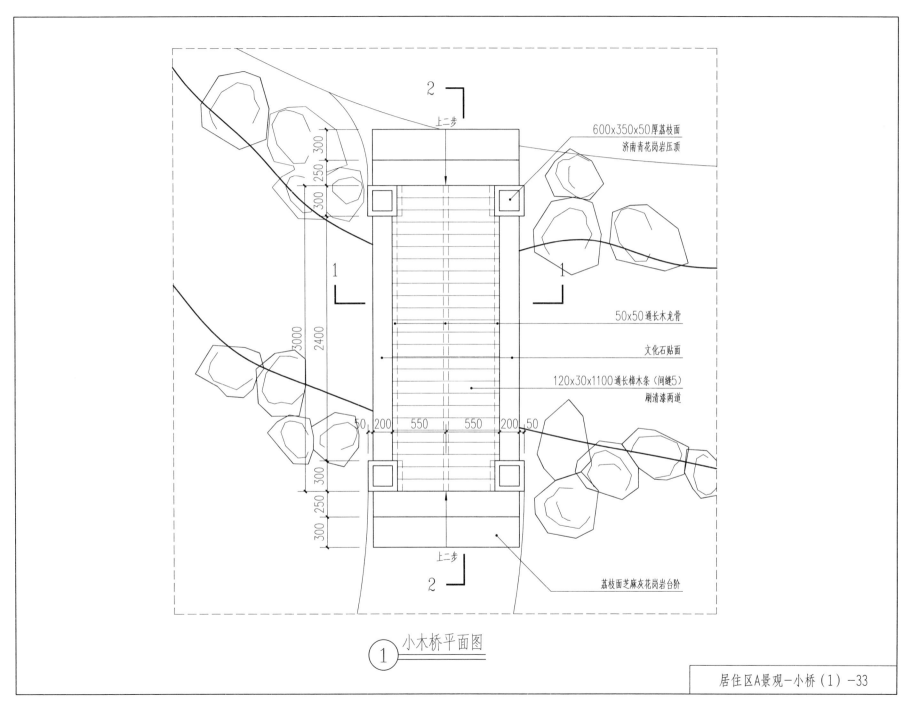

600x350x50厚荔枝面
济南青花岗岩压顶

50x50通长木龙骨

文化石贴面

120x30x1100通长樟木条（间缝5）

刷清漆两道

荔枝面芝麻灰花岗岩台阶

上二步

1 小木桥平面图

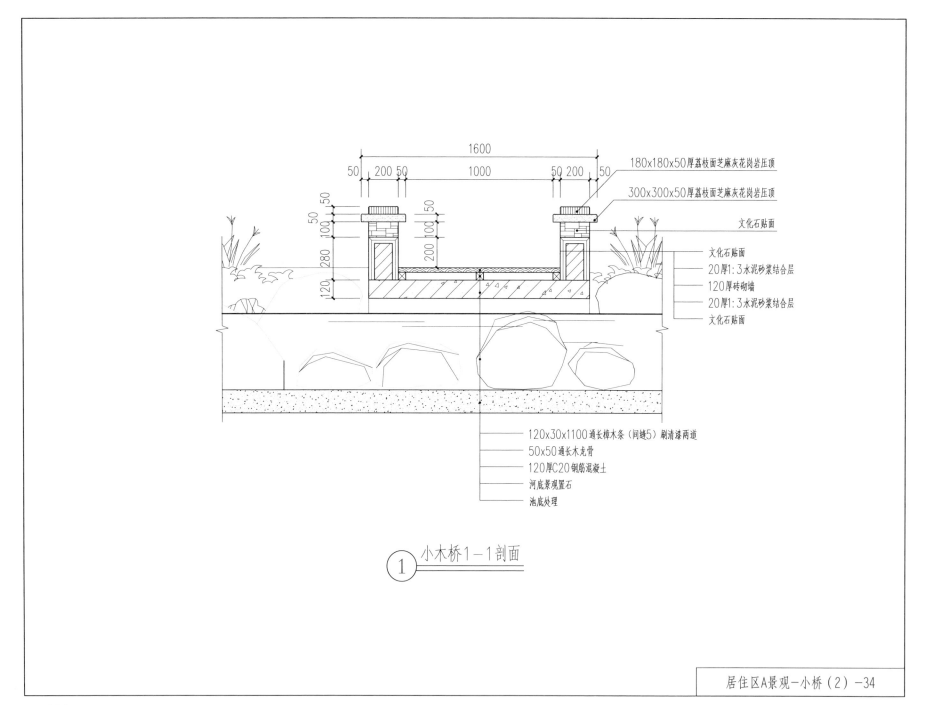

1600

50 200 50 1000 50 200 50

180x180x50厚荔枝面芝麻灰花岗岩压顶

300x300x50厚荔枝面芝麻灰花岗岩压顶

文化石贴面

50
100
280
120

50
200
100

文化石贴面
20厚1:3水泥砂浆结合层
120厚砖砌墙
20厚1:3水泥砂浆结合层
文化石贴面

120x30x1100通长樟木条（间缝5）刷清漆两道
50x50通长木龙骨
120厚C20钢筋混凝土
河底景观置石
池底处理

① 小木桥1-1剖面

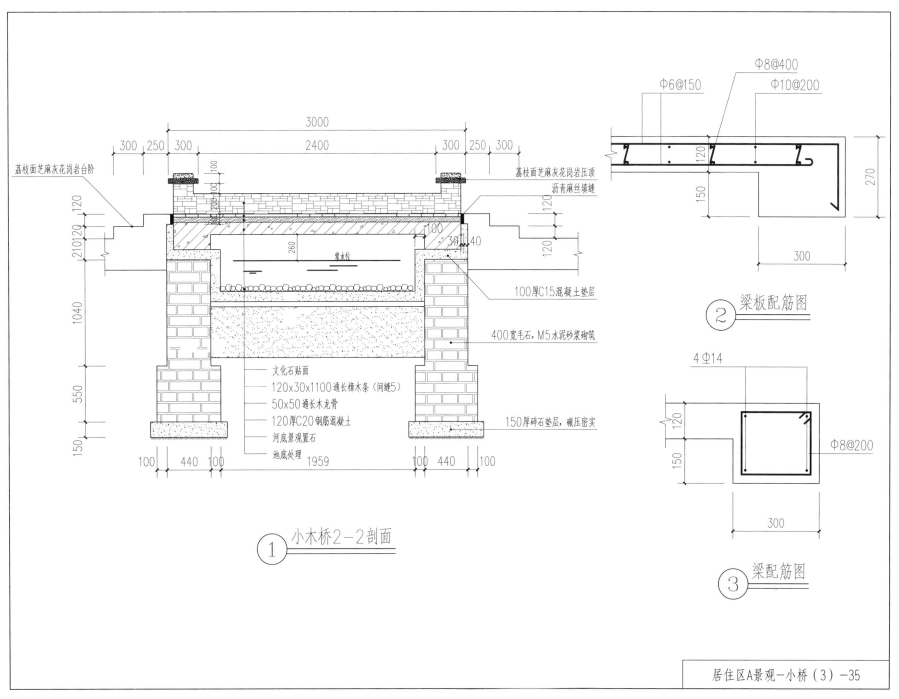

Φ8@400

Φ6@150

Φ10@200

120

150

270

300

② 梁板配筋图

3000

300 250 300

2400

300 250 300

荔枝面芝麻灰花岗岩台阶

荔枝面芝麻灰花岗岩压顶

沥青麻丝填缝

100

120

120

210 120

1040

550

150

260

常水位

100厚C15混凝土垫层

400宽毛石,M5水泥砂浆砌筑

文化石贴面

120x30x1100通长樟木条(间缝5)

50x50通长木龙骨

120厚C20钢筋混凝土

河底景观置石

池底处理

150厚碎石垫层,碾压密实

100 440 100

1959

100 440 100

① 小木桥2-2剖面

4Φ14

120

150

Φ8@200

300

③ 梁配筋图

居住区A景观-小桥（3）-35

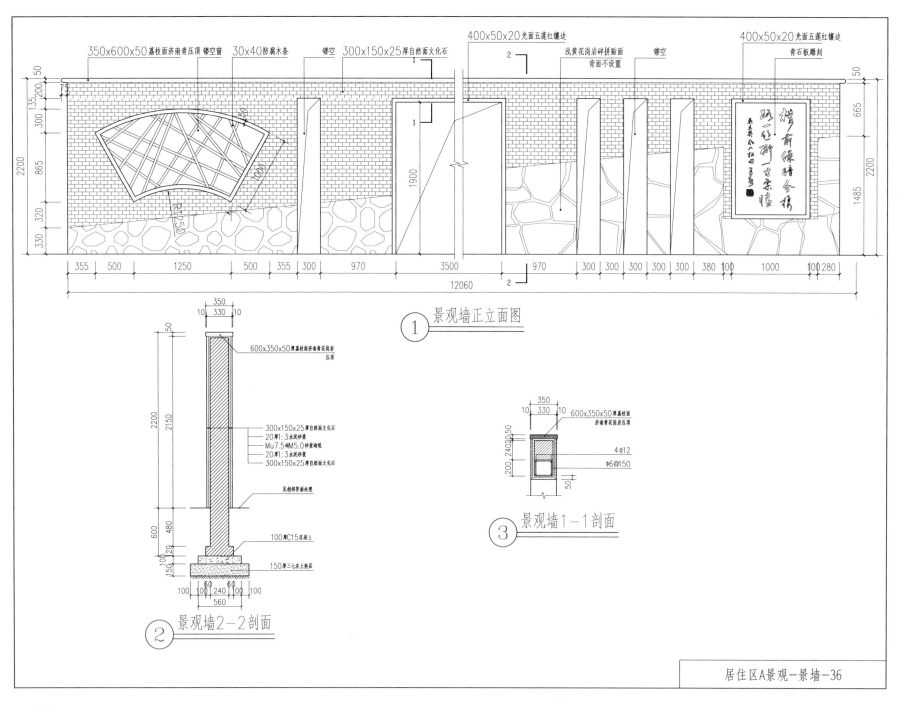

350x600x50荔枝面济南青压顶 镂空窗　　30x40防腐木条　　镂空　300x150x25厚自然面文化石　　400x50x20光面五莲红镶边　　浅黄花岗岩碎拼贴面 背面不设置　　镂空　　400x50x20光面五莲红镶边　　青石板雕刻

1900

12060

① 景观墙正立面图

600x350x50厚荔枝面济南青花岗岩 压顶

300x150x25厚自然面文化石
20厚1:3水泥砂浆
Mu7.5砖M5.0砂浆砌筑
20厚1:3水泥砂浆
300x150x25厚自然面文化石

见相邻景面处理

100厚C15混凝土

150厚三七灰土垫层

② 景观墙2-2剖面

600x350x50厚荔枝面 济南青花岗岩压顶

4φ12

Φ6@150

③ 景观墙1-1剖面

居住区A景观－景墙－36

某行政办公楼景观施工图设计

图 纸 目 录

<table>
<tr><td>工程名称</td><td colspan="5">某职业技术学院行政办公楼景观绿化工程施工图设计</td><td>工程号</td><td></td></tr>
<tr><td>内容介绍</td><td colspan="7">总图、景观、绿化施工图</td></tr>
</table>

<table>
<tr><th>序号</th><th>图号</th><th>图名</th><th>图幅</th><th>比例</th><th>附注</th></tr>
<tr><td colspan="6">总图部分</td></tr>
<tr><td>1</td><td>001</td><td>图纸目录</td><td>A2</td><td>—</td><td></td></tr>
<tr><td>2</td><td>002</td><td>设计说明</td><td>A2</td><td>—</td><td></td></tr>
<tr><td>3</td><td>ZP-01</td><td>分区索引图</td><td>A2+</td><td>1:300</td><td></td></tr>
<tr><td>4</td><td>ZP-02</td><td>网格定位图</td><td>A2+</td><td>1:300</td><td></td></tr>
<tr><td>5</td><td>ZP-03</td><td>竖向设计图</td><td>A2+</td><td>1:300</td><td></td></tr>
<tr><td colspan="6">分图部分</td></tr>
<tr><td>6</td><td>A-01</td><td>A区放线、铺装索引图</td><td>A2+</td><td>1:150</td><td></td></tr>
<tr><td>7</td><td>A-02</td><td>圆形花坛做法详图</td><td>A2</td><td>—</td><td></td></tr>
<tr><td>8</td><td>A-03</td><td>矩形喷泉做法详图</td><td>A2</td><td>—</td><td></td></tr>
<tr><td>9</td><td>A-04</td><td>中心喷泉做法详图一</td><td>A2</td><td>—</td><td></td></tr>
<tr><td>10</td><td>A-05</td><td>中心喷泉做法详图二</td><td>A2</td><td>1:30</td><td></td></tr>
<tr><td>11</td><td>B-01</td><td>B区放线、铺装索引图</td><td>A2+</td><td>1:100</td><td></td></tr>
<tr><td>12</td><td>B-02</td><td>种植池、台阶、石挡、水洗石铺装做法详图</td><td>A2</td><td>1:10</td><td></td></tr>
<tr><td>13</td><td>B-03</td><td>坐凳施工详图</td><td>A2</td><td>—</td><td></td></tr>
<tr><td>14</td><td>B-04</td><td>跌水墙施工详图</td><td>A2+</td><td>—</td><td></td></tr>
<tr><td>15</td><td>B-05</td><td>玻璃顶木亭施工详图一</td><td>A2</td><td>—</td><td></td></tr>
<tr><td>16</td><td>B-06</td><td>玻璃顶木亭施工详图二</td><td>A2</td><td>1:30</td><td></td></tr>
<tr><td>17</td><td>C-01</td><td>C区放线、铺装索引图</td><td>A2</td><td>1:150</td><td></td></tr>
<tr><td>18</td><td>C-02</td><td>矮墙、座凳施工详图</td><td>A2</td><td>1:10</td><td></td></tr>
<tr><td>19</td><td>D-01</td><td>D区放线、铺装索引图</td><td>A2</td><td>1:150</td><td></td></tr>
</table>

<table>
<tr><th>序号</th><th>图号</th><th>图名</th><th>图幅</th><th>比例</th><th>附注</th></tr>
<tr><td colspan="6">绿化部分</td></tr>
<tr><td>20</td><td>LS-01</td><td>苗木表</td><td>A2</td><td>—</td><td></td></tr>
<tr><td>21</td><td>LS-02</td><td>植物种植平面图</td><td>A2+</td><td>1:300</td><td></td></tr>
<tr><td>22</td><td>LS-03</td><td>上层植物种植放线图</td><td>A2+</td><td>1:300</td><td></td></tr>
<tr><td>23</td><td>LS-04</td><td>下层植物种植放线图</td><td>A2+</td><td>1:300</td><td></td></tr>
<tr><td colspan="6">电施部分</td></tr>
<tr><td>24</td><td>DS-01</td><td>灯具布置图</td><td>A2+</td><td>1:300</td><td></td></tr>
<tr><td>25</td><td>DS-02</td><td>景观配电系统图</td><td>A2</td><td>—</td><td></td></tr>
<tr><td colspan="6">详图部分</td></tr>
<tr><td>26</td><td>JS-01</td><td>广场铺装、车行道、树池施工详图</td><td>A2+</td><td>—</td><td></td></tr>
<tr><td>27</td><td>JS-02</td><td>D区人行道铺装详图</td><td>A2</td><td>—</td><td></td></tr>
<tr><td>28</td><td>JS-03</td><td>车行道、人行道铺装平面图</td><td>A2</td><td>—</td><td></td></tr>
</table>

行政办公楼-图纸目录-01

设计说明

一、工程概况

1、某职业技术学院本阶段景观设计面积约12564平方米。

2、在景观设计上，以保留现有地形地貌，建设"生态化、现代化、园林化"的校园为基本原则，通过多种形式，完成对某职业技术学院校区高起点、规范化、前瞻性、高品位校园的塑造。

3、植物配置是景观绿化的重要组成部分，根据设计需要将整个校区的绿地合成整体，打造群落景观，配以适宜当地的常用景观植物，植物的种植随地形、位置的变化而变化，通过植物来营造不同的自然空间，尽可能做到四季有景，形成具有特色的植物群落景观。

二、设计依据

1.设计合同书和甲方提供的相关建议和意见。

2.甲方确认的方案设计图。

3.本项目相应的建筑设计图纸及其电子文件。

4.国家及本地区现行的有关规范、规程、规定。

三、设计单位制及设计标高

1.除标高以米（m）为单位外，本工程施工图中未注明者均以毫米（mm）为单位，道路坡度以%计。

2.本景观环境工程设计应与规划密切配合，如有相关修改应做相应调整。

3.图中竖向设计所注为相对标高，施工应核对场地具体高程现状核实，如有不符，须与设计协商调整，在无法利用自然排水的地段，均加设渗透型排水管。

4.塑造景现地形时应设网格放线，尺寸满足图纸要求，改造地形坡度较大（>45度）时，应采取护坡、种植草皮等固土和防冲刷的工程措施。

5.硬质地面，软地排水均就近排向收水口，排水方向明确，做到有组织排水，最后接入就近的排水系统。

6.竖向图中，如无特殊说明，种植土标高均比相临硬地或池壁标高低0.03m.

四、土建工程

1.图中所选用的饰面样品在施工前由甲方及景观建筑师共同审定。

2.小品做法处理如未说明按当地习惯做法。

3.土建筑工程施工工艺除特殊做法图中详细表示外，常规做法参见相关图集88J系列、当地室外工程图集、建筑材料手册。

4.地面铺地做法(非承载)：

   └─ 详见面层材料标注；

   └─ 30厚1:3干硬性水泥砂浆；

   └─ 100厚C15混凝土；

   └─ 150厚3:7灰土垫层（碎石垫层）；

   └─ 回填土夯实或素土分层夯实。

五、金属结构工程

1.按设计规格及厂家资料施工。

2.如无特殊说明防锈漆均为防腐漆两道，颜色除注明外均为浅灰色。

3.自动焊和半自动焊时采用H08A和H08MnA焊丝，其力学性能符合GB/T 5117-1995的规定。

4.焊接型钢应采用埋弧焊或半自动焊接，贴角焊缝厚度不小与6mm，长度均为满焊。

5.所有外露钢件均做防锈防锈处理：打磨除锈，面批原子灰防锈漆一道。

六、木作工程

1.选材:木铺装等所选木材均为纹理直、木节少的优质防腐木。

2.所有外露木件均应做防腐防虫处理，无特殊说明面层景观木油两遍。

七、苗木种植

1. 苗木应选用适于本地区生长的苗木，苗木应发育端正、良好，造型姿态优美，适于园林种植。

2. 园林植物种植工程完毕后进行了整型修剪，工程完毕后施工单位对园林植物进行成活保养。

3.植物要求生长健壮，树型饱满的优良植株，树木应展现其表，树木有表里（美观漂亮一侧为表）之分，应在栽植现场确定树木的栽植朝向等技术问题，地被植物栽植时应保证密度和景观效果。

4.绿化实施前应咨询园林设计师有关园林植物的种植密度及数量（参见植物种植图）。

八、设备管线

1.园林灯具应由设计人员确认后方可施工安装。

2.预埋绿化给水管如材料本身无防腐蚀性能应做防锈、防腐处理，地下管线在道路、广场垫层施工及绿化施工前铺设完毕，以免造成不必要的二次施工浪费。

3.高功率的灯具距植物1.0m以外设置，以免影响植物的正常生长。

九、备注

1. 总平面图与大样图不符之处以大样图为准。

2. 切勿以比例量度此图，一切依图内数字所示为准，尺寸量度以地盘实物为准。

4.图中未注明的混凝土强度等级除钢筋混凝土为C25外，其余均为C15。

5.未详尽事宜以国家标准规范为准。

3.图中未注明素土夯实夯实系数的均为≥90%(环刀取样)。

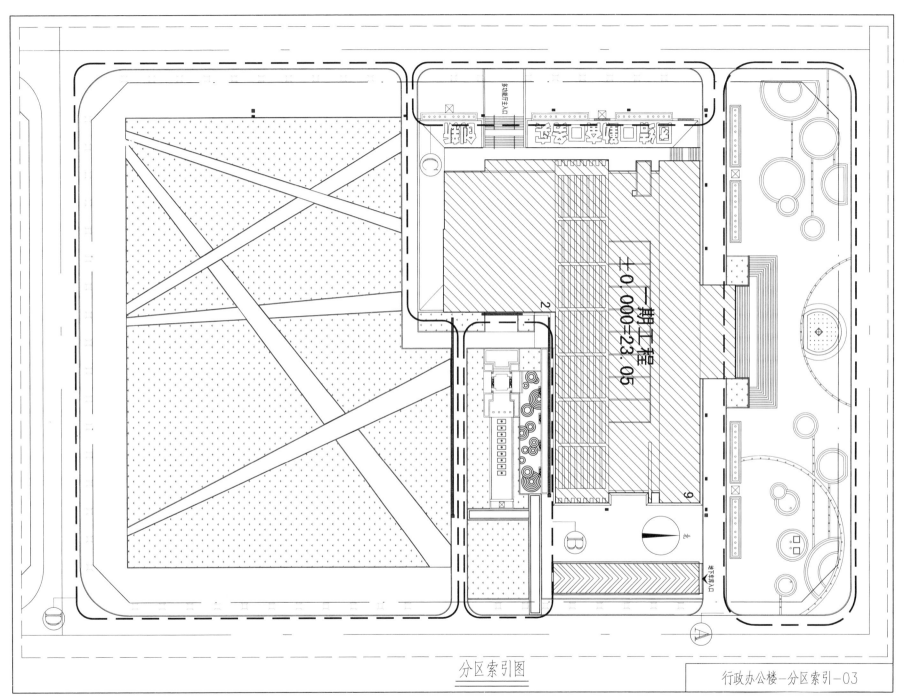

一期工程
±0.000=23.05

分区索引图

行政办公楼-分区索引-03

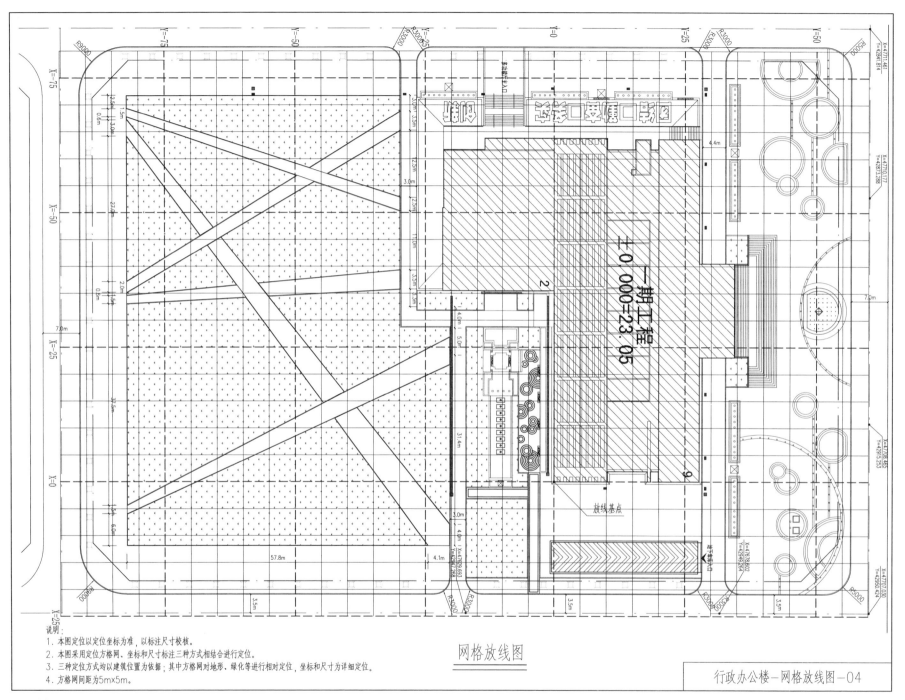

网格放线图

说明:
1. 本图定位以定位坐标为准,以标注尺寸校核。
2. 本图采用定位方格网、坐标和尺寸标注三种方式相结合进行定位。
3. 三种定位方式均以建筑位置为依据;其中方格网对地形、绿化等进行相对定位,坐标和尺寸为详细定位。
4. 方格网间距为5m×5m。

行政办公楼—网格放线图—04

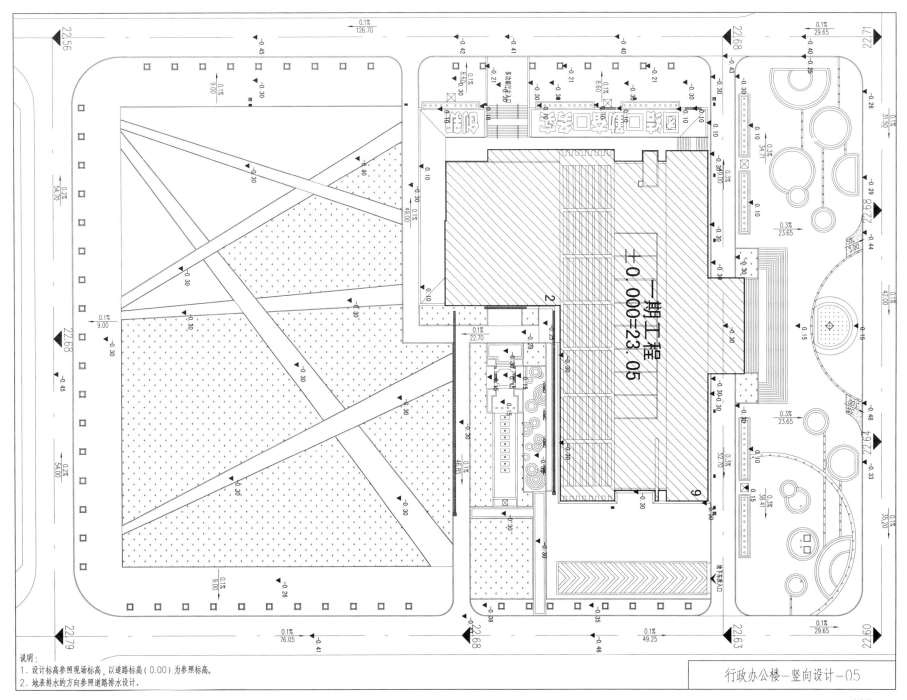

±0.000=23.05

一期工程

说明：
1. 设计标高参照现场标高，以道路标高（0.00）为参照标高。
2. 地表排水的方向参照道路排水设计。

行政办公楼－竖向设计－05

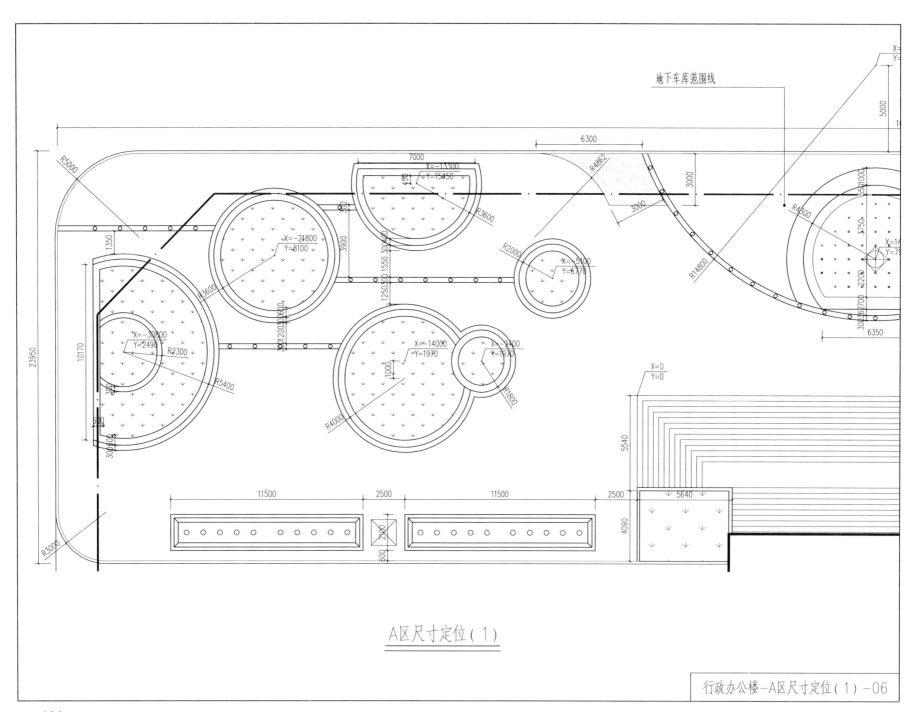

A区尺寸定位（1）

行政办公楼–A区尺寸定位（1）–06

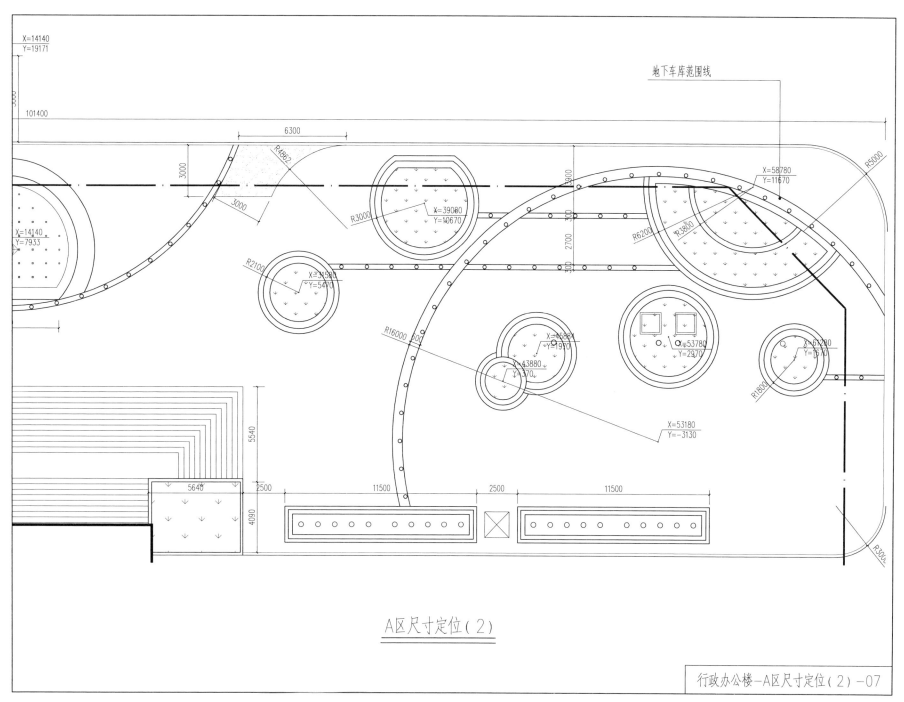

地下车库范围线

X=14140
Y=19171

101400

6300

R4862

3000

3000

R3000

X=39080
Y=10670

R2100

X=31580
Y=5470

X=14140
Y=7933

R16000

X=45884
Y=1970

X=43880
Y=370

X=53180
Y=-3130

X=58780
Y=11670

R6200

R3800

R5000

X=61280
Y=1570

R1800

X=53780
Y=2970

5540

5640

4090

2500

11500

2500

11500

R300

3900

2700

A区尺寸定位(2)

行政办公楼-A区尺寸定位(2)-07

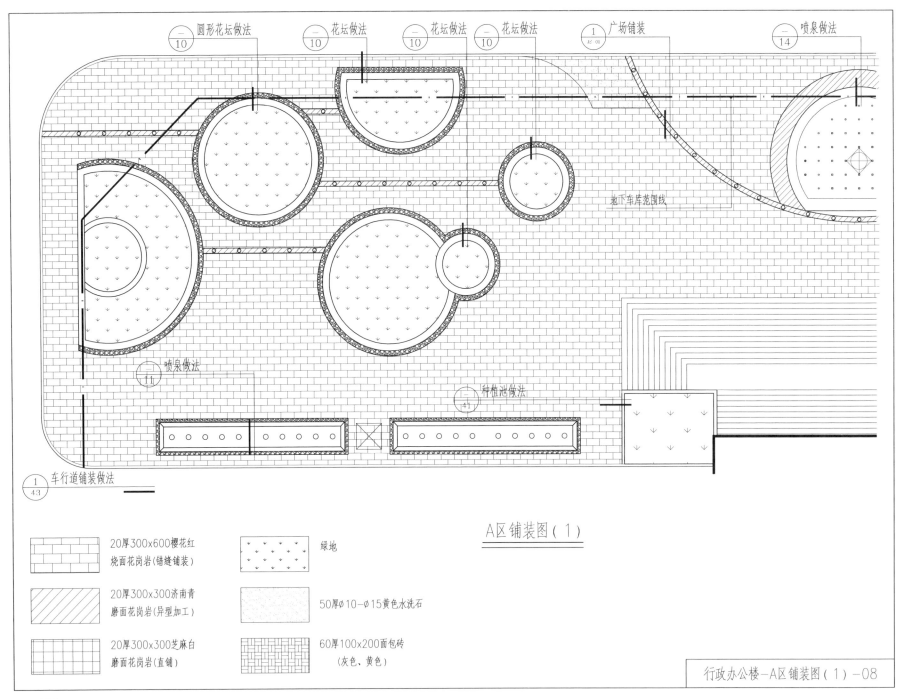

圆形花坛做法 花坛做法 花坛做法 花坛做法 广场铺装 喷泉做法

地下车库范围线

喷泉做法

种植池做法

车行道铺装做法

A区铺装图（1）

	20厚300x600樱花红 烧面花岗岩(错缝铺装)		绿地
	20厚300x300济南青 磨面花岗岩(异型加工)		50厚Ø10-Ø15黄色水洗石
	20厚300x300芝麻白 磨面花岗岩(直铺)		60厚100x200面包砖 (灰色、黄色)

行政办公楼-A区铺装图（1）-08

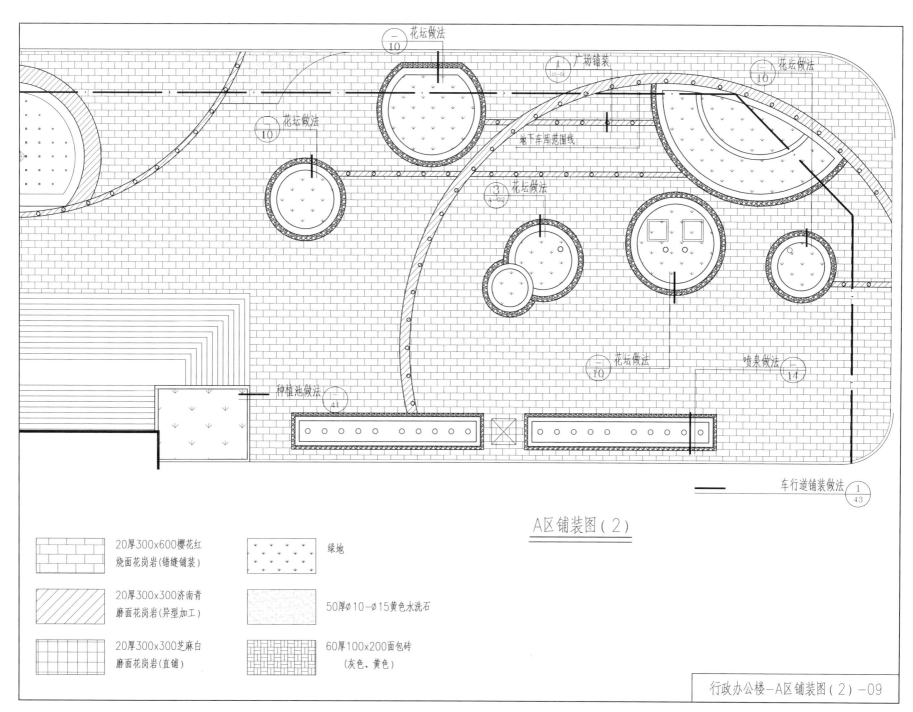

花坛做法 二/10

广场铺装 1/1S-01

花坛做法 一/10

地下车库范围线

花坛做法 三/A-02

花坛做法 二/10

喷泉做法 二/14

种植池做法 二/41

花坛做法 二/10

车行道铺装做法 1/43

<u>A区铺装图（2）</u>

20厚300x600樱花红
烧面花岗岩(错缝铺装)

绿地

20厚300x300济南青
磨面花岗岩(异型加工)

50厚φ10-φ15黄色水洗石

20厚300x300芝麻白
磨面花岗岩(直铺)

60厚100x200面包砖
（灰色、黄色）

行政办公楼-A区铺装图（2）-09

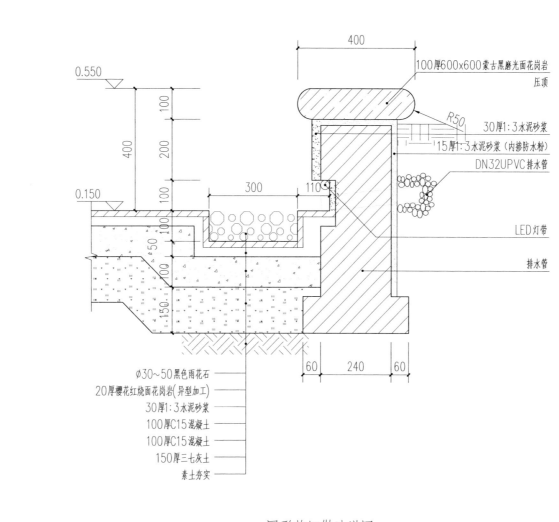

圆形花坛做法详图

0.550

0.150

400

100
200
100
100

50
100
150

300   110

400

100厚600x600蒙古黑磨光面花岗岩
压顶

R50

30厚1:3水泥砂浆

15厚1:3水泥砂浆(内掺防水粉)

DN32UPVC排水管

LED灯带

排水管

60 240 60

∅30~50黑色雨花石
20厚樱花红烧面花岗岩(异型加工)
30厚1:3水泥砂浆
100厚C15混凝土
100厚C15混凝土
150厚三七灰土
素土夯实

行政办公楼-圆形花坛做法详图-10

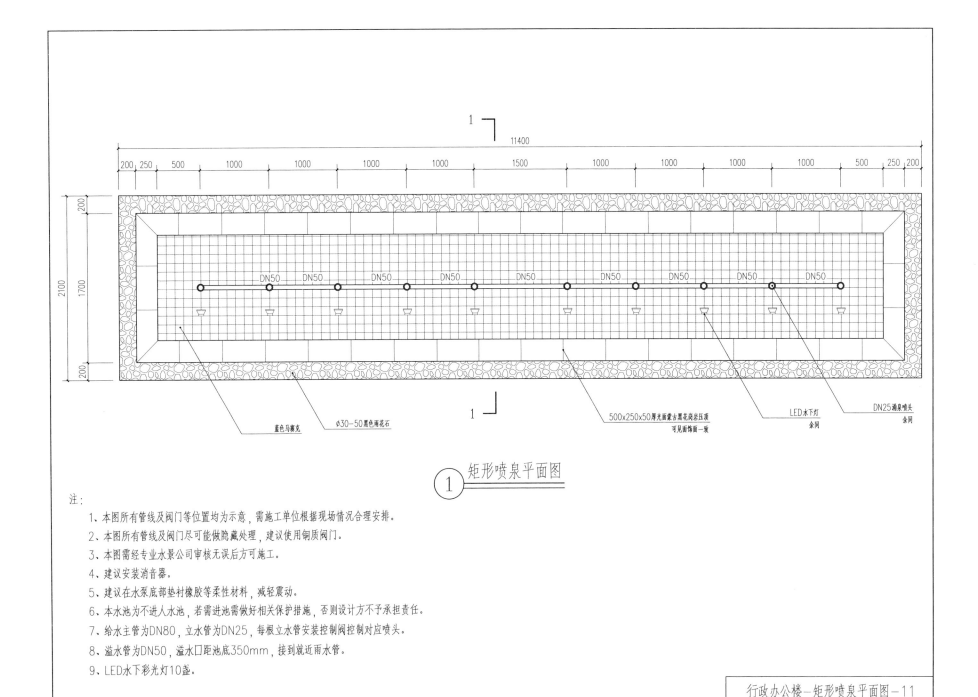

矩形喷泉平面图

注：
1、本图所有管线及阀门等位置均为示意，需施工单位根据现场情况合理安排。
2、本图所有管线及阀门尽可能做隐藏处理，建议使用铜质阀门。
3、本图需经专业水景公司审核无误后方可施工。
4、建议安装消音器。
5、建议在水泵底部垫衬橡胶等柔性材料，减轻震动。
6、本水池为不进人水池，若需进池需做好相关保护措施，否则设计方不予承担责任。
7、给水主管为DN80，立水管为DN25，每根立水管安装控制阀控制对应喷头。
8、溢水管为DN50，溢水口距池底350mm，接到就近雨水管。
9、LED水下彩光灯10盏。

行政办公楼－矩形喷泉平面图－11

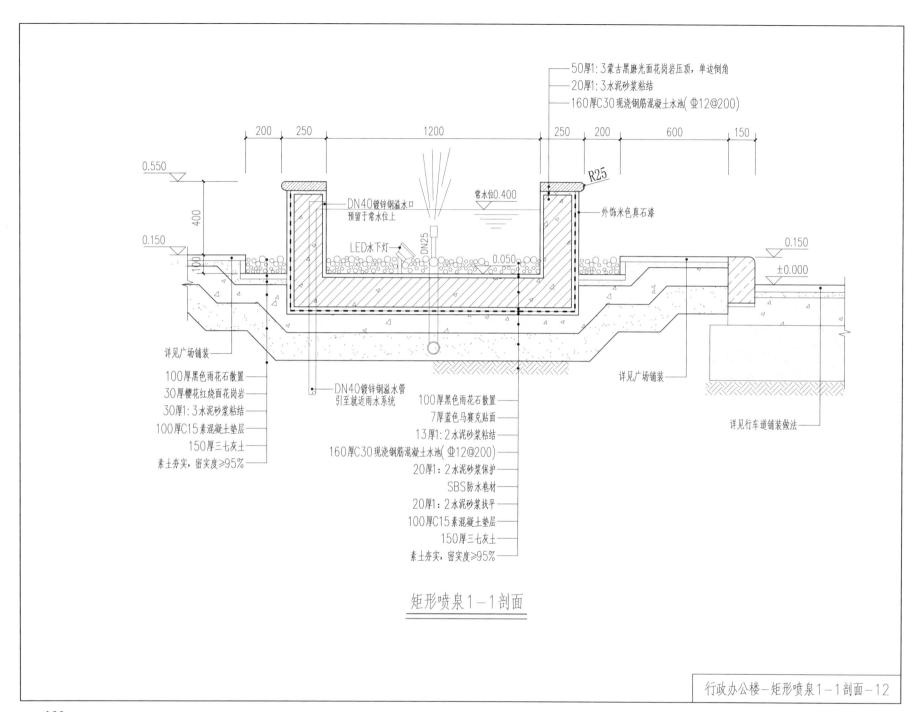

50厚1:3蒙古黑磨光面花岗岩压顶,单边倒角
20厚1:3水泥砂浆粘结
160厚C30现浇钢筋混凝土水池(Φ12@200)

200 250 1200 250 200 600 150

0.550

400

R25

DN40镀锌钢溢水口
预留于常水位上

常水位0.400

外饰米色真石漆

0.150

100

LED水下灯

DN25

0.150

±0.000

0.050

详见广场铺装

100厚黑色雨花石散置
30厚樱花红烧面花岗岩
30厚1:3水泥砂浆粘结
100厚C15素混凝土垫层
150厚三七灰土
素土夯实,密实度≥95%

DN40镀锌钢溢水管
引至就近雨水系统

详见广场铺装

详见行车道铺装做法

100厚黑色雨花石散置
7厚蓝色马赛克贴面
13厚1:2水泥砂浆粘结
160厚C30现浇钢筋混凝土水池(Φ12@200)
20厚1:2水泥砂浆保护
SBS防水卷材
20厚1:2水泥砂浆找平
100厚C15素混凝土垫层
150厚三七灰土
素土夯实,密实度≥95%

矩形喷泉1-1剖面

行政办公楼-矩形喷泉1-1剖面-12

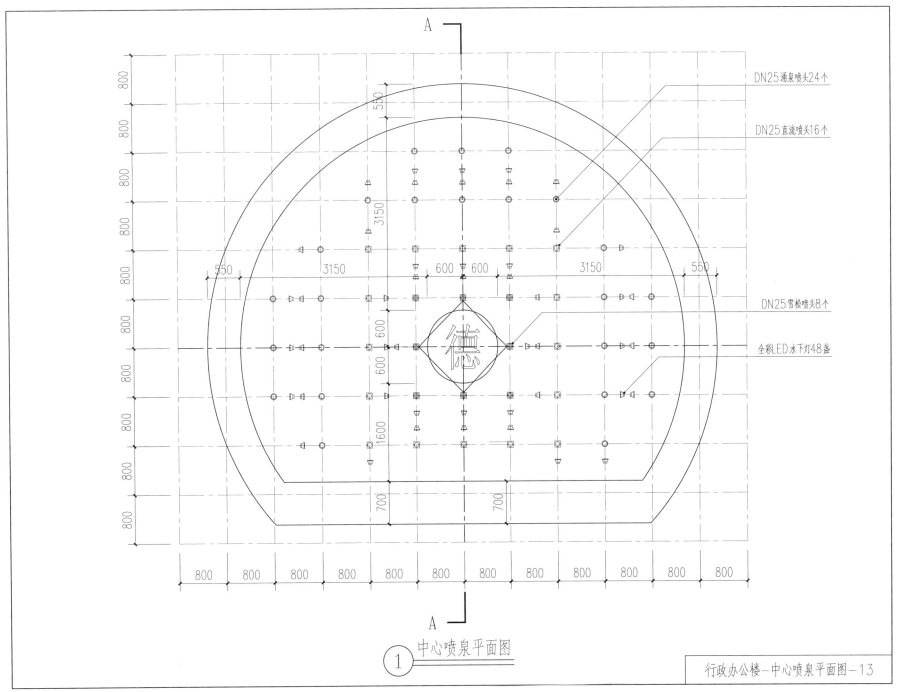

DN25涌泉喷头24个

DN25直流喷头16个

DN25雪松喷头8个

全彩LED水下灯48盏

① 中心喷泉平面图

行政办公楼—中心喷泉平面图—13

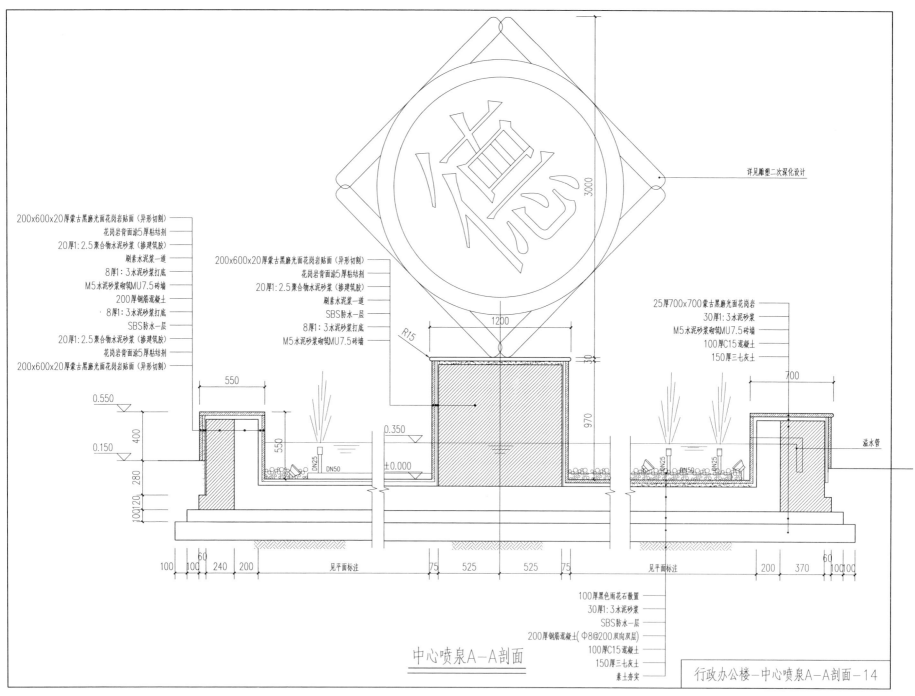

200x600x20厚蒙古黑磨光面花岗岩贴面（异形切割）
花岗岩背面涂5厚粘结剂
20厚1:2.5聚合物水泥砂浆（掺建筑胶）
刷素水泥浆一道
8厚1:3水泥砂浆打底
M5水泥砂浆砌筑MU7.5砖墙
200厚钢筋混凝土
8厚1:3水泥砂浆打底
SBS防水一层
20厚1:2.5聚合物水泥砂浆（掺建筑胶）
花岗岩背面涂5厚粘结剂
200x600x20厚蒙古黑磨光面花岗岩贴面（异形切割）

200x600x20厚蒙古黑磨光面花岗岩贴面（异形切割）
花岗岩背面涂5厚粘结剂
20厚1:2.5聚合物水泥砂浆（掺建筑胶）
刷素水泥浆一道
SBS防水一层
8厚1:3水泥砂浆打底
M5水泥砂浆砌筑MU7.5砖墙

详见雕塑二次深化设计

25厚700x700蒙古黑磨光面花岗岩
30厚1:3水泥砂浆
M5水泥砂浆砌筑MU7.5砖墙
100厚C15混凝土
150厚三七灰土

溢水管

100厚黑色雨花石散置
30厚1:3水泥砂浆
SBS防水一层
200厚钢筋混凝土（Φ8@200双向双层）
100厚C15混凝土
150厚三七灰土
素土夯实

中心喷泉A—A剖面

行政办公楼—中心喷泉A—A剖面—14

注：

　1. 本图所有管线及阀门等位置均为示意，需施工单位根据现场情况合理安排。

　2. 本图所有管线及阀门尽可能做隐藏处理，建议使用铜质阀门。

　3. 本图需经专业水景公司审核无误后方可施工。

　4. 建议安装消音器。

　5. 建议在水泵底部垫衬橡胶等柔性材料，减轻震动。

　6. 本水池为不进人水池，若需进池需做好相关保护措施，否则设计方不予承担责任。

　7. 给水主管为DN80，立水管为DN25，每根立水管安装控制阀控制对应喷头。

　8. 溢水管为DN50，溢水口距池底350mm，接到就近雨水管。

中心喷泉水、电布置图

线路	名称	数量	型号	线路示意
PL1:	DN25雪松喷头	8个	QS65-7-3	
PL2:	DN20直流喷头	16个	QS25-26-3	
PL3a:	DN25涌泉喷头	6个	QS65-7-2.2	
PL3b:	DN25涌泉喷头	6个	QS65-7-2.2	
PL3c:	DN25涌泉喷头	6个	QS65-7-2.2	
PL3d:	DN25涌泉喷头	6个	QS65-7-2.2	
DL1:	LED水下蓝光灯	8盏	LG-SD155-D	
DL2:	LED水下蓝光灯	8盏	LG-SD155-D	
DL3:	LED水下绿光灯	8盏	LG-SD155-D	
DL4:	LED水下红光灯	9盏	LG-SD155-D	
DL5:	LED水下红光灯	7盏	LG-SD155-D	
DL6:	LED水下蓝光灯	8盏	LG-SD155-D	

行政办公楼-中心喷泉水、电布置图-15

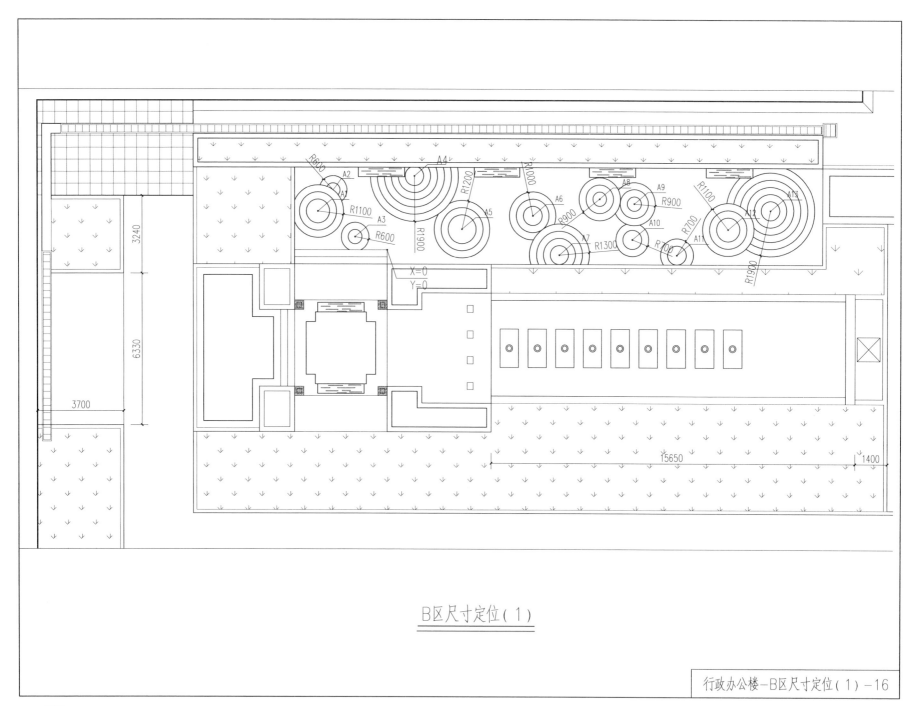

B区尺寸定位（1）

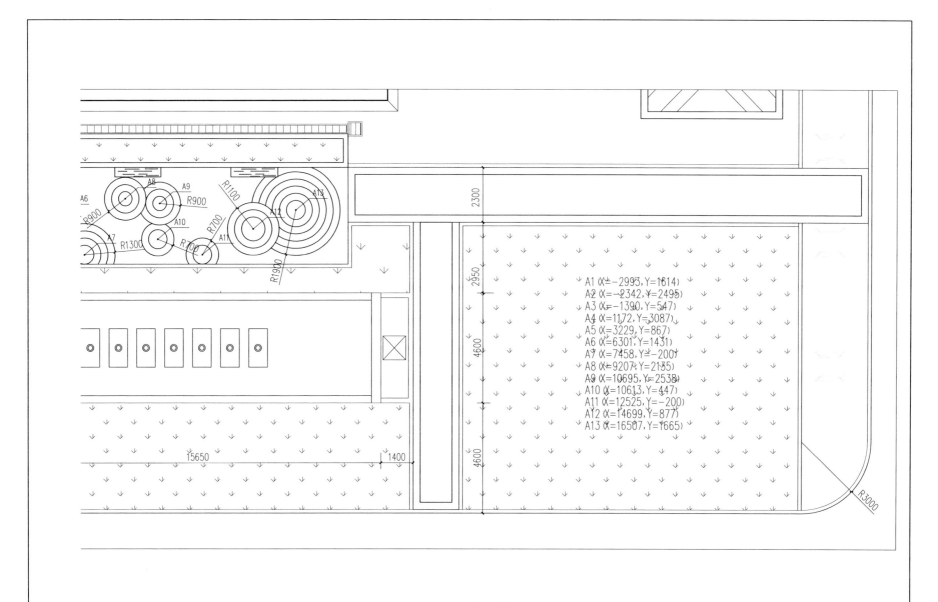

B区尺寸定位（2）

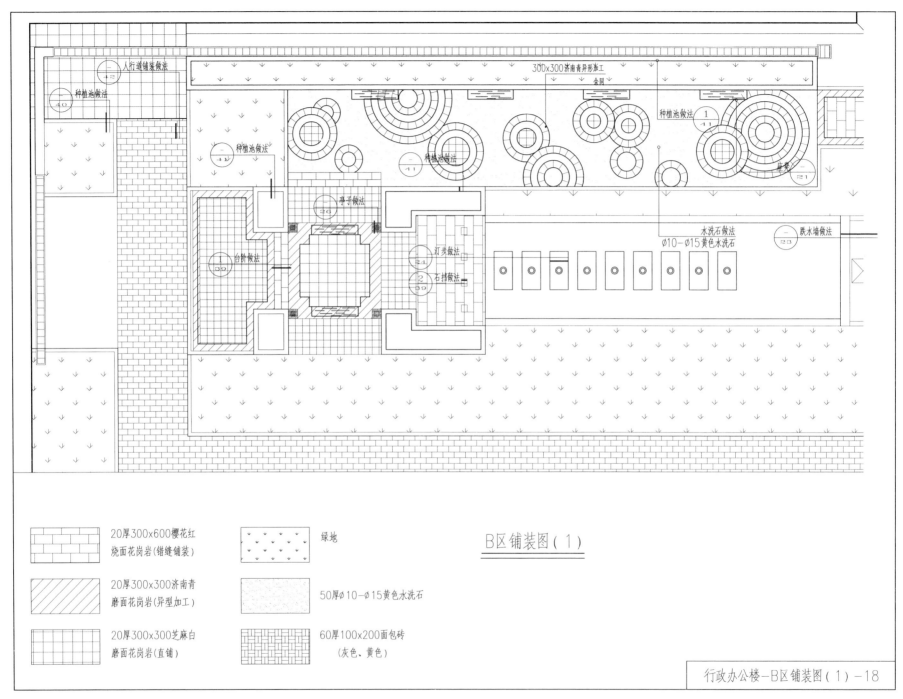

人行道铺装做法

种植池做法

300x300济南青异形施工

缝隙

种植池做法

种植池做法

种植池做法

水洗石做法
∅10-∅15黄色水洗石

跌水墙做法

台阶做法

亭子做法

汀步做法

石挡做法

	20厚300x600樱花红 烧面花岗岩(错缝铺装)		绿地	**B区铺装图（1）**
	20厚300x300济南青 磨面花岗岩(异型加工)		50厚∅10-∅15黄色水洗石	
	20厚300x300芝麻白 磨面花岗岩(直铺)		60厚100x200面包砖 (灰色、黄色)	

行政办公楼—B区铺装图（1）—18

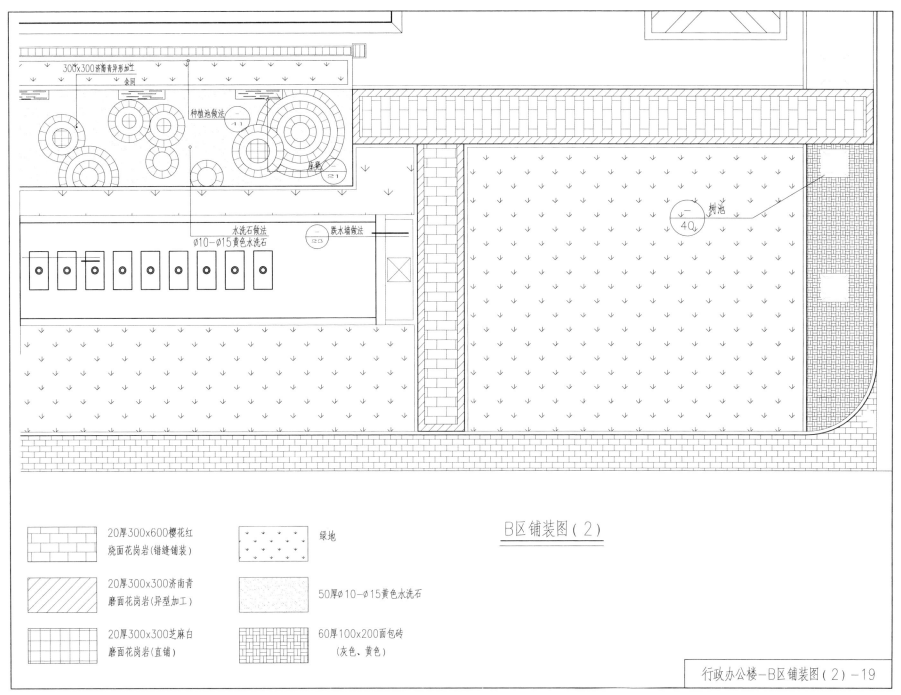

300x300济南青异形加工

余同

种植池做法

水洗石做法
∅10-∅15黄色水洗石

跌水墙做法

座凳

树池

B区铺装图（2）

20厚300x600樱花红
烧面花岗岩(错缝铺装)

绿地

20厚300x300济南青
磨面花岗岩(异型加工)

50厚∅10-∅15黄色水洗石

20厚300x300芝麻白
磨面花岗岩(直铺)

60厚100x200面包砖
（灰色、黄色）

行政办公楼−B区铺装图（2）−19

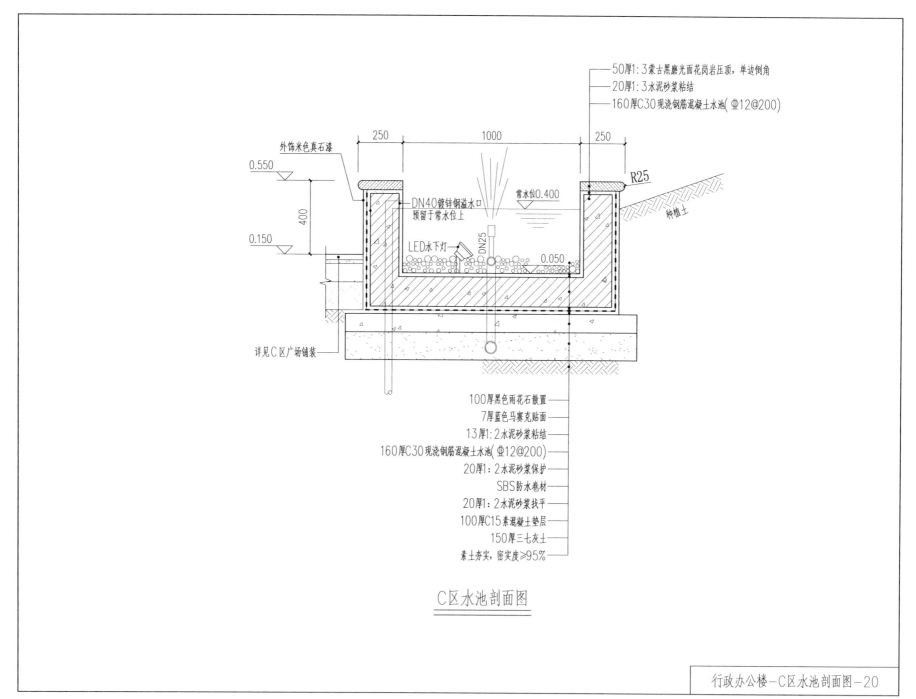

50厚1:3蒙古黑磨光面花岗岩压顶,单边倒角
20厚1:3水泥砂浆粘结
160厚C30现浇钢筋混凝土水池(Φ12@200)

外饰米色真石漆

0.550

400

0.150

250   1000   250

R25

DN40镀锌钢溢水口
预留于常水位上

常水位0.400

种植土

LED水下灯

DN25

0.050

详见C区广场铺装

100厚黑色雨花石散置
7厚蓝色马赛克贴面
13厚1:2水泥砂浆粘结
160厚C30现浇钢筋混凝土水池(Φ12@200)
20厚1:2水泥砂浆保护
SBS防水卷材
20厚1:2水泥砂浆找平
100厚C15素混凝土垫层
150厚三七灰土
素土夯实,密实度≥95%

C区水池剖面图

行政办公楼—C区水池剖面图—20

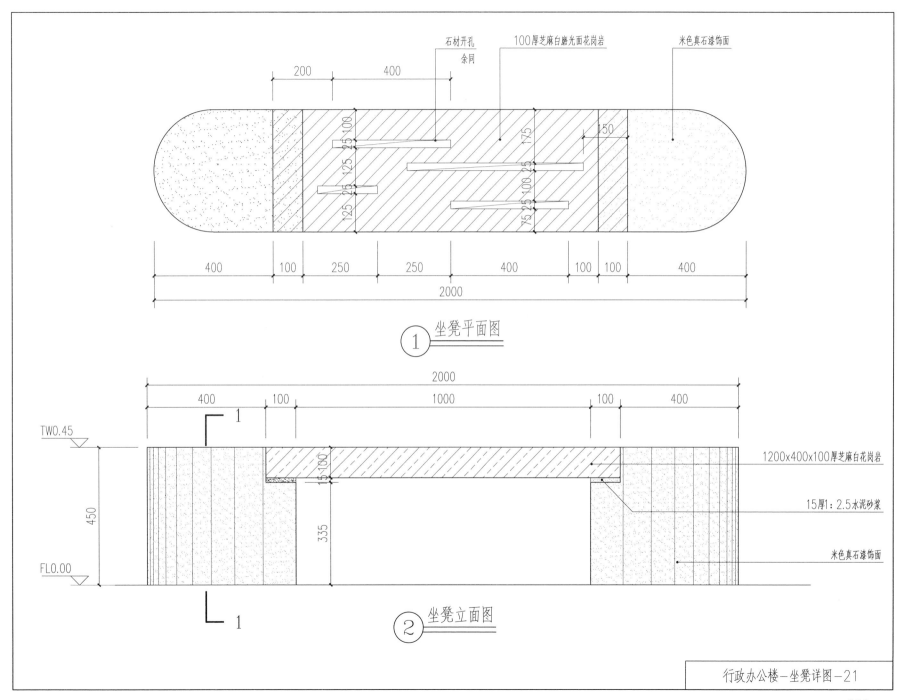

石材开孔
余同

100厚芝麻白磨光面花岗岩

米色真石漆饰面

200　　　400

25 100
175
150
125
25
125
75 25 100 25

400 | 100 | 250 | 250 | 400 | 100 | 100 | 400

2000

① 坐凳平面图

2000

400 | 100 | 1000 | 100 | 400

1

TW0.45

1200x400x100厚芝麻白花岗岩

15 100

15厚1：2.5水泥砂浆

450

335

米色真石漆饰面

FL0.00

1

② 坐凳立面图

行政办公楼–坐凳详图–21

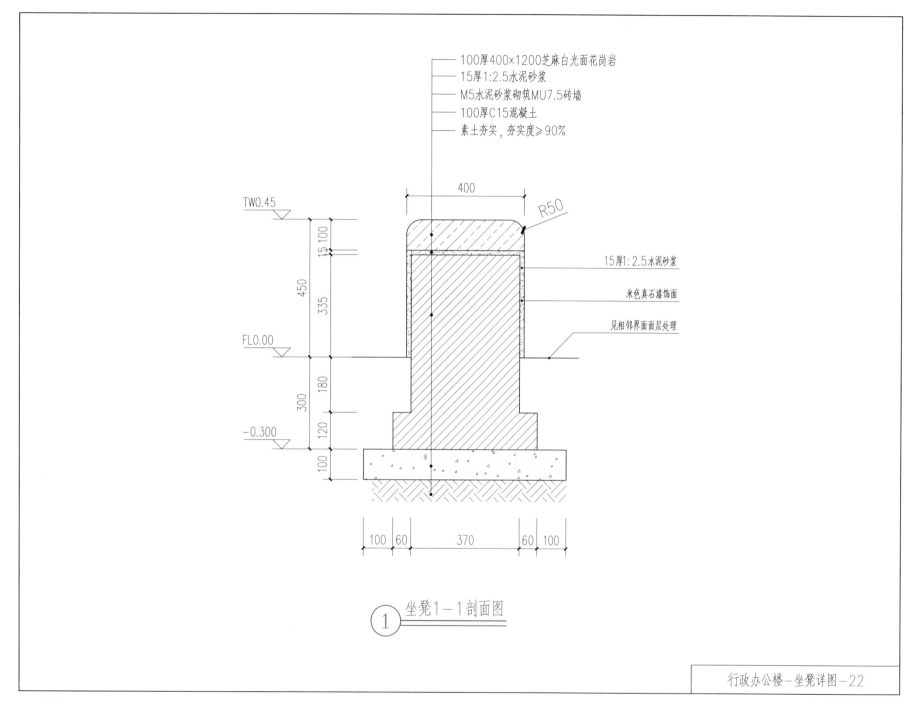

100厚400×1200芝麻白光面花岗岩
15厚1:2.5水泥砂浆
M5水泥砂浆砌筑MU7.5砖墙
100厚C15混凝土
素土夯实，夯实度≥90%

400

R50

TW0.45

15厚1:2.5水泥砂浆

米色真石漆饰面

见相邻界面面层处理

FL0.00

-0.300

100 60 370 60 100

① 坐凳1-1剖面图

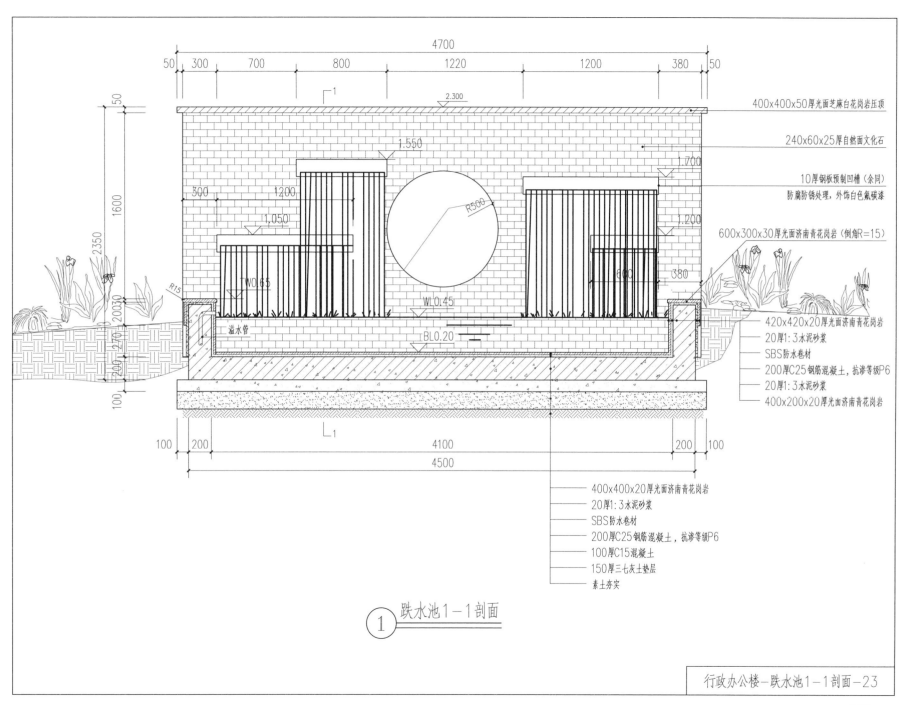

跌水池1-1剖面

① 跌水池1-1剖面

标注文字：

4700
50 300 700 800 1220 1200 380 50

400x400x50厚光面芝麻白花岗岩压顶
2.300

240x60x25厚自然面文化石

1.550

10厚钢板预制凹槽（余同）
防腐防锈处理，外饰白色氟碳漆

1.700

300
1200

1.050

R500

1.200

600x300x30厚光面济南青花岗岩（倒角R=15）

TW0.65

WL0.45

380

600

420x420x20厚光面济南青花岗岩
20厚1：3水泥砂浆
SBS防水卷材
200厚C25钢筋混凝土，抗渗等级P6
20厚1：3水泥砂浆
400x200x20厚光面济南青花岗岩

BL0.20

溢水管

R15

2350
1600
50

200 270 200 30

100

100 200
4100
4500
200 100

400x400x20厚光面济南青花岗岩
20厚1：3水泥砂浆
SBS防水卷材
200厚C25钢筋混凝土，抗渗等级P6
100厚C15混凝土
150厚三七灰土垫层
素土夯实

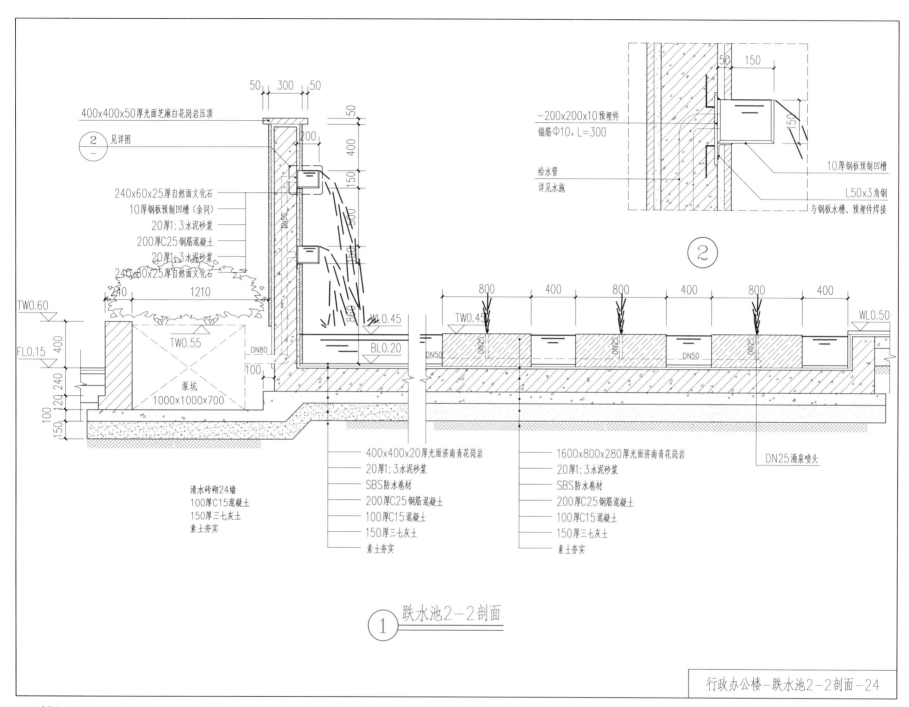

400x400x50厚光面芝麻白花岗岩压顶

② 见详图

240x60x25厚自然面文化石
10厚钢板预制凹槽(余同)
20厚1:3水泥砂浆
200厚C25钢筋混凝土
20厚1:3水泥砂浆
240x60x25厚自然面文化石

240   1210

TW0.60
TW0.55
FL0.15

TW0.45
BL0.20

DN80
DN50
DN50

泵坑
1000x1000x700

清水砖砌24墙
100厚C15混凝土
150厚三七灰土
素土夯实

400x400x20厚光面济南青花岗岩
20厚1:3水泥砂浆
SBS防水卷材
200厚C25钢筋混凝土
100厚C15混凝土
150厚三七灰土
素土夯实

−200x200x10预埋件
锚筋Φ10,L=300

给水管
详见水施

10厚钢板预制凹槽

L50x3角钢
与钢板水槽、预埋件焊接

②

800   400   800   400   800   400

TW0.45   WL0.50
DN25   DN25   DN25

DN50   DN50

DN25涌泉喷头

1600x800x280厚光面济南青花岗岩
20厚1:3水泥砂浆
SBS防水卷材
200厚C25钢筋混凝土
100厚C15混凝土
150厚三七灰土
素土夯实

① 跌水池2-2剖面

行政办公楼-跌水池2-2剖面-24

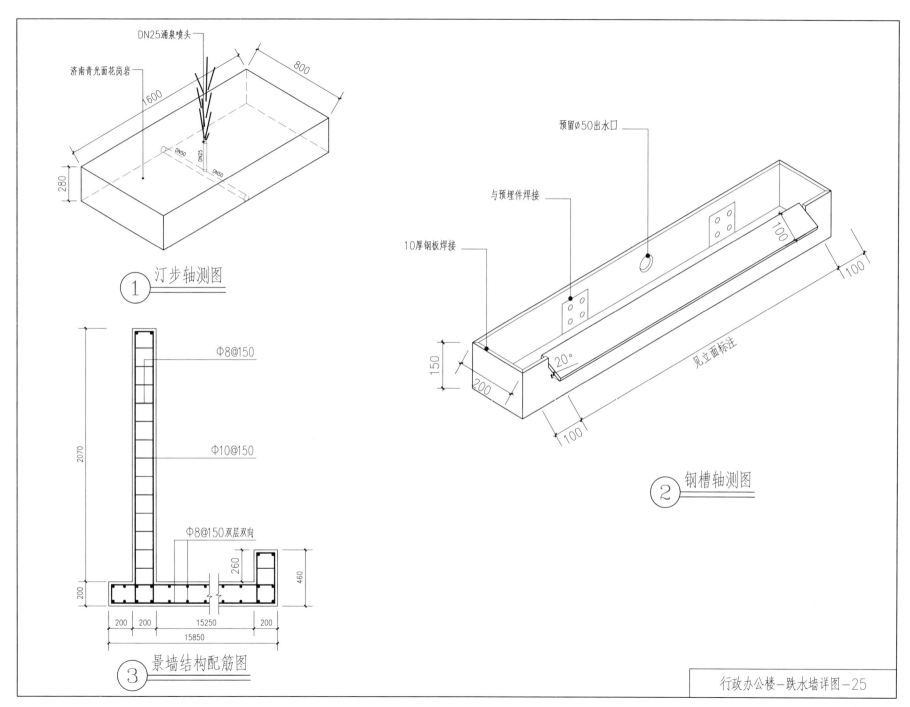

DN25涌泉喷头

济南青光面花岗岩

1600

800

280

DN50

DN25

DN50

① 汀步轴测图

Φ8@150

Φ10@150

2070

Φ8@150双层双向

260

460

200

200   200   15250   200

15850

③ 景墙结构配筋图

预留Ø50出水口

与预埋件焊接

10厚钢板焊接

100

100

见立面标注

150

200

20°

100

② 钢槽轴测图

行政办公楼-跌水墙详图-25

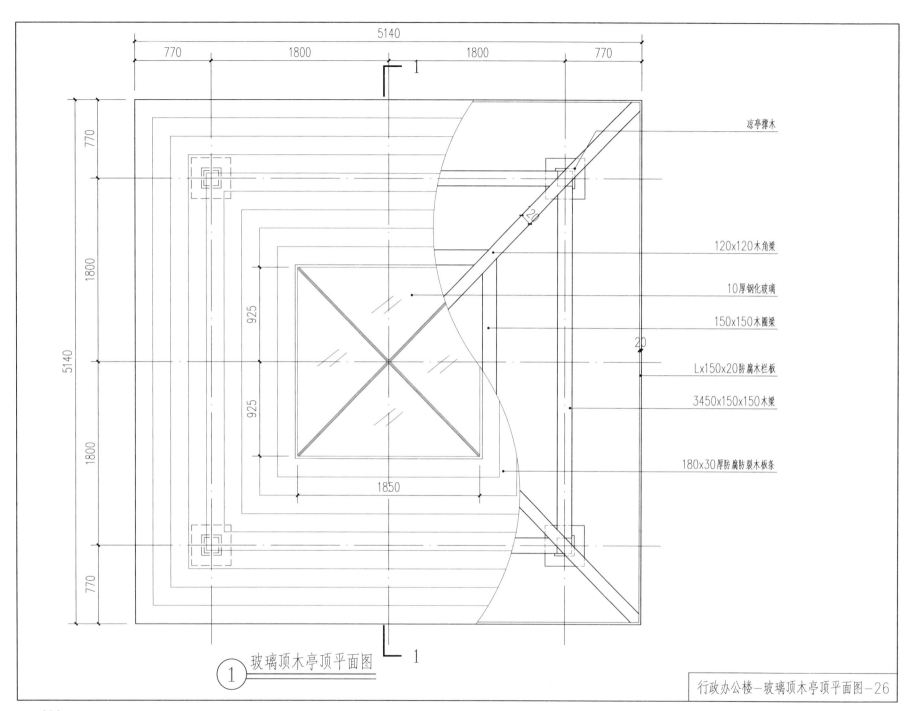

5140

770 | 1800 | 1800 | 770

1

770

1800

5140

925

925

1800

770

1850

凉亭撑木

120x120木角梁

10厚钢化玻璃

150x150木圈梁

Lx150x20防腐木栏板

3450x150x150木梁

180x30厚防腐防裂木板条

20

1 玻璃顶木亭顶平面图

行政办公楼－玻璃顶木亭顶平面图－26

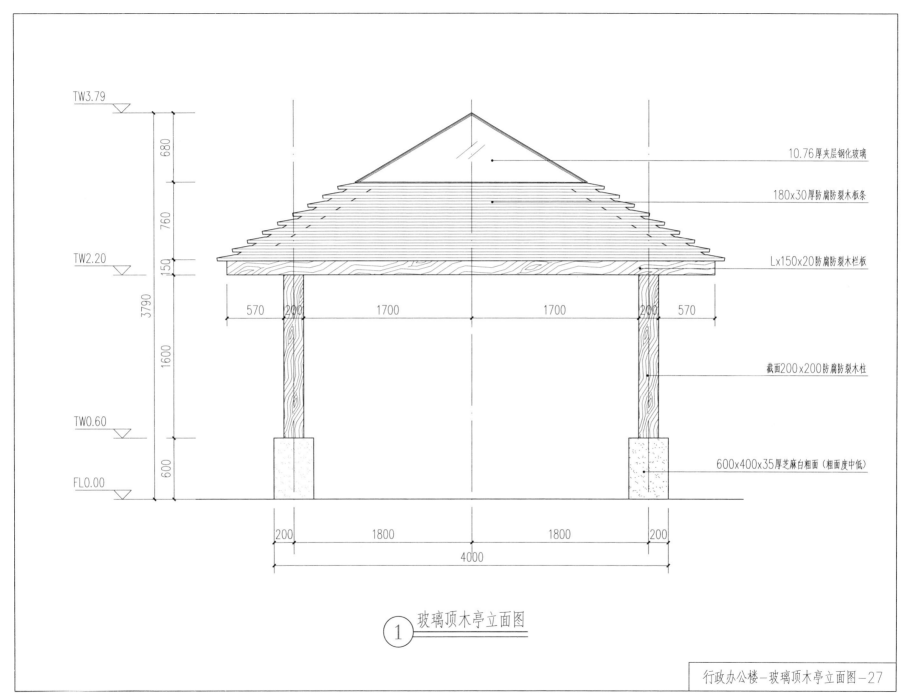

TW3.79

680

10.76厚夹层钢化玻璃

760

180x30厚防腐防裂木板条

TW2.20

150

Lx150x20防腐防裂木栏板

570 | 200 | 1700 | 1700 | 200 | 570

3790

1600

截面200x200防腐防裂木柱

TW0.60

600

600x400x35厚芝麻白粗面（粗面度中低）

FL0.00

200 | 1800 | 1800 | 200

4000

① 玻璃顶木亭立面图

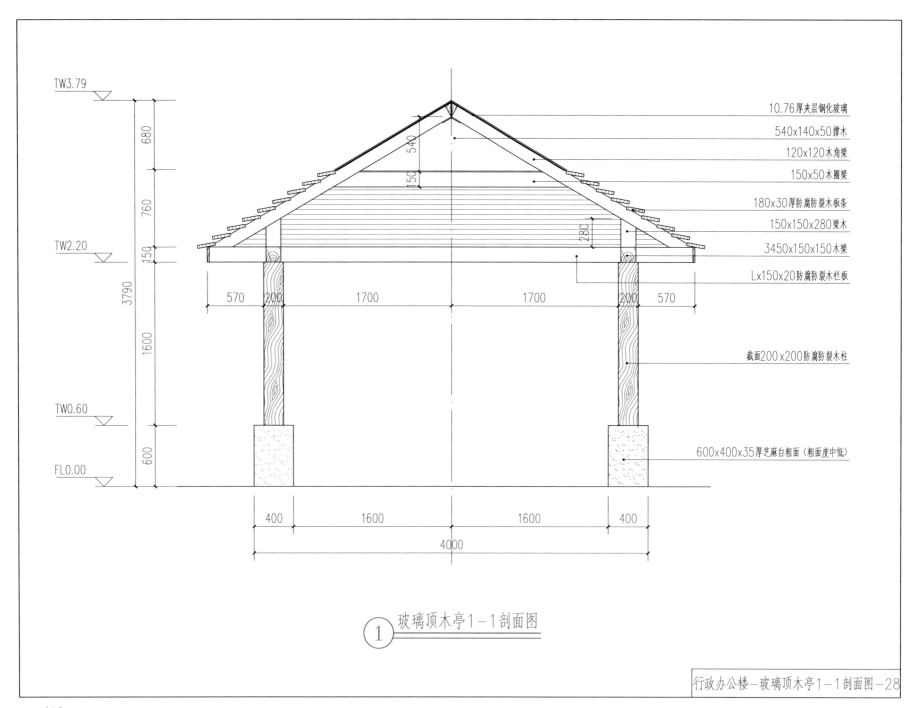

10.76厚夹层钢化玻璃

540x140x50撑木

120x120木角梁

150x50木圈梁

180x30厚防腐防裂木板条

150x150x280梁木

3450x150x150木梁

Lx150x20防腐防裂木栏板

截面200x200防腐防裂木柱

600x400x35厚芝麻白粗面（粗面度中低）

TW3.79

TW2.20

TW0.60

FL0.00

680

760

150

1600

600

3790

540

150

280

570 200 1700 1700 200 570

400 1600 1600 400

4000

① 玻璃顶木亭1-1剖面图

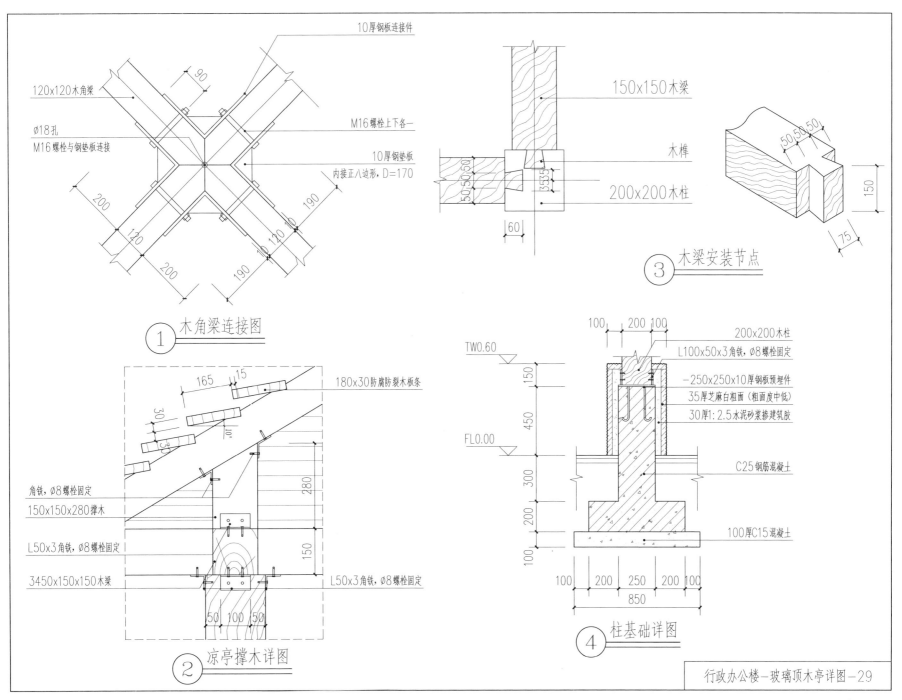

10厚钢板连接件

120x120木角梁

90

∅18孔
M16螺栓与钢垫板连接

M16螺栓上下各一

10厚钢垫板
内接正八边形,D=170

200

120

120

200

190

190

① 木角梁连接图

150x150木梁

50 50 50

木榫

200x200木柱

③ 木梁安装节点

50 50 50

150

75

180x30防腐防裂木板条

165 15

30 30

10°

30

280

角铁,∅8螺栓固定

150x150x280撑木

150

L50x3角铁,∅8螺栓固定

3450x150x150木梁

L50x3角铁,∅8螺栓固定

50 100 50

② 凉亭撑木详图

200x200木柱
L100x50x3角铁,∅8螺栓固定

TW0.60

100 200 100

150

−250x250x10厚钢板预埋件
35厚芝麻白粗面（粗面度中低）
30厚1:2.5水泥砂浆掺建筑胶

450

FL0.00

C25钢筋混凝土

300

200

100厚C15混凝土

100

100 200 250 200 100

850

④ 柱基础详图

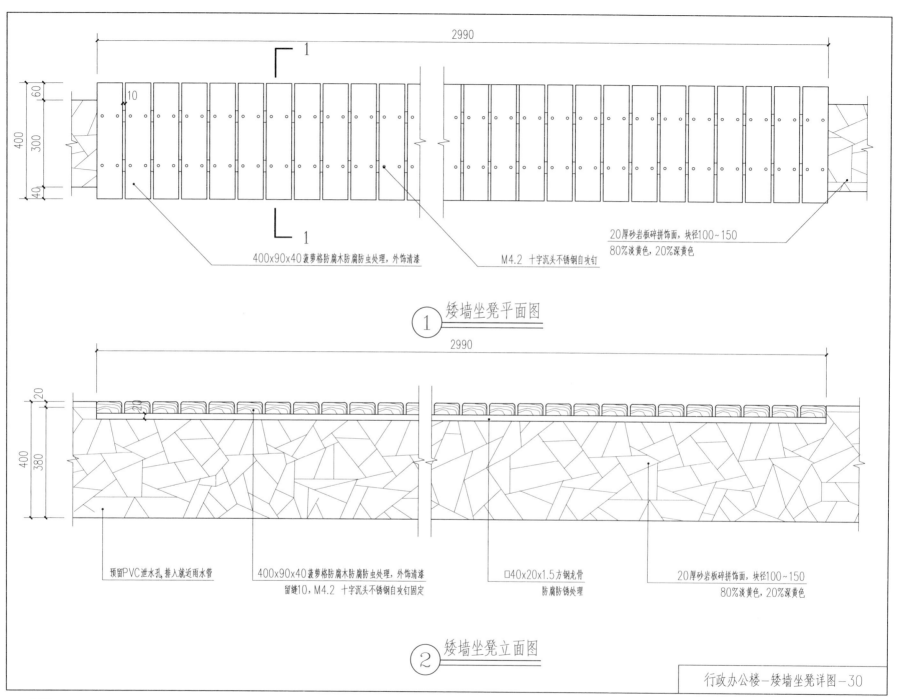

2990

60
400 300
40

10

400x90x40菠萝格防腐木防腐防虫处理，外饰清漆

M4.2 十字沉头不锈钢自攻钉

20厚砂岩板碎拼饰面，块径100~150
80%淡黄色，20%深黄色

① 矮墙坐凳平面图

2990

20
400 380

预留PVC泄水孔，排入就近雨水管

400x90x40菠萝格防腐木防腐防虫处理，外饰清漆
留缝10，M4.2 十字沉头不锈钢自攻钉固定

□40x20x1.5方钢龙骨
防腐防锈处理

20厚砂岩板碎拼饰面，块径100~150
80%淡黄色，20%深黄色

② 矮墙坐凳立面图

行政办公楼—矮墙坐凳详图-30

— 140 —

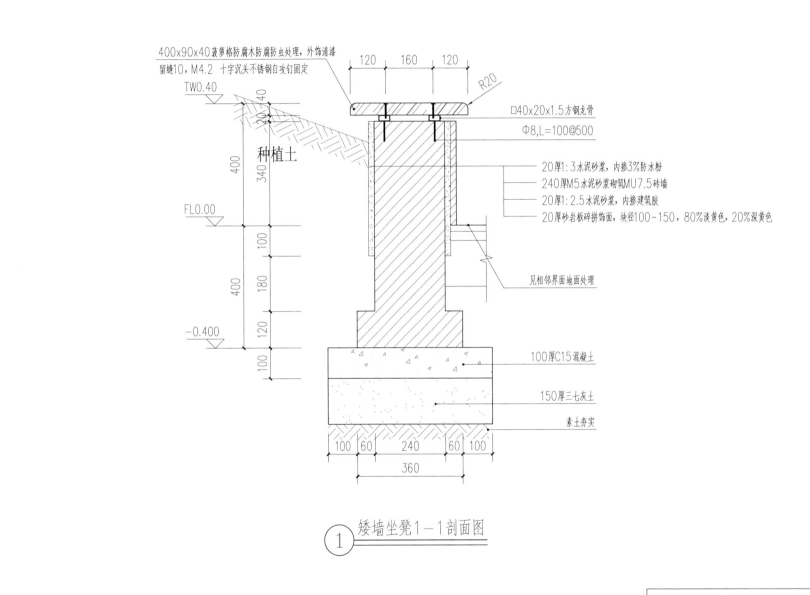

400x90x40菠萝格防腐木防腐防虫处理，外饰清漆
留缝10，M4.2 十字沉头不锈钢自攻钉固定

TW0.40

种植土

FL0.00

-0.400

120 | 160 | 120

R20

□40x20x1.5方钢龙骨

Φ8,L=100@500

20厚1：3水泥砂浆，内掺3%防水粉
240厚M5水泥砂浆砌筑MU7.5砖墙
20厚1：2.5水泥砂浆，内掺建筑胶
20厚砂岩板碎拼饰面，块径100~150，80%淡黄色，20%深黄色

见相邻界面地面处理

100厚C15混凝土

150厚三七灰土

素土夯实

100 | 60 | 240 | 60 | 100
360

① 矮墙坐凳1—1剖面图

		苗木表					
编号		种类	规格			数量（株）	备注
			高度（m）	冠幅（cm）	胸径/地径		
1		白皮松 Picus bungeana Zuxx.ex Endl.	H=2.3-2.5	180-200	d=4~5	3	树形端正，枝叶密集
2		乔状女贞 Ligustrum lucidum Ait.	H=1.5-1.8	120-150	D=5	55	带3个以上枝杈
3		银杏 Ginkgo biloba Linn.	H=3.5-3.8	200-220	D=8	2	带4个枝杈，实生苗
4		合欢 Albizia julibrissin Durazz.	H=3.0-3.2	250-280	D=8	118	带4个枝杈
5		白蜡 Fraxinus chinensis Roxb.	H=4.5-4.8	200-230	D=8	138	带4个枝杈
6		广玉兰 Magnolia grandiflora L.	H=1.5-1.8	120-150	D=5	9	带3个以上枝杈
7		美国红枫 Acer rubru	H=0.8-1.1	150-180	d=4	3	带4个枝杈
8		碧桃 cv. Duplex	H=0.5-0.8	120-150	d=5	62	带4个枝杈
9		白碧桃 cv. Alba-plena	H=0.5-0.8	120-150	d=5	22	带4个枝杈
10		红叶李 Prunus cerasifera cv.Pissardii	H=0.5-0.8	100-120	d=3	15	带3个枝杈
11		石楠球 Photinia serrulata Lindl.		80-100		80	枝叶密集，树形饱满
12		淡竹 Phyllostachys glauca McClure	三杆一丛			180平米	
13		小龙柏 Sabina chinensis cv. Kaizuca	冠径25cm，定高H=20cm。			400平米	枝叶密集，树形饱满
14		瓜子黄杨 Buxus sinica (Rehd. et Wils.) Cheng	冠径25cm，定高H=25cm。			122平米	25株/平米
15		红叶小檗 Berberis thunbergii cv.atropurpurea	冠径25cm，定高H=25cm。			83平米	25株/平米
16		月季 Rosa chinensis Jacq.	6分枝，单枝1cm以上，枝长80cm以上			11平米	
17		鸢尾 Iris tectorum Maxim.	5芽一丛，每平方米15丛			306平米	
18		黑麦草 Lolium perenne L.	满铺			2793平米	

说明：H表示自然高，D表示胸径，d表示地径

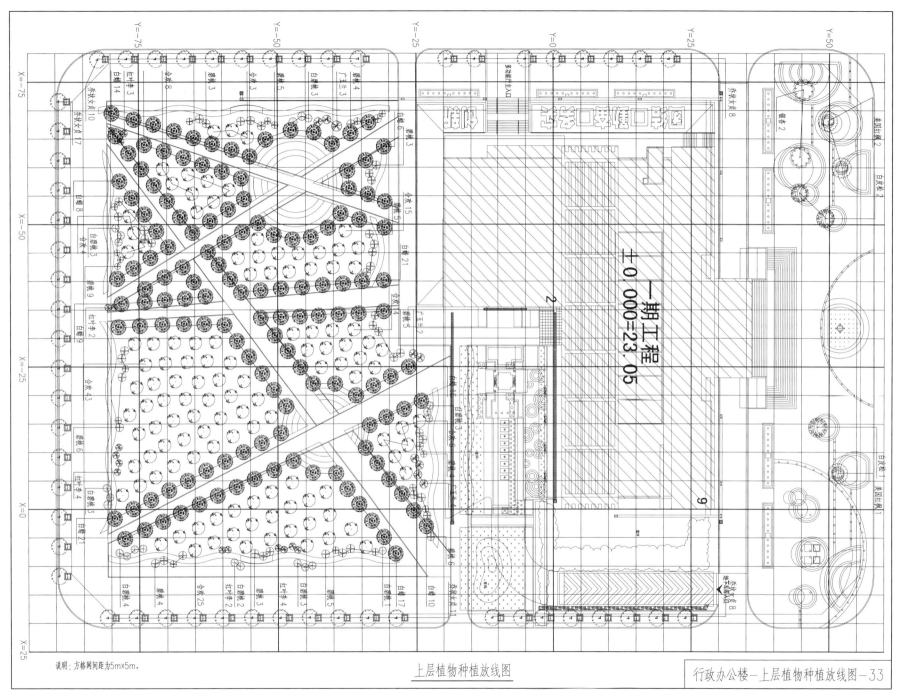

说明：方格网间距为5m×5m。

上层植物种植放线图

行政办公楼—上层植物种植放线图—33

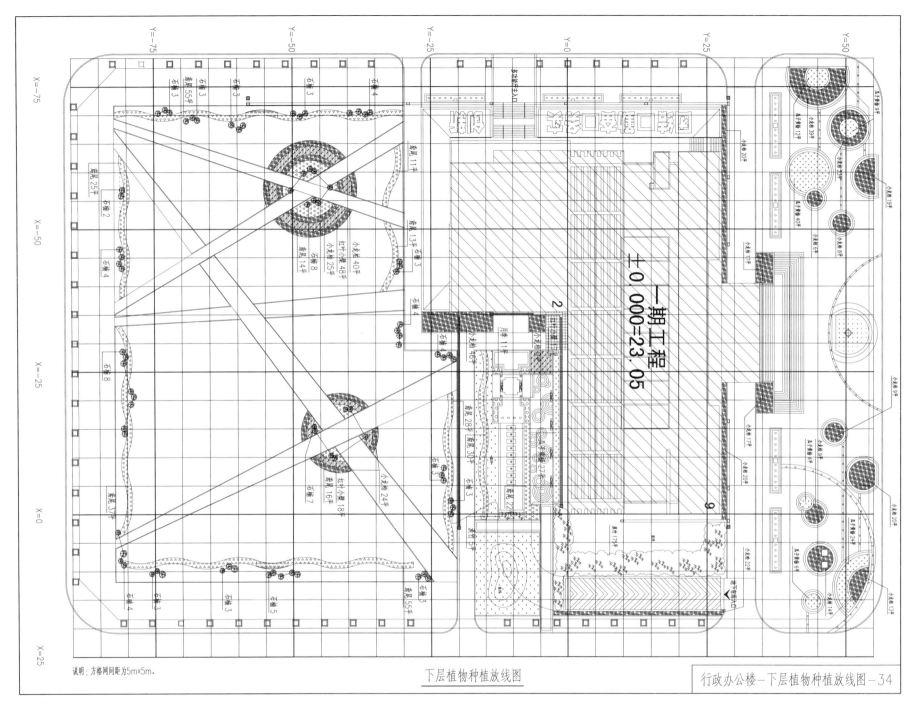

下层植物种植放线图

说 明：

灯具安装时应以厂家提供的相关安装尺寸为准，特殊景观灯具安装位置应参照

园林景观及园林设施施工大样图，本设计提供的安装示意图仅供参考。

图例	名 称	规格	单位	数量
——	LED灯带	LED3528 220V	m	252
⊗	地埋灯	∅160H210 黄光 12W/个	个	115
⊙	水下灯	LG-SD155-D 红、蓝、绿光 15W/个	个	140
⊠	泵坑	QS65-7-3	个	2
		QS65-7-2.2	个	1
		QS25-26-3	个	8
▬	室外防水型配电箱	非标箱，根据系统图定制	个	2

注：电缆长度应按工程实量。

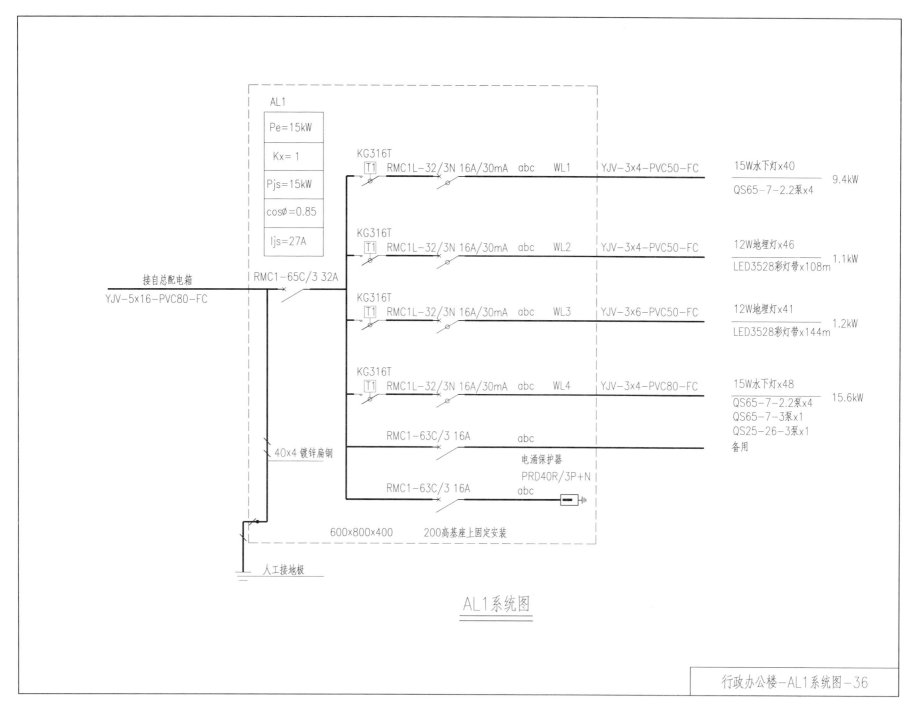

AL1系统图

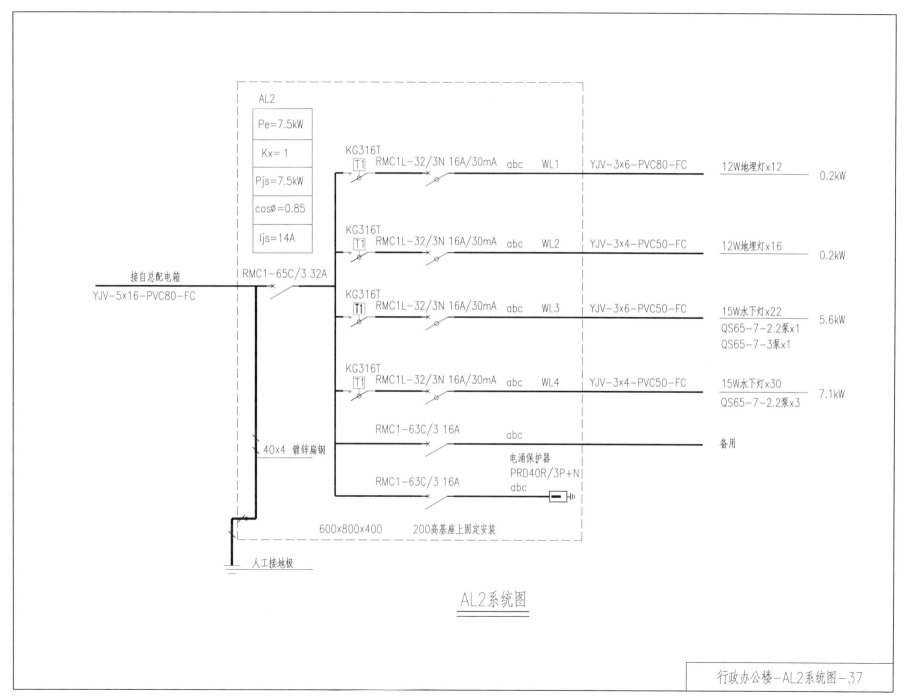

AL2

AL2
Pe=7.5kW
Kx= 1
Pjs=7.5kW
cosø=0.85
Ijs=14A

接自总配电箱
YJV-5x16-PVC80-FC

RMC1-65C/3 32A

40x4 镀锌扁钢

人工接地板

KG316T
T1 RMC1L-32/3N 16A/30mA   abc   WL1   YJV-3x6-PVC80-FC   12W地埋灯x12   0.2kW

KG316T
T1 RMC1L-32/3N 16A/30mA   abc   WL2   YJV-3x4-PVC50-FC   12W地埋灯x16   0.2kW

KG316T
T1 RMC1L-32/3N 16A/30mA   abc   WL3   YJV-3x6-PVC50-FC   15W水下灯x22   5.6kW
QS65-7-2.2泵x1
QS65-7-3泵x1

KG316T
T1 RMC1L-32/3N 16A/30mA   abc   WL4   YJV-3x4-PVC50-FC   15W水下灯x30   7.1kW
QS65-7-2.2泵x3

RMC1-63C/3 16A   abc   备用

电涌保护器
PRD40R/3P+N
RMC1-63C/3 16A   abc

600x800x400   200高基座上固定安装

AL2系统图

行政办公楼-AL2系统图-37

— 147 —

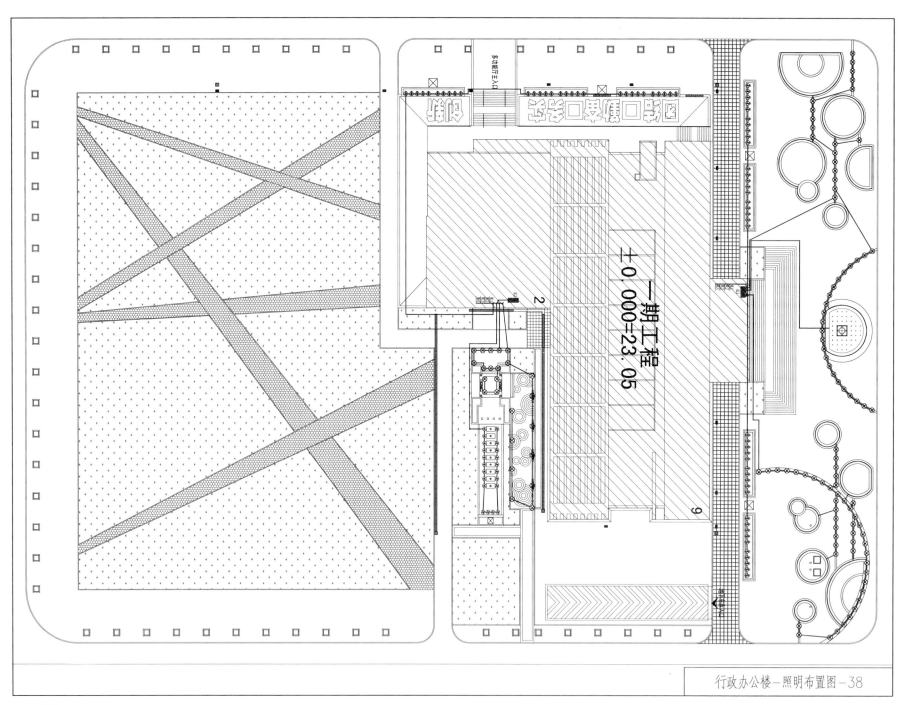

±0.000=23.05

一期工程

行政办公楼－照明布置图－38

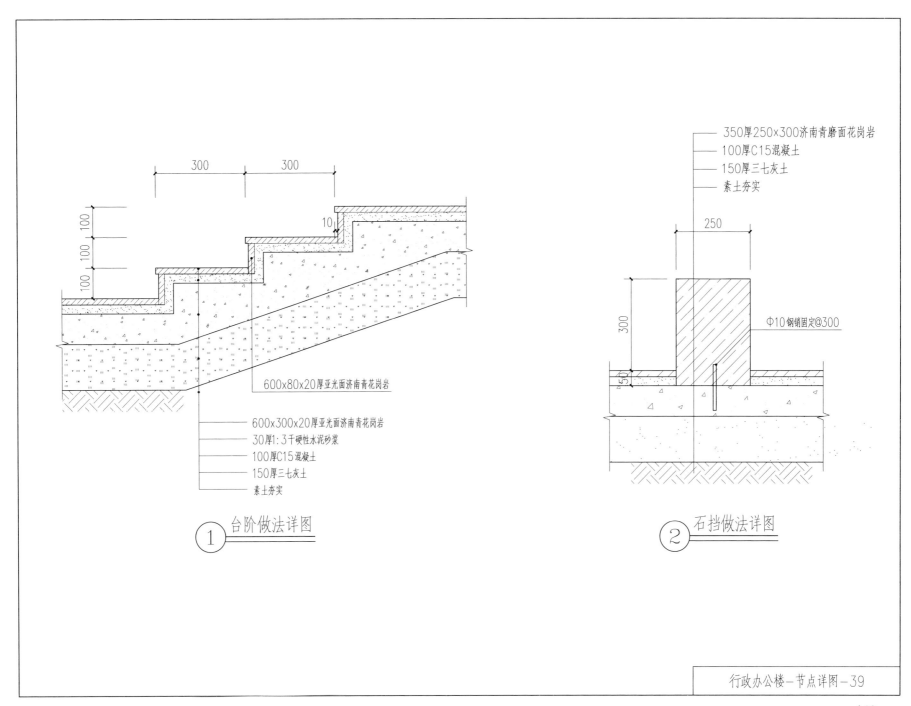

300   300

100   100
100   100
100

10

600x80x20厚亚光面济南青花岗岩

600x300x20厚亚光面济南青花岗岩
30厚1:3干硬性水泥砂浆
100厚C15混凝土
150厚三七灰土
素土夯实

350厚250×300济南青磨面花岗岩
100厚C15混凝土
150厚三七灰土
素土夯实

250

300

50

Φ10钢销固定@300

① 台阶做法详图

② 石挡做法详图

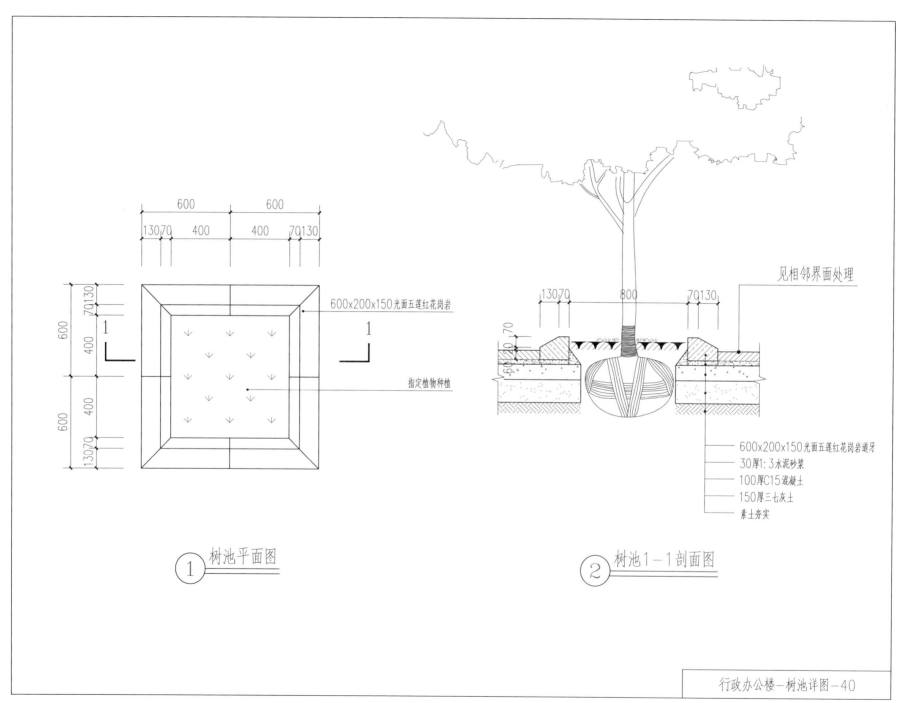

600 | 600

130 70 | 400 | 400 | 70 130

70 130

600

400

1

400

600

130 70

600x200x150光面五莲红花岗岩

指定植物种植

① 树池平面图

130 70 | 800 | 70 130

见相邻界面处理

600x200x150光面五莲红花岗岩道牙
30厚1:3水泥砂浆
100厚C15混凝土
150厚三七灰土
素土夯实

② 树池1-1剖面图

行政办公楼—树池详图—40

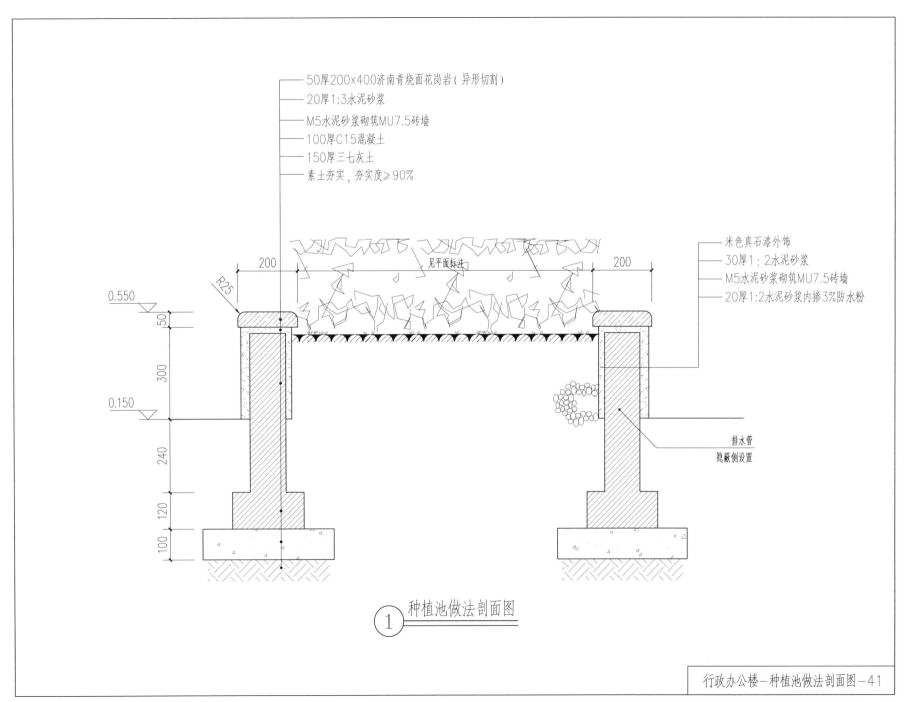

50厚200×400济南青烧面花岗岩(异形切割)

20厚1:3水泥砂浆

M5水泥砂浆砌筑MU7.5砖墙

100厚C15混凝土

150厚三七灰土

素土夯实，夯实度≥90%

米色真石漆外饰

30厚1:2水泥砂浆

M5水泥砂浆砌筑MU7.5砖墙

20厚1:2水泥砂浆内掺3%防水粉

排水管
隐蔽侧设置

见平面标注

0.550

0.150

200   200

R25

50

300

240

120

100

① 种植池做法剖面图

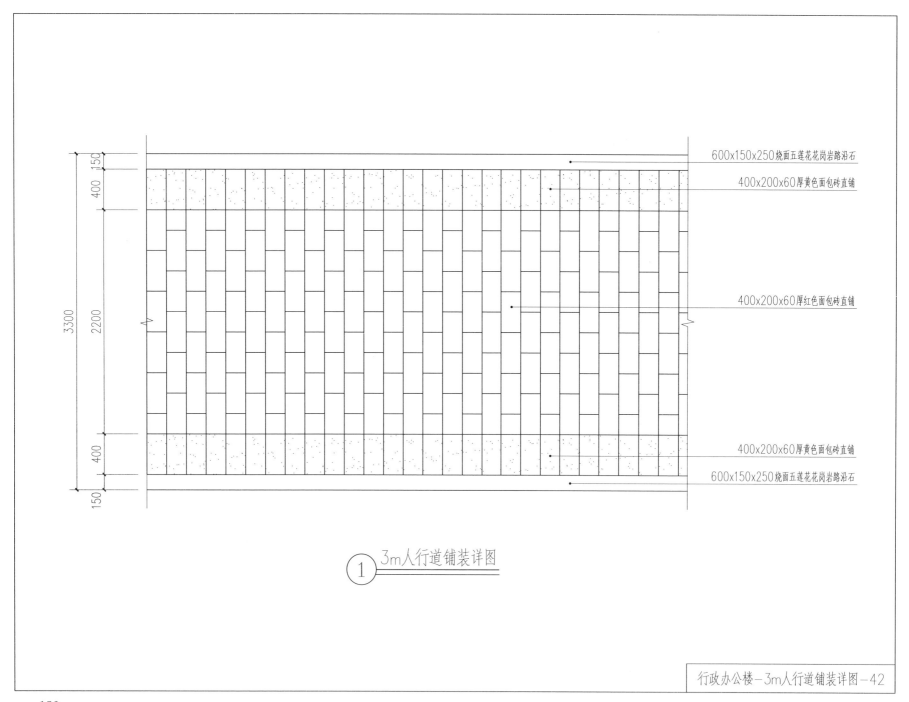

600x150x250烧面五莲花岗岩路沿石

400x200x60厚黄色面包砖直铺

400x200x60厚红色面包砖直铺

400x200x60厚黄色面包砖直铺

600x150x250烧面五莲花岗岩路沿石

150
400
2200
3300
400
150

① 3m人行道铺装详图

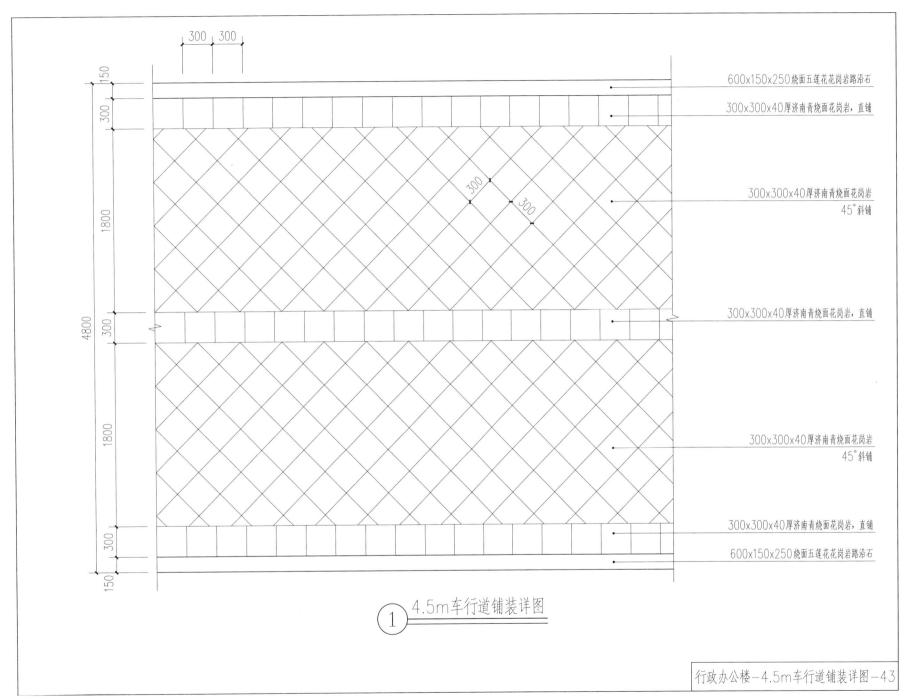

300 300

600x150x250烧面五莲花岗岩路沿石

300x300x40厚济南青烧面花岗岩，直铺

300x300x40厚济南青烧面花岗岩
45°斜铺

300

300x300x40厚济南青烧面花岗岩，直铺

300

300x300x40厚济南青烧面花岗岩
45°斜铺

300x300x40厚济南青烧面花岗岩，直铺

600x150x250烧面五莲花岗岩路沿石

150 300 1800 300 1800 300 150

4800

① 4.5m车行道铺装详图

行政办公楼—4.5m车行道铺装详图—43

— 153 —

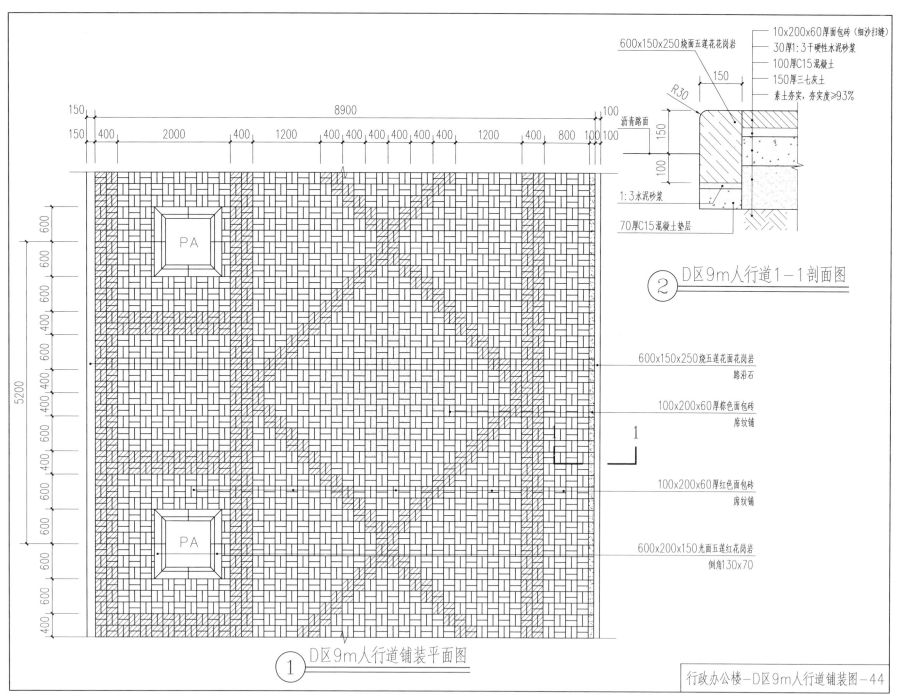

600x150x250烧面五莲花岗岩

10x200x60厚面包砖（细沙扫缝）
30厚1:3硬性水泥砂浆
100厚C15混凝土
150厚三七灰土
素土夯实，夯实度≥93%

R30

150

150

100

沥青路面

1:3水泥砂浆

70厚C15混凝土垫层

② D区9m人行道1-1剖面图

150   8900   100

150 400   2000   400   1200   400 400 400 400 400 400   1200   400 800 100 100

600

600

600

600

400

600

400

5200

400

PA

600

600

600

PA

600

600

1

600x150x250烧五莲花面花岗岩
路沿石

100x200x60厚棕色面包砖
席纹铺

100x200x60厚红色面包砖
席纹铺

600x200x150光面五莲红花岗岩
倒角130x70

① D区9m人行道铺装平面图

行政办公楼-D区9m人行道铺装图-44

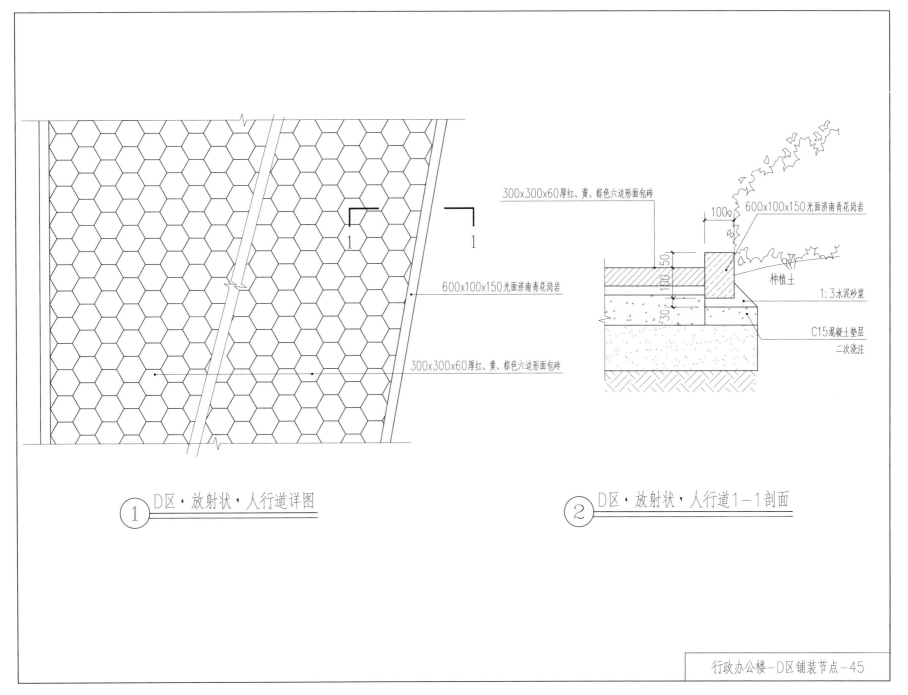

300x300x60厚红、黄、棕色六边形面包砖

600x100x150光面济南青花岗岩

600x100x150光面济南青花岗岩

种植土

1:3水泥砂浆

C15混凝土垫层

二次浇注

300x300x60厚红、黄、棕色面包砖

① D区·放射状·人行道详图

② D区·放射状·人行道1-1剖面

济南园博园景观施工图设计

设 计 总 说 明

本设计为国际园林花卉博览会德州园景观施工图设计。

一、设计依据
1. 国家《城市园林绿化工程及验收规范CJJ/82-99》中关于环境施工的有关规范标准。
2. 济南市颁发的建设用地规划许可证。
3. 国家及地方颁布的有关规范及规程。

二、设计单位制及设计标高
1. 本工程施工图中尺寸,除标高和总图以米(m)为单位外,其余均以毫米(mm)为单位。
2. 本工程设计标高采用相对标高。

三、绿化
1. 绿化实施前应咨询园林设计师有关园林植物的种植方法,保证植物成活率.植物样品在施工前须由甲方及园林设计师共同审定。
2. 园林植物种植工程完毕后应进行整型修剪,工程完毕后施工单位需对园林植物进行成活保养。
3. 绿化实施前应咨询园林设计师有关园林植物的种植密度及数量,不得随意更改植物规格(参见植物配置图)。

四、土建工程
1. 图中所选用的饰面样品在施工前须由甲方及景观建筑师共同审定。
2. 花池、树池处理须按当地习惯作法。
3. 分格缝:广场所有底层地面的混凝土垫层,设纵向缩缝,横向缩缝。纵向缩缝采用平头缝,其间距为3m;横向缩缝采用假缝,间距为6m。假缝宽度为10mm,
   具体做法参见03J012-01
4. 地面铺地做法:
   ┌── 详见大样详图所用材料;
   ├── 20或30厚1:2.5水泥砂浆;
   ├── 100厚C20混凝土层;
   ├── 200厚3:7灰土垫层;
   └── 回填土夯实或素土分层夯实。

   防腐木铺装做法:
   ┌── 详见大样详图所用材料;
   ├── 木龙骨;
   ├── 100厚C20混凝土垫层;
   ├── 300厚3:7灰土垫层;
   └── 回填土或素土分层夯实。
5. 无特别说明之外,所有现场施工细则由景观设计师制定。

五、金属结构工程
1. 按设计规格及厂家资料施工。
2. 红丹防锈漆两道及面漆两道。颜色除注明外均为浅灰色。
3. 自动焊和半自动焊时采用H08A和H08MnA 焊丝,其力学性能符合GB5117-95的规定。

4. 焊接型钢应采用埋弧焊或半自动焊接,贴角焊缝厚度不小于9mm,长度均为满焊。
5. 所有外露钢件均应作防腐防锈处理:打磨除锈,面批原子灰防锈漆一道。

六、木作工程
1. 选材:木铺装等小品所选木材应为纹理直,木节少,耐腐蚀,易干燥,少开裂的美国山樟木、美国南方松。
2. 防腐:所选防腐木材均应选用优质防腐木材。
3. 防蚁:选专用防蚁药剂喷洒2～3遍。
4. 所有外露木件均应作防腐防虫处理,面层刮腻子一道,清漆三道,打水砂一遍。

七、电气
1. 园林灯光设备须按照景观建筑师提供的灯光布点图设计。
2. 电气回路的设计需由甲方提供相关条件。
3. 电气控制与太阳能结合考虑。

九、装配施工
1. 图中所用金属配件样品须经景观建筑师核准。
2. 工程中建筑小品,如:垃圾桶、休息座椅,不锈钢制品等等。由施工单位提供样品,并由设计方选型定位确定。其中雕塑由专业公司提供形式及样品,甲方选定,现场设计师确定即可。其材质以玻璃钢为主,雕塑主体色调以白色为主。

十、维护
预理管线及喷头均应作防腐防锈处理,地下管线应在道路、广场垫层施工及绿化施工前铺设完毕,以免造成不必要的二次施工浪费。高功率的灯具应距植物1.0m以外设置,以免影响植物的正常生长。

十一、备注
1. 此图为修改后正式成果图,之前图纸若有与本图不符以本图为准,若总平面图与大样图不符之处以大样图为准。
2. 图中有多处类似做法时,若在局部图纸中未做交代,则按已做交代的图纸内容统一做法。
3. 施工中如有改动,应与现场设计师商议。
4. 切勿以比例量度此图,一切依图内数字所示为准,尺寸量度以地盘实物为准。

LEGEND 图例

CODE 编号	DESCRIPTION 图纸说明
FL	FLOOR LEVEL 完成面标高
PA	PLANTING AREA 种植区
TW	TOP OF WALL 墙顶面标高
RL	ROAD LEVEL 道路标高
TC	TOP OF CURB 路牙顶面标高
TS	TOP OF SOIL 土壤面标高
BP	BOTOM OF PLANTER 种植池底标高
TL	TOP OF PLANTER 种植池顶面标高
TSW	TOP OF SEAT WALL 座墙顶标高
E.V.A.	EMERGENCY VEHICULAR ACCESS 消防车道
TR	TOP OF RAILING 栏顶标高
→	FALL TO DRAIN 排向雨水管
↗	PAVING DRAINAGE / AREA DRAIN 地面/区域排水
⊕	PLANTER DRAIN 种植槽排水
>	SLOPE / GRADIENT SLOPE 坡度

展园景观-设 计 总 说 明-01

园林花卉博览会德州园景观设计图纸目录

序 号	图 号	图纸名称	图纸尺寸	修改记录 A	B	C	D	E	F	G	H	J	K	图纸说明	备 注
		总体资料													
1	LD-00	图纸封面	A2												
2	LD-01	设计说明	A2												
3	LD-02	图纸目录	A2												
4	LD-03	景观总平面及索引图	A2												
5	LD-04	景观总平面尺寸图	A2												
6	LD-05	德州园坐标原点定位图	A2												
7	LD-06	竖向设计及排水图	A2												
8	LD-07	园内方格网及坐标图	A2												
9	LD-08	铺装总平面图	A2												
		详图部分													
10	YP-01	特色展台	A2												
11	YP-02	菊花台坐凳及种植池做法	A2												
12	YP-03	特色不锈钢组合桌凳	A2												
13	YP-04	特色景墙	A2												
14	YP-05	不锈钢种植池	A2												
15	YX-01	铺装做法详图	A2												
16	LX-01	风电一体发电廊	A2												
17	LX-02	风电一体发电廊地面铺装	A2												
		水电部分													
18	DD-01	电气说明和系统图	A2												
19	DD-02	电气平面图	A2												
20	SS-01	灌溉安装说明和安装示意	A2												
21	SS-02	灌溉平面图	A2												
		植物部分													
22	YL-01	种植施工说明	A2												
23	YL-02	植物配置总体关系图	A2												
24	YL-03	乔木配置图	A2												
25	YL-04	灌木及地被配置图	A2												
26	YL-05	植物材料表	A2												
		小品部分													
27	YS-01	太阳风主题雕塑尺寸图	A2											增加	
28	YS-02	太阳风主题雕塑配筋图	A2											增加	

景观总平面索引图

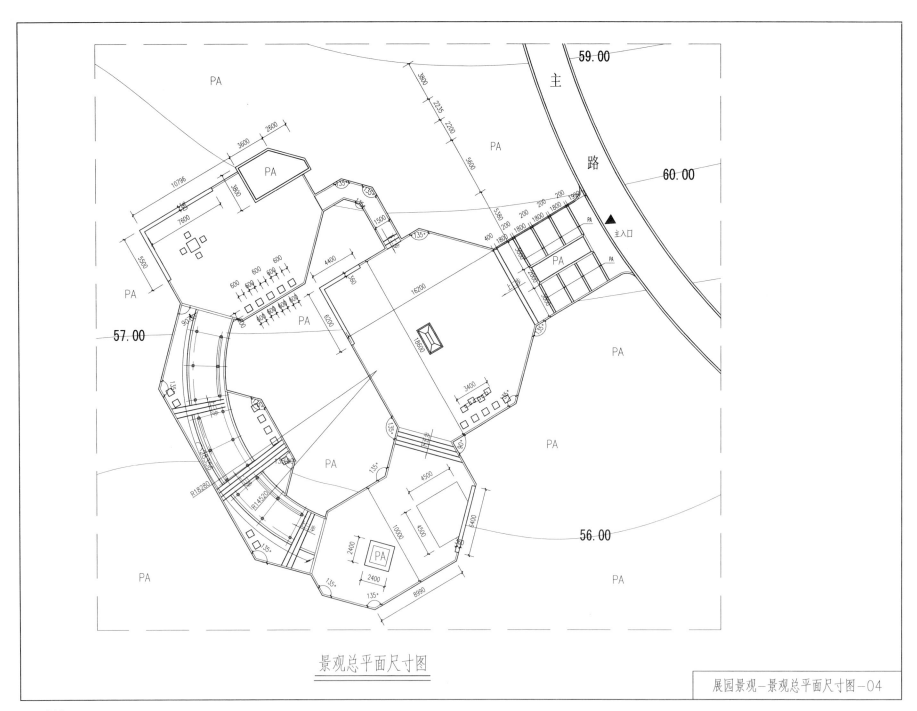

景观总平面尺寸图

展园景观—景观总平面尺寸图—04

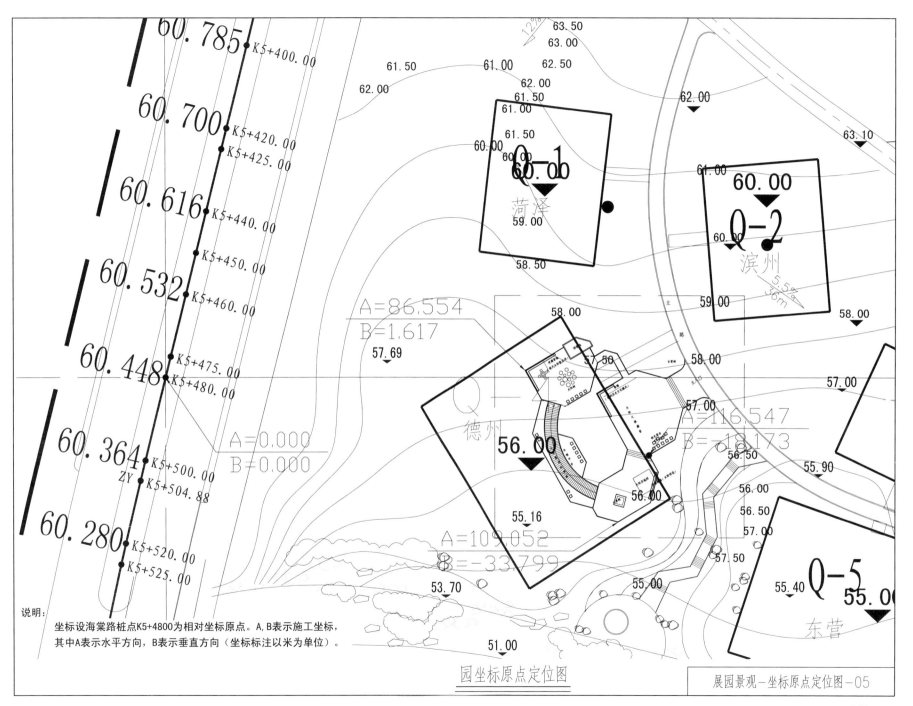

60.785 K5+400.00

60.700 K5+420.00
K5+425.00

60.616 K5+440.00

K5+450.00

60.532 K5+460.00

60.448 K5+475.00
K5+480.00

60.364 K5+500.00
ZY K5+504.88

60.280 K5+520.00
K5+525.00

63.50
63.00

61.50 61.00 62.50

62.00 62.00

61.50
61.00

Q-1
60.00
菏泽

59.00

58.50

61.00

60.00

Q-2
60.00
滨州

59.00 58.00

63.10

A=86.554
B=1.617

57.69

58.00

57.50 58.00

57.00

A=0.000
B=0.000

Q-3
56.00
德州

A=116.547
B=18.173

55.90

56.50

55.16

A=109.052
B=-33.799

56.00

56.50

57.00

57.50

55.00

Q-5
55.40 55.00

53.70

51.00

东营

说明：坐标设海棠路桩点K5+4800为相对坐标原点。A,B表示施工坐标，
其中A表示水平方向，B表示垂直方向（坐标标注以米为单位）。

园坐标原点定位图

展园景观－坐标原点定位图－05

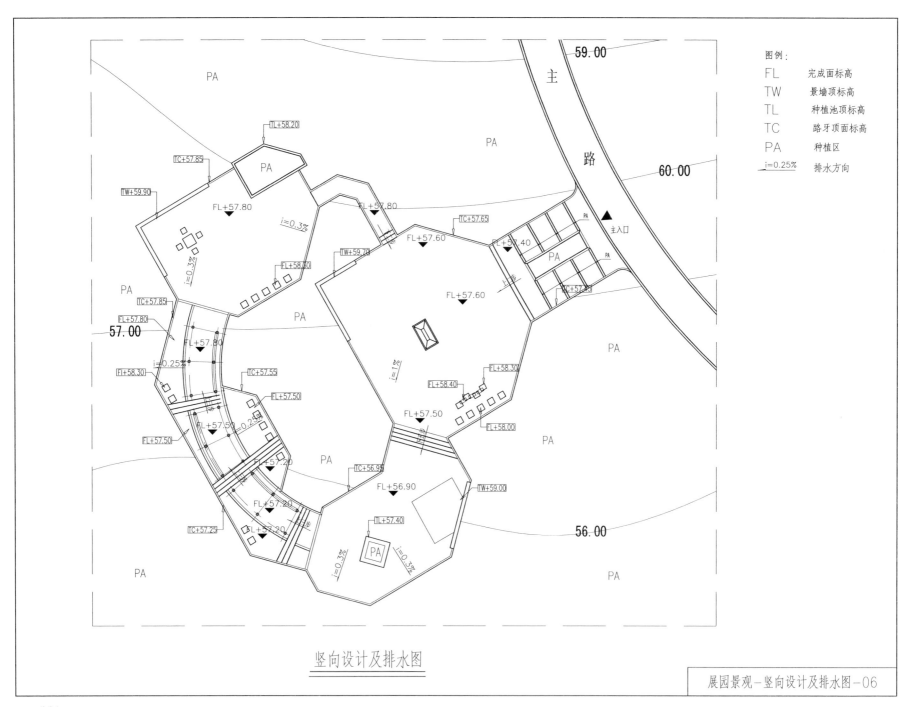

图例：
FL　完成面标高
TW　景墙顶标高
TL　种植池顶标高
TC　路牙顶面标高
PA　种植区
i=0.25%　排水方向

59.00

主

路

60.00

主入口

56.00

PA

TL+58.20

TC+57.85

TW+59.90

FL+57.80

FL+57.80

i=0.3%

FL+57.80

i=0.3%

FL+58.60

TW+59.70

FL+57.60

TC+57.65

FL+57.40

PA

TC+57.25

PA

PA

FL+57.60

PA

TC+57.85

FL+57.80

57.00

FL+57.80

i=0.25%

FL+58.30

TC+57.55

FL+57.50

i=1%

FL+58.40

FL+58.30

FL+58.00

FL+57.50

FL+57.50

0.25%

FL+57.50

FL+57.20

PA

TC+56.90

FL+56.90

PA

TW+59.00

TC+57.25

FL+57.20

FL+57.20

TL+57.40

PA

i=0.3%

i=0.3%

PA

PA

PA

PA

竖向设计及排水图

展园景观-竖向设计及排水图-06

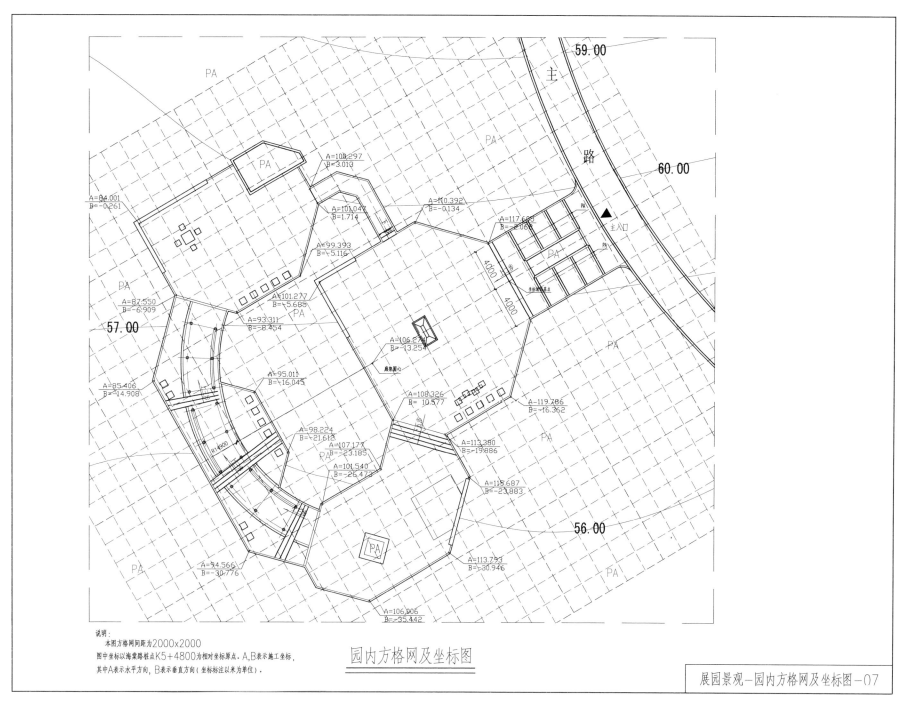

园内方格网及坐标图

说明:
　　本图方格网间距为2000×2000
　　图中坐标以海棠路桩点K5+4800为相对坐标原点。A,B表示施工坐标,
　　其中A表示水平方向,B表示垂直方向(坐标注以米为单位)。

展园景观—园内方格网及坐标图—07

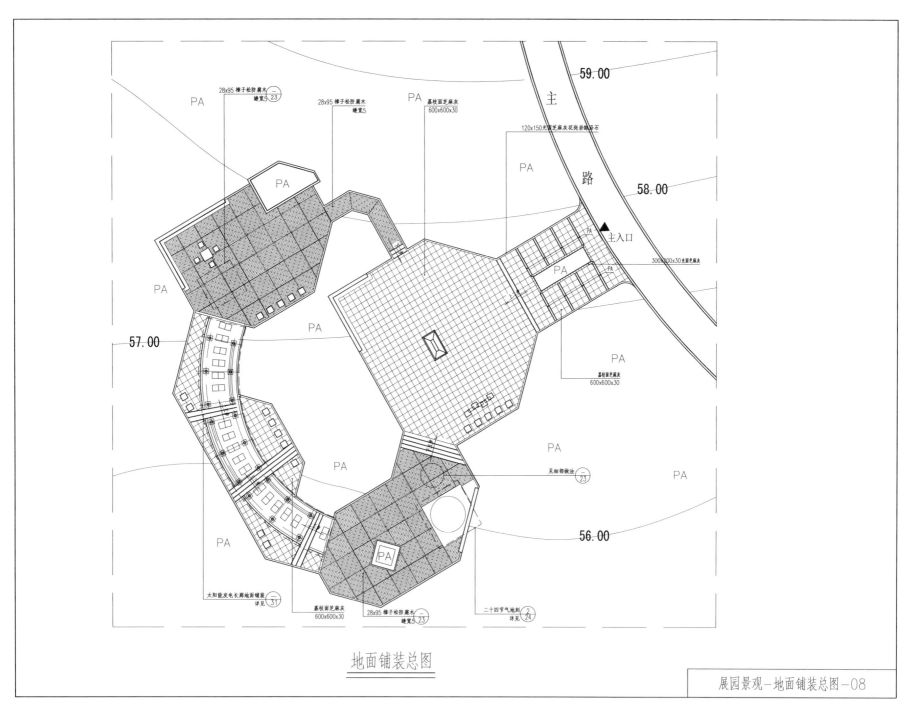

28x95樟子松防腐木
缝宽5 ①/23

28x95樟子松防腐木
缝宽5

荔枝面芝麻灰
600x600x30

120x150光面芝麻灰花岗岩跳舞石

59.00

主

路

PA

PA

主入口

PA

300x200x30光面芝麻灰

58.00

PA

PA

PA

57.00

荔枝面芝麻灰
600x600x30

PA

PA

56.00

见细部做法 ①/23

PA

太阳能发电长廊地面铺装
详见 ①/31

荔枝面芝麻灰
600x600x30

28x95樟子松防腐木
缝宽5 ①/23

二十四节气地刻
详见 ②/24

地面铺装总图

展园景观–地面铺装总图–08

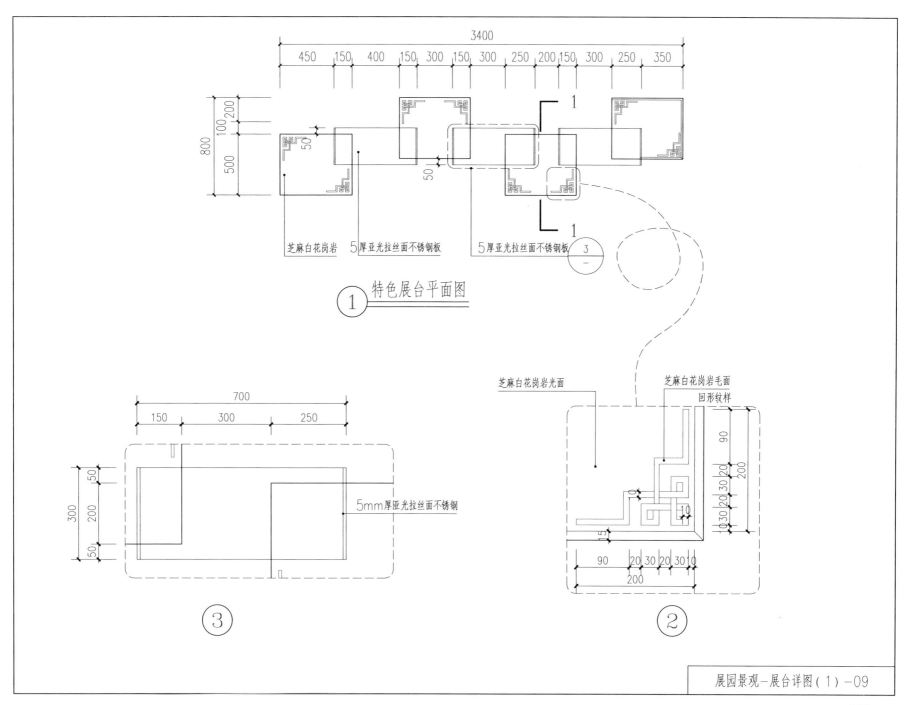

3400

450 150 400 150 300 150 300 250 200 150 300 250 350

800

200
100
500

50

50

50

芝麻白花岗岩　　5厚亚光拉丝面不锈钢板　　　5厚亚光拉丝面不锈钢板 ③

① 特色展台平面图

700

150 300 250

300

50

200

50

5mm厚亚光拉丝面不锈钢

③

芝麻白花岗岩光面　　　　芝麻白花岗岩毛面
回形纹样

90

200

10 30 20 30 20 10

15

90 20 30 20 30 10

200

②

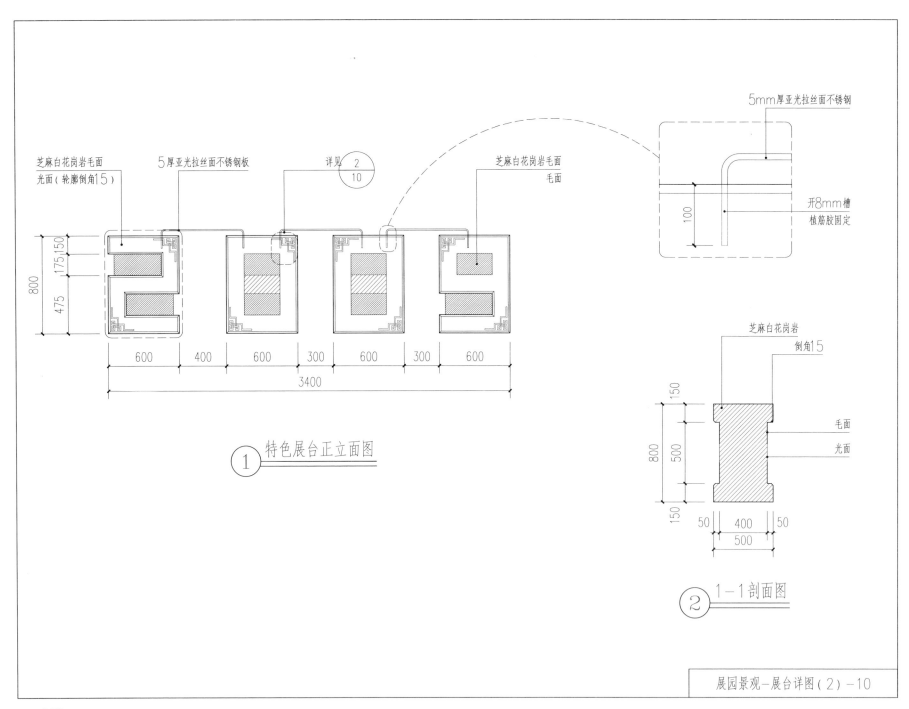

5mm厚亚光拉丝面不锈钢

开8mm槽
植筋胶固定

芝麻白花岗岩毛面
光面（轮廓倒角15）

5厚亚光拉丝面不锈钢板

详见 ②/10

芝麻白花岗岩毛面
毛面

800
175 150
475

600 400 600 300 600 300 600
3400

① 特色展台正立面图

芝麻白花岗岩
倒角15
毛面
光面

150
800
500
150
50 400 50
500

② 1-1剖面图

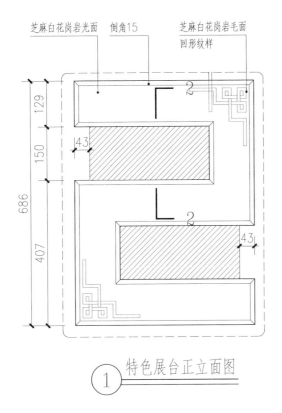

① 特色展台正立面图

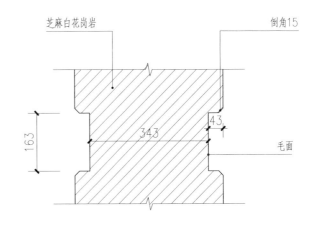

② 2-2剖面

③ 特色展台透视图

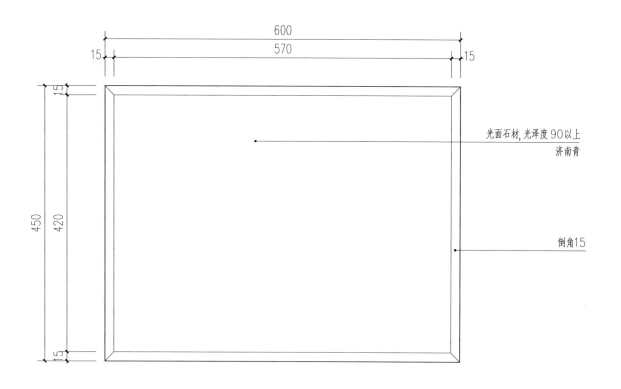

600

570

15   15

15

450

420

15

光面石材,光泽度90以上
济南青

倒角15

菊花台坐凳立面图

说明:
　　菊花台坐凳采用两种材质制作(济南青),石凳四角均刻"回"形纹样,
以展现德州的历史文化。

　　"回"形纹样雕刻要求:

纹路采用:阴刻喷砂做法,深度要求在1~1.5mm左右

雕刻面保持喷砂后原有纹理(体现光面黑色和喷砂面灰白色对比)注:高度450mm,五个面磨光,
所有棱角均倒直角15mm。

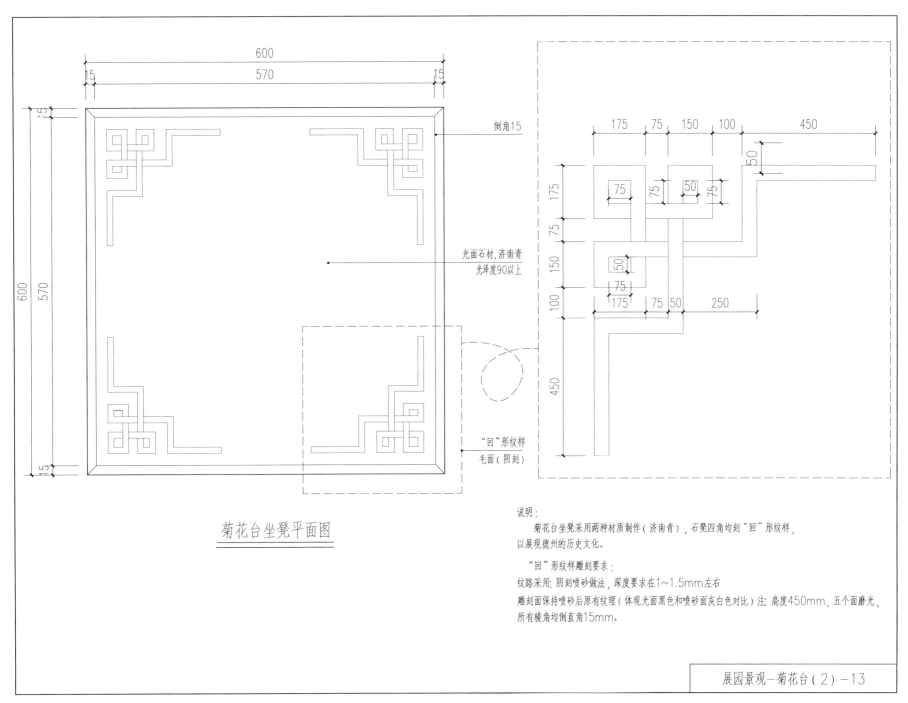

倒角15

600
570
15 ‖ 570 ‖ 15

光面石材,济南青
光泽度90以上

"回"形纹样
毛面(阴刻)

菊花台坐凳平面图

175 75 150 100 450
50
175 75 75 50 75
75 150 50
100 75
175 75 50 250
450

说明:
　　菊花台坐凳采用两种材质制作(济南青),石凳四角均刻"回"形纹样,
以展现德州的历史文化。

"回"形纹样雕刻要求:
纹路采用:阴刻喷砂做法,深度要求在1~1.5mm左右
雕刻面保持喷砂后原有纹理(体现光面黑色和喷砂面灰白色对比)注:高度450mm,五个面磨光,
所有棱角均倒直角15mm。

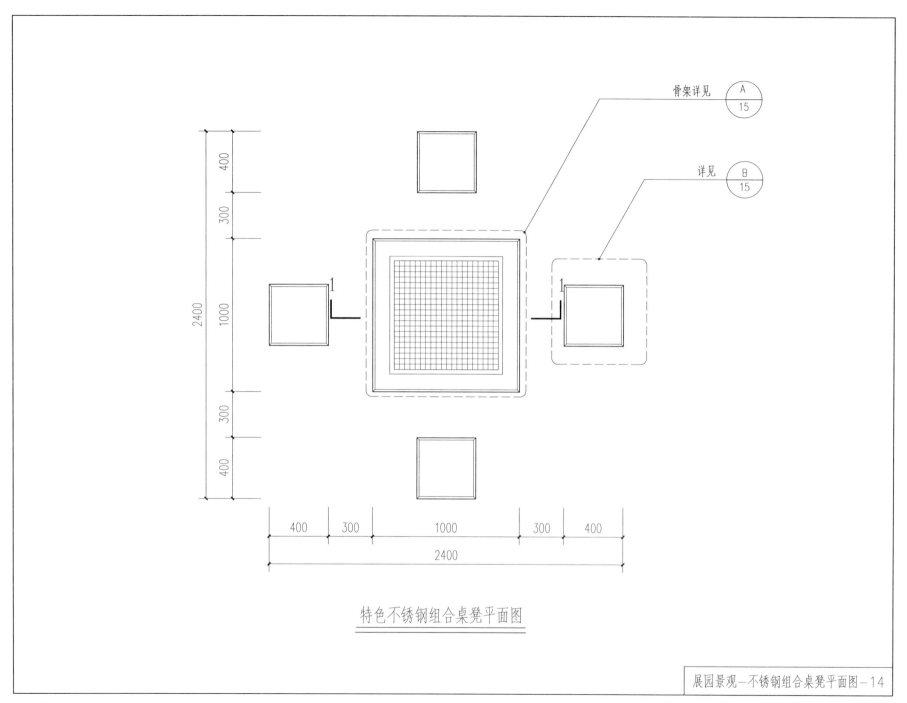

骨架详见 Ⓐ/15

详见 Ⓑ/15

特色不锈钢组合桌凳平面图

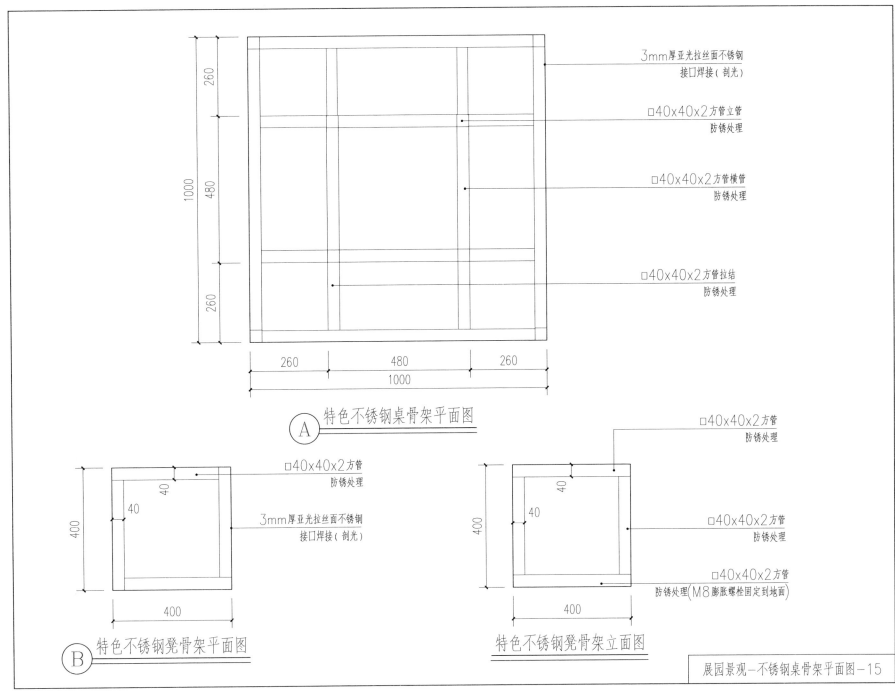

3mm厚亚光拉丝面不锈钢
接口焊接(剖光)

□40x40x2方管立管
防锈处理

□40x40x2方管横管
防锈处理

□40x40x2方管拉结
防锈处理

260
480
260
1000

260
480
260
1000

Ⓐ 特色不锈钢桌骨架平面图

□40x40x2方管
防锈处理

40
40
400
400

3mm厚亚光拉丝面不锈钢
接口焊接(剖光)

Ⓑ 特色不锈钢凳骨架平面图

□40x40x2方管
防锈处理

□40x40x2方管
防锈处理

40
40
400
400

□40x40x2方管
防锈处理(M8膨胀螺栓固定到地面)

特色不锈钢凳骨架立面图

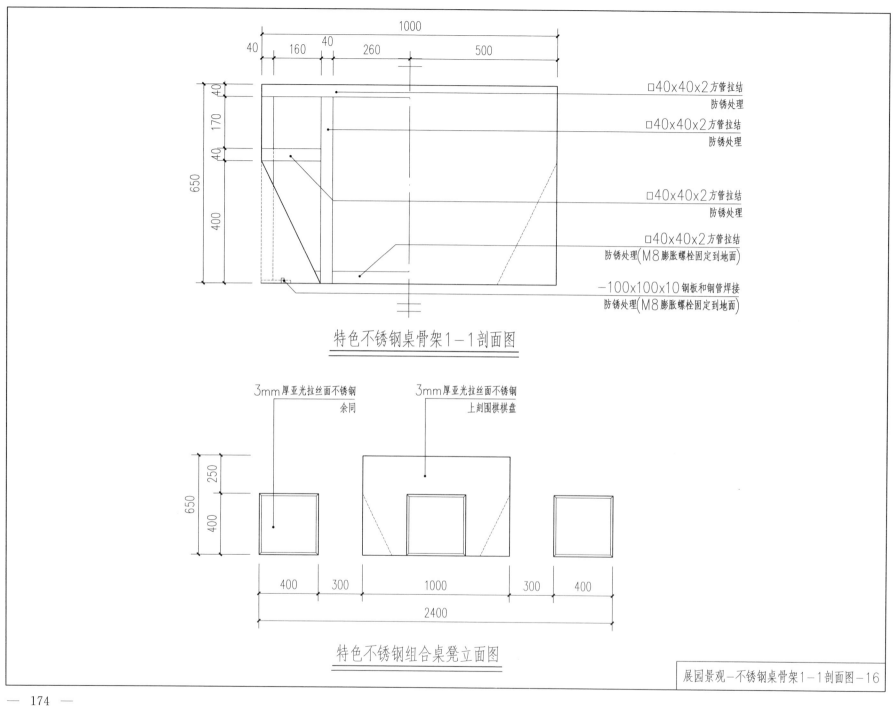

□40x40x2方管拉结
防锈处理

□40x40x2方管拉结
防锈处理

□40x40x2方管拉结
防锈处理

□40x40x2方管拉结
防锈处理(M8膨胀螺栓固定到地面)

—100x100x10钢板和钢管焊接
防锈处理(M8膨胀螺栓固定到地面)

特色不锈钢桌骨架1—1剖面图

3mm厚亚光拉丝面不锈钢
余同

3mm厚亚光拉丝面不锈钢
上刻围棋棋盘

特色不锈钢组合桌凳立面图

展园景观—不锈钢桌骨架1—1剖面图—16

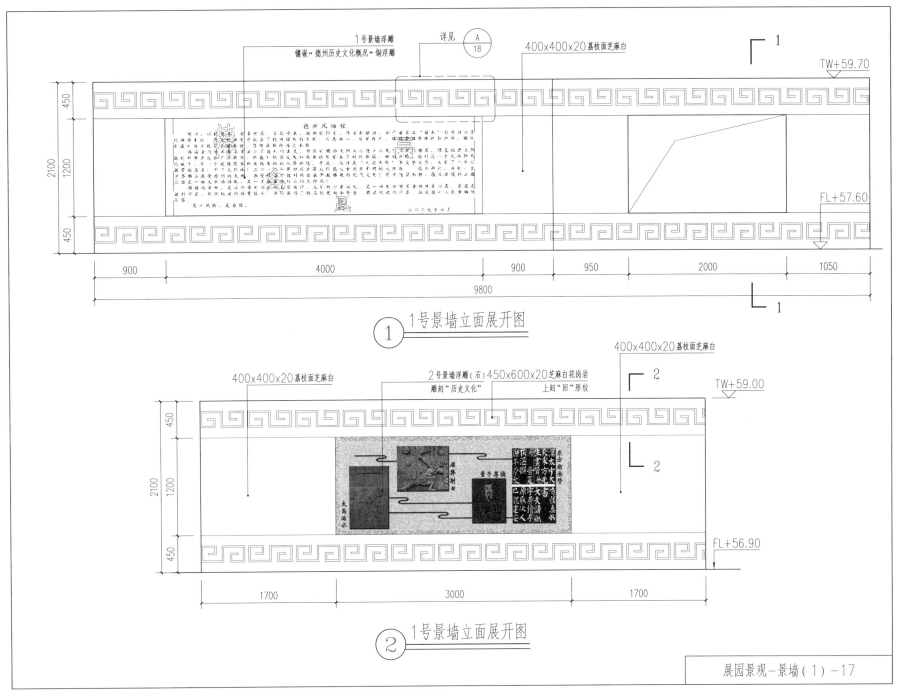

1号景墙浮雕
镶嵌"德州历史文化概况"铜浮雕

详见 A/18

400x400x20荔枝面芝麻白

TW+59.70

450

2100

1200

450

FL+57.60

德州风物铭

900 | 4000 | 900 | 950 | 2000 | 1050

9800

①　1号景墙立面展开图

400x400x20荔枝面芝麻白

2号景墙浮雕(石)450x600x20芝麻白花岗岩
雕刻"历史文化"

上刻"回"形纹

400x400x20荔枝面芝麻白

TW+59.00

450

2100

1200

450

FL+56.90

1700 | 3000 | 1700

②　1号景墙立面展开图

展园景观—景墙(1)—17

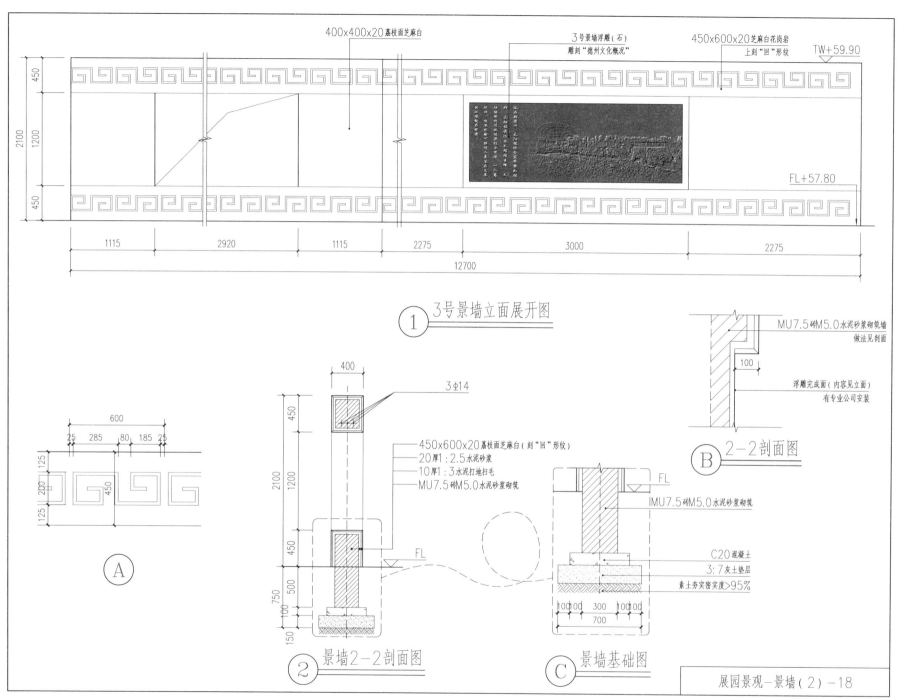

400x400x20荔枝面芝麻白

3号景墙浮雕(石)
雕刻"德州文化概况"

450x600x20芝麻白花岗岩
上刻"回"形纹

TW+59.90

FL+57.80

450
1200
450
2100

1115　2920　1115　2275　3000　2275

12700

3号景墙立面展开图 ①

600

25　285　80　185　25

125　200　125

450

125

Ⓐ

400

3φ14

450

450x600x20荔枝面芝麻白(刻"回"形纹)
20厚1:2.5水泥砂浆
10厚1:3水泥打底扫毛
MU7.5砖M5.0水泥砂浆砌筑

2100
1200

450

FL

500
750

150
100

景墙2-2剖面图 ②

MU7.5砖M5.0水泥砂浆砌墙
做法见剖面

100

浮雕完成面(内容见立面)
有专业公司安装

2-2剖面图 Ⓑ

FL

IMU7.5砖M5.0水泥砂浆砌筑

C20混凝土
3:7灰土垫层
素土夯实密实度>95%

100 100　300　100 100
700

景墙基础图 Ⓒ

展园景观-景墙(2)-18

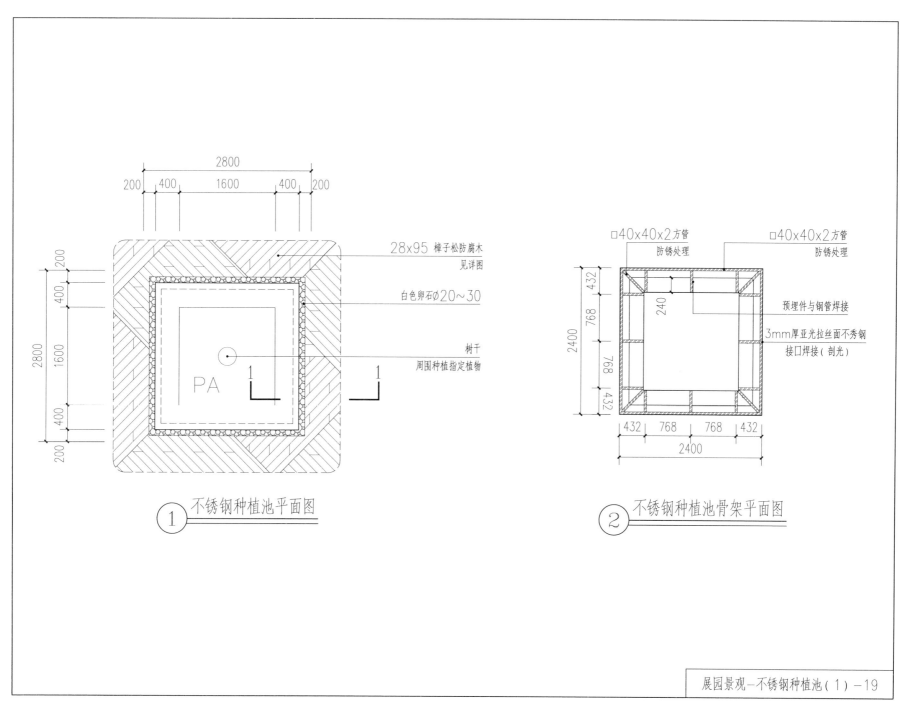

2800

200 400 1600 400 200

28x95 樟子松防腐木
见详图

白色卵石Ø20~30

树干
周围种植指定植物

200

400

2800

1600

400

200

PA

1   1

① 不锈钢种植池平面图

□40x40x2方管
防锈处理

□40x40x2方管
防锈处理

432

432

768

2400

240

768

预埋件与钢管焊接

3mm厚亚光拉丝面不秀钢
接口焊接（刮光）

432

432 768 768 432

2400

② 不锈钢种植池骨架平面图

展园景观—不锈钢种植池(1)—19

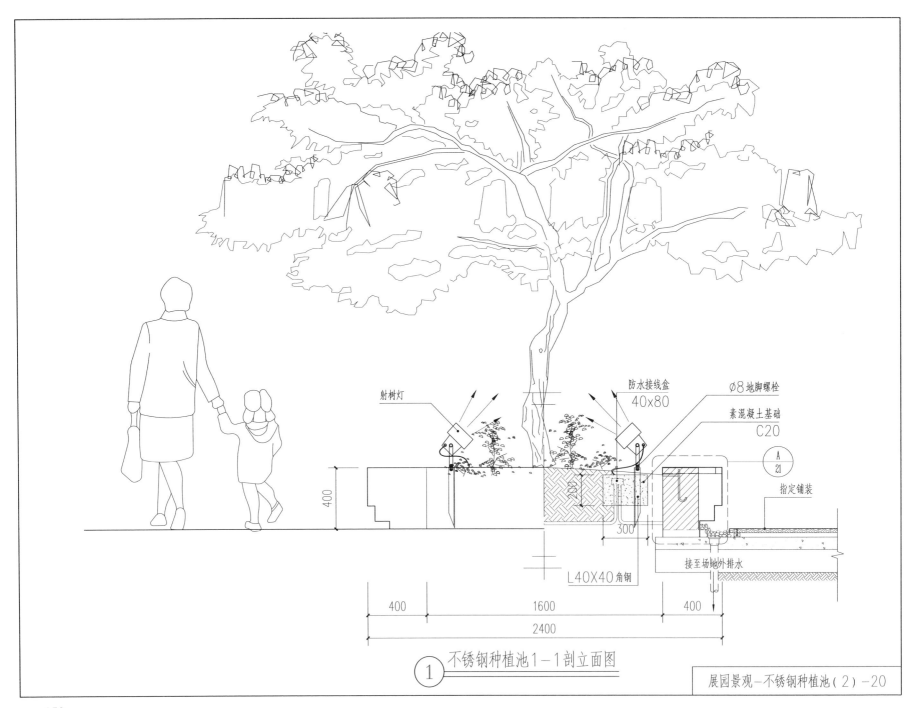

射树灯

防水接线盒
40x80

∅8地脚螺栓

素混凝土基础
C20

A
21

指定铺装

400

300

L40X40角钢

接至场地外排水

400   1600   400

2400

① 不锈钢种植池1-1剖立面图

展园景观-不锈钢种植池（2）-20

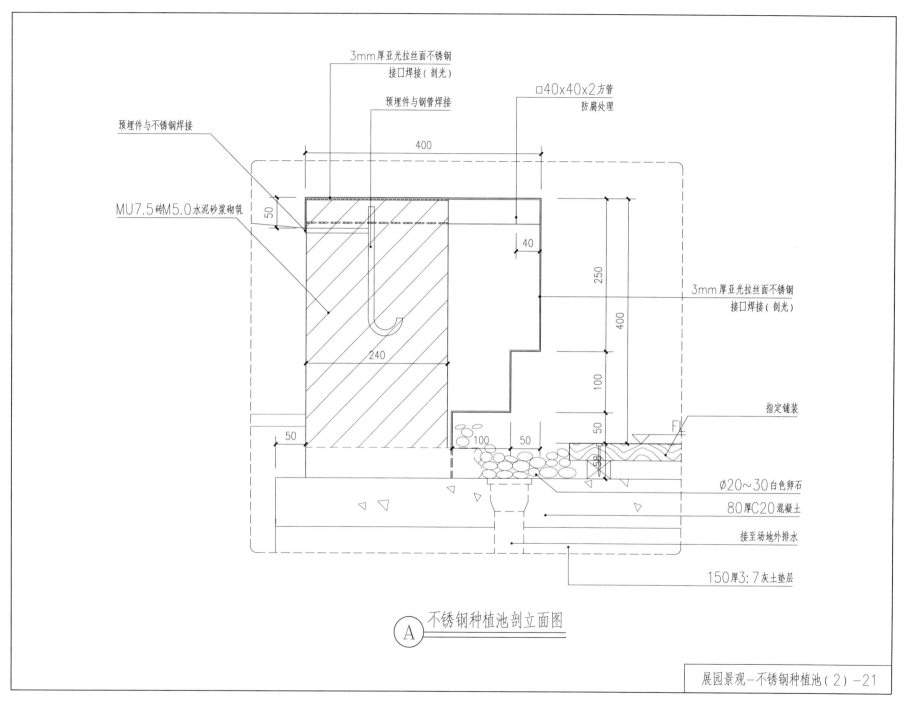

3mm厚亚光拉丝面不锈钢
接口焊接(剖光)

□40x40x2方管
防腐处理

预埋件与钢管焊接

预埋件与不锈钢焊接

400

MU7.5砖M5.0水泥砂浆砌筑

50

40

250

400

3mm厚亚光拉丝面不锈钢
接口焊接(剖光)

240

100

指定铺装

50

FL

50

100

50

Φ20~30白色卵石

80厚C20混凝土

接至场地外排水

150厚3:7灰土垫层

Ⓐ 不锈钢种植池剖立面图

展园景观-不锈钢种植池(2)-21

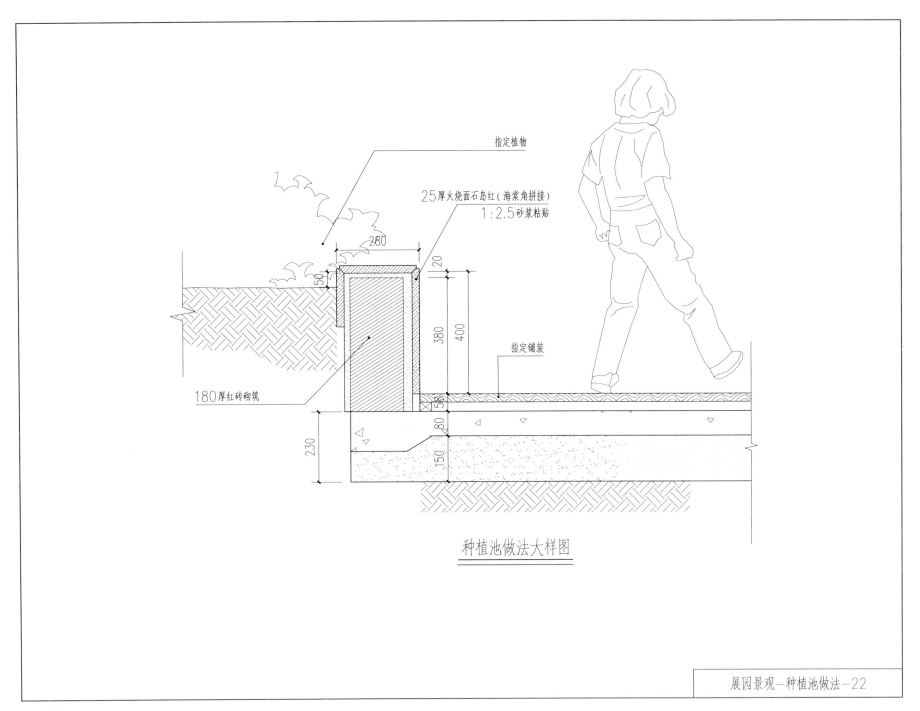

指定植物

25厚火烧面石岛红(海棠角拼接)
1:2.5砂浆粘贴

280

20

50

380

400

指定铺装

180厚红砖砌筑

58

80

230

150

种植池做法大样图

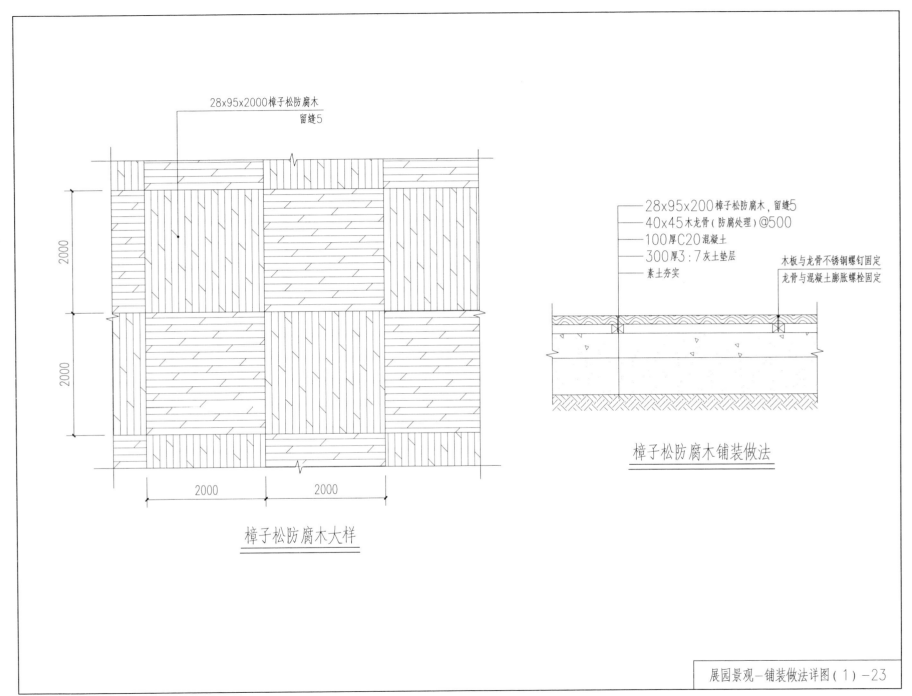

28x95x2000樟子松防腐木
留缝5

2000

2000

2000   2000

樟子松防腐木大样

28x95x200樟子松防腐木，留缝5
40x45木龙骨（防腐处理）@500
100厚C20混凝土
300厚3：7灰土垫层
素土夯实

木板与龙骨不锈钢螺钉固定
龙骨与混凝土膨胀螺栓固定

樟子松防腐木铺装做法

展园景观-铺装做法详图（1）-23

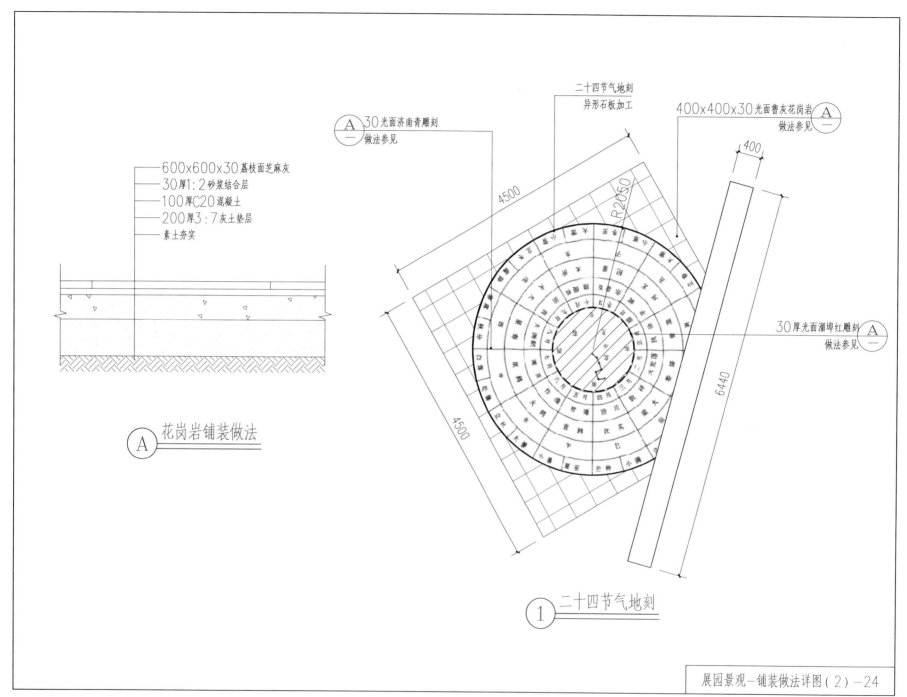

600x600x30荔枝面芝麻灰
30厚1:2砂浆结合层
100厚C20混凝土
200厚3:7灰土垫层
素土夯实

二十四节气地刻
异形石板加工

A／一 30光面济南青雕刻
做法参见

400x400x30光面鲁灰花岗岩
A／一 做法参见

30厚光面溜埠红雕刻
A／一 做法参见

A 花岗岩铺装做法

1 二十四节气地刻

展园景观-铺装做法详图（2）-24

— 182 —

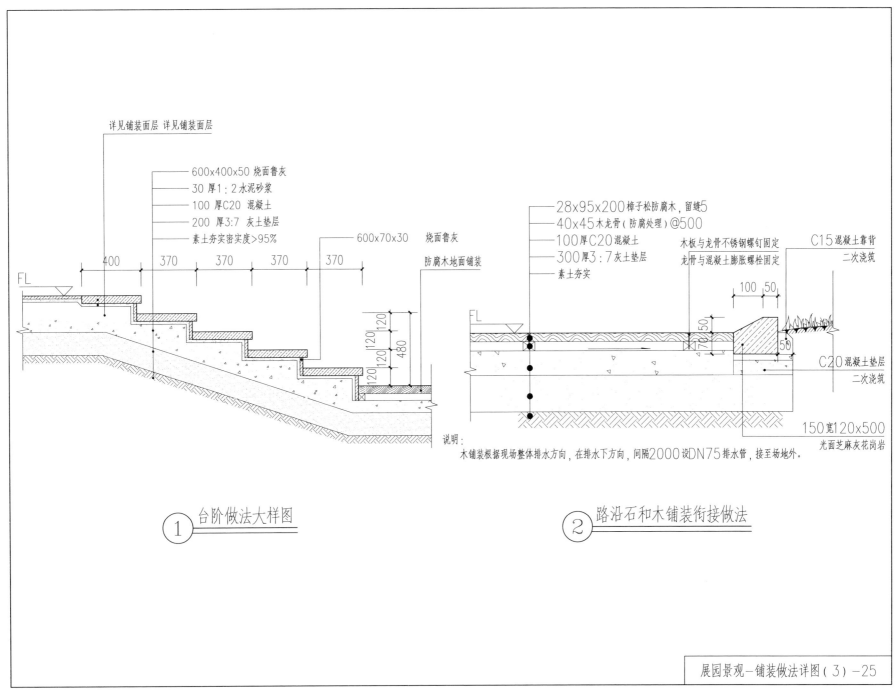

详见铺装面层 详见铺装面层

600x400x50 烧面鲁灰
30 厚1：2 水泥砂浆
100 厚C20 混凝土
200 厚3：7 灰土垫层
素土夯实密实度>95%

600x70x30 烧面鲁灰

防腐木地面铺装

400 370 370 370 370

FL

120 120
120 480
120

28x95x200 樟子松防腐木，留缝5
40x45木龙骨（防腐处理）@500
100厚C20 混凝土
300 厚3：7灰土垫层
素土夯实

木板与龙骨不锈钢螺钉固定
龙骨与混凝土膨胀螺栓固定

C15 混凝土靠背
二次浇筑

100 50

FL

50
70
50

C20 混凝土垫层
二次浇筑

150宽120x500
光面芝麻灰花岗岩

说明：
木铺装根据现场整体排水方向，在排水下方向，间隔2000设DN75排水管，接至场地外。

① 台阶做法大样图

② 路沿石和木铺装衔接做法

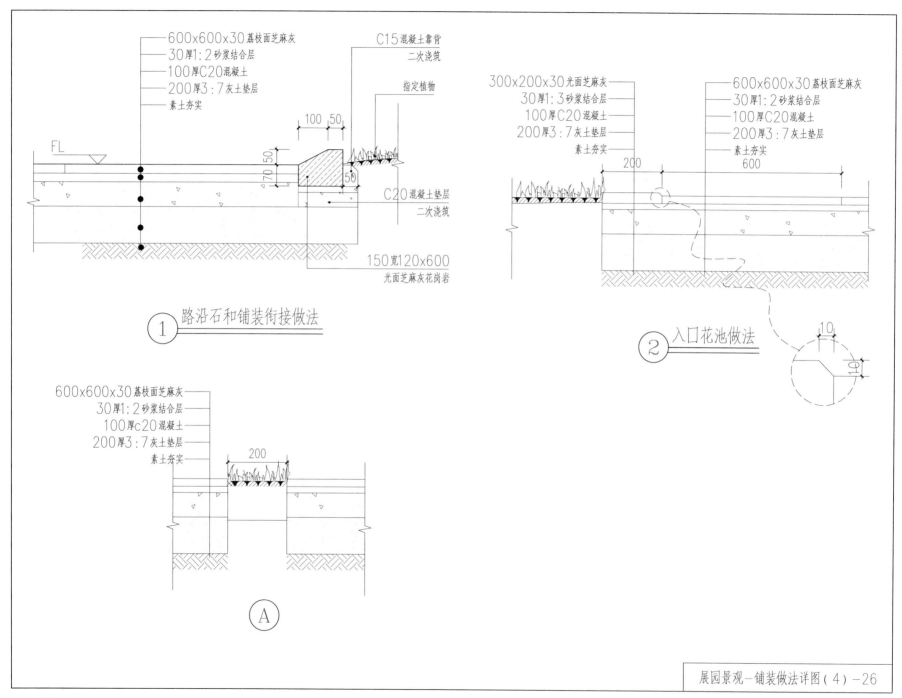

600x600x30荔枝面芝麻灰
30厚1:2砂浆结合层
100厚C20混凝土
200厚3:7灰土垫层
素土夯实

C15混凝土靠背
二次浇筑

指定植物

FL

100 50

50
70
50

C20混凝土垫层
二次浇筑

150宽120x600
光面芝麻灰花岗岩

① 路沿石和铺装衔接做法

300x200x30光面芝麻灰
30厚1:3砂浆结合层
100厚C20混凝土
200厚3:7灰土垫层
素土夯实

200

600x600x30荔枝面芝麻灰
30厚1:2砂浆结合层
100厚C20混凝土
200厚3:7灰土垫层
素土夯实
600

② 入口花池做法

10

10

600x600x30荔枝面芝麻灰
30厚1:2砂浆结合层
100厚c20混凝土
200厚3:7灰土垫层
素土夯实

200

Ⓐ

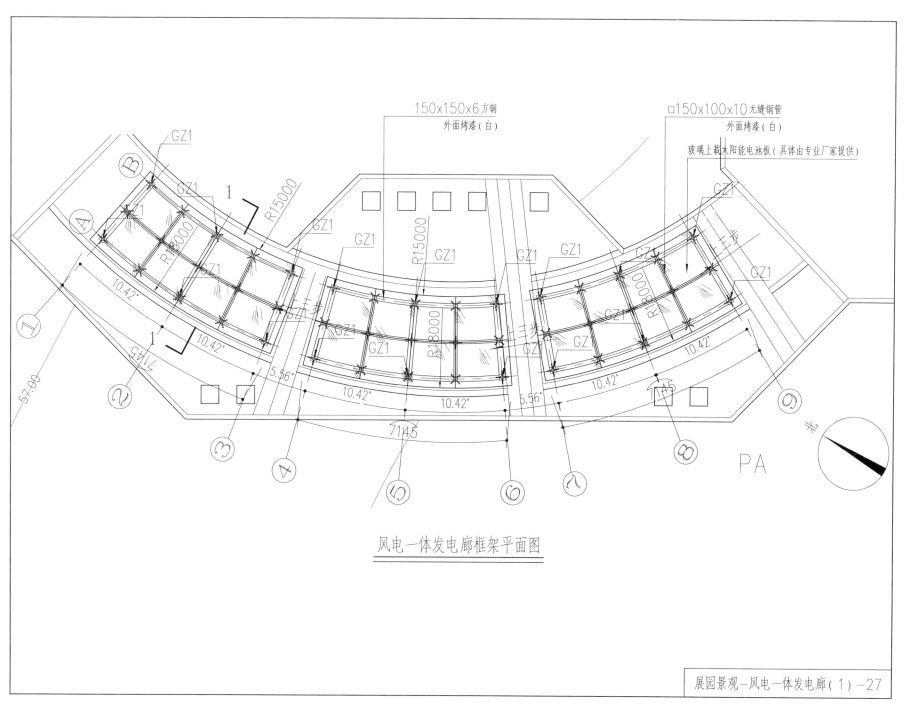

150x150x6方钢
外面烤漆（白）

□150x100x10无缝钢管
外面烤漆（白）

玻璃上载太阳能电池板（具体由专业厂家提供）

风电一体发电廊框架平面图

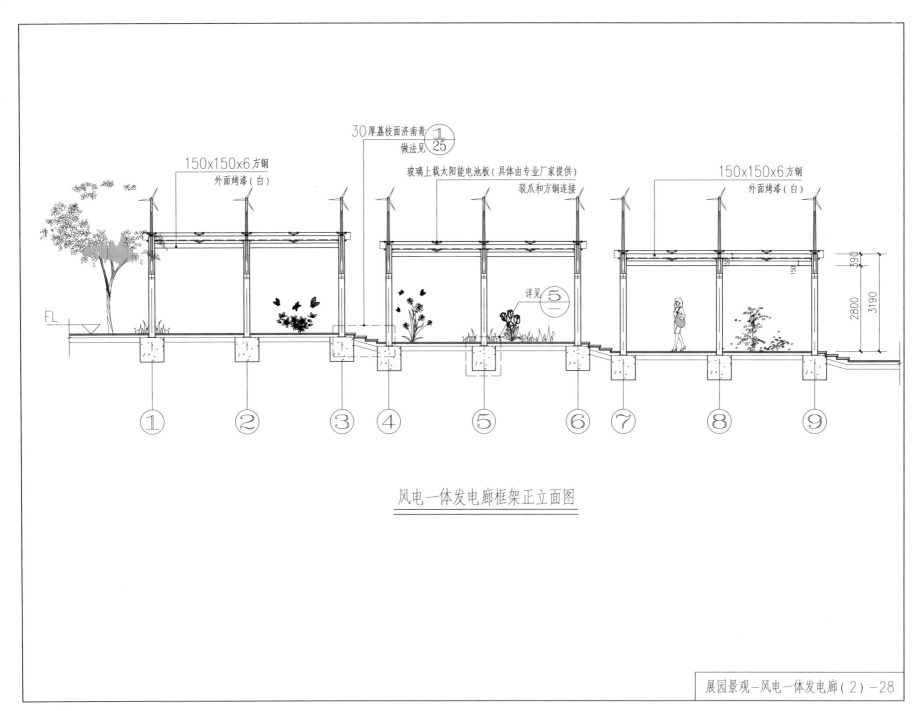

30厚荔枝面济南青 ①
做法见 25

150x150x6方钢
外面烤漆(白)

玻璃上载太阳能电池板(具体由专业厂家提供)
驳爪和方钢连接

150x150x6方钢
外面烤漆(白)

FL

详见 ⑤

390

2800

3190

150

① ② ③ ④ ⑤ ⑥ ⑦ ⑧ ⑨

风电一体发电廊框架正立面图

展园景观—风电一体发电廊(2)-28

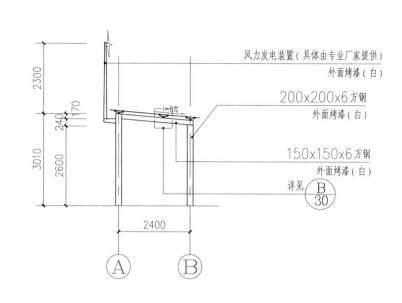

风力发电装置（具体由专业厂家提供）

外面烤漆（白）

200x200x6方钢

外面烤漆（白）

150x150x6方钢

外面烤漆（白）

详见 B/30

i=8%

2300

170

240

3010

2600

2400

Ⓐ Ⓑ

风电一体发电廊框架1-1剖面图

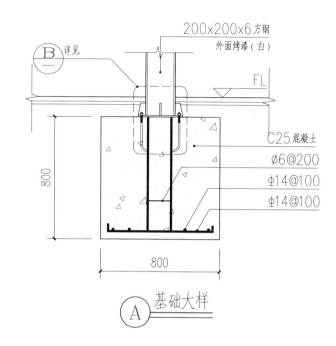

200x200x6方钢

外面烤漆（白）

B 详见

FL

C25混凝土

Ø6@200

Φ14@100

Φ14@100

800

800

Ⓐ 基础大样

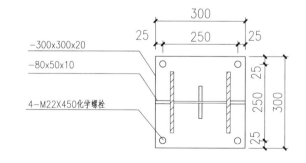

300

25 250 25

-300x300x20

-80x50x10

4-M22X450化学螺栓

25 250 25 300

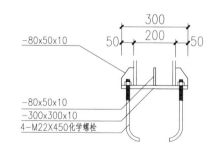

300

50 200 50

-80x50x10

-80x50x10

-300x300x10

4-M22X450化学螺栓

Ⓑ 节点大样

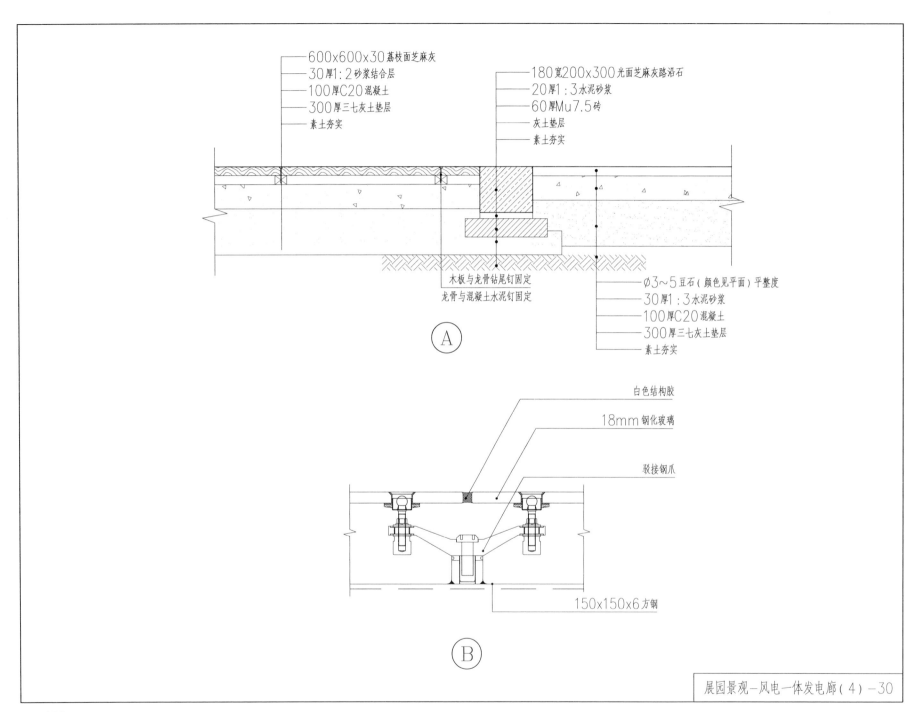

600x600x30荔枝面芝麻灰
30厚1:2砂浆结合层
100厚C20混凝土
300厚三七灰土垫层
素土夯实

180宽200x300光面芝麻灰路沿石
20厚1:3水泥砂浆
60厚Mu7.5砖
灰土垫层
素土夯实

木板与龙骨钻尾钉固定
龙骨与混凝土水泥钉固定

∅3~5豆石(颜色见平面)平整度
30厚1:3水泥砂浆
100厚C20混凝土
300厚三七灰土垫层
素土夯实

Ⓐ

白色结构胶

18mm钢化玻璃

驳接钢爪

150x150x6方钢

Ⓑ

展园景观—风电一体发电廊(4)-30

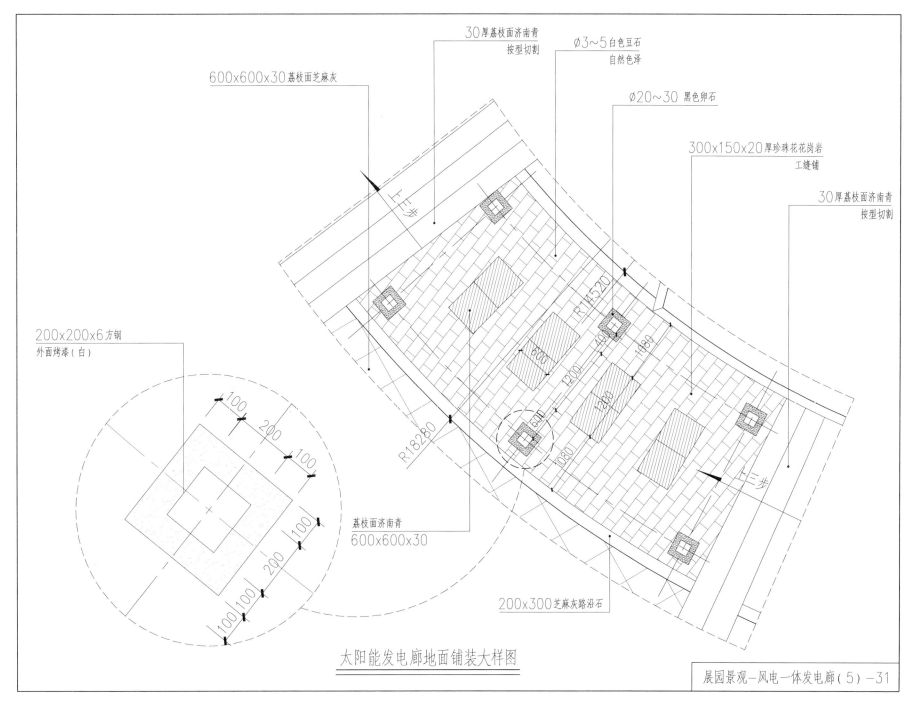

600x600x30荔枝面芝麻灰

30厚荔枝面济南青
按型切割

Ø3~5白色豆石
自然色泽

Ø20~30 黑色卵石

300x150x20厚珍珠花花岗岩
工缝铺

30厚荔枝面济南青
按型切割

200x200x6方钢
外面烤漆(白)

荔枝面济南青
600x600x30

200x300芝麻灰路沿石

太阳能发电廊地面铺装大样图

电气设计施工说明

一、设计依据

1. 建设单位提供的设计依据和要求。2. 各相关专业提供的技术资料和要求。3. 国家现行有关设计规范和标准。

二、设计范围

本次设计内容为展园环境照明设计。

三、照明配电

1. 本工程总用电量为2.0kW。

2. 本工程设室外环境照明配电箱，电源电缆由配电房总配电箱引来

   或由建设方负责引入，配电箱落地安装，箱下设250mm高的混凝土基础，配电箱具体位置可根据现场情况调整。

3. 灯具接地保护采用TN—S系统，所有室外配电箱电源电缆的PE线须重复接地，配电箱重复接地的接地电阻不大于10Ω，

   否则须新增配电箱接地极或采取其他接地措施。环境照明灯具等各类正常不带电金属外壳须与PE线可靠连接。

4. 配电线路采用YZ型电缆穿PVC电线套管埋地敷设，电缆埋深不小于0.5m，穿过主通道处另外用镀锌钢管保护，其安装详见国标图集94D164。

5. 路灯安装间距为25m左右，庭院灯安装间距16～20m，草坪灯安装依小径布置，间距5～10m，

   距铺装及道路边界0.3m。具体见图示，庭院灯及草坪灯基础及予埋螺栓尺寸 应参考灯具厂家提供安装图。

6. 本工程灯具功率因数为0.85以上，不足的灯具采用电容进行分散补偿; 灯具根据投照景物和说明书旋转其照射角度和调整安装高度。

四、施工说明

1. 线管施工

   a. 主电缆采用VV三芯电缆，室外穿硬塑料线管敷设(详见配电箱系统图); 其穿管埋设深度为: 在自然土层中为0.7m:

      绿化带为0.5m; 过路管(镀锌管)为0.7m。

   b. 线管在与其它管路交叉、平行时，应按规范要求的间距执行; 电线在其连续点、分支处、盘留点、方向改变处及其他管道交叉处;

      地面设管线标志，直埋段每40m设管; 并根据规范做电缆敷设接力井; 由于现场地质未详细勘察，如线管敷设路径与其他管道

      有冲突时，在满足电气规范要求下可适当调整; 具体施工时参见建筑电气安装工程图集及室外电气施工图集。

   c. 所有接线都在接线盒内进行; 灯具接线按L1、L2、L3三相依次连接，尽量达到三相平衡，接头和线盒必须做防水处理。

2. 线管施工注意事项

   a. 电缆在任何敷设方式及其外部路径条件的上、下、左、右改变部位，其弯曲半径为电缆外径的10倍。

   b. 电缆敷设时，应从盘的上端引出不应使电缆在支架上及地面摩擦拖拉，电缆外观应无损伤，绝缘良好，电缆绞拧、护层

      折裂等机械损伤。电缆敷设前应用500V兆欧表进行绝缘电阻测量，阻值不得10MΩ。

   c. 电缆在灯具两侧预留量不应小于0.5m。

   d. 硬质塑料管连接应采用插接，其插入深度宜为管子内径的1.1～1.8 倍，在插接面上应涂以胶合剂粘牢密封。

五、本说明未详之处，请依据国家相关电气规范施工

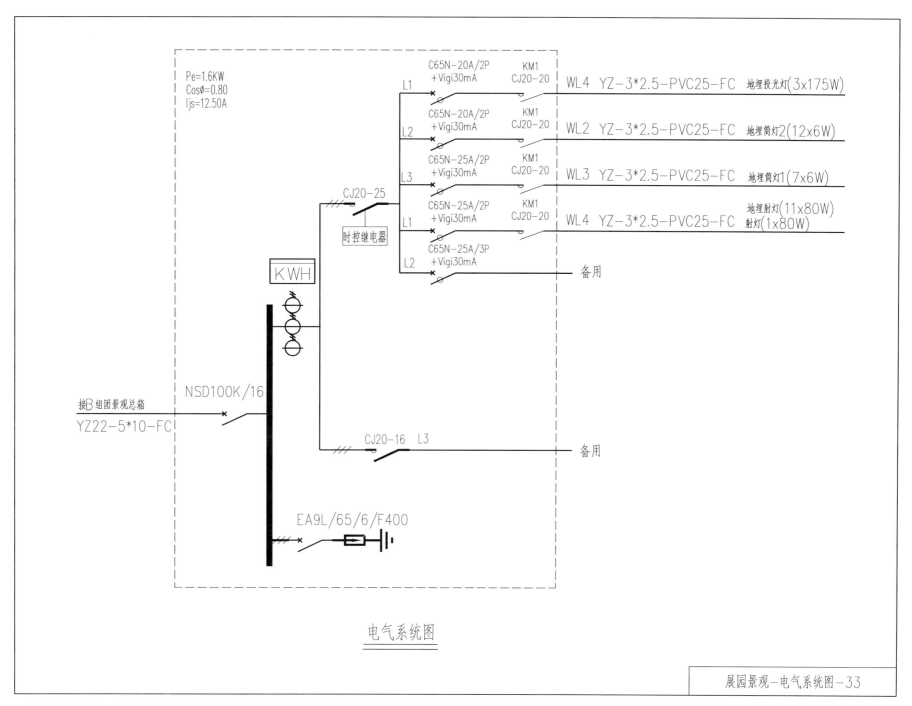

电气系统图

展园景观-电气系统图-33

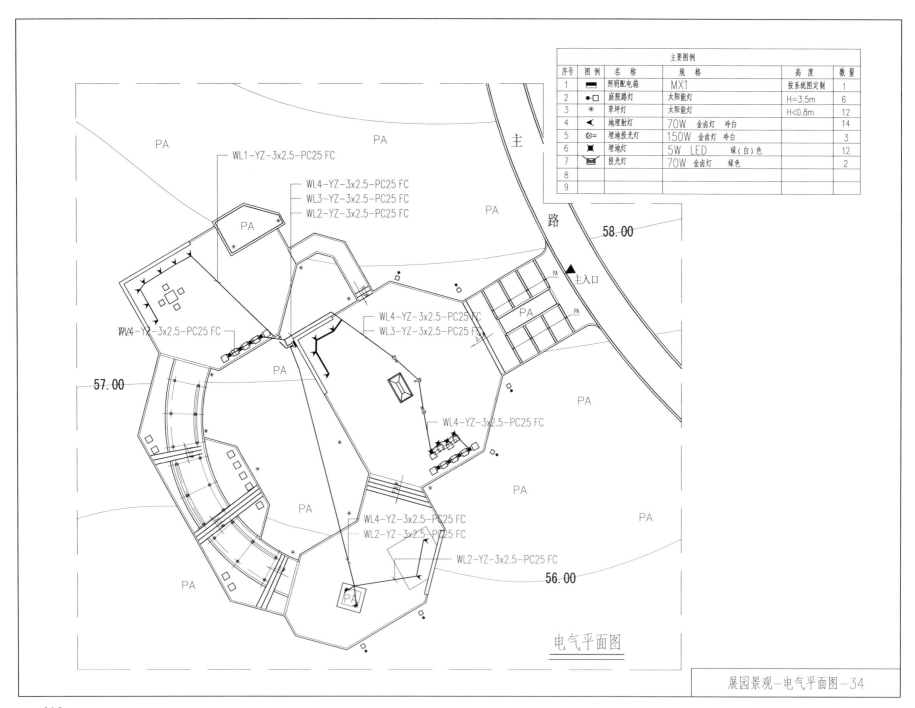

主要图例

序号	图例	名 称	规 格	高 度	数 量
1	▬	照明配电箱	MX1	按系统图定制	1
2	●-□	庭院路灯	太阳能灯	H=3.5m	6
3	✳	草坪灯	太阳能灯	H<0.8m	12
4	◄	地埋射灯	70W 金卤灯 冷白		14
5	⊗=	埋地投光灯	150W 金卤灯 冷白		3
6	▣	埋地灯	5W LED 绿(白)色		12
7	▱	投光灯	70W 金卤灯 绿色		2
8					
9					

PA

PA

主

WL1-YZ-3x2.5-PC25 FC

路

WL4-YZ-3x2.5-PC25 FC
WL3-YZ-3x2.5-PC25 FC
WL2-YZ-3x2.5-PC25 FC

PA

58.00

PA

主入口

PA

PA

WL4-YZ-3x2.5-PC25 FC
WL3-YZ-3x2.5-PC25 FC

PA

WL4-YZ-3x2.5-PC25 FC

57.00

PA

WL4-YZ-3x2.5-PC25 FC

PA

PA

PA

WL4-YZ-3x2.5-PC25 FC

PA

WL4-YZ-3x2.5-PC25 FC
WL2-YZ-3x2.5-PC25 FC

PA

WL2-YZ-3x2.5-PC25 FC

56.00

PA

电气平面图

展园景观-电气平面图-34

灌溉设计施工说明

本平面图是展园灌溉图，

考虑到现状、土地使用情况以及以后使用费用等方面，

绿地采用快速取水阀浇灌，平草地安装（或就近安装在花池、树池内）。

平均30~40m布置一个取水阀，方便以后绿化的浇灌。

1. 图中尺寸单位除标高、管长及距离以米计外，其余均以毫米计。

2. 给水管采用 PVC 管，地面使用快速接水阀，最大工作压力：0.62MPa

接口：1"内螺纹，给水管埋深为0.5m，5‰找坡。

3. 快速接水阀下端立挺管管径为 DN32。

4. 管道基础为天然地基时，可素土夯实，底部垫400厚3:7灰土。

地基为松软土壤时，应作90°混凝土基础，底部垫400厚3:7灰土。

5. 放空井的井盖及盖座采用轻型井盖及盖座。

6. 管道试压应符合《给排水管道施工及验收规范》的规定。

7. 如现场地下管线与图中竖向矛盾，与设计方协调后方可施工。

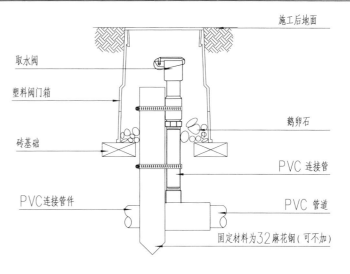

快速取水阀

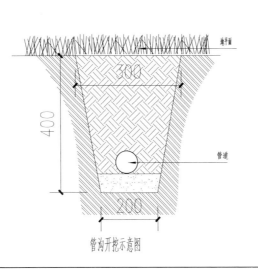

管沟开挖示意图

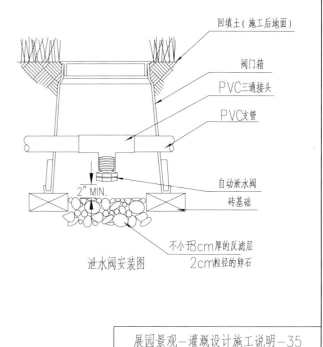

泄水阀安装图

展园景观—灌溉设计施工说明-35

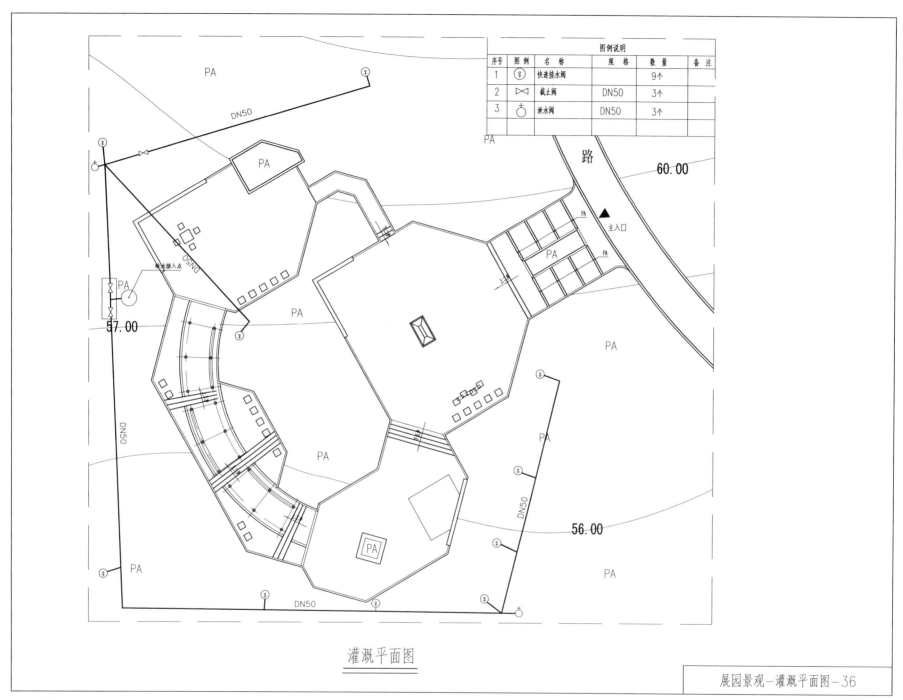

灌溉平面图

图例说明					
序号	图例	名 称	规 格	数 量	备 注
1		快速接水阀		9个	
2		截止阀	DN50	3个	
3		泄水阀	DN50	3个	

展园景观－灌溉平面图－36

种植设计施工说明

本设计说明依据国家及地方颁发的有关园林绿化工程施工的各类规范、规定与标准。

一、现有植物的保留与保护
1. 施工前在本设计中植物保留区上标明需保留的植物并采取保护措施。
2. 未经设计师对可能侵蚀部分的审核确认，不许在植物保留区内挖掘、排水或其他任何破坏等。
3. 在建筑对保留植物可能造成影响的情况下，在施工前与设计师进行确认。

二、
绿化地的平整、构筑与清理按城市园林绿化规范规定在10cm以上，30cm以内平整绿化地面至设计坡度要求，同时清除现场碎石及杂草杂物。

三、土壤要求
1. 施工方对现场使用的种植土进行土壤检测。施工前将检测结果及改良方案提交甲方和景观设计师认可，得到书面确认后施工。
2. 土壤疏松湿润，排水良好PH5-7，含有机质的肥沃土壤，强酸碱、盐土、重粘土、沙土等。
4. 对草坪，花卉种植地施基肥，翻耕25~30cm，搂平耙细，去除杂物，平整度和坡度符合设计要求。
5. 植物生长最低种植土层厚度符合下表规定。

园林植物种植必需的最低土层厚度：

植被类型	草本花卉	草坪地被	小灌木	大灌木	浅根乔木	深根乔木
土层厚度　（cm）	30	15~30	45	60	90	150

四、树穴要求
1. 树穴符合设计要求，位置准确。
2. 土层干燥地区在种植前浸树穴。
3. 树穴根据苗木根系，土球直径和土壤情况而定，树穴垂直下挖，上口下底规格符合设计要求及相关的规范。

五、
基肥要求施工种植前依实施足基肥，弥补绿地瘦瘠对植物生长的不良影响，以使绿化尽快见效。依据当地园林施工要求确定基肥。依实选用以下基肥施用，施前经业主认可
1. 垃圾堆烧肥：利用垃圾焚烧场生产的垃圾堆烧肥过筛，且充分沤熟后施用。
2. 堆沤蘑菇肥：用蘑菇生产工厂生产所剩的废蘑菇和种植基质掺入3%~5%的过磷酸钙后堆沤，充分腐熟后施用。
3. 其他基肥或有机肥，经该工程施工主管单位同意后施用，用量依实定。

六、除虫杀虫剂
符合所有国家和地方规定要求。

七、苗木要求
1. 严格按苗木规格购苗，选择枝干健壮，形体优美的苗木，苗木移植尽量减少截枝量，未出现没枝的单干苗木，乔木的分枝点少于4个，树型特殊的树种，分枝4层以上。
2. 规则式种植的乔灌木，（如广场上列植乔木等）同种苗木的规格大小统一。
3. 丛植或群式种植的乔灌木，同种或不同苗木都高低错落，充分体现自然生长的特点。植后同种苗木相差30cm左右。
4. 孤植树选种树形姿态优美、造型奇特、冠形圆整耐看的优质苗木。
5. 整形装饰篱木规格大小一致，修剪整形的观赏面为圆滑曲线弧形。起伏有致。
6. 分层种植的灌木花带边缘轮廓线上种植密度大于规定密度，平面线形流畅，外缘成弧形，高低层次分明，且于周边点种植物高差不少于300mm。

7. 具体苗木品种规格见施工图《植物材料》表中：
  a. 高度：苗木经常规处理后的种植自然高度。（单位：cm）
  b. 胸径：为所种植乔木离地面100cm处的平均直径，表中规定为上限和下限种植时，最小不能小于表列下限，最大不能超过上限3cm（主景树可达5cm），以求种植苗木均匀统一，利于生产。（单位：cm）
  c. 土球：苗木挖掘后保留的泥头直径，土球尽可能大，确保植物成活率。
  d. 冠幅：是指乔木修剪小枝后，大枝的分枝最低幅度或灌木的叶冠幅。而灌木的冠幅尺寸是指叶子丰满部分。只伸出外面的两、三个单枝不在冠幅所指之内，乔木也尽量多留些枝叶。

8. 所有植物健康、新鲜、无病虫害，无缺乏矿物质症状，生长旺盛。
9. 严格按设计规格选苗，花灌木尽量选用容器苗，地苗保证移植根系，带好土球，包装结实牢靠。
10. 植后每天浇水至少两次，集中养护管理，定期施肥。
11. 草皮移植平整度误差≤1cm。
12. 绿化种植在主要建筑、地下管线、道路工程等主体工程完成后进行。
13. 种植时，发现电缆、管道、障碍物等要停止操作，及时与有关部门协商解决。

八、定点放线
按施工平面图所标尺寸定点放线，图中未标明尺寸的种植，按图比例依实放线定点，定点放线准确，符合设计要求。

九、种植
按园林绿化常规方法施工，基肥与碎土充分混匀。成列的乔木按苗木的自然高度依次排列；点植的花草树木自然种植，高低错落有致。种植土击碎分层捣实，最后起土圈并淋足定根水。草坪区的树木保留一个直径900mm的树圈。

十、修剪造型
花草树木种植后，为运输和减少水分损失等进行前修剪，种植后考虑植物造型，重新进行修剪造型，使花草树木种植后初始冠型能有利于将来形成优美冠型，达到理想绿化景观。

十一、种植时间
在当地气候条件下选择适宜的时间种植，施工前得到甲方和设计师的确认。

十二、保养期
绿化施工保养期以甲方合同为准。

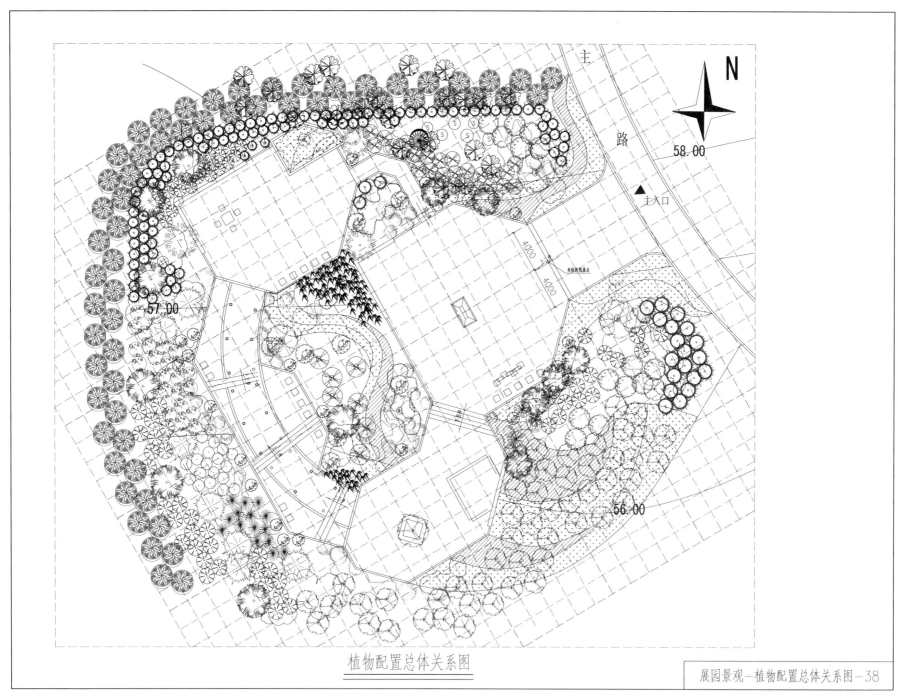

植物配置总体关系图

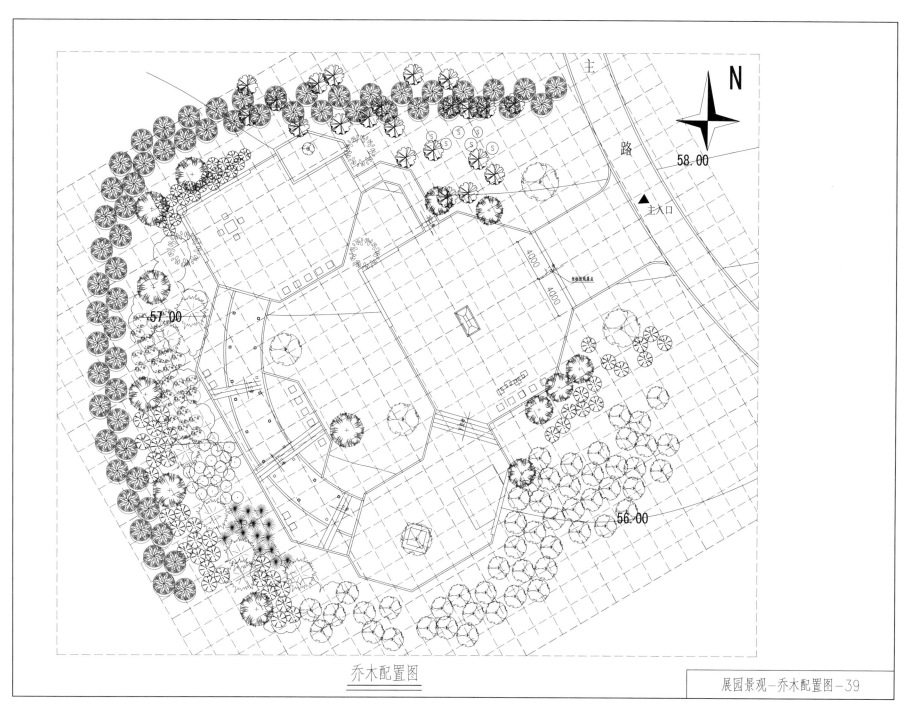

乔木配置图

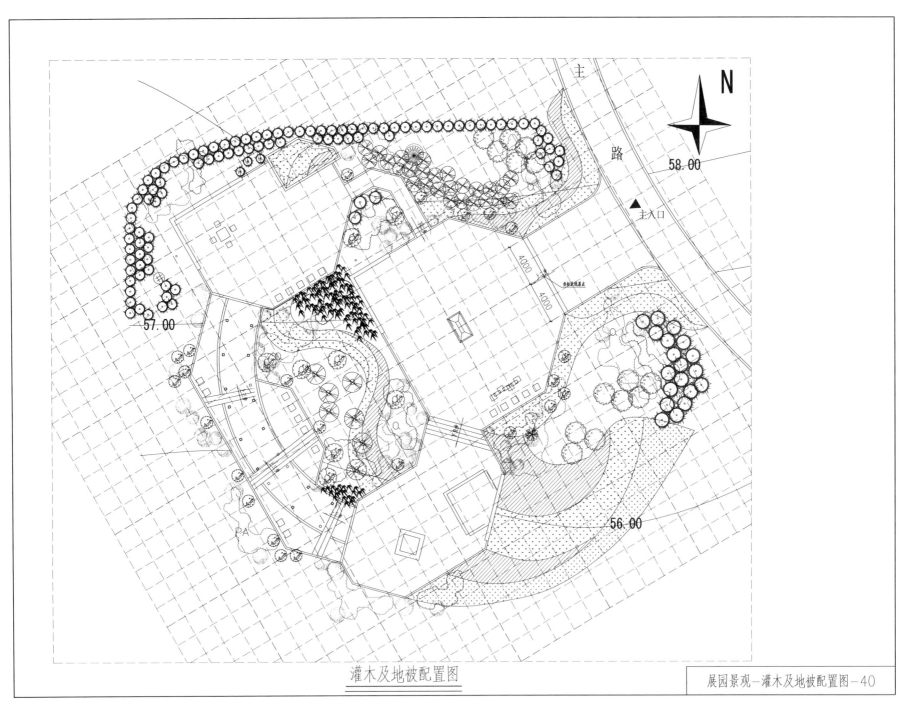

主路

58.00

主入口

57.00

56.00

灌木及地被配置图

展园景观—灌木及地被配置图—40

植物材料表

编号	图例	名 称	规 格	数量（株）	备注
1		古枣树	胸径30cm	4	
2		枣树	胸径10-15cm	51	
3		雪 松	株高5m	7	
4		大叶女贞	胸径6-8cm	14	
5		多头龙柏	株高3-3.5m	3	
6		龙 柏	株高3-3.5m	118	
7		黄栌	胸径6-7cm	15	
8		毛白杨	胸径12-14cm	60	
9		国槐	胸径14-16cm	8	
10		红枫	胸径7-8cm	1	
11		紫叶矮樱	地径6 cm	22	
12		樱花	地径6 cm	15	
13		木 槿	冠幅1.5-1.8 m	23	
14		西府海棠	地径5-6cm	20	
15		紫叶李	地径6-8cm	64	
16		冬青球	冠幅1.0m	18	

植物材料表

编号	图例	名 称	规 格	数量（株）	备注
17		冬青球	冠幅1.5m	14	
18		小叶女贞球	冠幅1.8-2m	9	
19		金叶女贞球	冠幅1.0-1.2m	26	
20		竹 子		385	
21		柽柳	地径12-15cm	3	
22		美人梅	地径4-6 cm	26	
23		美人梅	地径6-8 cm	8	
24		枸杞	地径8 cm	3	
25		丝棉木	胸径7-8cm	6	
26		地被菊		2600m²	

展园景观-乔木配置图-41

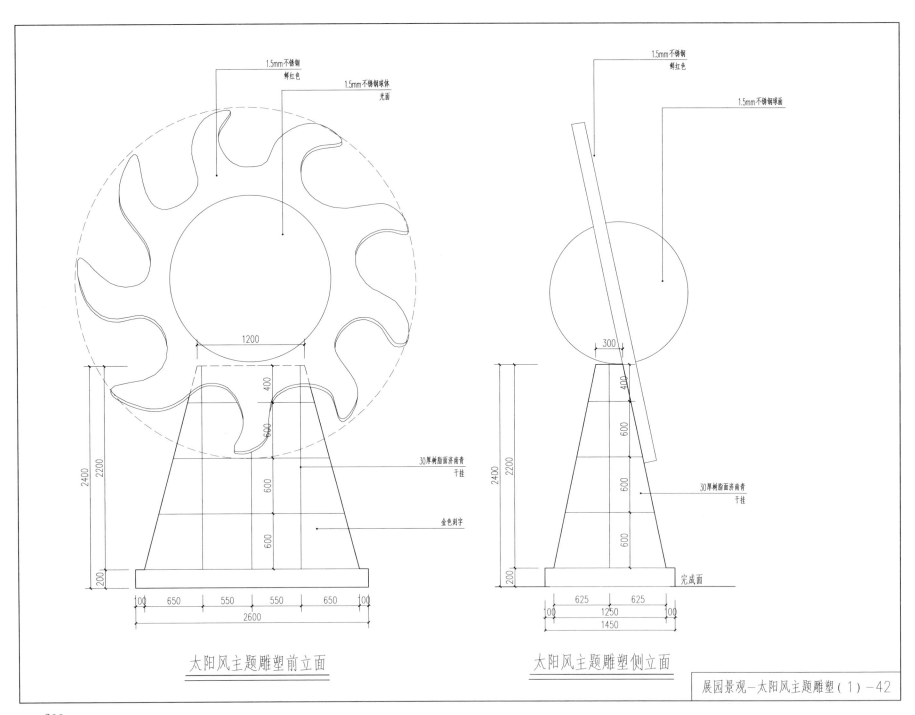

1.5mm不锈钢
鲜红色

1.5mm不锈钢球体
光面

1200

400

600

2400

2200

600

600

200

30厚树脂面济南青
干挂

金色刻字

100 650 550 550 650 100

2600

太阳风主题雕塑前立面

1.5mm不锈钢
鲜红色

1.5mm不锈钢球面

300

400

600

2400

2200

600

600

200

30厚树脂面济南青
干挂

完成面

100 625 625 100

1250

1450

太阳风主题雕塑侧立面

展园景观-太阳风主题雕塑(1)-42

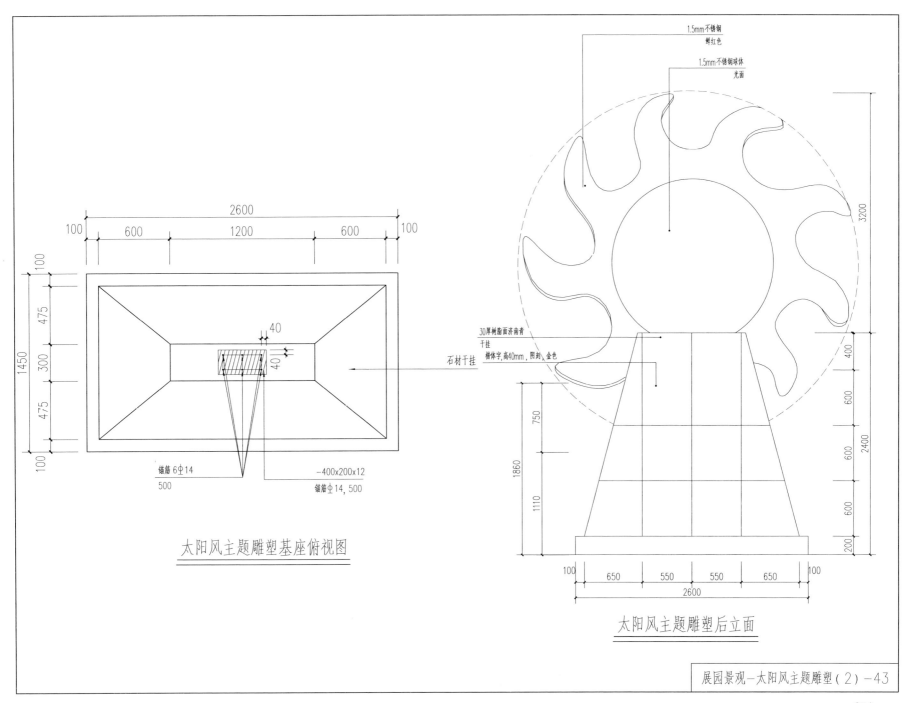

太阳风主题雕塑基座俯视图

太阳风主题雕塑后立面

1.5mm不锈钢
鲜红色

1.5mm不锈钢球体
光面

30厚树脂面济南青
干挂
楷体字,高40mm,阴刻,金色

石材干挂

锚筋 6Φ14
-400x200x12
锚筋Φ14,500

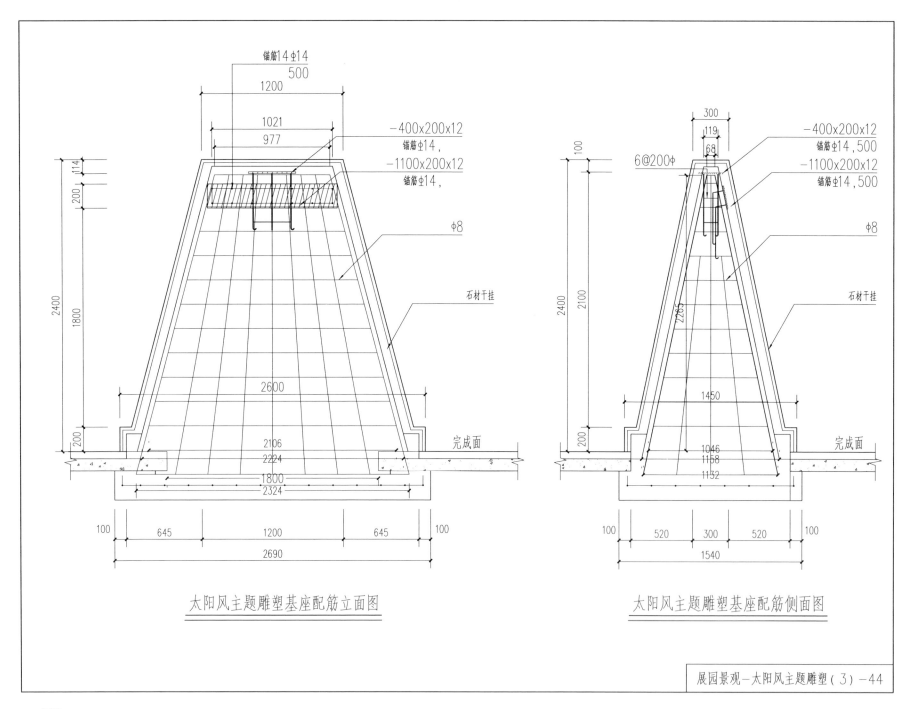

锚筋14单14
500
1200
1021
977
−400x200x12
锚筋单14,
−1100x200x12
锚筋单14,
φ8
石材干挂
114
200
2400
1800
2600
200
2106
2224
1800
完成面
2324
100　645　1200　645　100
2690

太阳风主题雕塑基座配筋立面图

300
119
68
6@200φ
−400x200x12
锚筋单14,500
−1100x200x12
锚筋单14,500
φ8
石材干挂
100
2400
2100
2265
200
1450
1046
1158
1132
完成面
100　520　300　520　100
1540

太阳风主题雕塑基座配筋侧面图

展园景观—太阳风主题雕塑(3)-44

居住区 B 景观施工图设计

设 计 总 说 明

一、 设计依据

1. 国家《城市绿化工程及验收规范》CJJ/T 82－1999中关于环境施工的有关规范标准。

2. 经甲方确认的景观设计方案

3. 国家及地方规范：《公园设计规范》、《道路设计规范》、《城市绿地植物配置及其造景》。

二、 工程概况

略。

三、 设计单位制及设计标高

1. 除标高以米（m）为单位外，本工程施工图中未注明者均以毫米(mm)为单位，道路坡度以%计。

2. 本景观环境工程设计应与规划密切配合，如有相关修改应做相应调整。

四、 场地处理

1. 竖向以现场标高为准，施工前应核对场地实测标高，核实构筑物相对高度与现场关系。

构筑物形体尺寸可做适当调整，如有与设计有较大出入应协商调整，地面排水进入小区排水系统。

2. 地形塑造展现地形时应设网格放线，尺寸满足图纸要求，如现场与设计出现较大偏差，

应和景观设计师协商解决。

五、 土建工程

1. 图中所选用的饰面样品在施工前由甲方及景观设计师共同审定。

2. 小品做法处理如未说明按当地习惯作法。

3. 土建工程施工工艺除特殊做法图中详细表示外，一般常规做法参相关图集、当地室外工程图集、建筑材料手册。

4. 铺贴天然石材应在施工前作防泛碱处理（推荐的防碱背涂剂有：德国雅科美石材渗透剂，

美国SG－4防护剂,国产保石洁SG－4等），并在施工前不得沾水。

水景石材的铺贴均应采用低碱水泥（要求三氧化硫含量不得超过3.5%，碱含量不得超过0.6%），

用防水水泥砂浆铺贴，铺贴完成后用同色大理石胶封闭所有接缝。

5. 如无特殊说明地面铺地见如下做法：

```
├── 详见铺装详图材料；
├── 30厚1：3干硬性水泥砂浆；
├── 120（80）厚C15混凝土层；
├── 150厚碎石垫层；
└── 素土分层夯实；
```

六、 金属结构工程

1. 按设计规格及厂家资料施工。

2. 如无特殊说明防锈漆均为室外防腐漆两道。颜色除注明外均为浅灰色。

3. 自动焊和半自动焊时采用H08A和H08MnA焊丝，其力学性能符合GB5117－95的规定。

4. 焊接型钢应采用埋弧焊或半自动焊接，贴角焊缝厚度不小与6mm，长度均为满焊。

5. 所有外露钢件均做防锈处理：打磨除锈，面批原子灰防锈漆一道。

七、 木作工程

1. 选材:木铺装等所选木材均为纹理直，木节少优质防腐木。

2. 所有外露木件均应作防腐防虫处理，无特殊说明面层景观木油两遍。

八、 苗木种植

1. 苗木应选用适于当地生长的苗木，苗木应发育端正、良好、造型姿态优美，适于园林种植。

2. 园林植物种植工程完毕后进行的整型修剪，工程完毕后施工单位对园林植物进行成活保养。

3. 植物要求生长健壮，树型饱满的优良植株，树木应展现其表，树木有表里（美观漂亮一侧为表）之分，

应在栽植现场确定树木的栽植朝向等技术问题，地被植袖栽植时应保证密度和景观效果。

4. 绿化实施前应咨询园林设计师有关园林植物的种植密度及数量（参见植物种植图）。

九、 设备管线

1. 园林灯具应由设计人员确认后方可施工安装。

2. 预留绿化给水管如材料本身无防腐蚀性能应作防锈、防腐处理，地下管线在道路、广场垫层施工及绿化施工前铺设完毕，以免造成不必要的二次施工浪费。

3. 高功率的灯具距植物1.0m以外设置，以免影响植物的正常生长。

十、 备注

1. 若总平面图与大样图不符之处以大样图为准。

2. 图中有多处类似做法时，若在局部图纸中未做交代，则按已做交代的图纸内容统一做法。

3. 切勿以比例量度此图，一切依图内数字所示为准，尺寸量度以地盘实物为准。

十一、 特别说明

1. 硬质铺装的砼垫层须作分仓浇捣。场地铺装处分仓尺寸不大于6×6m，人行路铺装处，分仓间距不大于4m。

2. 图中未注明素土夯实夯实系数的均为≥93%(环刀取样)。

3. 图中未注明的砼强度等级除钢筋砼为C25外，其余均为C15。

4. 未详尽事宜以国家标准规范为准。

5. 此次出图因缺少建筑结构做法及相关基础数据，车库顶板铺装及水系做法未交待，构筑基础亦未交待。

FL	FLOOR LEVEL	完成面标高
PA	PLANTING AREA	种植区
TW	TOP OF WALL	墙顶标高
RL	ROAD LEVEL	道路标高
Tk	TOP OF KERB	路牙顶面标高
TS	TOP OF SOIL	土壤面标高
BP	BOTOM OF PLANTER	种植池底标高
TL	TOP OF PLANTER	种植池顶标高
TSW	TOP OF SEAT WALL	座墙顶标高
E.V.A.	EMERGENCY VEHICULAR ACCESS	消防车道
TR	TOP OF RAILING	柱顶标高
BL	BOTTOM OF FOUNTAIN/POND/POOL	水池底标高
WL	WATER LEVEL	水面标高
TP	TOP OF STEPS	台阶标高
TD	TOP OF DECK	木平台面标高
→	FALL TO DRAIN	排向雨水管
P1		铺装样式一

居住区B景观－设计说明－01

图纸一览表			
序号	图纸编号	图纸标题	备注
1—概况部分			
1	NP—0.01	图纸封面	
2	NP—0.02	设计说明	
3	NP—0.03	图纸目录	
4	NP—0.04	物料表	
2—总图部分			
5	GP—0.01	总平面布置图	
6	GP—0.02	总平面索引图	
7	GP—0.03	总平面竖向图	
8	GP—0.04	总平面定位图	
9	GP—0.05	总平面铺装图	
3—详图部分			
10	LP—0.01	特色亭环境平面图	
11	LP—0.02	特色亭屋顶平面图	
12	LP—0.03	特色亭详图一	
13	LP—0.04	特色亭详图二	
14	LP—0.05	特色亭结构图	
15	LP—1.01	廊架	
16	LP—1.02	廊架结构	
17	LP—2.01	入口种植池详图	
18	LP—2.02	剖面图1—1	
19	LP—2.03	详图一	
20	LP—2.04	详图二	
21	LP—2.05	叠水立面图	
22	LP—2.06	种植池详图	
23	LP—3.01	局部详图一	
24	LP—3.02	局部详图二	
25	LP—3.03	局部详图三	
26	LP—3.04	局部详图四	
27	LP—3.05	局部详图五	
28	LP—3.06	局部详图节点	
29	LP—3.07	水系剖面	
30	LP—3.08	水系剖面详图一	

图纸一览表			
序号	图纸编号	图纸标题	备注
31	LP—3.09	水系剖面详图二	
32	LP—3.10	剖面图2—2	
33	LP—4.01	跌水旁台阶结构	
34	LP—4.02	多级挡墙详图	
35	LP—4.03	多级挡墙断面图	
4—铺装大样			
36	PP—0.01	铺装大样一	
37	PP—0.02	铺装大样二	
38	PP—1.01	铺装标准做法	
5—通用图类			
39	TP—0.01	停车位详图	
40	TP—0.02	羽毛球场详图	
41	TP—0.03	篮球场详图	
42	TP—0.04	通用节点	
43	TP—0.05	栏杆构件详图	
44	TP—0.06	小区围墙	
45	TP—0.07	小区围墙详图	
6—植物部分			
46	LG—0.01	植物配置数量统计表	
47	LG—0.02	乔木配置图	
48	LG—0.03	灌木配置图	
7—水电部分			
49	LE—0.01	电气设计说明	
50	LE—0.02	配电系统图	
51	LE—0.03	电气平面图	
52	LE—0.04	电气安装大样	
53	LE—0.05	灯具意向图	
54	LW—0.01	给排水设计说明	
55	LW—0.02	景观给排水平面图	
56	LW—0.03	主入口水幕墙给排水详图	
57	LW—0.04	跌水给排水详图	
58	LW—0.05	水景安装大样	

居住区B景观—图纸目录—02

主要物料表					
种类	颜色(名称)	装饰面	规格(mm)	位置	备注
板岩	青灰色	烧面	600x300x30	地下车库顶绿地内	草坪汀步
			800x300x30		
		荔枝面	400x400x30	地下车库南侧小广场	
花岗岩	黄锈石	烧面	400x400x20，300x300x20 400x200x40,150x150x40 400x400x40，600x300x30 400x200x20，400x200x30 300x150x20	廊架东侧广场，人行入口廊架西侧广场收边,廊架西侧广场,收边,栏杆配饰	
	灌县黑		400x200x30，400x400x30	收边,分割条	
	芝麻灰		300x300x20，300x100x20 600x400x100，600x400x50 600x300x50，400x400x40 400x400x20，800x350x40 400x110x20	廊架东侧广场,人行入口，人行入口水池压顶,挡墙立面,入口种植池立面,台阶踢面，踏面	
	芝麻白		600x600x120	花钵基座	
	灌县黑	光面	500x100x200	地下车库南侧小广场	种植池立沿
	芝麻灰		500x300x50	入口树池	
	灌县黑	亚光面	600x300x40,400x200x40	人行入口,收边	
	灌县黑	机切面	500x350x200,500x350x300	车库檐半圆广场种植池 人行入口	
板岩	黄木纹	自然面	300x300x30，300x100x20	人行入口	
			20厚200x300	廊架南侧休闲步道	乱形
卵石	五彩卵石		φ20~30	廊架南侧休闲步道	当地产卵石
橡胶垫	红、绿		600x600x50	儿童活动场地	
木材	樟子松防腐木		Lx95x30	车库顶廊架下铺装	自然色,无色景观木油三遍

居住区B景观—主要物料表—03

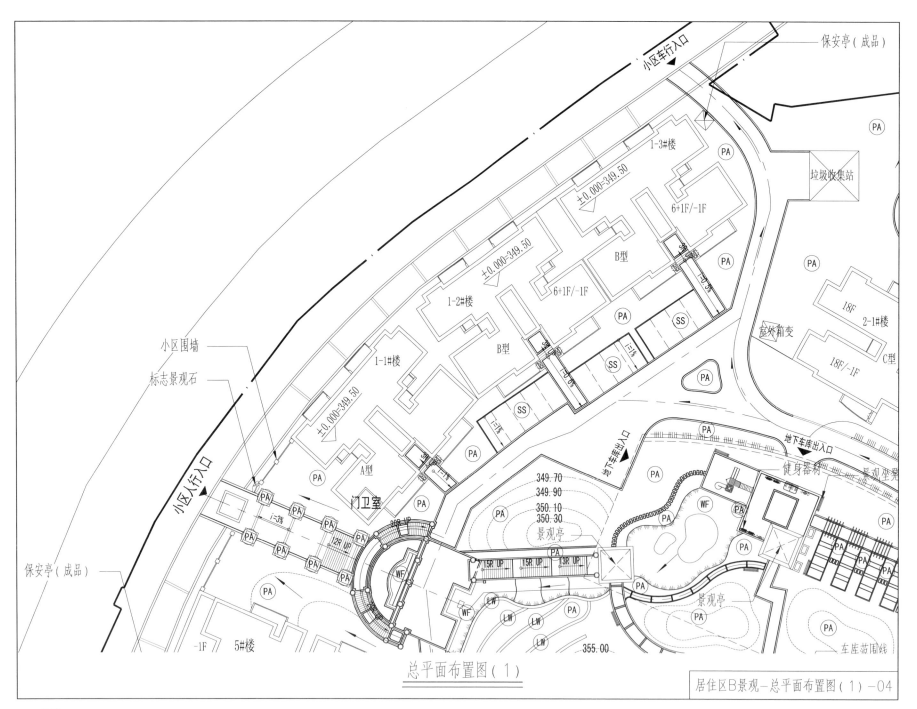

保安亭（成品）

小区车行入口

1-3#楼

垃圾收集站

±0.000=349.50

6+1F/-1F

B型

±0.000=349.50

6+1F/-1F

1-2#楼

PA

PA

PA

PA

PA

18F

2-1#楼

小区围墙

1-1#楼

B型

室外箱变

标志景观石

±0.000=349.50

SS

18F/-1F

C型

PA

SS

PA

A型

PA

PA

SS

PA

地下车库出入口

小区人行入口

门卫室

PA

PA

地下车库出入口

地下车库出入口

健身器材

景观坐凳

i=3%

PA

349.70
349.90
350.10
350.30

PA

WF

PA

PA

保安亭（成品）

12R UP

PA

景观亭

PA

PA

28R UP

PA

WF

15R UP

15R UP

13R UP

PA

PA

-1F

5#楼

WF

LW

景观亭

PA

LW

LW

车库范围线

LW

355.00

PA

PA

总平面布置图（1）

居住区B景观-总平面布置图（1）-04

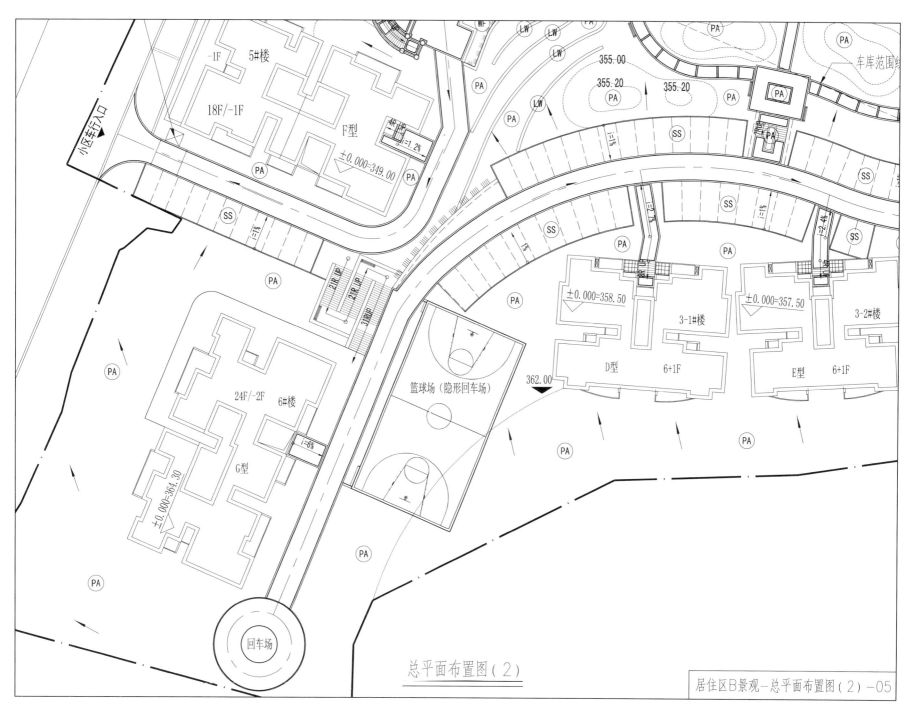

总平面布置图（2）

居住区B景观–总平面布置图（2）–05

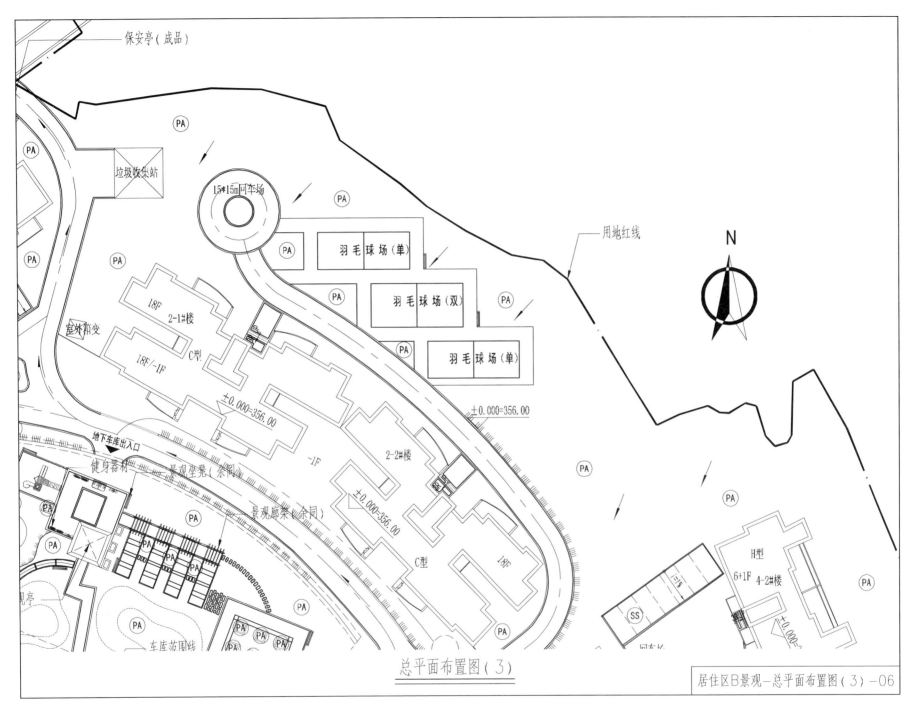

保安亭（成品）

垃圾收集站

15*15m回车场

羽毛球场（单）

羽毛球场（双）

羽毛球场（单）

用地红线

N

18F

2-1#楼

室外箱变

18F/-1F

C型

±0.000=356.00

±0.000=356.00

-1F

2-2#楼

地下车库出入口

健身器材

景观坐凳（余同）

景观廊架（余同）

±0.000=356.00

观亭

车库范围线

C型

18F

H型

6+1F 4-2#楼

SS

±0.000=

总平面布置图（3）

居住区B景观—总平面布置图（3）-06

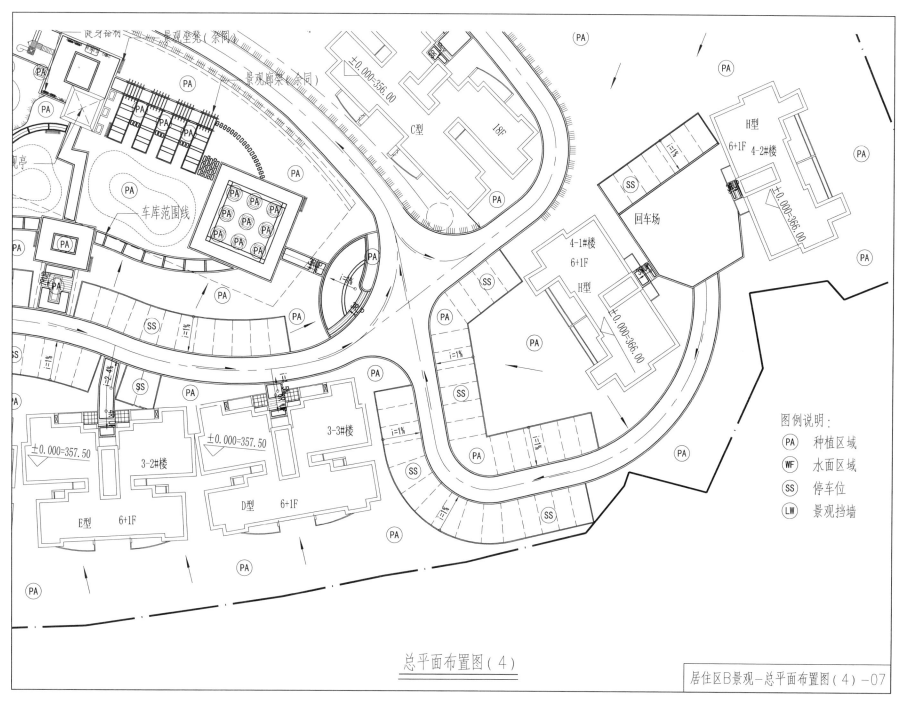

总平面布置图（4）

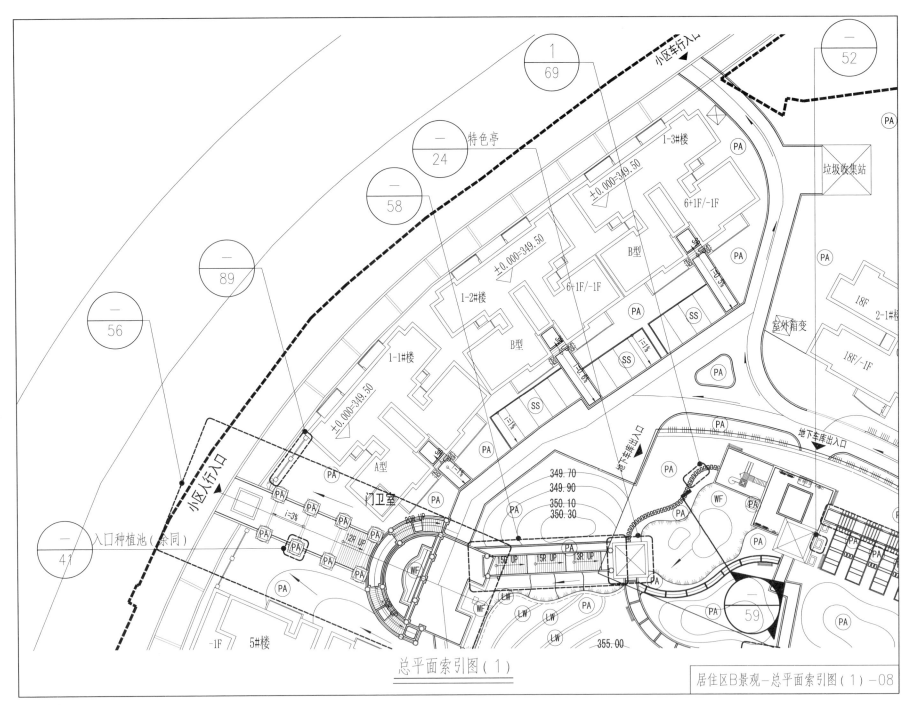

总平面索引图（1）

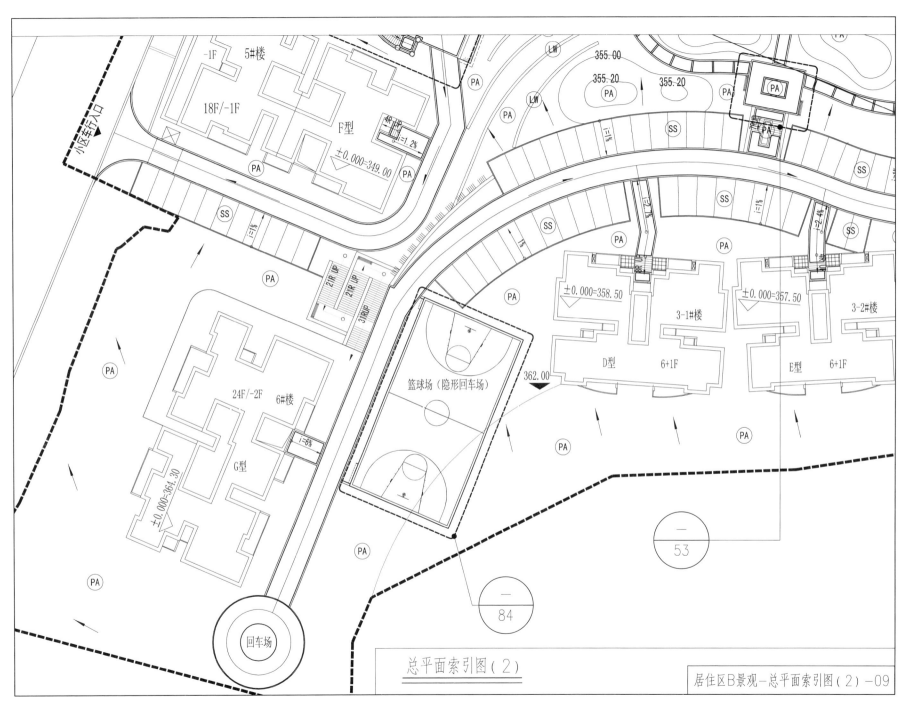

总平面索引图（2）

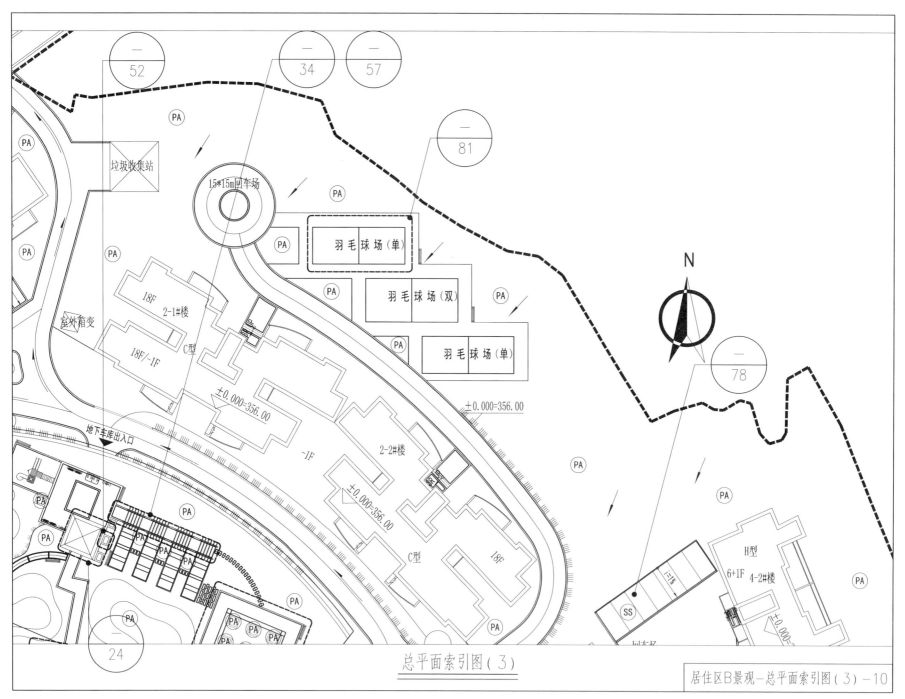

垃圾收集站

15*15m回车场

羽毛球场(单)

羽毛球场(双)

羽毛球场(单)

室外箱变

18F 2-1#楼

18F/-1F C型

±0.000=356.00

±0.000=356.00

±0.000=356.00

地下车库出入口

-1F

2-2#楼

C型

18F

N

H型 6+1F 4-2#楼

SS

±0.000

总平面索引图(3)

居住区B景观-总平面索引图(3)-10

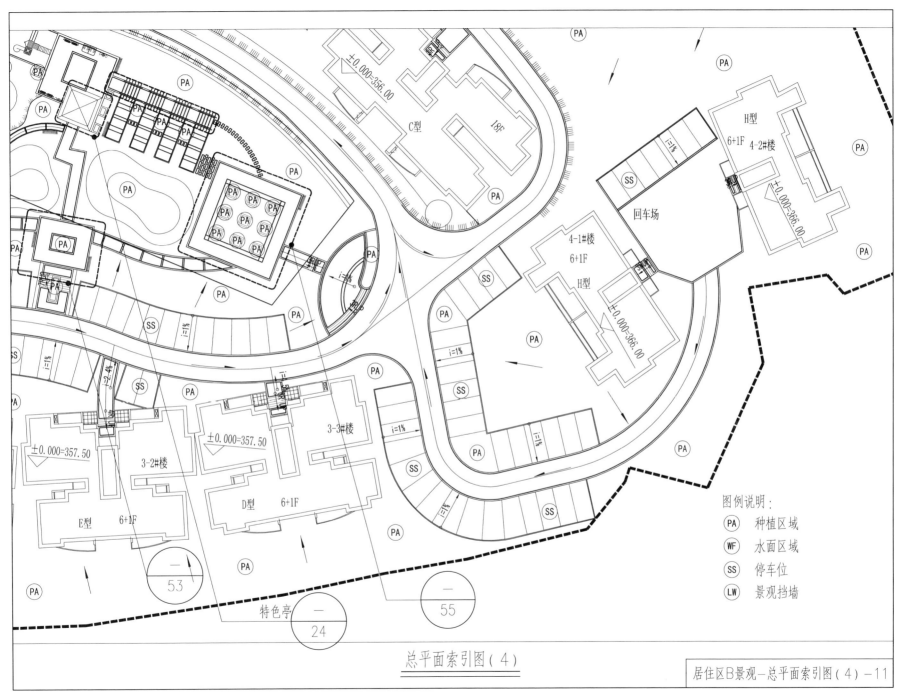

±0.000=356.00

C型 18F

PA

H型
6+1F 4-2#楼
±0.000=366.00

SS

回车场

4-1#楼
6+1F
H型
±0.000=366.00

PA

i=1%
i=1%

SS

SS

SS

SS

SS

SS

SS

SS

3-3#楼

±0.000=357.50
3-2#楼

±0.000=357.50
D型 6+1F

E型 6+1F

PA

一
53

特色亭 一
24

一
55

图例说明：

PA 种植区域

WF 水面区域

SS 停车位

LW 景观挡墙

总平面索引图（4）

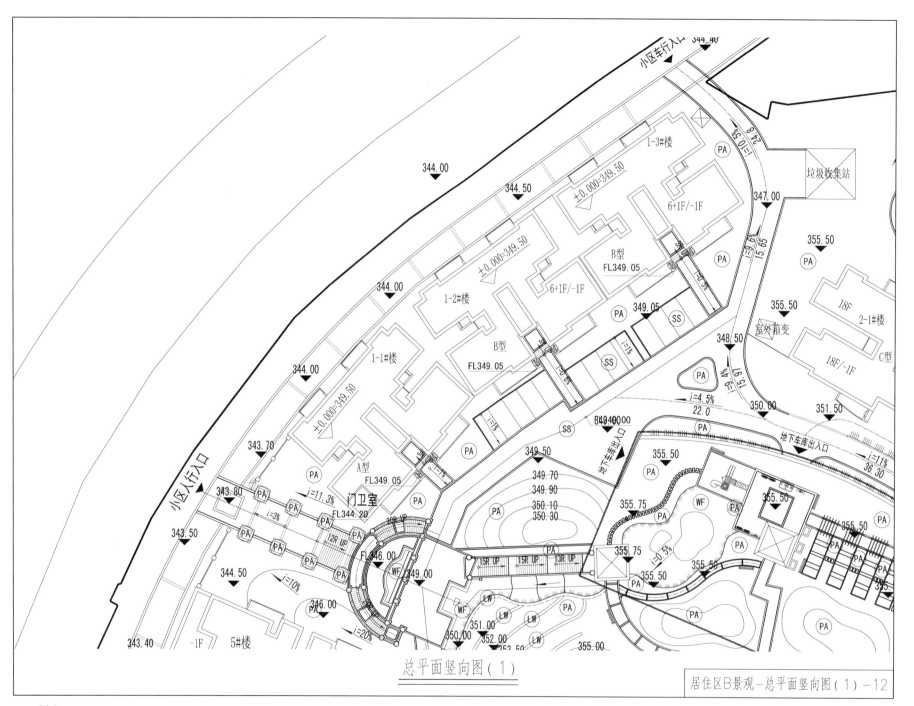

总平面竖向图（1）

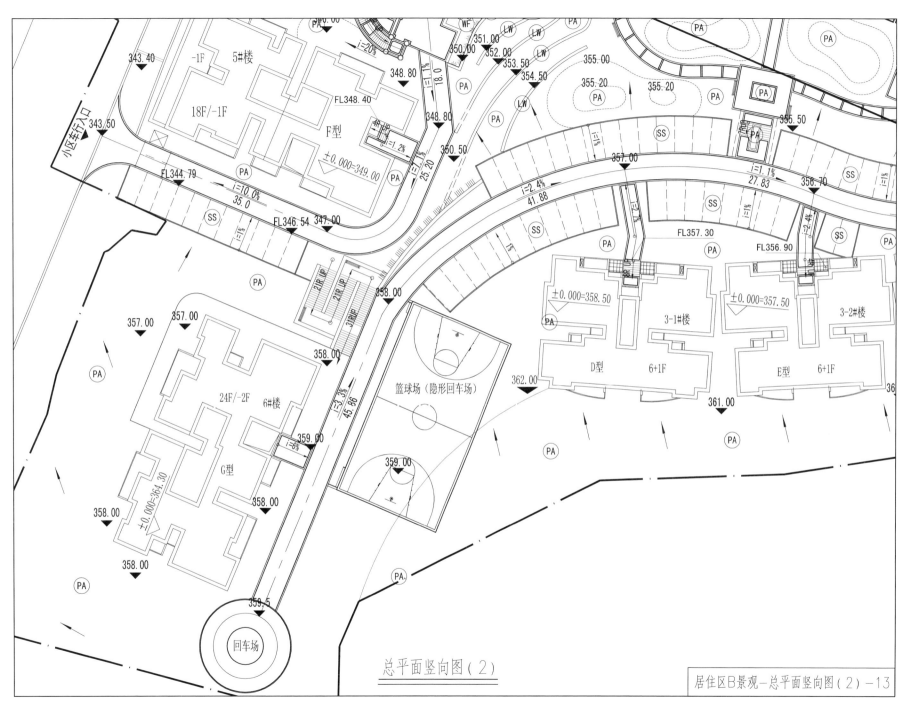

总平面竖向图（2）

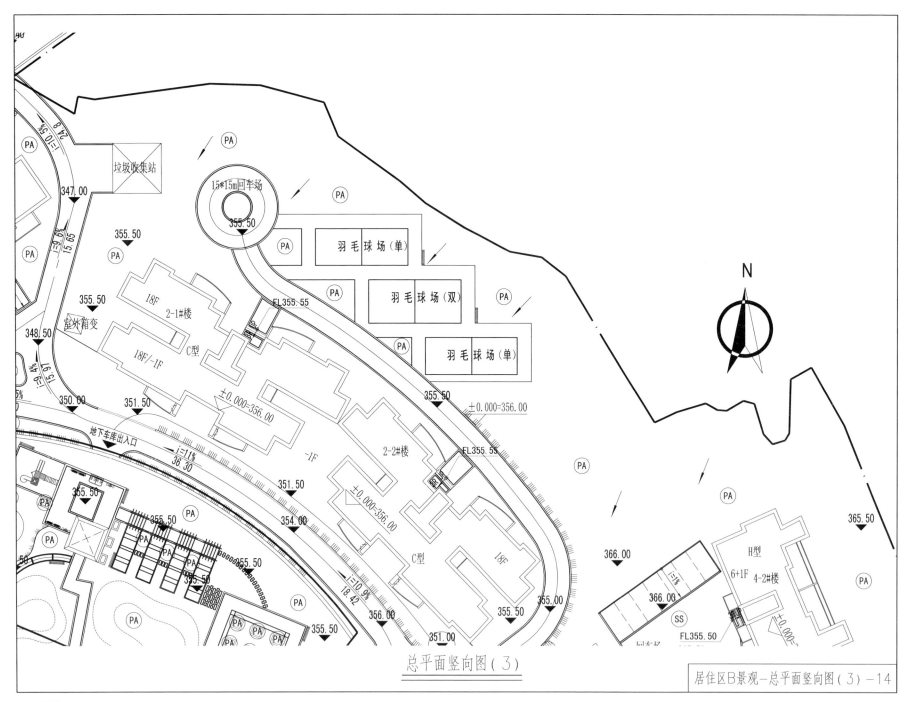

垃圾收集站

347.00

355.50

355.50

室外箱变

348.50

350.00

351.50

地下车库出入口

i=11%
36.30

351.50

354.00

2-2#楼

15*15m回车场

355.50

羽毛球场（单）

羽毛球场（双）

羽毛球场（单）

FL355.55

355.50

±0.000=356.00

18F

2-1#楼

C型

18F/-1F

±0.000=356.00

-1F

±0.000=356.00

C型

18F

355.50

FL355.55

N

355.50

366.00

H型

6+1F 4-2#楼

366.00

365.50

355.00

351.00

356.00

355.50

FL355.50

SS

总平面竖向图（3）

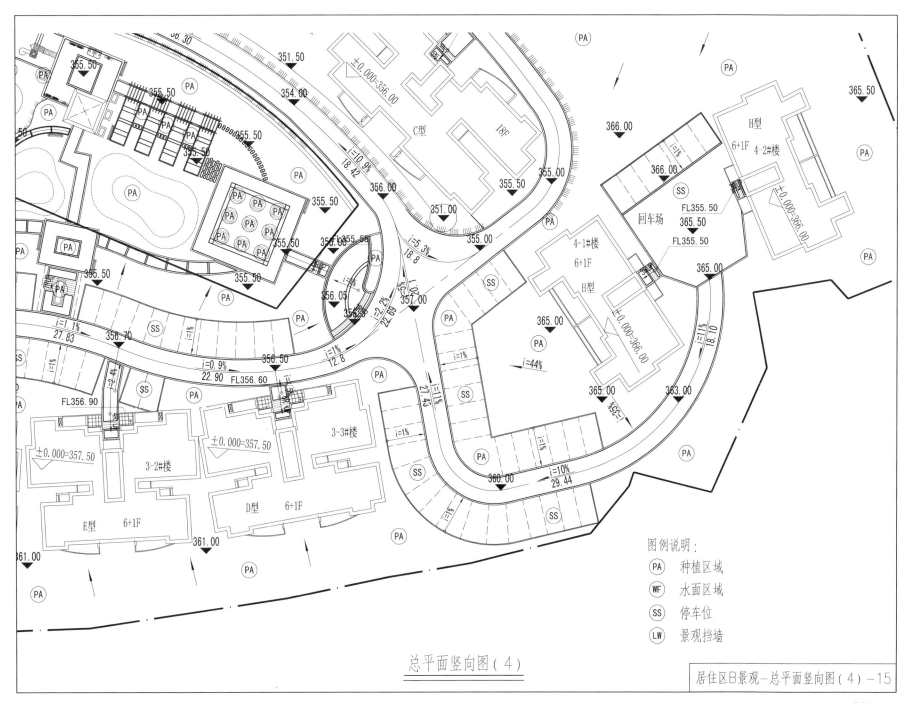

图例说明：

(PA) 种植区域

(WF) 水面区域

(SS) 停车位

(LW) 景观挡墙

总平面竖向图（4）

居住区B景观—总平面竖向图（4）—15

总平面定位图（1）

居住区B景观—总平面定位图（1）-16

総平面定位図（2）

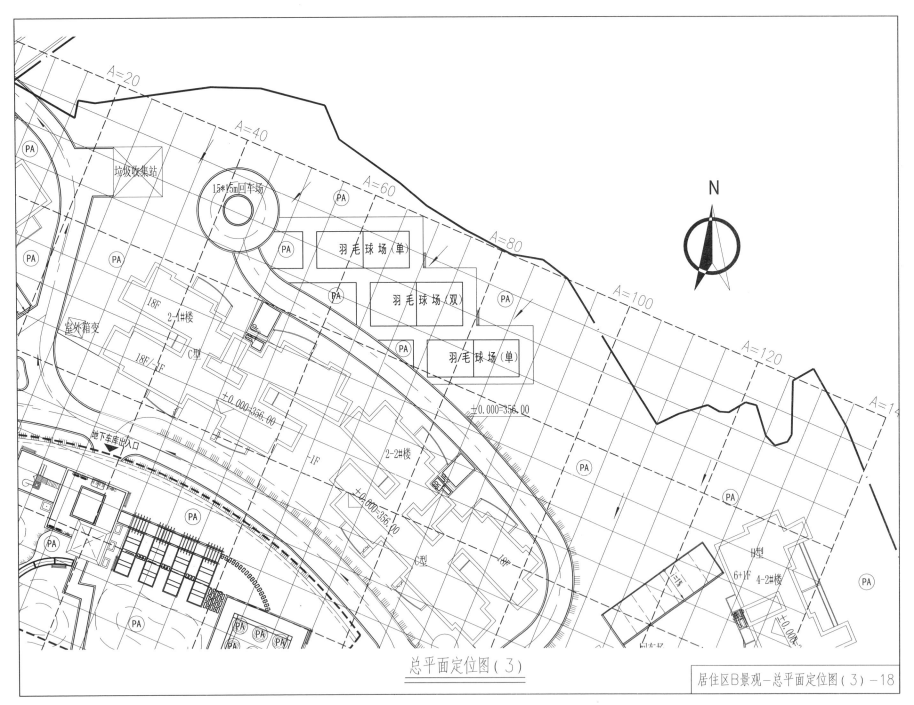

总平面定位图（3）

居住区B景观—总平面定位图（3）—18

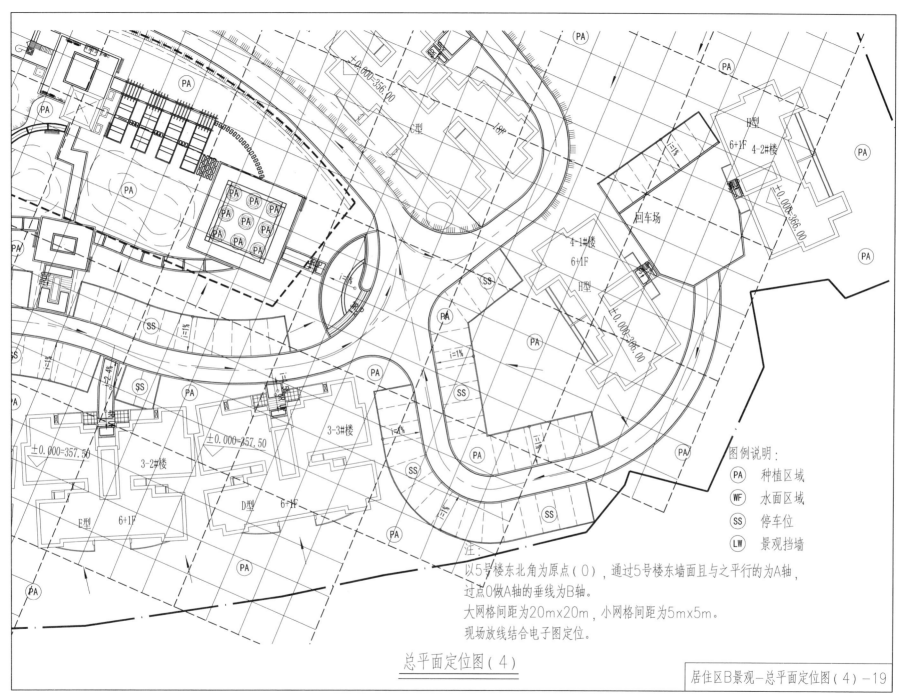

图例说明：
- (PA) 种植区域
- (WF) 水面区域
- (SS) 停车位
- (LW) 景观挡墙

注：
以5号楼东北角为原点（O），通过5号楼东墙面且与之平行的为A轴，
过点O做A轴的垂线为B轴。
大网格间距为20m×20m，小网格间距为5m×5m。
现场放线结合电子图定位。

<u>总平面定位图（4）</u>

居住区B景观—总平面定位图（4）—19

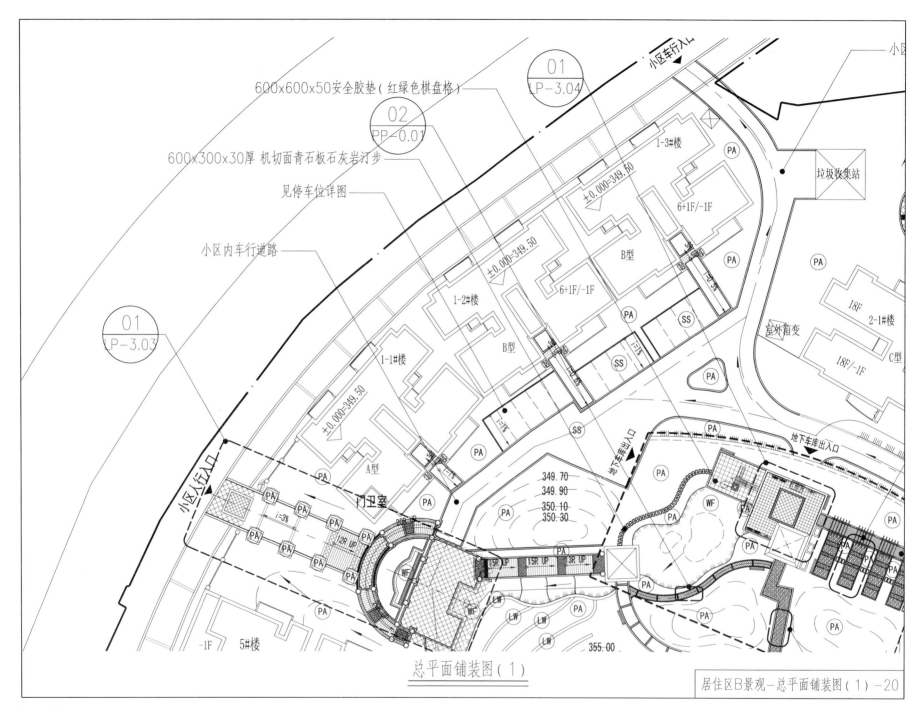

600x600x50安全胶垫(红绿色棋盘格)

600x300x30厚 机切面青石板石灰岩汀步

见停车位详图

小区内车行道路

小区车行入口

小区

垃圾收集站

01
LP-3.04

02
PP-0.01

01
LP-3.03

1-3#楼

±0.000=349.50

6+1F/-1F

B型

1-2#楼

6+1F/-1F

B型

1-1#楼

±0.000=349.50

A型

小区人行入口

门卫室

18F
2-1#楼

宝大箱变

18F/-1F
C型

地下车库出入口

地下车库出入口

349.70
349.90
350.10
350.30

355.00

-1F 5#楼

总平面铺装图(1)

居住区B景观-总平面铺装图(1)-20

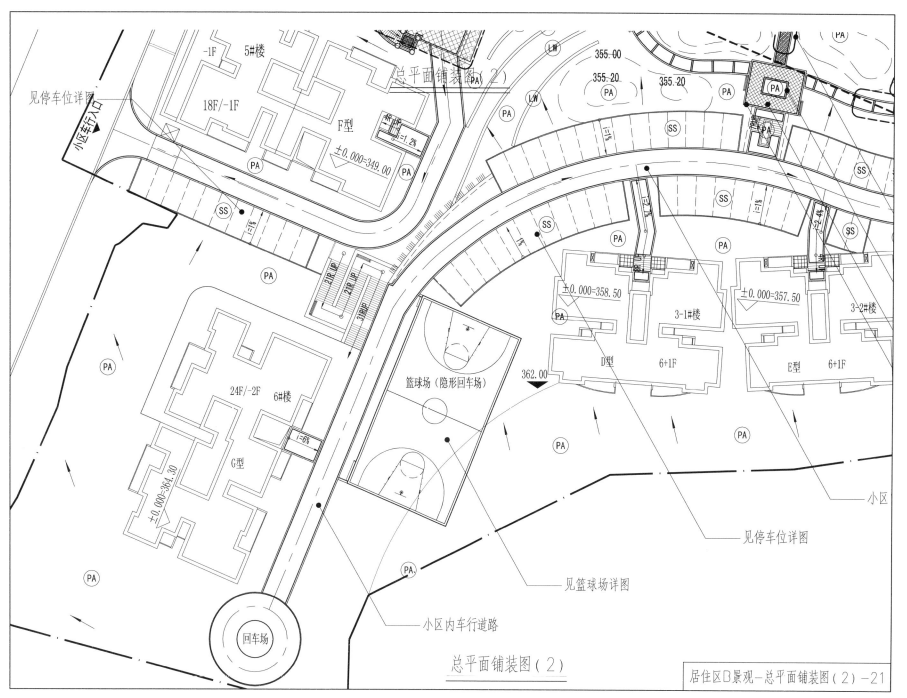

见停车位详图

小区车行入口

-1F 5#楼

总平面铺装图（2）

18F/-1F

F型

±0.000=349.00

355.00

355.20 355.20

24F/-2F 6#楼

G型

±0.000=364.30

篮球场（隐形回车场）

362.00

±0.000=358.50

3-1#楼

D型 6+1F

±0.000=357.50

3-2#楼

E型 6+1F

小区

见停车位详图

见篮球场详图

小区内车行道路

回车场

总平面铺装图（2）

居住区B景观—总平面铺装图（2）—21

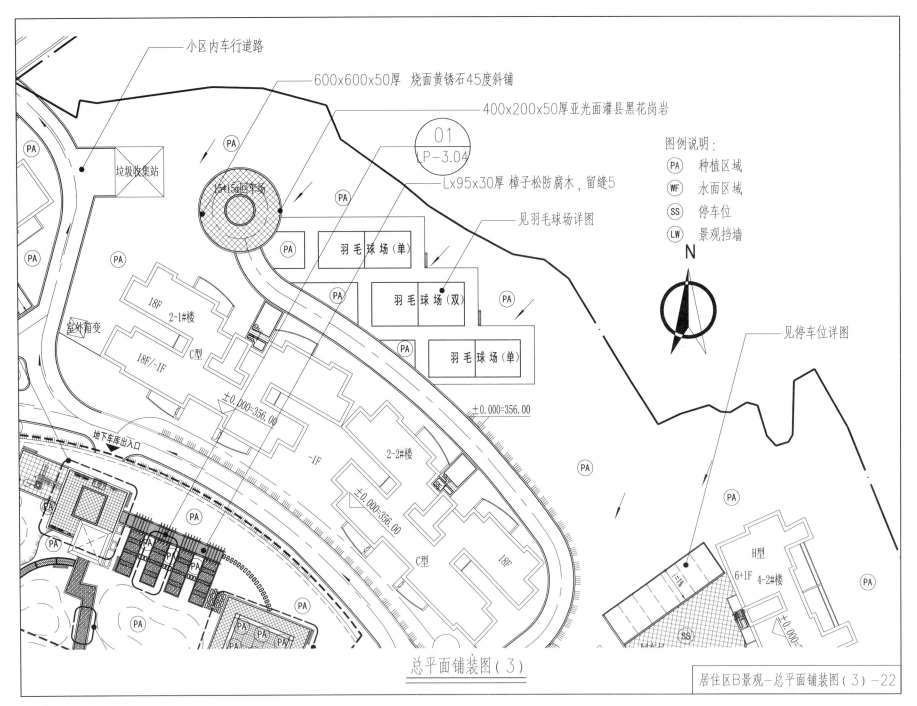

小区内车行道路

600x600x50厚 烧面黄锈石45度斜铺

400x200x50厚亚光面灌县黑花岗岩

01
LP-3.04

Lx95x30厚 樟子松防腐木，留缝5

见羽毛球场详图

图例说明：

PA 种植区域
WF 水面区域
SS 停车位
LW 景观挡墙

N

见停车位详图

垃圾收集站

室外箱变

18F
2-1#楼

18F/-1F

C型

15*15回车场

羽毛球场（单）

羽毛球场（双）

羽毛球场（单）

±0.000=356.00

±0.000=356.00

-1F

2-2#楼

地下车库出入口

±0.000=356.00

C型

18F

H型
6+1F 4-2#楼

总平面铺装图（3）

居住区B景观-总平面铺装图（3）-22

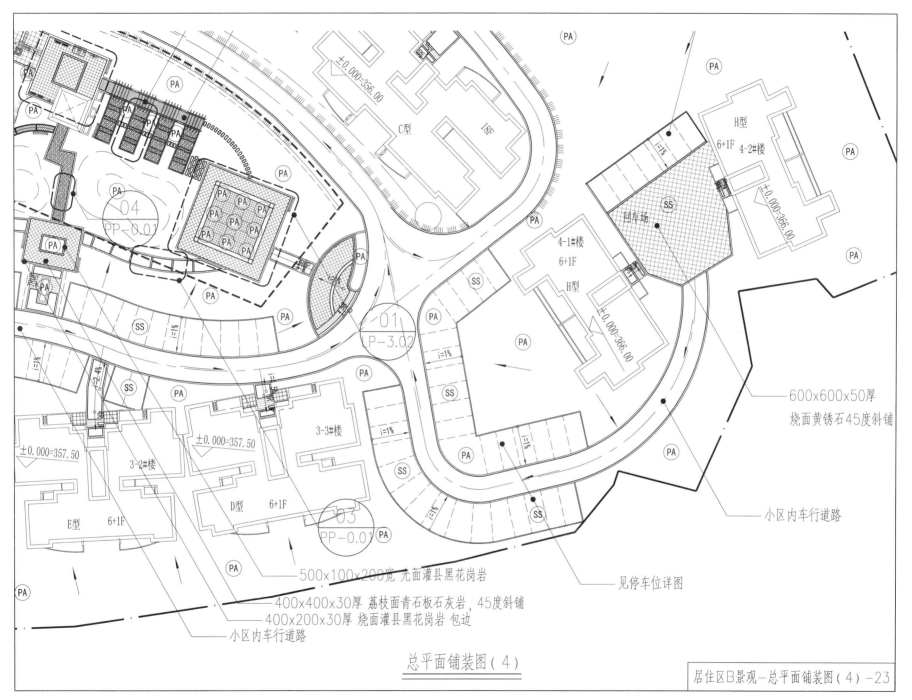

±0.000=356.00

C型

18F

H型
6+1F
4-2#楼

±0.000=366.00

回车场

4-1#楼
6+1F
H型

±0.000=366.00

600x600x50厚
烧面黄锈石45度斜铺

3-3#楼

±0.000=357.50

3-2#楼

±0.000=357.50

小区内车行道路

E型 6+1F

D型 6+1F

见停车位详图

500x100x200宽 光面灌县黑花岗岩

400x400x30厚 荔枝面青石板石灰岩，45度斜铺

400x200x30厚 烧面灌县黑花岗岩 包边

小区内车行道路

总平面铺装图（4）

居住区B景观－总平面铺装图（4）-23

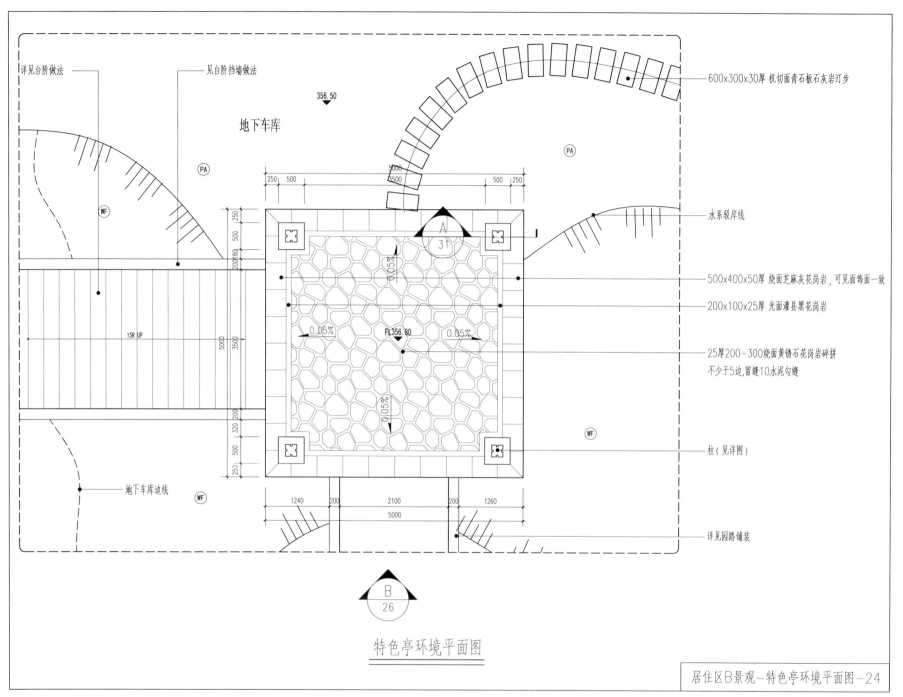

详见台阶做法

见台阶挡墙做法

600x300x30厚 机切面青石板石灰岩汀步

356.50

地下车库

(PA)

(PA)

(WF)

水系驳岸线

250 500

5000

4500

500 250

A
31

500x400x50厚 烧面芝麻灰花岗岩，可见面饰面一致

0.05%

200x100x25厚 光面灌县黑花岗岩

15R UP

0.05%

FL356.80

0.05%

25厚200-300烧面黄锈石花岗岩碎拼
不少于5边,留缝10水泥勾缝

0.05%

(WF)

柱(见详图)

地下车库边线

(WF)

1240 200

2100

200 1260

5000

详见园路铺装

B
26

特色亭环境平面图

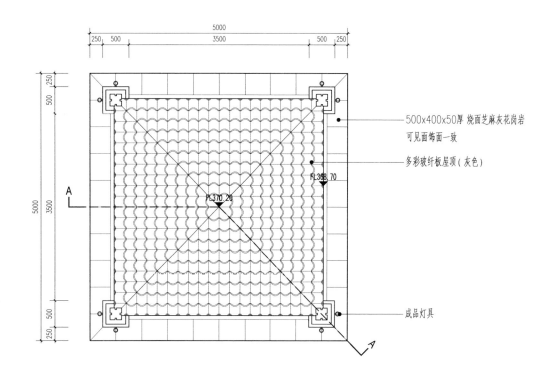

5000

250 500 3500 500 250

250

500

5500

3500

500

250

A

A

A

PL370.20

PL368.70

500x400x50厚 烧面芝麻灰花岗岩
可见面饰面一致

多彩玻纤板屋顶(灰色)

成品灯具

特色亭屋顶平面图

居住区B景观—特色亭屋顶平面图—25

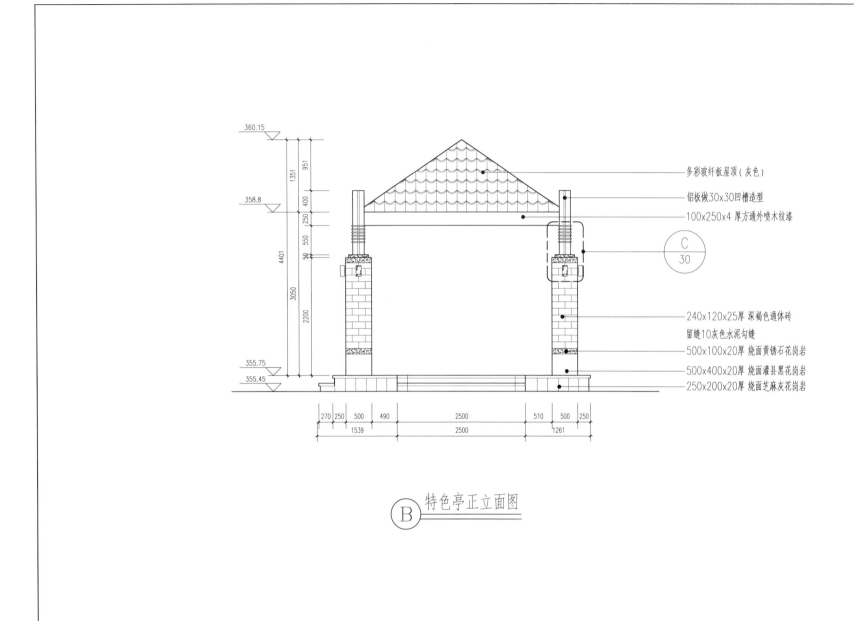

360.15

358.8

355.75

355.45

1351

951

400

250

550

50

4401

3050

2200

多彩玻纤板屋顶（灰色）

铝板做30x30凹槽造型

100x250x4 厚方通外喷木纹漆

$\dfrac{C}{30}$

240x120x25厚 深褐色通体砖

留缝10灰色水泥勾缝

500x100x20厚 烧面黄锈石花岗岩

500x400x20厚 烧面灌县黑花岗岩

250x200x20厚 烧面芝麻灰花岗岩

270 | 250 | 500 | 490 | 2500 | 510 | 500 | 250

1539 | 2500 | 1261

Ⓑ 特色亭正立面图

居住区B景观—特色亭正立面图—26

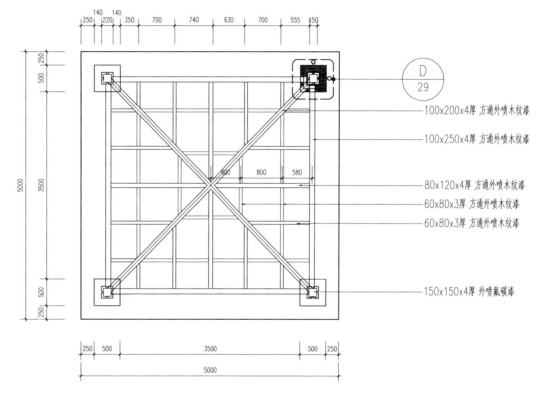

注:所有方通之间的连接均采用满焊焊接(除注明外)。焊缝打磨处理。方通顶部须封口。

特色亭构架平面图

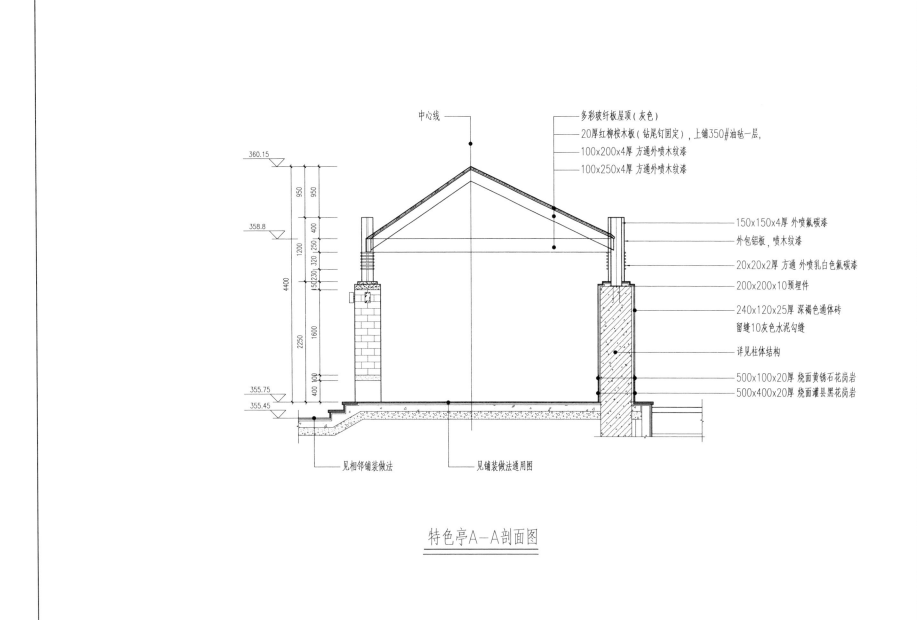

中心线

多彩玻纤板屋顶（灰色）

20厚红柳桉木板（钻尾钉固定），上铺350#油毡一层，

100x200x4厚 方通外喷木纹漆

100x250x4厚 方通外喷木纹漆

150x150x4厚 外喷氟碳漆

外包铝板，喷木纹漆

20x20x2厚 方通 外喷乳白色氟碳漆

200x200x10预埋件

240x120x25厚 深褐色通体砖
留缝10灰色水泥勾缝

详见柱体结构

500x100x20厚 烧面黄锈石花岗岩

500x400x20厚 烧面灌县黑花岗岩

360.15

358.8

355.75

355.45

950 | 950
1200 | 400 | (250)
| 320 | 150 230
4400 | 2250 | 1600
| 400 | 100

见相邻铺装做法

见铺装做法通用图

特色亭A-A剖面图

居住区B景观-特色亭A-A剖面图-28

— 232 —

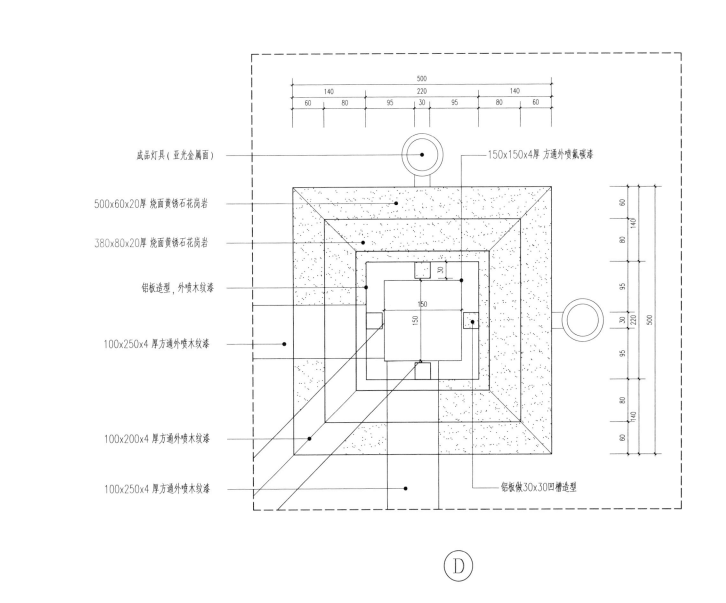

成品灯具(亚光金属面)

150x150x4厚 方通外喷氟碳漆

500x60x20厚 烧面黄锈石花岗岩

380x80x20厚 烧面黄锈石花岗岩

铝板造型,外喷木纹漆

100x250x4 厚方通外喷木纹漆

100x200x4 厚方通外喷木纹漆

100x250x4 厚方通外喷木纹漆

铝板做30x30凹槽造型

D

居住区B景观-特色亭详图1-29

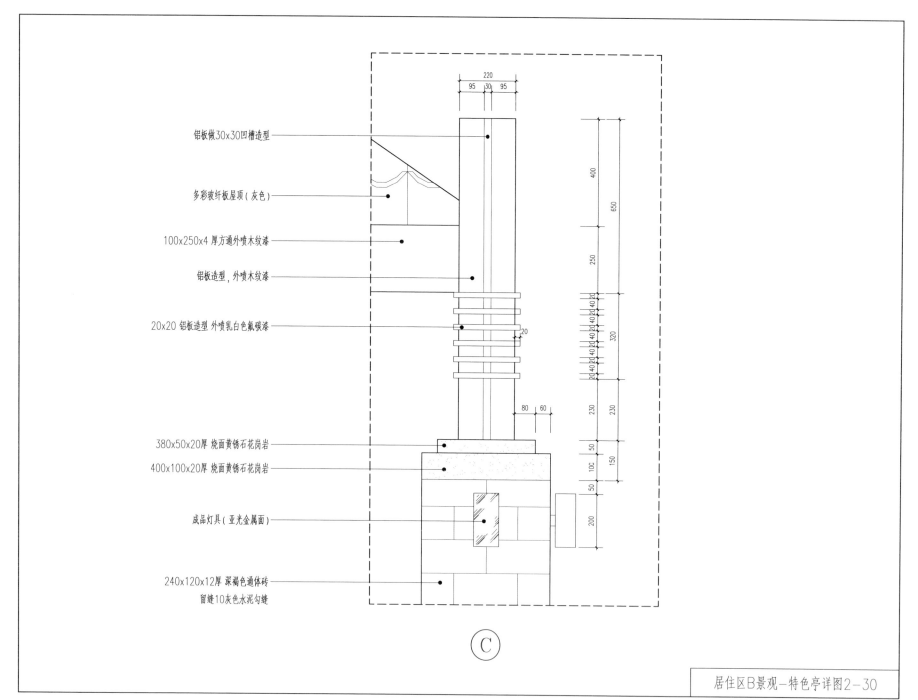

铝板做30x30凹槽造型

多彩玻璃纤板屋顶（灰色）

100x250x4厚方通外喷木纹漆

铝板造型，外喷木纹漆

20x20铝板造型 外喷乳白色氟碳漆

380x50x20厚 烧面黄锈石花岗岩

400x100x20厚 烧面黄锈石花岗岩

成品灯具（亚光金属面）

240x120x12厚 深褐色通体砖
留缝10灰色水泥勾缝

220
95 30 95

400
650
250
320
230
230
50
150
100
50
200
80 60
20

Ⓒ

居住区B景观—特色亭详图2-30

— 234 —

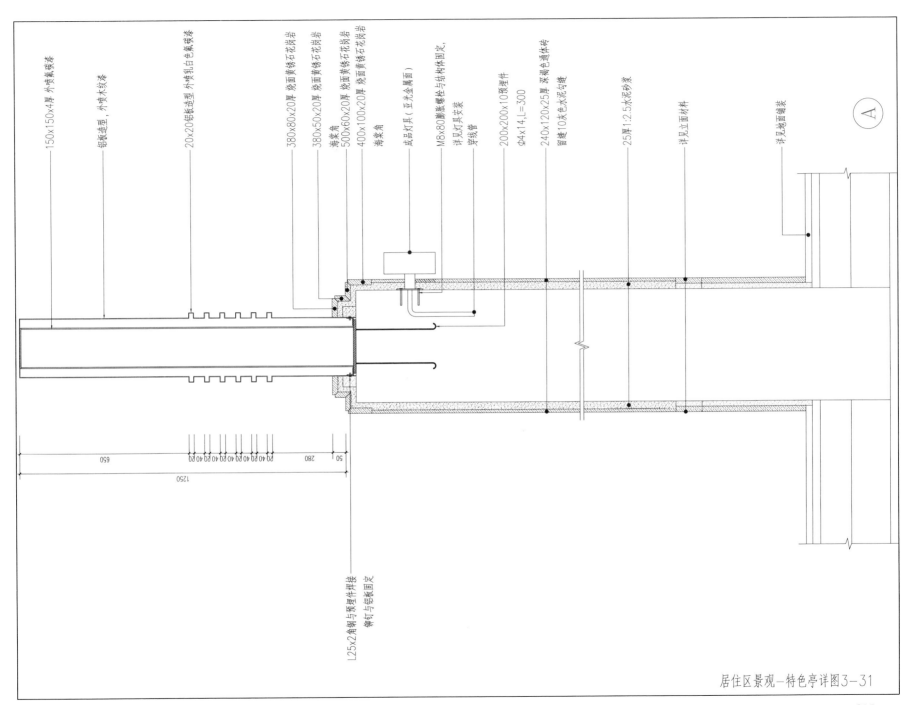

150x150x4厚 外喷氟碳漆

铝板造型，外喷木纹漆

20x20铝板造型 外喷乳白色氟碳漆

380x80x20厚 烧面黄锈石花岗岩

380x50x20厚 烧面黄锈石花岗岩

海棠角
500x60x20厚 烧面黄锈石花岗岩

400x100x20厚 烧面黄锈石花岗岩

海棠角

成品灯具（亚光金属面）

M8x80膨胀螺栓与钢体固定，
详见灯具安装

穿线管

200x200x10预埋件
Φ4x14,L=300

240x120x25厚 深褐色通体砖
留缝10灰色水泥勾缝

25厚1:2.5水泥砂浆

详见立面材料

详见地面铺装

L25x2角钢与预埋件样接焊接
铆钉与铝板固定

650

50 60 40 60 60 40 60 60 40 60 60 40 60 60

280

50

1250

居住区景观-特色亭详图3-31

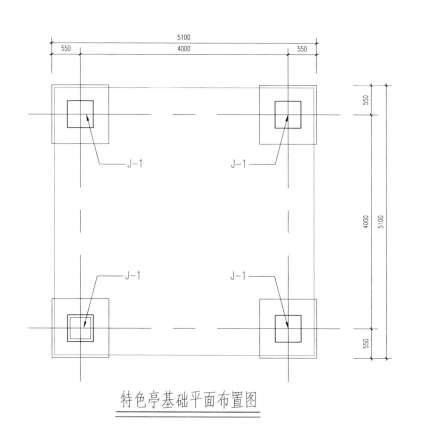

特色亭基础平面布置图

说明：
1. 钢筋∅代表HPB235级热轧普通钢筋。Φ代表HRB335级热轧普通钢筋。
2. 基础混凝土采用C25混凝土，垫层采用C15素混凝土。
3. 钢筋锚固长度及其他构造参见图集04G101-3及03G101-1。
4. 现车库结构做法不明确基础按常规做法绘制，施工前结合车库建筑及结构图纸复核亭基础的着力点和顶板的受力。
5. 其他不详之处请按照相应的规范.规程及有关规定执行。

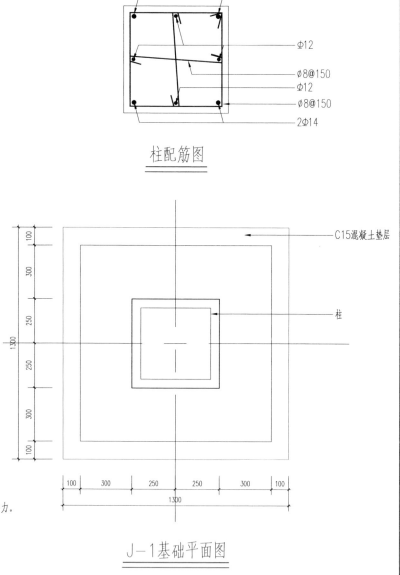

柱配筋图

J-1基础平面图

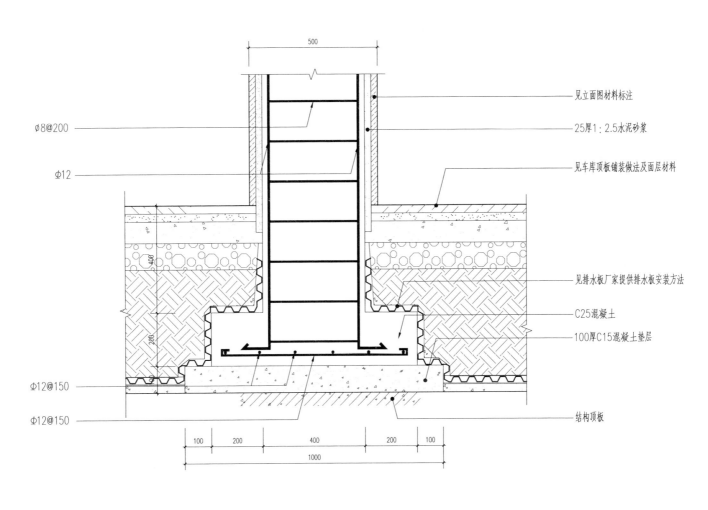

500

见立面图材料标注

∅8@200

25厚1:2.5水泥砂浆

Φ12

见车库顶板铺装做法及面层材料

见排水板厂家提供排水板安装方法

C25混凝土

100厚C15混凝土垫层

Φ12@150

Φ12@150

结构顶板

100 | 200 | 400 | 200 | 100

1000

基础剖面图

居住区B景观—特色亭详图5-33

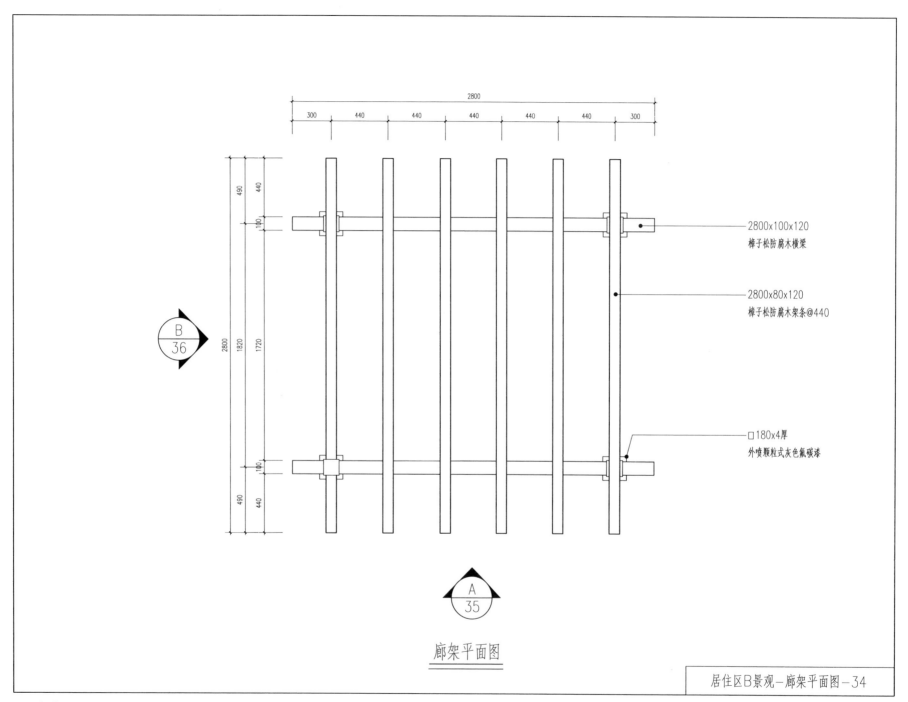

2800x100x120
樟子松防腐木横梁

2800x80x120
樟子松防腐木架条@440

□180x4厚
外喷颗粒式灰色氟碳漆

廊架平面图

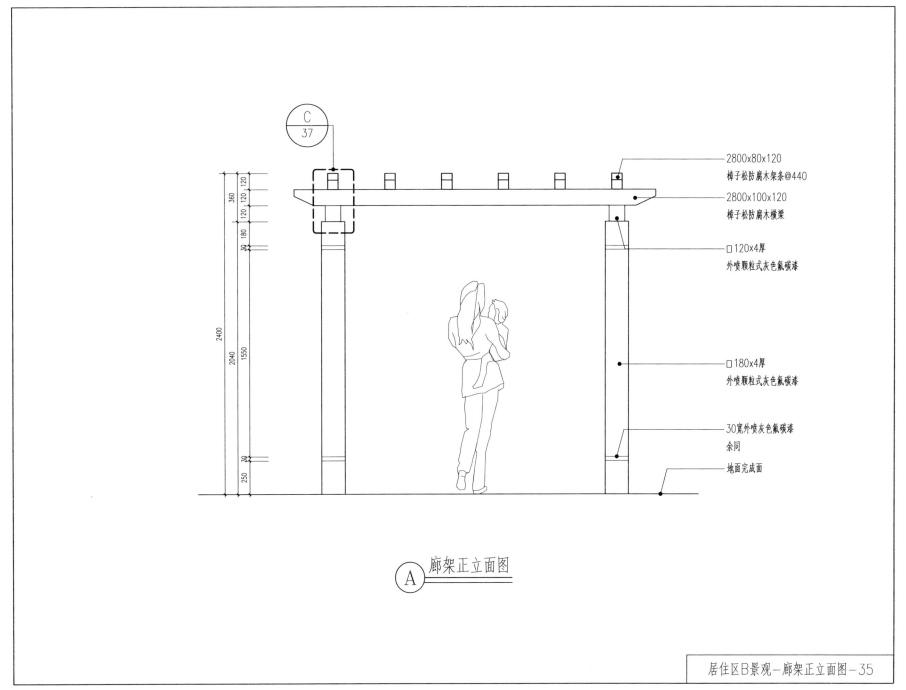

2800x80x120
樟子松防腐木架条@440

2800x100x120
樟子松防腐木横梁

□120x4厚
外喷颗粒式灰色氟碳漆

□180x4厚
外喷颗粒式灰色氟碳漆

30宽外喷灰色氟碳漆
余同

地面完成面

Ⓐ 廊架正立面图

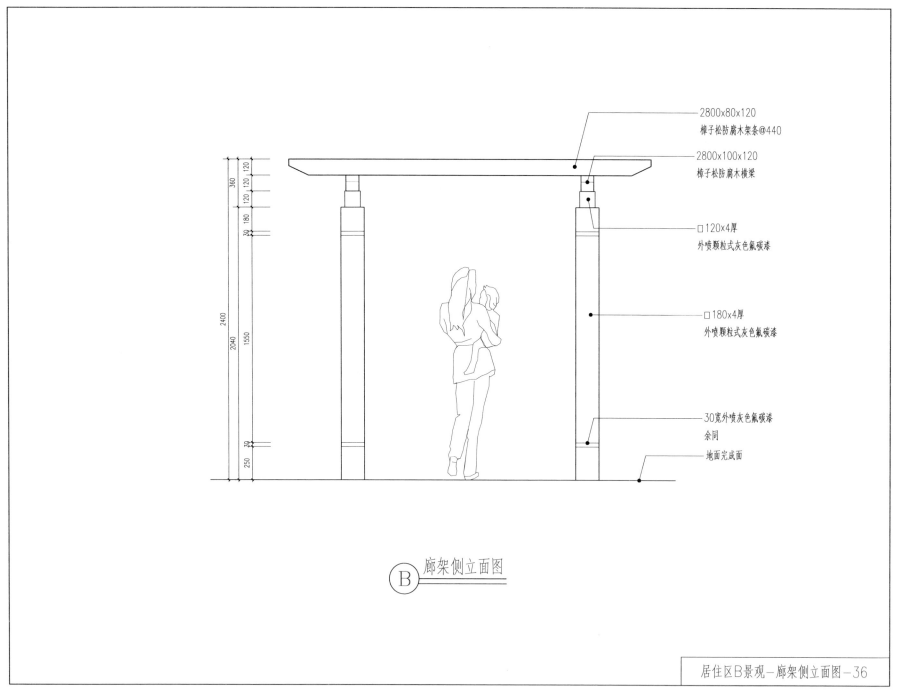

2800x80x120
樟子松防腐木架条@440

2800x100x120
樟子松防腐木横梁

□120x4厚
外喷颗粒式灰色氟碳漆

□180x4厚
外喷颗粒式灰色氟碳漆

30宽外喷灰色氟碳漆
余同

地面完成面

Ⓑ 廊架侧立面图

居住区B景观−廊架侧立面图−36

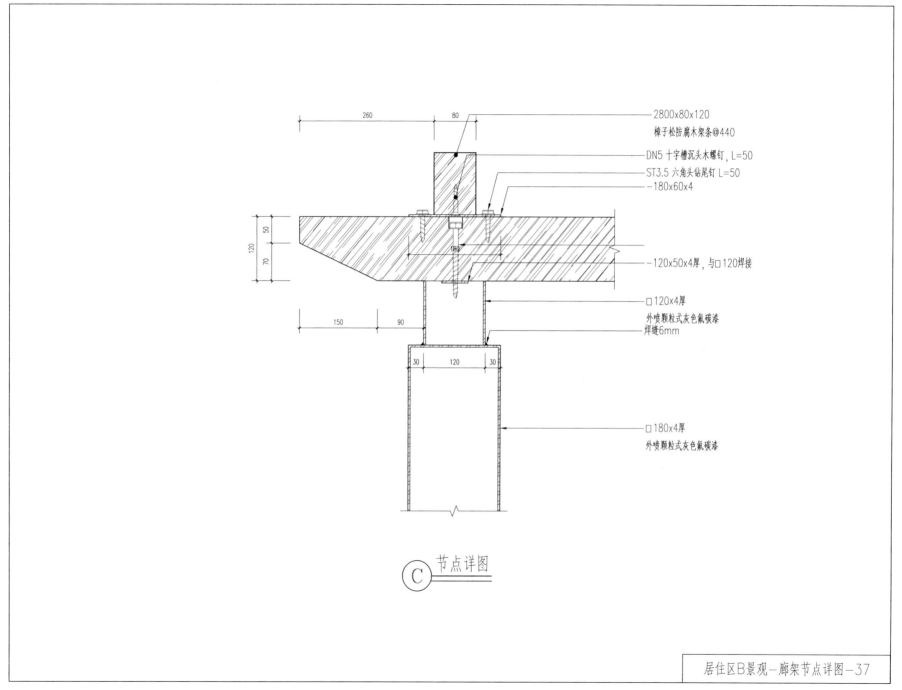

2800x80x120

樟子松防腐木架条@440

DN5 十字槽沉头木螺钉，L=50

ST3.5 六角头钻尾钉 L=50

－180x60x4

－120x50x4厚，与囗120焊接

囗120x4厚

外喷颗粒式灰色氟碳漆

焊缝6mm

囗180x4厚

外喷颗粒式灰色氟碳漆

C 节点详图

居住区B景观－廊架节点详图-37

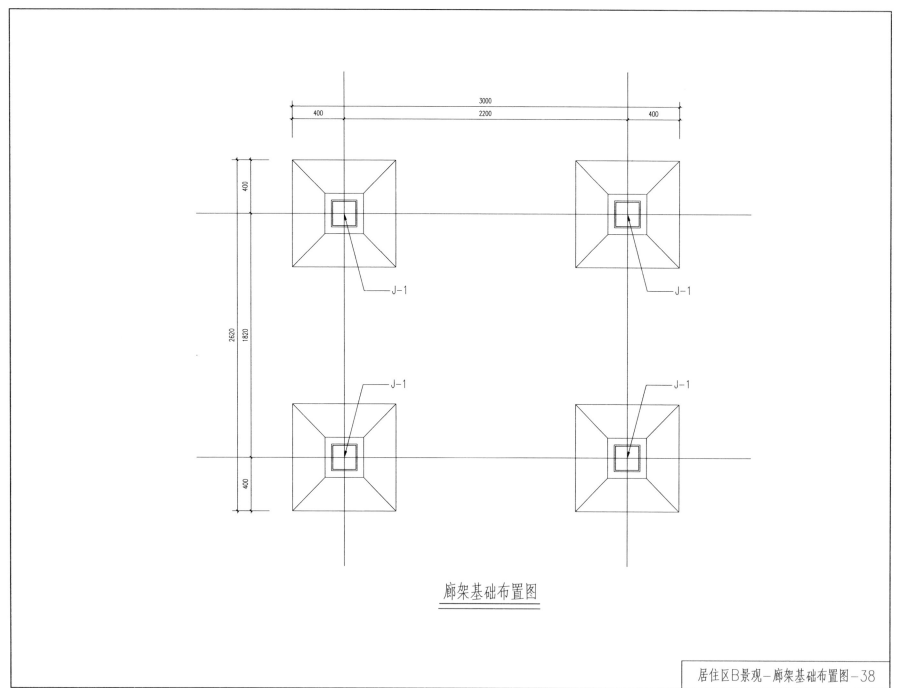

廊架基础布置图

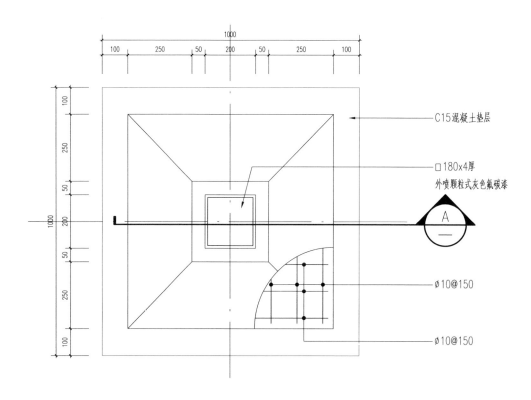

1000

100 250 50 200 50 250 100

100
250
50
1000 200
50
250
100

C15混凝土垫层

□180x4厚
外喷颗粒式灰色氟碳漆

A

∅10@150

∅10@150

说明：
1、钢筋∅代表HPB235级热轧普通钢筋。
2、基础混凝土采用C25混凝土，垫层采用C15素混凝土。
3、钢筋锚固长度及其他构造参见图集04G101-3及03G101-1。
4、预埋件做法参见04J012-3（8、12页）。
5、其它不详之处请按照相应的规范.规程及有关规定执行。

廊架基础平面图

居住区B景观－廊架基础平面图－39

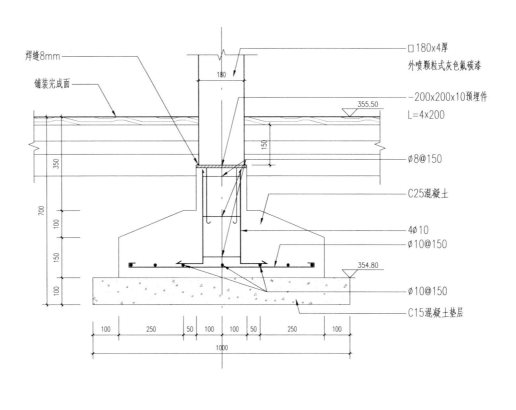

焊缝8mm

铺装完成面

□180x4厚
外喷颗粒式灰色氟碳漆

355.50

-200x200x10预埋件
L=4x200

180

150

350

700

100

150

100

ø8@150

C25混凝土

4ø10

ø10@150

354.80

ø10@150

C15混凝土垫层

100 250 50 100 100 50 250 100

1000

(A) 基础剖面图

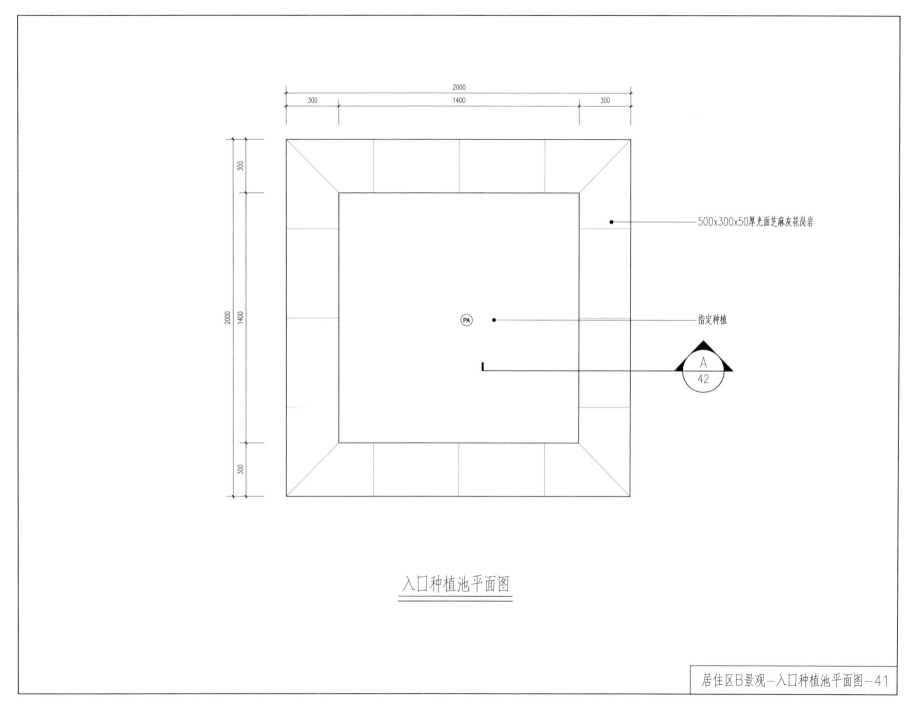

2000

300　　　　1400　　　　300

500x300x50厚光面芝麻灰花岗岩

指定种植

A
42

300

2000
1400

300

入口种植池平面图

居住区B景观-入口种植池平面图-41

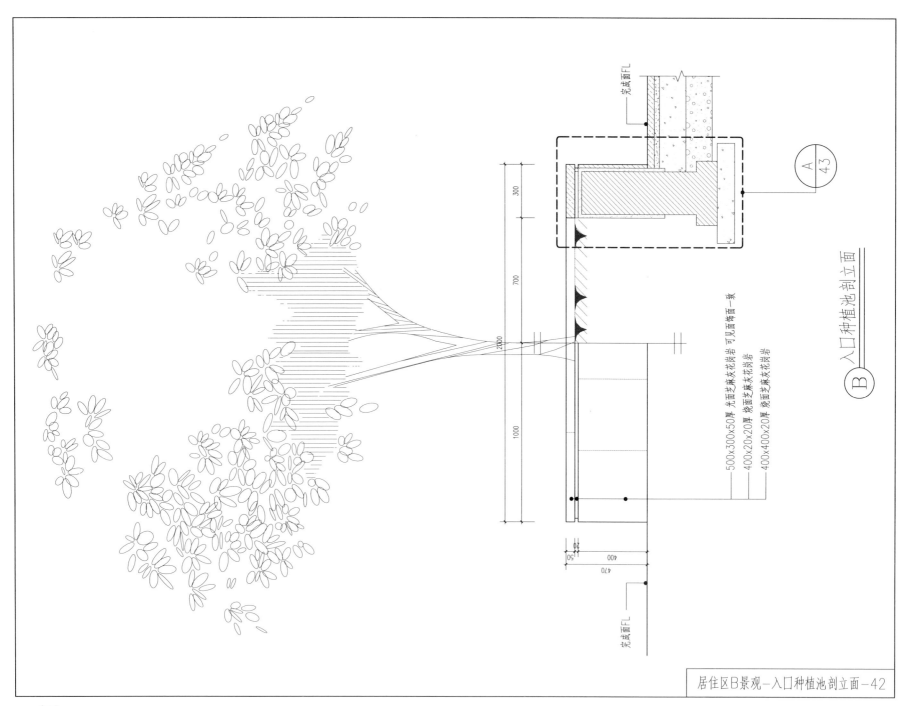

完成面FL

300

700

2000

1000

500x300x50厚 光面芝麻灰花岗岩 可见面如面一致

400x20x20厚 烧面芝麻灰花岗岩

400x400x20厚 烧面芝麻灰花岗岩

完成面FL

470

50

400

20

$\overset{A}{43}$

$\overset{B}{}$ 入口种植池剖立面

居住区B景观-入口种植池剖立面-42

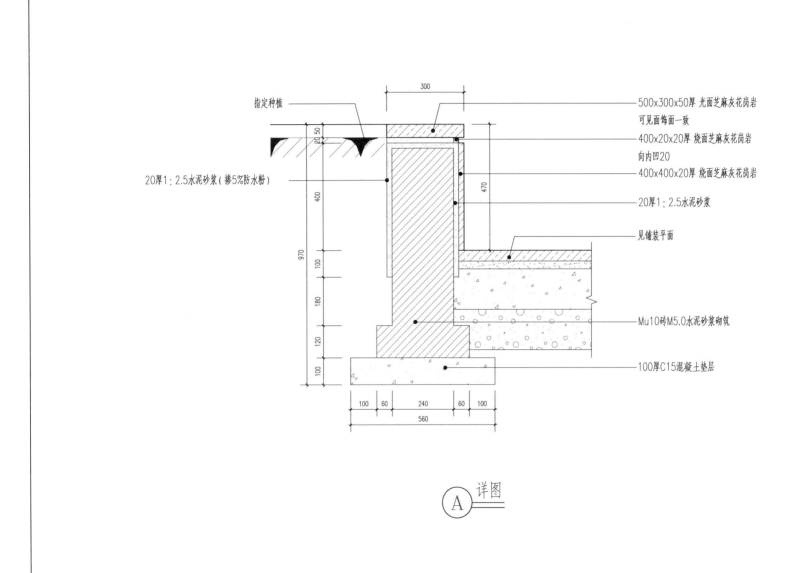

指定种植

300

500x300x50厚 光面芝麻灰花岗岩
可见面饰面一致

400x20x20厚 烧面芝麻灰花岗岩
向内凹20

400x400x20厚 烧面芝麻灰花岗岩

20厚1：2.5水泥砂浆

见铺装平面

Mu10砖M5.0水泥砂浆砌筑

100厚C15混凝土垫层

20厚1：2.5水泥砂浆（掺5%防水粉）

20 50
400
970
100
180
120
100
470

100 60 240 60 100
560

A 详图

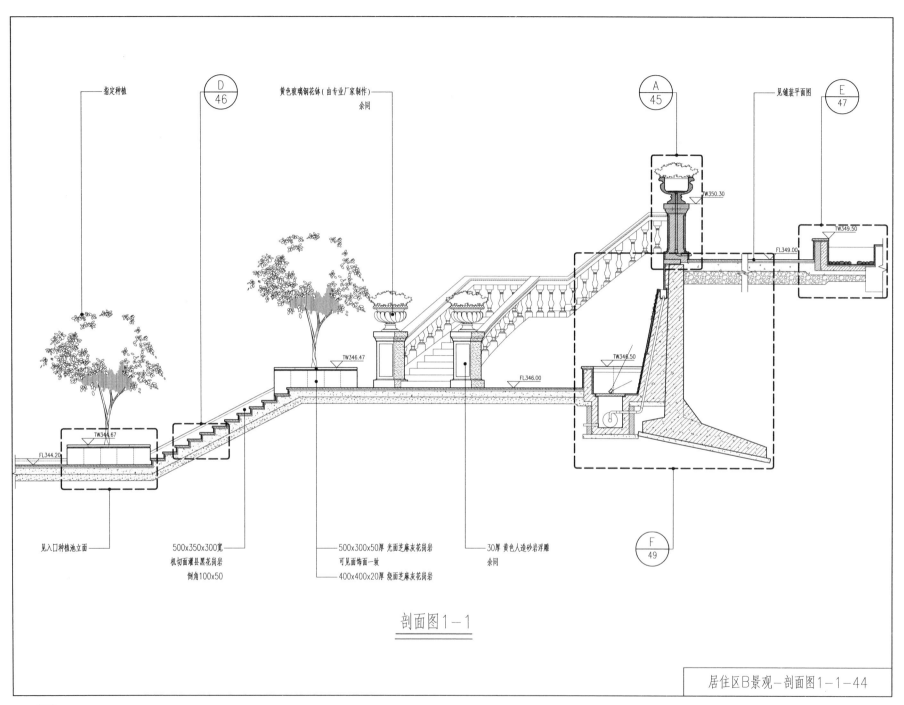

指定种植

$\dfrac{D}{46}$

黄色玻璃钢花钵(由专业厂家制作)
余同

$\dfrac{A}{45}$

见铺装平面图

$\dfrac{E}{47}$

TW350.30

TW349.50

FL349.00

TW346.47

TW346.50

TW344.67

FL346.00

FL344.20

$\dfrac{F}{49}$

见入口种植池立面

500x350x300宽
机切面灌县黑花岗岩
倒角100x50

500x300x50厚 光面芝麻灰花岗岩
可见面饰面一致

400x400x20厚 烧面芝麻灰花岗岩

30厚 黄色人造砂岩浮雕
余同

剖面图1-1

居住区B景观—剖面图1-1-44

— 248 —

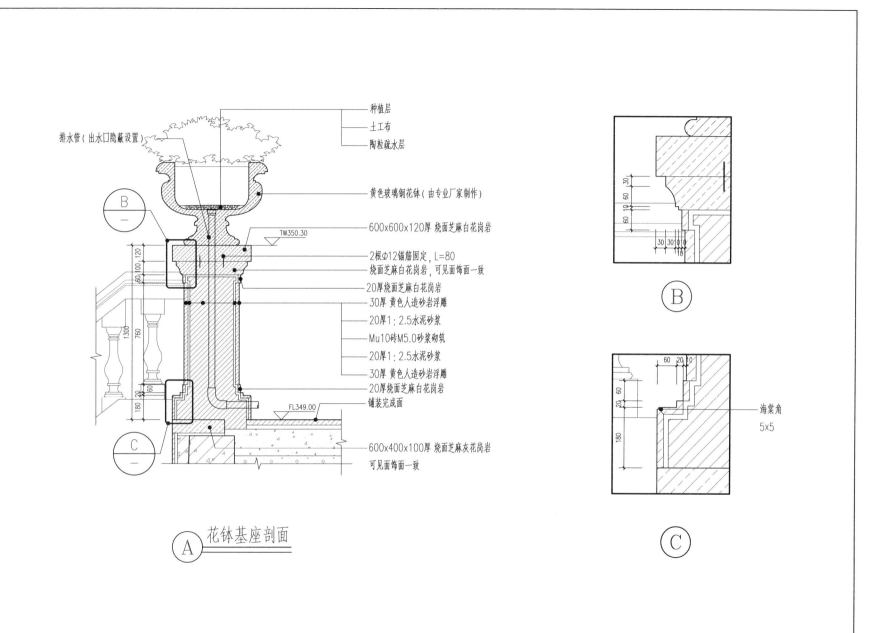

排水管(出水口隐藏设置)

种植层
土工布
陶粒疏水层

黄色玻璃钢花钵(由专业厂家制作)

600x600x120厚 烧面芝麻白花岗岩

TW350.30

2根Φ12锚筋固定,L=80
烧面芝麻白花岗岩,可见面饰面一致
20厚烧面芝麻白花岗岩
30厚 黄色人造砂岩浮雕
20厚1:2.5水泥砂浆
Mu10砖M5.0砂浆砌筑
20厚1:2.5水泥砂浆
30厚 黄色人造砂岩浮雕
20厚烧面芝麻白花岗岩

铺装完成面

FL349.00

600x400x100厚 烧面芝麻灰花岗岩

可见面饰面一致

Ⓐ 花钵基座剖面

Ⓑ

Ⓒ 海棠角
5x5

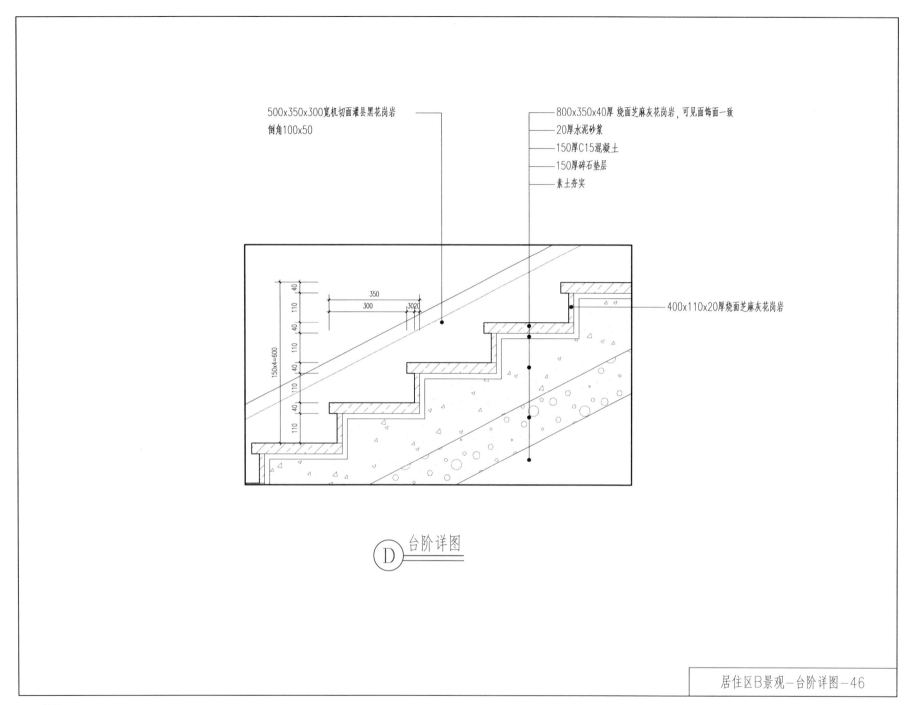

500x350x300宽机切面灌县黑花岗岩
倒角100x50

800x350x40厚 烧面芝麻灰花岗岩，可见面饰面一致
20厚水泥砂浆
150厚C15混凝土
150厚碎石垫层
素土夯实

400x110x20厚烧面芝麻灰花岗岩

350
300
3020
40
110
40
110
40
110
40
110
150x4=600

Ⓓ 台阶详图

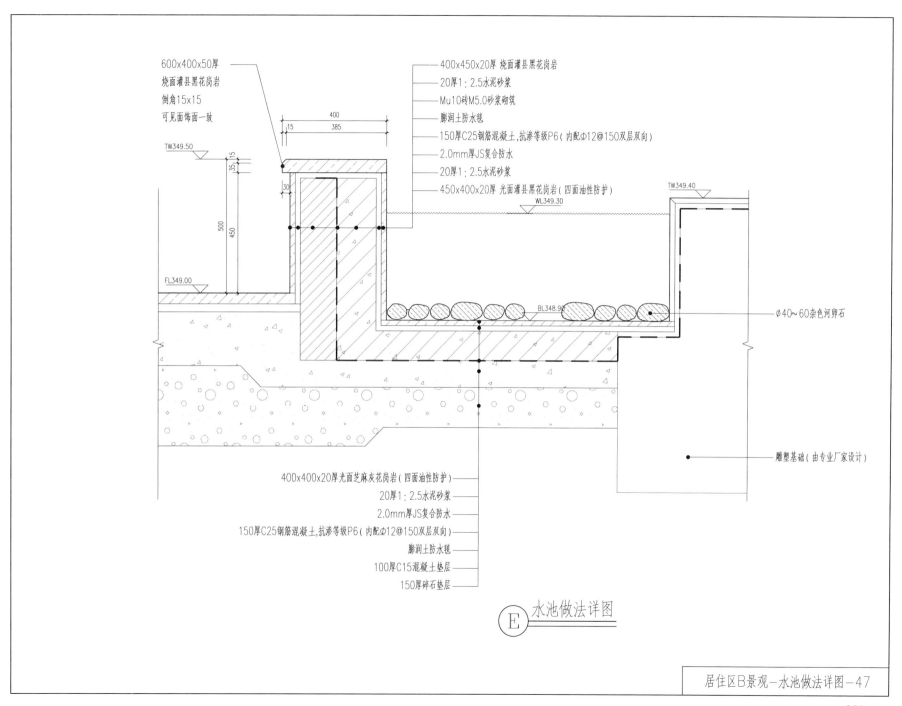

600x400x50厚
烧面灌县黑花岗岩
倒角15x15
可见面饰面一致

400x450x20厚 烧面灌县黑花岗岩
20厚1：2.5水泥砂浆
Mu10砖M5.0砂浆砌筑
膨润土防水毯
150厚C25钢筋混凝土,抗渗等级P6（内配Φ12@150双层双向）
2.0mm厚JS复合防水
20厚1：2.5水泥砂浆
450x400x20厚 光面灌县黑花岗岩（四面油性防护）

TW349.50
TW349.40
WL349.30
FL349.00
BL348.90

400
15
385
35 15
30
500
450

Φ40～60杂色河卵石

雕塑基础（由专业厂家设计）

400x400x20厚光面芝麻灰花岗岩（四面油性防护）
20厚1：2.5水泥砂浆
2.0mm厚JS复合防水
150厚C25钢筋混凝土,抗渗等级P6（内配Φ12@150双层双向）
膨润土防水毯
100厚C15混凝土垫层
150厚碎石垫层

E 水池做法详图

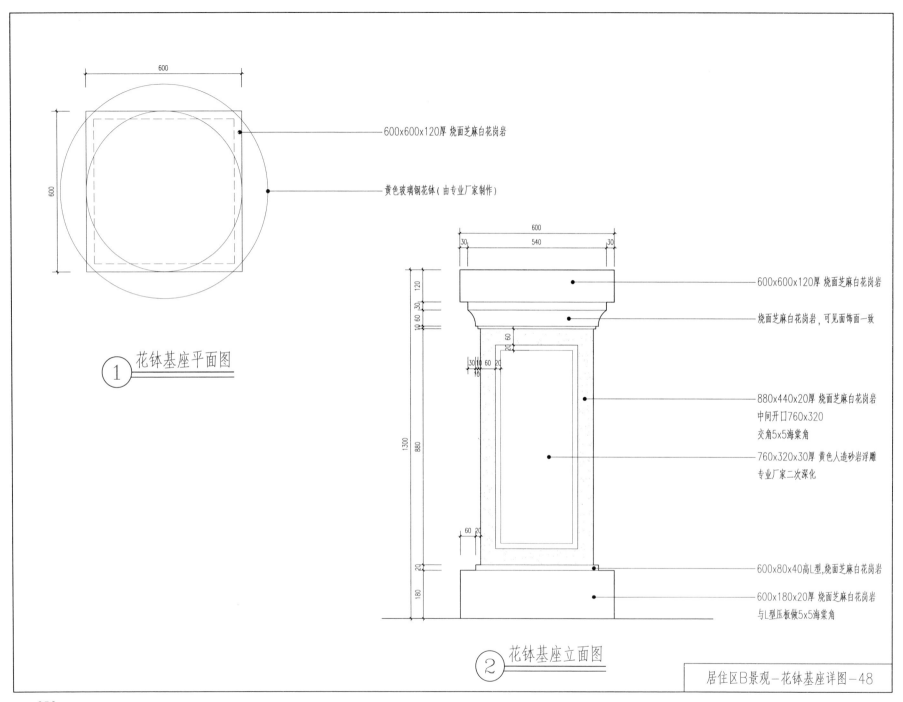

600x600x120厚 烧面芝麻白花岗岩

黄色玻璃钢花钵(由专业厂家制作)

①花钵基座平面图

600x600x120厚 烧面芝麻白花岗岩

烧面芝麻白花岗岩,可见面饰面一致

880x440x20厚 烧面芝麻白花岗岩
中间开口760x320
交角5x5海棠角

760x320x30厚 黄色人造砂岩浮雕
专业厂家二次深化

600x80x40高L型,烧面芝麻白花岗岩

600x180x20厚 烧面芝麻白花岗岩
与L型压板做5x5海棠角

②花钵基座立面图

居住区B景观-花钵基座详图-48

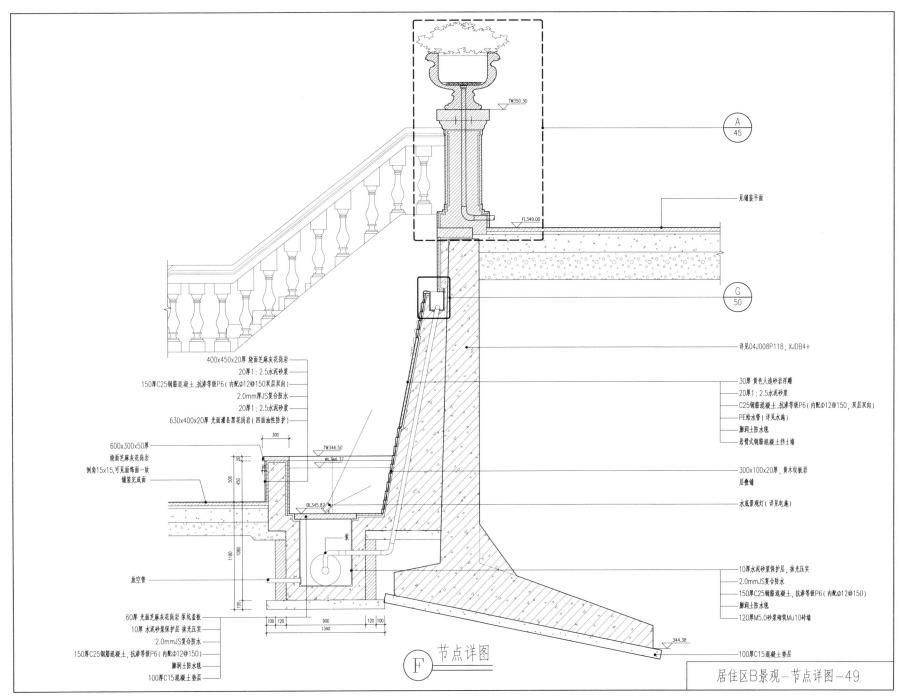

TW350.30

A / 45

见铺装平面

FL349.00

G / 50

详见04J008P118，XJDB4+

30厚 黄色人造砂岩浮雕
20厚1：2.5水泥砂浆
C25钢筋混凝土,抗渗等级P6(内配φ12@150,双层双向)
PE给水管（详见水施）
膨润土防水毯
悬臂式钢筋混凝土挡土墙

300x100x20厚，黄木纹板岩
层叠铺

水底景观灯（详见电施）

400x450x20厚 烧面芝麻灰花岗岩
20厚1：2.5水泥砂浆
150厚C25钢筋混凝土,抗渗等级P6(内配φ12@150双层双向)
2.0mm厚JS复合防水
20厚1：2.5水泥砂浆
630x400x20厚 光面灌县黑花岗岩（四面油性防护）

600x300x50厚
烧面芝麻灰花岗岩
倒角15x15,可见面饰面一致
铺装完成面

300

TW346.50
WL346.37

50
500
450

BL345.87

1180
1080
100

放空管

泵

100 120   900   120 100
1340

60厚 光面芝麻灰花岗岩 泵坑盖板
10厚 水泥砂浆保护层 抹光压实
2.0mmJS复合防水
150厚C25钢筋混凝土,抗渗等级P6(内配φ12@150)
膨润土防水毯
100厚C15混凝土垫层

F / 节点详图

10厚水泥砂浆保护层，抹光压实
2.0mmJS复合防水
150厚C25钢筋混凝土,抗渗等级P6(内配φ12@150)
膨润土防水毯
120厚M5.0砂浆砌筑Mu10砖墙

344.38

100厚C15混凝土垫层

居住区B景观-节点详图-49

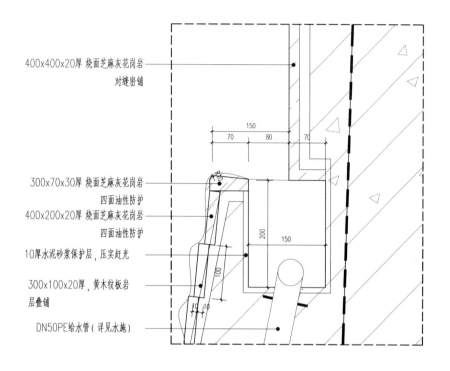

400x400x20厚 烧面芝麻灰花岗岩
对缝密铺

300x70x30厚 烧面芝麻灰花岗岩
四面油性防护

400x200x20厚 烧面芝麻灰花岗岩
四面油性防护

10厚水泥砂浆保护层，压实赶光

300x100x20厚，黄木纹板岩
层叠铺

DN50PE给水管（详见水施）

150
70 80 70
200 150
100
10 10

Ⓖ 节点详图

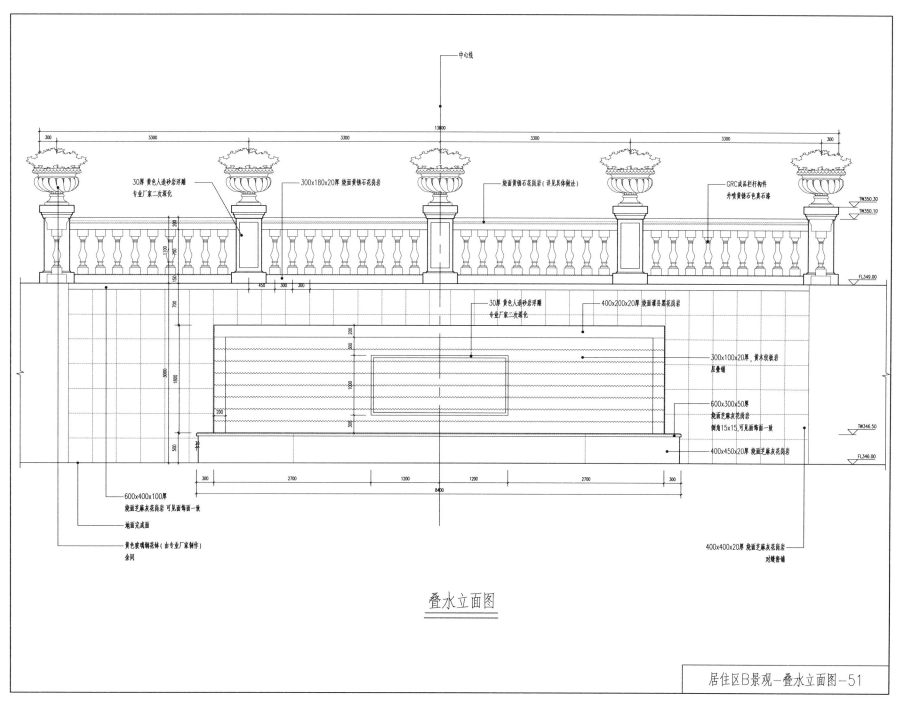

中心线

13800

300 | 3300 | 3300 | 3300 | 3300 | 300

30厚 黄色人造砂岩浮雕
专业厂家二次深化

300x180x20厚 烧面黄锈石花岗岩

烧面黄锈石花岗岩(详见具体做法)

GRC成品栏杆构件
外喷黄锈石色真石漆

TW350.30
TW350.10

200
1100 750
150

FL349.00

700

30厚 黄色人造砂岩浮雕
专业厂家二次深化

400x200x20厚 烧面灌县黑花岗岩

200
300

300x100x20厚 黄木纹板岩
层叠铺

3000
1800

600x300x50厚
烧面芝麻灰花岗岩
倒角15x15,可见面饰面一致

200

400x450x20厚 烧面芝麻灰花岗岩

500

TW346.50

FL346.00

300 | 2700 | 1200 | 1200 | 2700 | 300

8400

600x400x100厚
烧面芝麻灰花岗岩 可见面饰面一致

地面完成面

黄色玻璃钢花钵(由专业厂家制作)
余同

400x400x20厚 烧面芝麻灰花岗岩
对缝密铺

叠水立面图

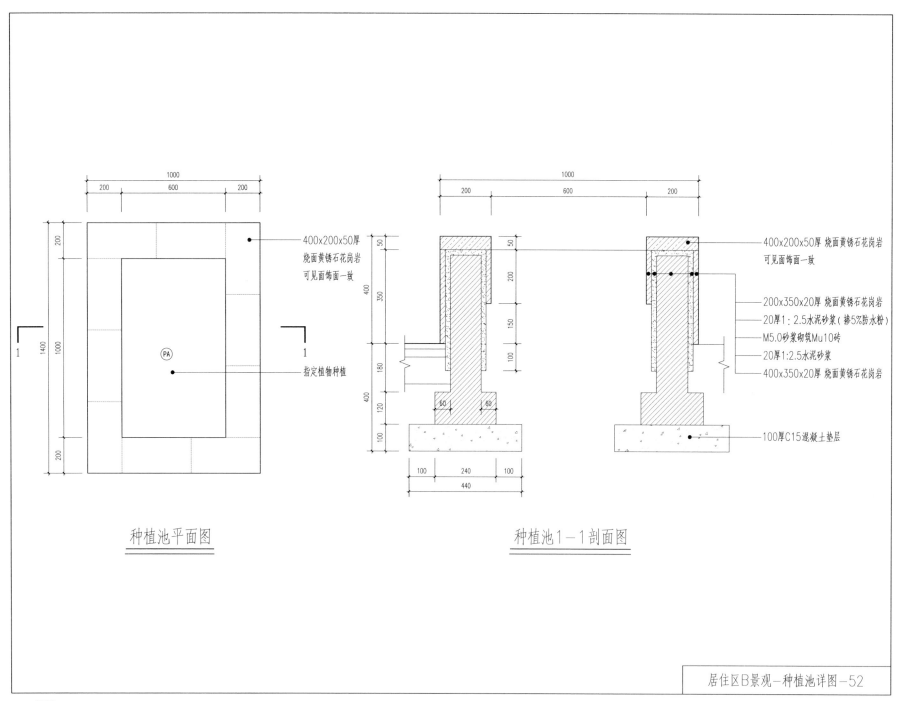

种植池平面图

种植池1—1剖面图

400x200x50厚
烧面黄锈石花岗岩
可见面饰面一致

指定植物种植

400x200x50厚 烧面黄锈石花岗岩
可见面饰面一致

200x350x20厚 烧面黄锈石花岗岩
20厚1：2.5水泥砂浆（掺5%防水粉）
M5.0砂浆砌筑Mu10砖
20厚1：2.5水泥砂浆
400x350x20厚 烧面黄锈石花岗岩

100厚C15混凝土垫层

居住区B景观—种植池详图—52

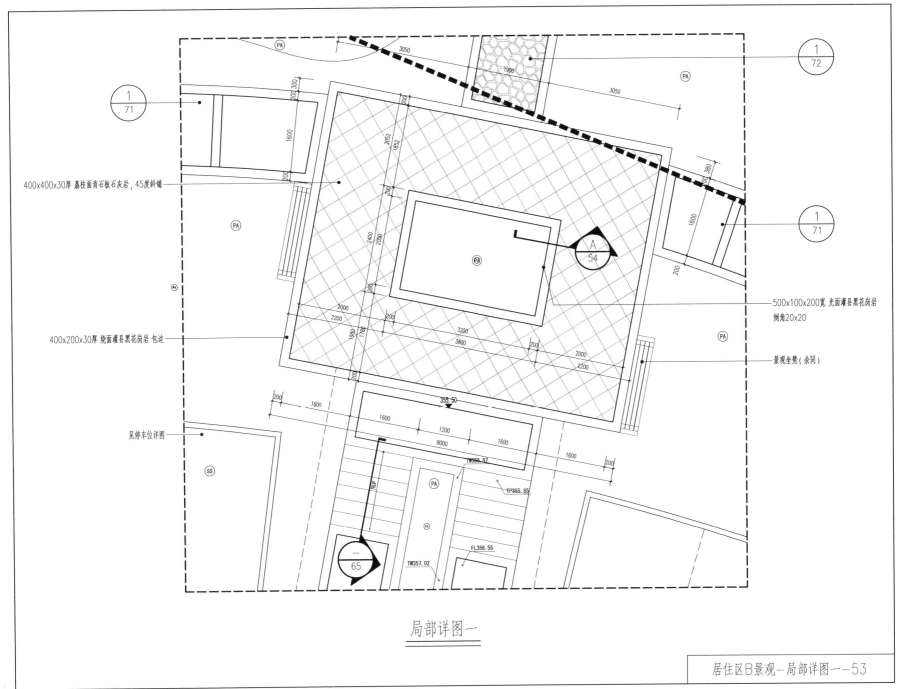

400x400x30厚 荔枝面青石板石灰岩，45度斜铺

400x200x30厚 烧面灌县黑花岗岩 包边

见停车位详图

500x100x200宽 光面灌县黑花岗岩
倒角20x20

景观坐凳(余同)

局部详图一

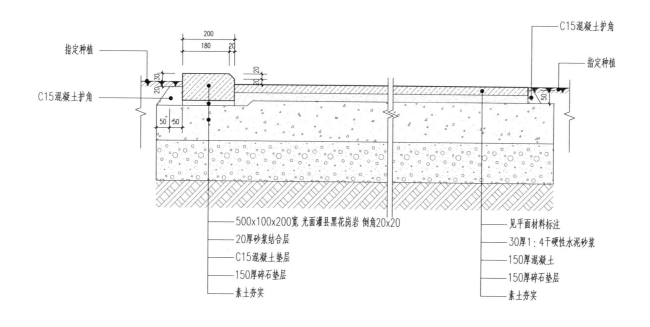

指定种植

C15混凝土护角

C15混凝土护角

指定种植

200
180   20

500x100x200宽 光面灌县黑花岗岩 倒角20x20
20厚砂浆结合层
C15混凝土垫层
150厚碎石垫层
素土夯实

见平面材料标注
30厚1:4干硬性水泥砂浆
150厚混凝土
150厚碎石垫层
素土夯实

剖面详图

A

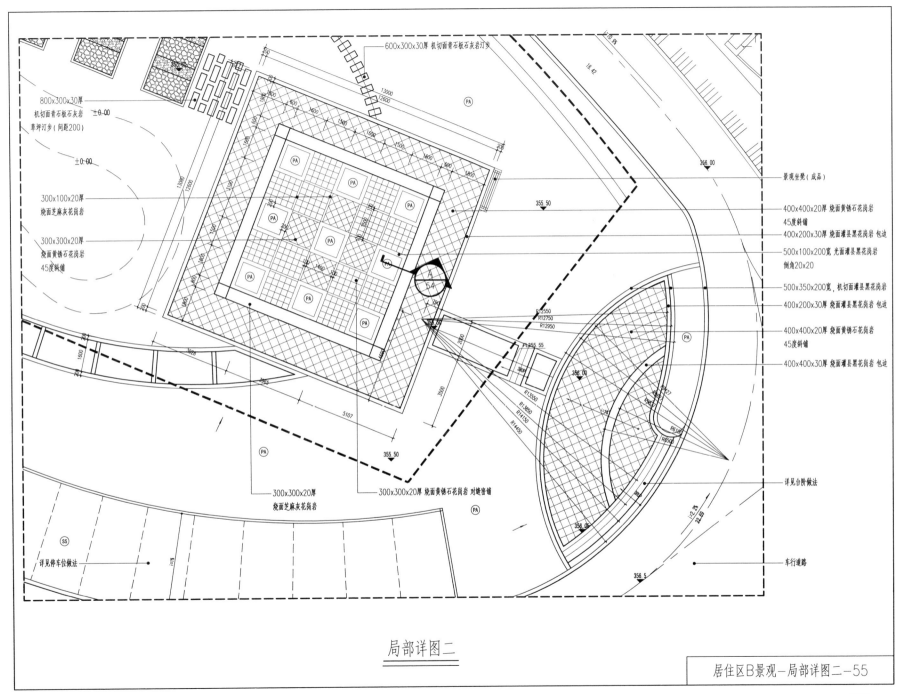

600x300x30厚 机切面青石板石灰岩汀步

800x300x30厚
机切面青石板石灰岩
草坪汀步(间距200)

±0.00

300x100x20厚
烧面芝麻灰花岗岩

300x300x20厚
烧面黄锈石花岗岩
45度斜铺

景观坐凳(成品)

400x400x20厚 烧面黄锈石花岗岩
45度斜铺

400x200x30厚 烧面灌县黑花岗岩 包边

500x100x200宽 光面灌县黑花岗岩
倒角20x20

500x350x200宽,机切面灌县黑花岗岩

400x200x30厚 烧面灌县黑花岗岩 包边

400x400x20厚 烧面黄锈石花岗岩
45度斜铺

400x400x30厚 烧面灌县黑花岗岩 包边

300x300x20厚
烧面芝麻灰花岗岩

300x300x20厚 烧面黄锈石花岗岩 对缝密铺

详见台阶做法

详见停车位做法

车行道路

局部详图二

居住区B景观—局部详图二—55

— 259 —

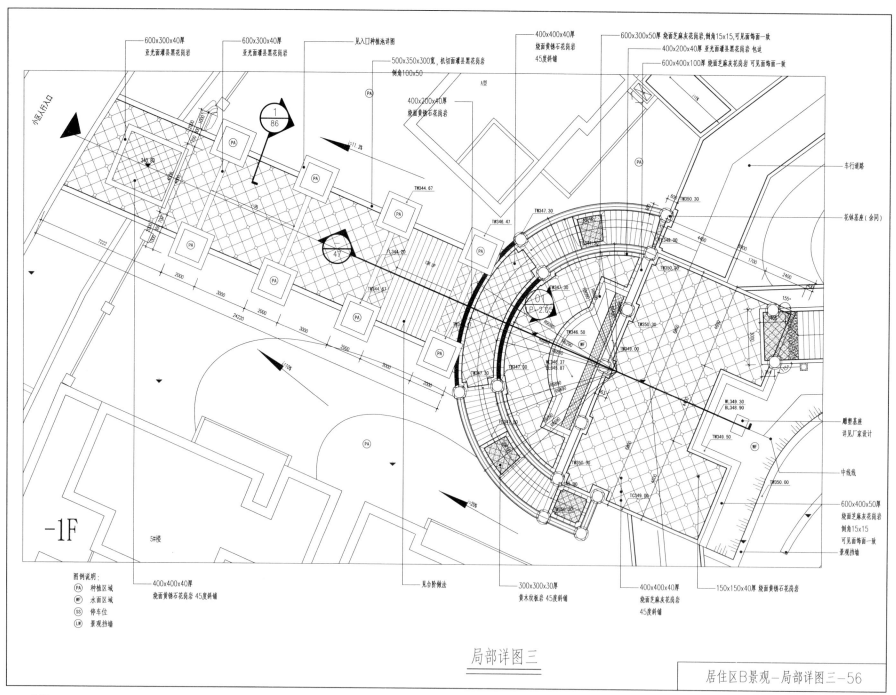

600x300x40厚
亚光面灌县黑花岗岩

600x300x40厚
亚光面灌县黑花岗岩

见入口种植池详图

500x350x300宽，机切面灌县黑花岗岩
倒角100x50

400x400x40厚
烧面黄锈石花岗岩
45度斜铺

600x300x50厚 烧面芝麻灰花岗岩,倒角15x15,可见面饰面一致

400x200x40厚 亚光面灌县黑花岗岩 包边

600x400x100厚 烧面芝麻灰花岗岩 可见面饰面一致

400x200x40厚
烧面黄锈石花岗岩

A型

-1F

车行道路

花钵基座(余同)

雕塑基座
详见厂家设计

中线线

600x400x50厚
烧面芝麻灰花岗岩
倒角15x15
可见面饰面一致

景观挡墙

5#楼

图例说明：
PA 种植区域
WF 水面区域
SS 停车位
LW 景观挡墙

400x400x40厚
烧面黄锈石花岗岩 45度斜铺

见台阶做法

300x300x30厚
黄木纹板岩 45度斜铺

400x400x40厚
烧面芝麻灰花岗岩
45度斜铺

150x150x40厚 烧面黄锈石花岗岩

局部详图三

居住区B景观-局部详图三-56

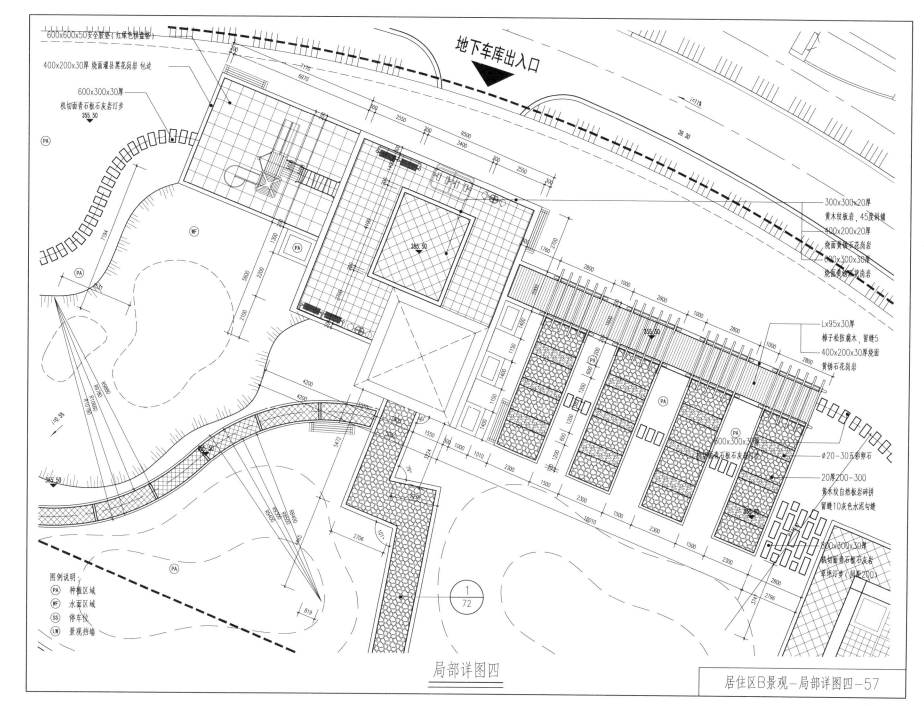

600x600x50安全胶垫(红绿色棋盘格)

400x200x30厚 烧面灌县黑花岗岩 包边

600x300x30厚
机切面青石板石灰岩汀步
355.50

地下车库出入口

300x300x20厚
黄木纹板岩,45度斜铺
400x200x20厚
烧面黄锈石花岗岩
600x300x30厚
烧面黄锈石花岗岩

Lx95x30厚
樟子松防腐木,留缝5
400x200x30厚烧面
黄锈石花岗岩

Φ20-30五彩卵石

20厚200-300
黄木纹自然板岩碎拼
留缝10灰色水泥勾缝

600x300x30厚
机切面青石板石灰岩
草坪汀步(间距200)

图例说明:
PA 种植区域
WF 水面区域
SS 停车位
LW 景观挡墙

局部详图四

居住区B景观-局部详图四-57

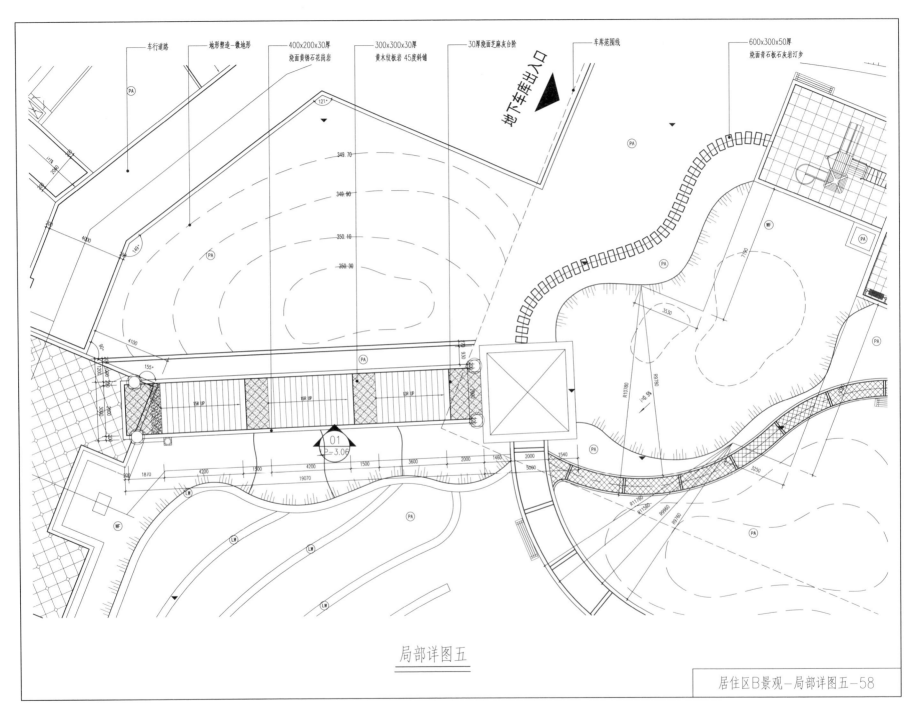

车行道路　　地形塑造－微地形　　400x200x30厚　　　300x300x30厚　　　30厚烧面芝麻灰台阶　　车库范围线　　　600x300x50厚
　　　　　　　　　　　　　　烧面黄锈石花岗岩　　黄木纹板岩 45度斜铺　　　　　　　　　　　　　　　　　　　　　烧面青石板石灰岩汀步

地下车库出入口

349.70

349.90

350.10

350.30

局部详图五

居住区B景观－局部详图五－58

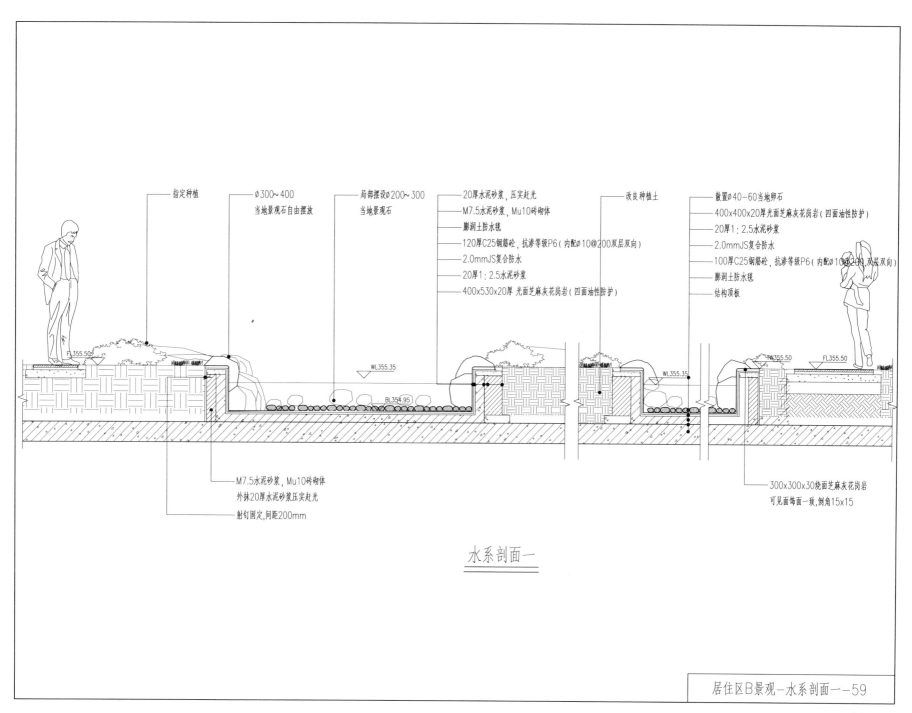

指定种植

Ø300~400
当地景观石自由摆放

局部摆设Ø200~300
当地景观石

20厚水泥砂浆，压实起光

M7.5水泥砂浆，Mu10砖砌体

膨润土防水毯

120厚C25钢筋砼，抗渗等级P6（内配Ø10@200双层双向）

2.0mmJS复合防水

20厚1：2.5水泥砂浆

400x530x20厚 光面芝麻灰花岗岩（四面油性防护）

改良种植土

散置Ø40-60当地卵石

400x400x20厚光面芝麻灰花岗岩（四面油性防护）

20厚1：2.5水泥砂浆

2.0mmJS复合防水

100厚C25钢筋砼，抗渗等级P6（内配Ø10@200双层双向）

膨润土防水毯

结构顶板

FL355.50

WL355.35

BL354.95

WL355.35

TW355.50

FL355.50

M7.5水泥砂浆，Mu10砖砌体
外抹20厚水泥砂浆压实起光

射钉固定,间距200mm

300x300x30烧面芝麻灰花岗岩
可见面饰面一致，倒角15x15

水系剖面一

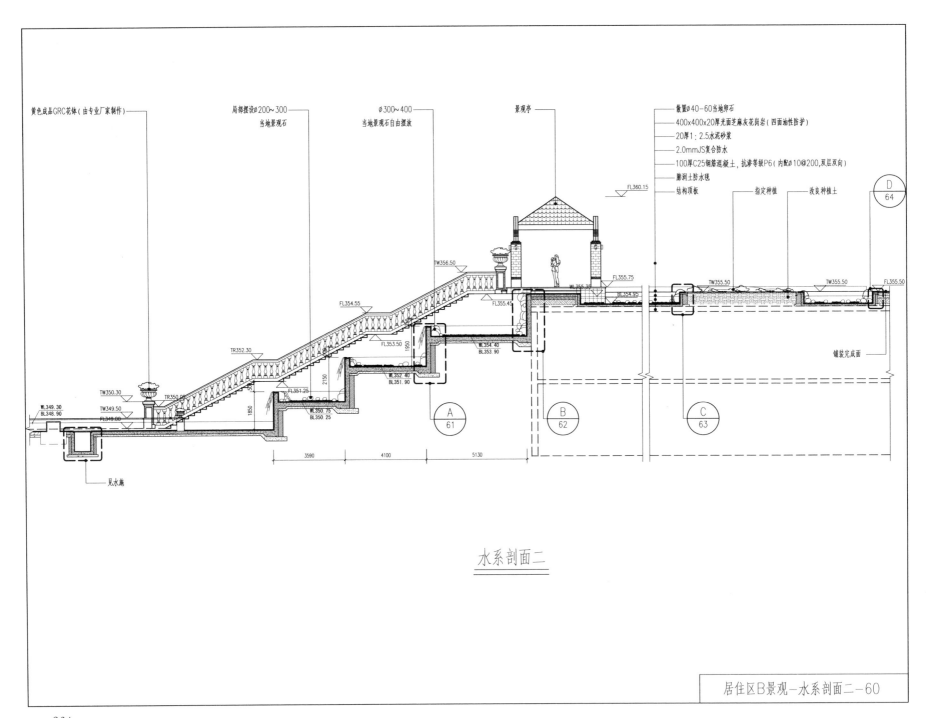

黄色成品GRC花钵(由专业厂家制作)

局部摆设∅200~300
当地景观石

∅300~400
当地景观石自由摆放

景观亭

散置∅40-60当地卵石
400x400x20厚光面芝麻灰花岗岩(四面油性防护)
20厚1:2.5水泥砂浆
2.0mmJS复合防水
100厚C25钢筋混凝土,抗渗等级P6(内配∅10@200,双层双向)
膨润土防水毯
结构顶板

指定种植

改良种植土

$\frac{D}{64}$

FL360.15

TW356.50

FL355.75

WL355.35

BL354.95

TW355.50

TW355.50

FL355.50

FL354.55

FL355.45

铺装完成面

TR352.30

FL353.50

1950

WL354.40
BL353.90

$\frac{A}{61}$

$\frac{B}{62}$

$\frac{C}{63}$

2150

FL352.40
BL351.90

TW350.30

TR350.00

1850

FL351.25

WL350.75
BL350.25

WL349.30
BL348.90

TW349.50

FL349.00

见水施

3590

4100

5130

水系剖面二

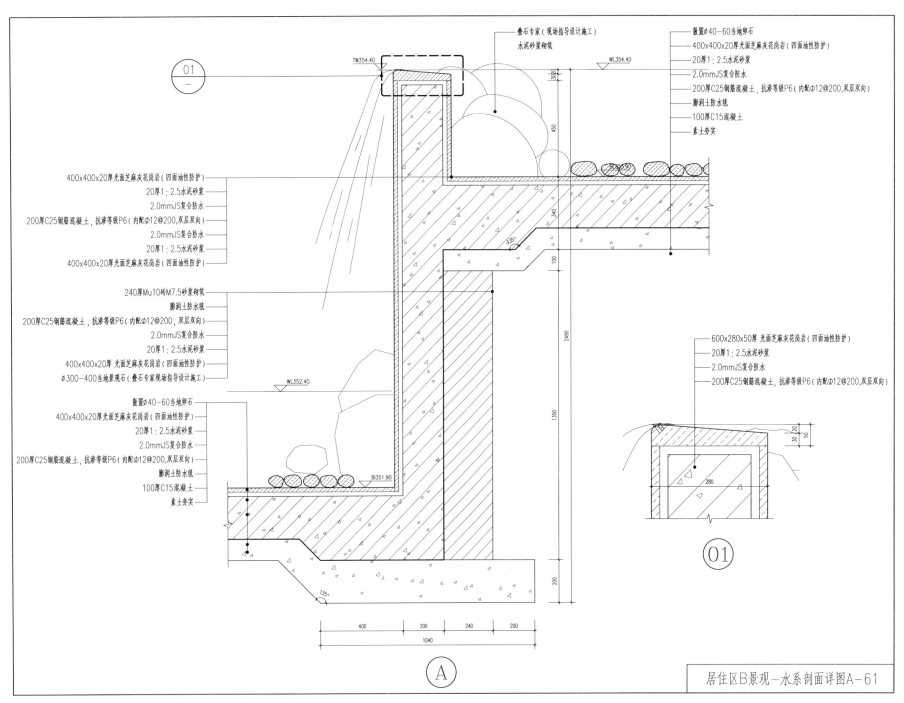

叠石专家(现场指导设计施工)
水泥砂浆砌筑

散置Ø40-60当地卵石
400x400x20厚光面芝麻灰花岗岩(四面油性防护)
20厚1:2.5水泥砂浆
2.0mmJS复合防水
200厚C25钢筋混凝土,抗渗等级P6(内配Φ12@200,双层双向)
膨润土防水毯
100厚C15混凝土
素土夯实

TW354.40

WL354.40

01
—

400x400x20厚光面芝麻灰花岗岩(四面油性防护)
20厚1:2.5水泥砂浆
2.0mmJS复合防水
200厚C25钢筋混凝土,抗渗等级P6(内配Φ12@200,双层双向)
2.0mmJS复合防水
20厚1:2.5水泥砂浆
400x400x20厚光面芝麻灰花岗岩(四面油性防护)

240厚Mu10砖M7.5砂浆砌筑
膨润土防水毯
200厚C25钢筋混凝土,抗渗等级P6(内配Φ12@200,双层双向)
2.0mmJS复合防水
20厚1:2.5水泥砂浆
400x400x20厚光面芝麻灰花岗岩(四面油性防护)
Ø300-400当地景观石(叠石专家现场指导设计施工)

600x280x50厚 光面芝麻灰花岗岩(四面油性防护)
20厚1:2.5水泥砂浆
2.0mmJS复合防水
200厚C25钢筋混凝土,抗渗等级P6(内配Φ12@200,双层双向)

WL352.40

散置Ø40-60当地卵石
400x400x20厚光面芝麻灰花岗岩(四面油性防护)
20厚1:2.5水泥砂浆
2.0mmJS复合防水
200厚C25钢筋混凝土,抗渗等级P6(内配Φ12@200,双层双向)
膨润土防水毯
100厚C15混凝土
素土夯实

BI351.90

280

01

400 200 240 200
1040

A

居住区B景观-水系剖面详图A-61

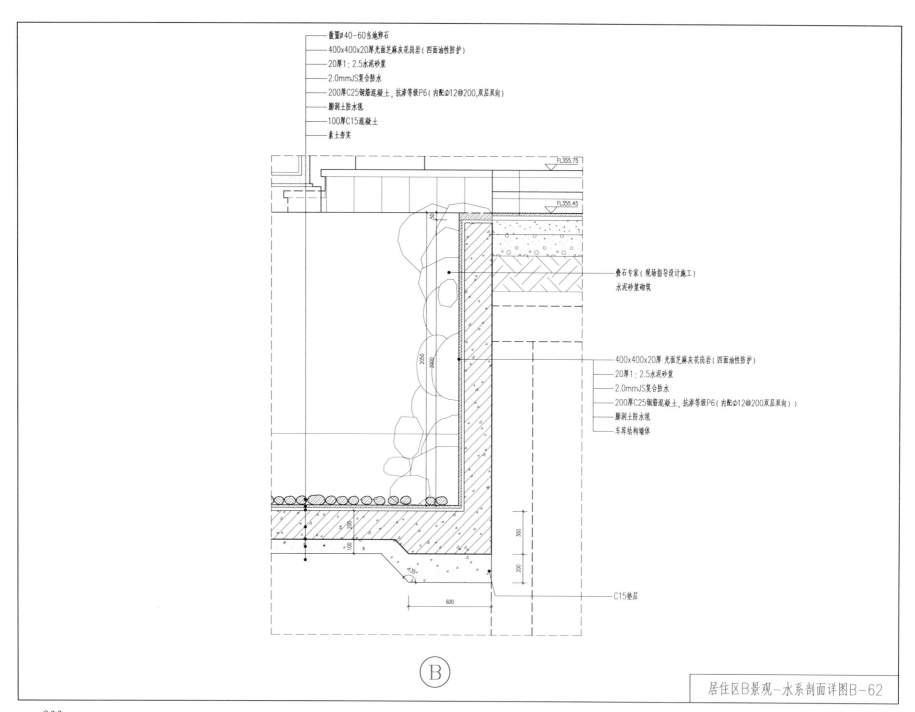

散置φ40-60当地卵石
400x400x20厚光面芝麻灰花岗岩（四面油性防护）
20厚1：2.5水泥砂浆
2.0mmJS复合防水
200厚C25钢筋混凝土，抗渗等级P6（内配Φ12@200,双层双向）
膨润土防水毯
100厚C15混凝土
素土夯实

FL355.75

FL355.45

叠石专家（现场指导设计施工）
水泥砂浆砌筑

400x400x20厚 光面芝麻灰花岗岩（四面油性防护）
20厚1：2.5水泥砂浆
2.0mmJS复合防水
200厚C25钢筋混凝土，抗渗等级P6（内配Φ12@200双层双向））
膨润土防水毯
车库结构墙体

C15垫层

Ⓑ

居住区B景观—水系剖面详图B-62

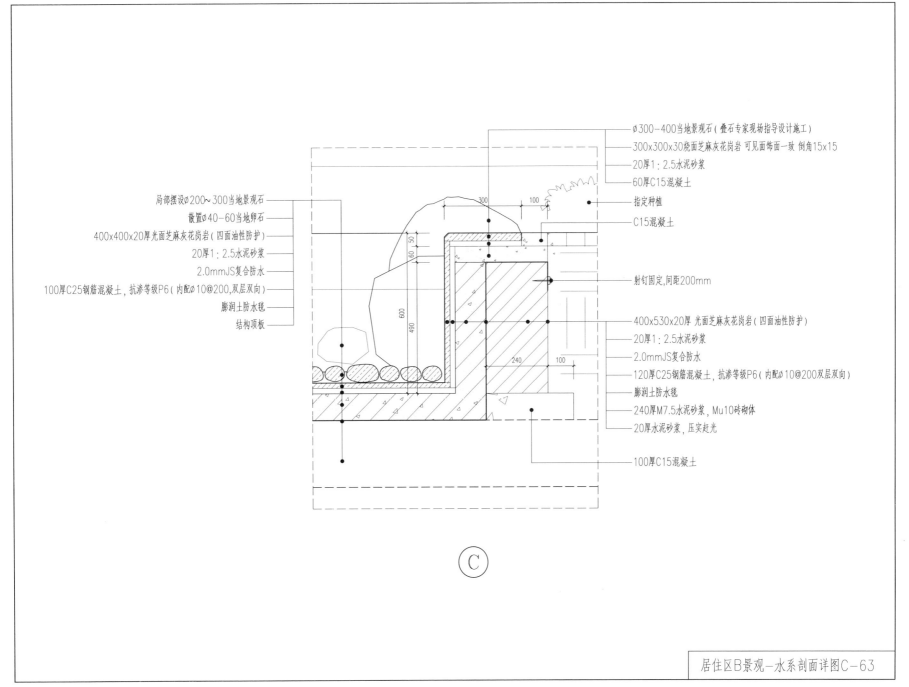

∅300-400当地景观石(叠石专家现场指导设计施工)

300x300x30烧面芝麻灰花岗岩 可见面饰面一致 倒角15x15

20厚1:2.5水泥砂浆

60厚C15混凝土

指定种植

C15混凝土

局部摆设∅200~300当地景观石

散置∅40-60当地卵石

400x400x20厚光面芝麻灰花岗岩(四面油性防护)

20厚1:2.5水泥砂浆

2.0mmJS复合防水

100厚C25钢筋混凝土,抗渗等级P6(内配∅10@200,双层双向)

膨润土防水毯

结构顶板

射钉固定,间距200mm

400x530x20厚 光面芝麻灰花岗岩(四面油性防护)

20厚1:2.5水泥砂浆

2.0mmJS复合防水

120厚C25钢筋混凝土,抗渗等级P6(内配∅10@200双层双向)

膨润土防水毯

240厚M7.5水泥砂浆,Mu10砖砌体

20厚水泥砂浆,压实赶光

100厚C15混凝土

300

100

50

60

600

490

240

100

Ⓒ

居住区B景观-水系剖面详图C-63

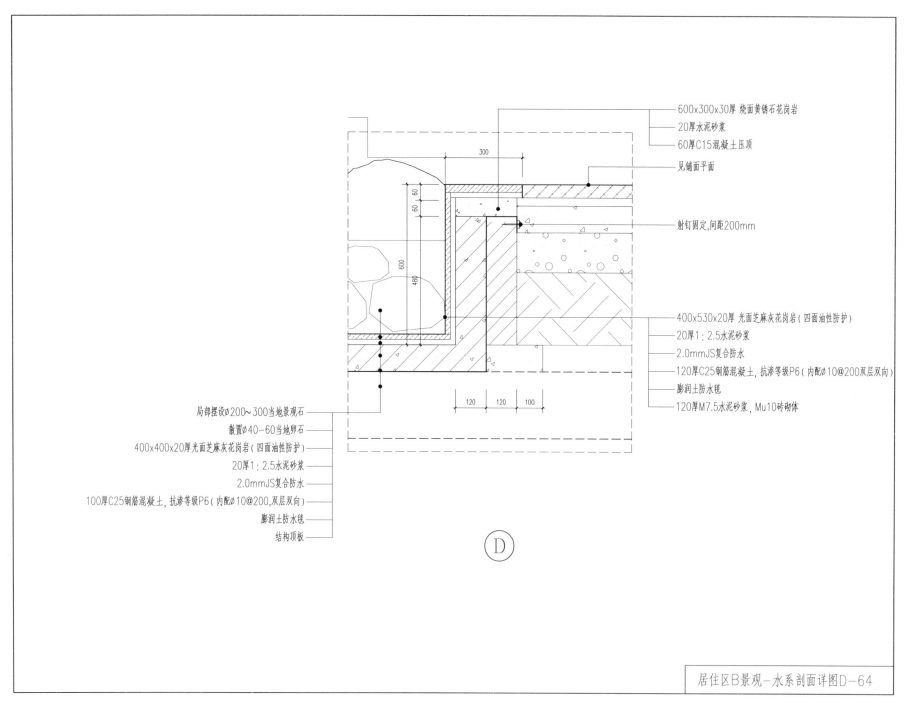

600x300x30厚 烧面黄锈石花岗岩

20厚水泥砂浆

60厚C15混凝土压顶

见铺面平面

射钉固定,间距200mm

400x530x20厚 光面芝麻灰花岗岩(四面油性防护)

20厚1:2.5水泥砂浆

2.0mmJS复合防水

120厚C25钢筋混凝土,抗渗等级P6(内配ϕ10@200双层双向)

膨润土防水毯

120厚M7.5水泥砂浆,Mu10砖砌体

局部摆设ϕ200~300当地景观石

散置ϕ40-60当地卵石

400x400x20厚光面芝麻灰花岗岩(四面油性防护)

20厚1:2.5水泥砂浆

2.0mmJS复合防水

100厚C25钢筋混凝土,抗渗等级P6(内配ϕ10@200,双层双向)

膨润土防水毯

结构顶板

D

居住区B景观-水系剖面详图D-64

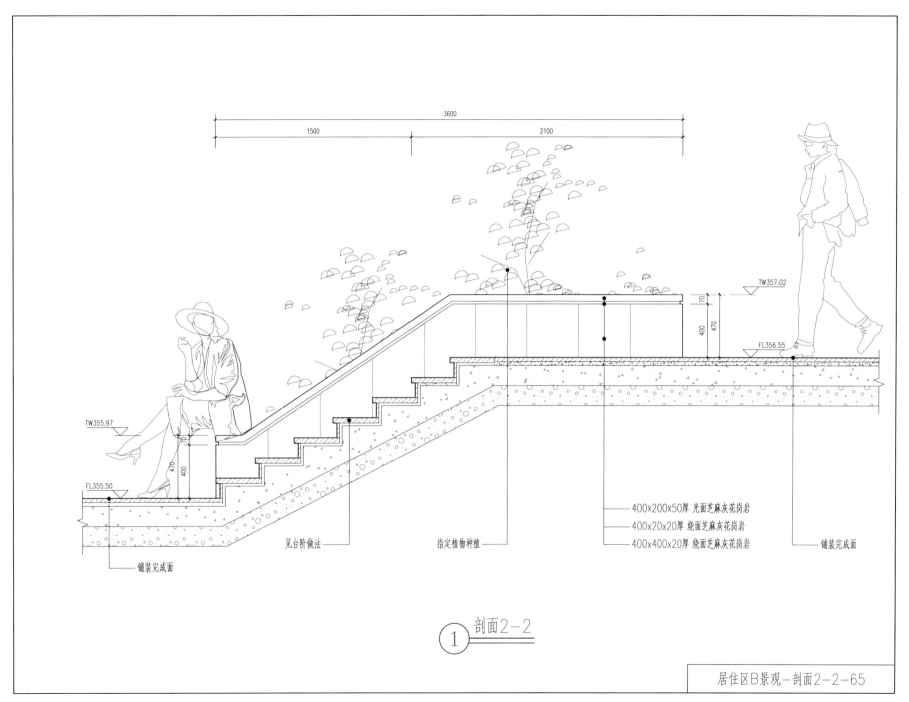

3600

1500　　　2100

TW357.02

70

400
470

FL356.55

TW355.97

70

470
400

FL355.50

400x200x50厚 光面芝麻灰花岗岩

400x20x20厚 烧面芝麻灰花岗岩

指定植物种植

400x400x20厚 烧面芝麻灰花岗岩

见台阶做法

铺装完成面

铺装完成面

① 剖面2-2

居住区B景观-剖面2-2-65

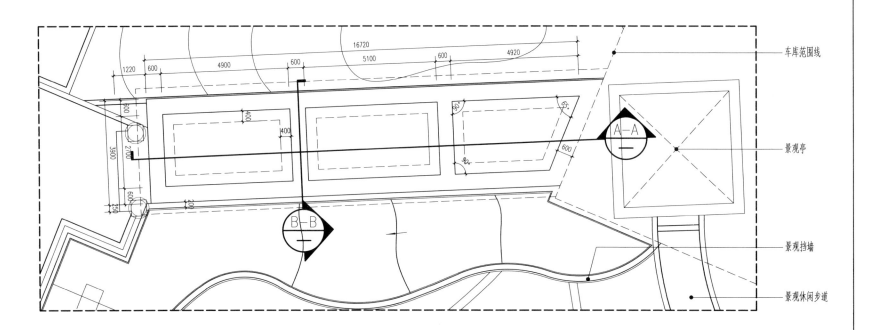

車庫范围线

景观亭

景观挡墙

景观休闲步道

A—A

B—B

16720
1220 600 4900 600 5100 600 4920
600
3900 2700
400
400
250 600
600
65°
90°
90°

台阶墙体平面布置图

说明：

1、墙体基础置于原土层，地基承载力标准值大于150kPa，地基承载力不足时，应进行相应的地基处理。

2、墙体垫层混凝土强度等级C15，浇捣前应将基底表面松散部分清除干净并夯实原土地基。

3、毛石强度等级不得低于Mu40，M10水泥砂浆砌筑，按挤浆法施工，保证砂浆饱满，采用M10砂浆勾缝。

4、由于现场场地地形复杂，图中反应可能与现场实际情况有出入，施工按现场实际情况作相应调整。

5、因场地地形复杂，基底土层变化大，施工中应因地制宜，按照现在实际情况进行处理。

6、预应力空心板安装及注意事项，见05SG4080SP预应力空心板图集。

7、未尽事宜，请严格按国家现行施工及验收规范施工，确保工程质量。

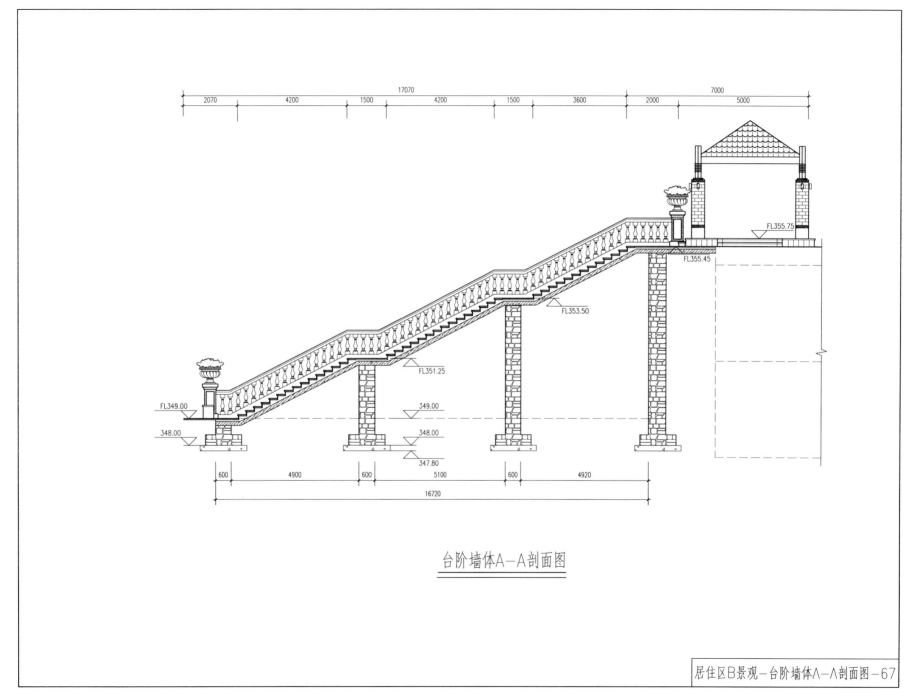

台阶墙体A—A剖面图

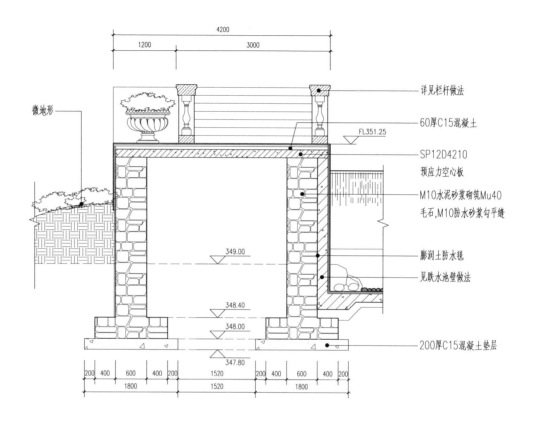

微地形

4200
1200   3000

详见栏杆做法

60厚C15混凝土

FL351.25

SP12D4210
预应力空心板

M10水泥砂浆砌筑Mu40
毛石,M10防水砂浆勾平缝

膨润土防水毯

见跌水池壁做法

349.00

348.40

348.00

347.80

200厚C15混凝土垫层

200 400 600 400 200   1520   200 400 600 400 200
1800   1520   1800

台阶墙体B—B剖面图

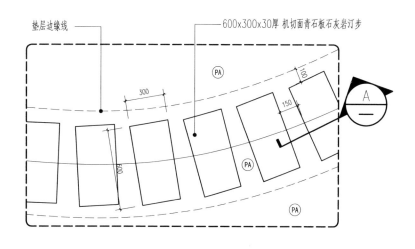

垫层边缘线
600x300x30厚 机切面青石板石灰岩汀步
300
150
100
600
PA
PA
PA
A

① 草坪汀步平面大样

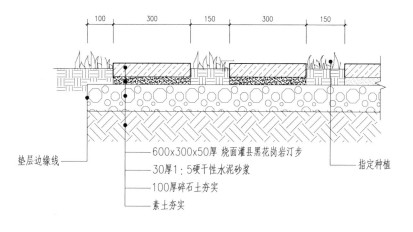

100   300   150   300   150

垫层边缘线
600x300x50厚 烧面灌县黑花岗岩汀步
30厚1：5硬干性水泥砂浆
100厚碎石土夯实
素土夯实
指定种植

Ⓐ 草坪汀步做法

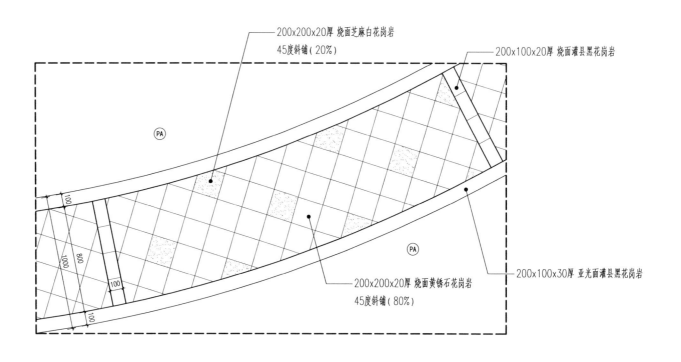

200x200x20厚 烧面芝麻白花岗岩
45度斜铺 (20%)

200x100x20厚 烧面灌县黑花岗岩

200x100x30厚 亚光面灌县黑花岗岩

200x200x20厚 烧面黄锈石花岗岩
45度斜铺 (80%)

PA

PA

100

1000

800

100

100

① 铺装大样二

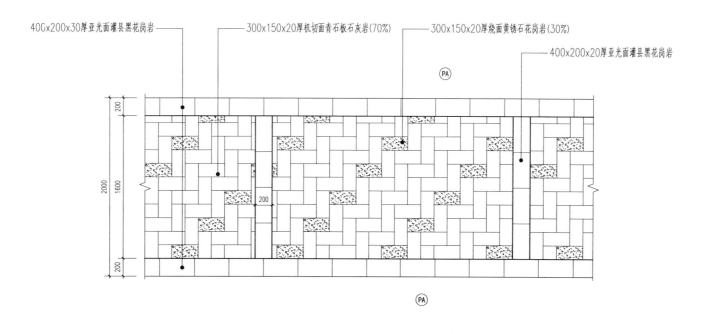

400x200x30厚亚光面灌县黑花岗岩

300x150x20厚机切面青石板石灰岩(70%)

300x150x20厚烧面黄锈石花岗岩(30%)

400x200x20厚亚光面灌县黑花岗岩

(PA)

200

2000

1600

200

200

(PA)

①铺装大样三

居住区B景观－铺装大样三－71

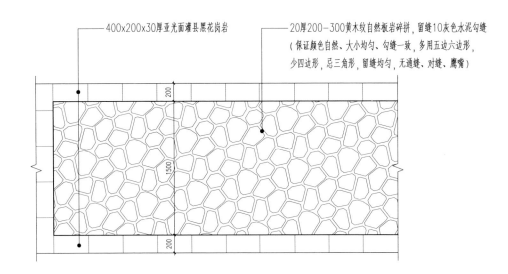

400x200x30厚亚光面灌县黑花岗岩

20厚200-300黄木纹自然板岩碎拼, 留缝10灰色水泥勾缝
(保证颜色自然、大小均匀、勾缝一致, 多用五边六边形,
少四边形, 忌三角形, 留缝均匀, 无通缝、对缝、鹰嘴)

200

1500

200

① 铺装大样四

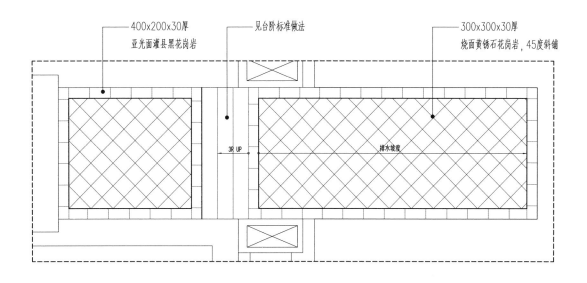

400x200x30厚
亚光面灌县黑花岗岩

见台阶标准做法

300x300x30厚
烧面黄锈石花岗岩，45度斜铺

3R UP

排水坡度

入户铺装大样

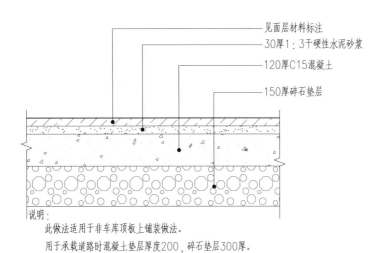

见面层材料标注

30厚1：3干硬性水泥砂浆

120厚C15混凝土

150厚碎石垫层

说明：
此做法适用于非车库顶板上铺装做法。
用于承载道路时混凝土垫层厚度200，碎石垫层300厚。

花岗岩（青石板）铺装做法

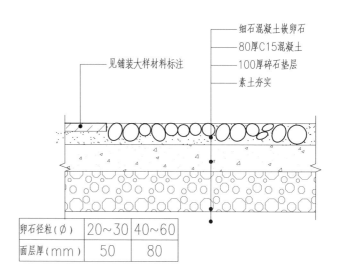

细石混凝土嵌卵石

80厚C15混凝土

100厚碎石垫层

素土夯实

见铺装大样材料标注

卵石径粒（∅)	20~30	40~60
面层厚（mm）	50	80

卵石铺装做法

居住区B景观－铺装做法1－74

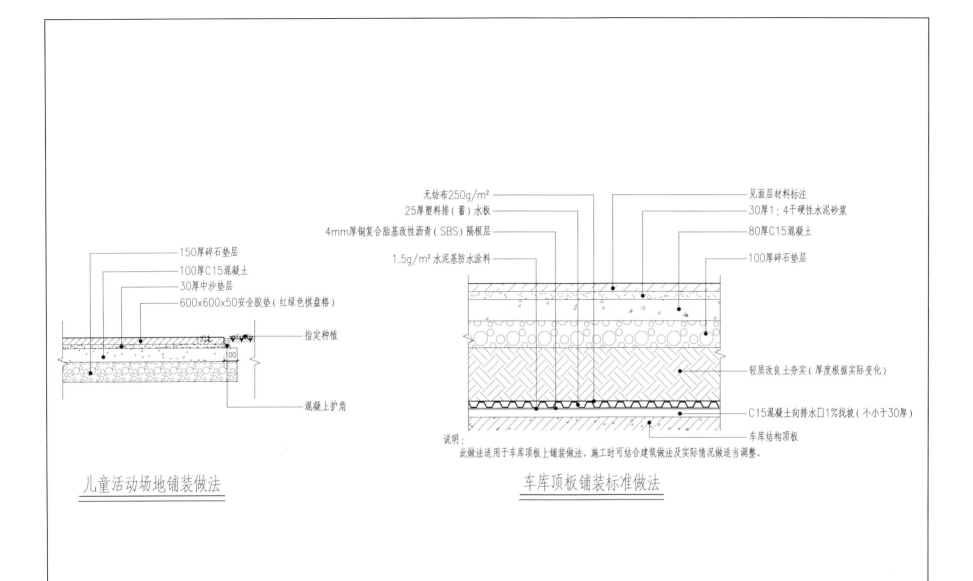

150厚碎石垫层
100厚C15混凝土
30厚中沙垫层
600x600x50安全胶垫（红绿色棋盘格）

指定种植

混凝土护角

儿童活动场地铺装做法

无纺布250g/m²
25厚塑料排（蓄）水板
4mm厚铜复合胎基改性沥青（SBS）隔根层
1.5g/m²水泥基防水涂料

见面层材料标注
30厚1：4干硬性水泥砂浆
80厚C15混凝土
100厚碎石垫层

轻质改良土夯实（厚度根据实际变化）

C15混凝土向排水口1%找坡（不小于30厚）
车库结构顶板

说明：
此做法适用于车库顶板上铺装做法。施工时可结合建筑做法及实际情况做适当调整。

车库顶板铺装标准做法

居住区B景观-铺装做法2-75

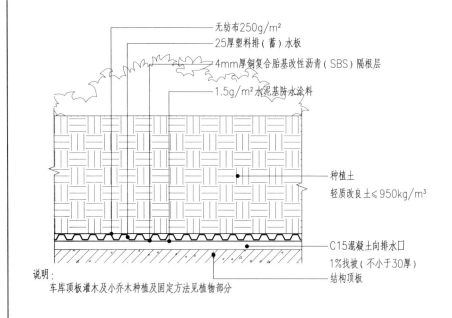

无纺布250g/m²
25厚塑料排（蓄）水板
4mm厚铜复合胎基改性沥青（SBS）隔根层
1.5g/m²水泥基防水涂料

种植土
轻质改良土≤950kg/m³

C15混凝土向排水口
1%找坡（不小于30厚）
结构顶板

说明：
车库顶板灌木及小乔木种植及固定方法见植物部分

花岗岩（青石板）铺装做法

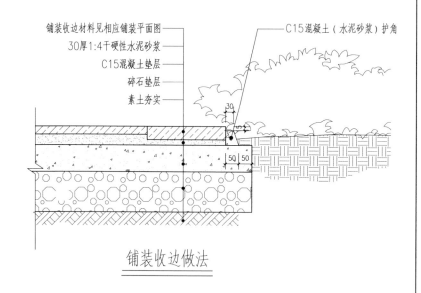

铺装收边材料见相应铺装平面图
30厚1:4干硬性水泥砂浆
C15混凝土垫层
碎石垫层
素土夯实

C15混凝土（水泥砂浆）护角

30
50 50

铺装收边做法

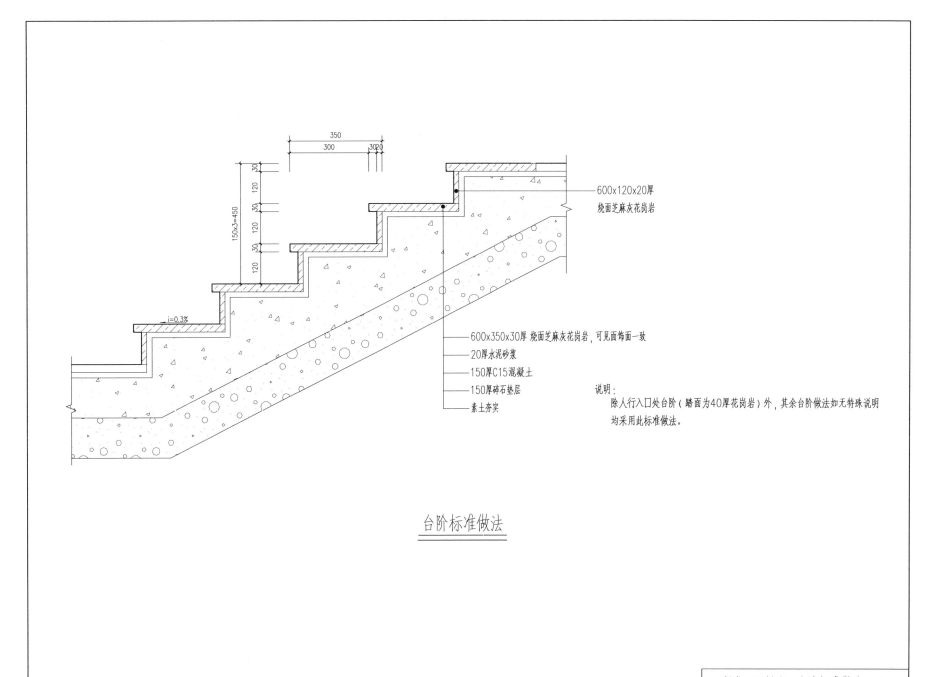

350
300
30 20
30
120
30
150×3=450
120
30
120
120
i=0.3%

600×120×20厚
烧面芝麻灰花岗岩

600×350×30厚 烧面芝麻灰花岗岩，可见面饰面一致
20厚水泥砂浆
150厚C15混凝土
150厚碎石垫层
素土夯实

说明：
　　除人行入口处台阶（踏面为40厚花岗岩）外，其余台阶做法如无特殊说明均采用此标准做法。

台阶标准做法

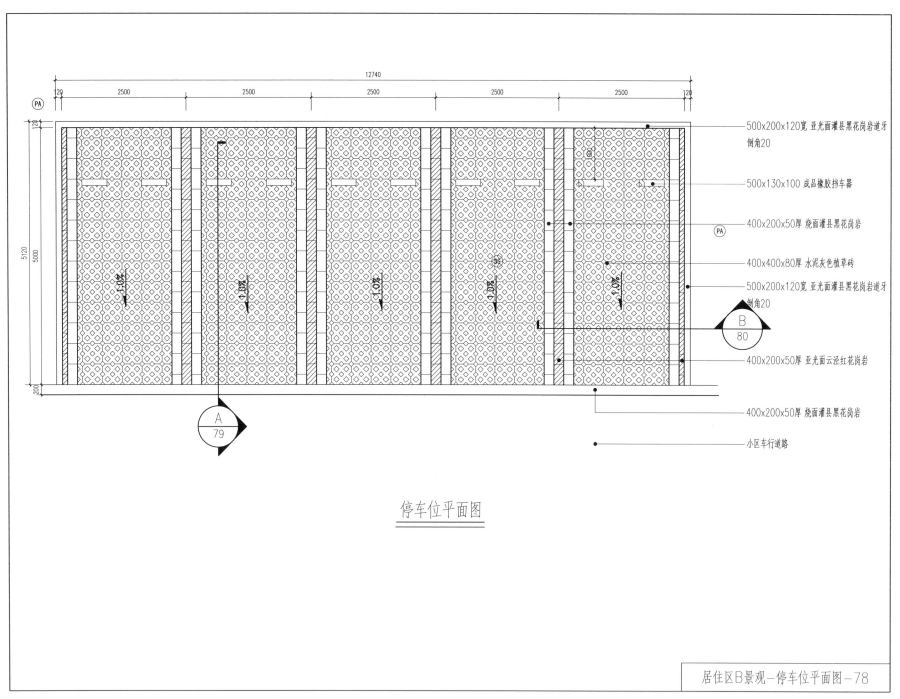

500x200x120宽 亚光面灌县黑花岗岩道牙
倒角20

500x130x100 成品橡胶挡车器

400x200x50厚 烧面灌县黑花岗岩

400x400x80厚 水泥灰色植草砖

500x200x120宽 亚光面灌县黑花岗岩道牙
倒角20

400x200x50厚 亚光面云泾红花岗岩

400x200x50厚 烧面灌县黑花岗岩

小区车行道路

停车位平面图

居住区B景观-停车位平面图-78

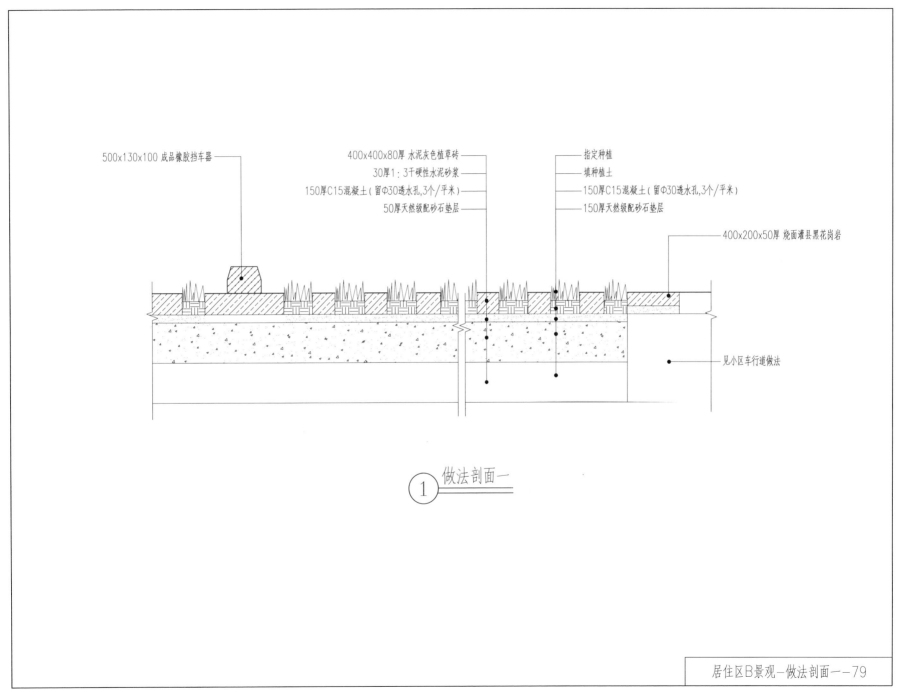

500x130x100 成品橡胶挡车器

400x400x80厚 水泥灰色植草砖
30厚1:3干硬性水泥砂浆
150厚C15混凝土(留Φ30透水孔,3个/平米)
50厚天然级配砂石垫层

指定种植
填种植土
150厚C15混凝土(留Φ30透水孔,3个/平米)
150厚天然级配砂石垫层

400x200x50厚 烧面灌县黑花岗岩

见小区车行道做法

① 做法剖面一

居住区B景观－做法剖面一－79

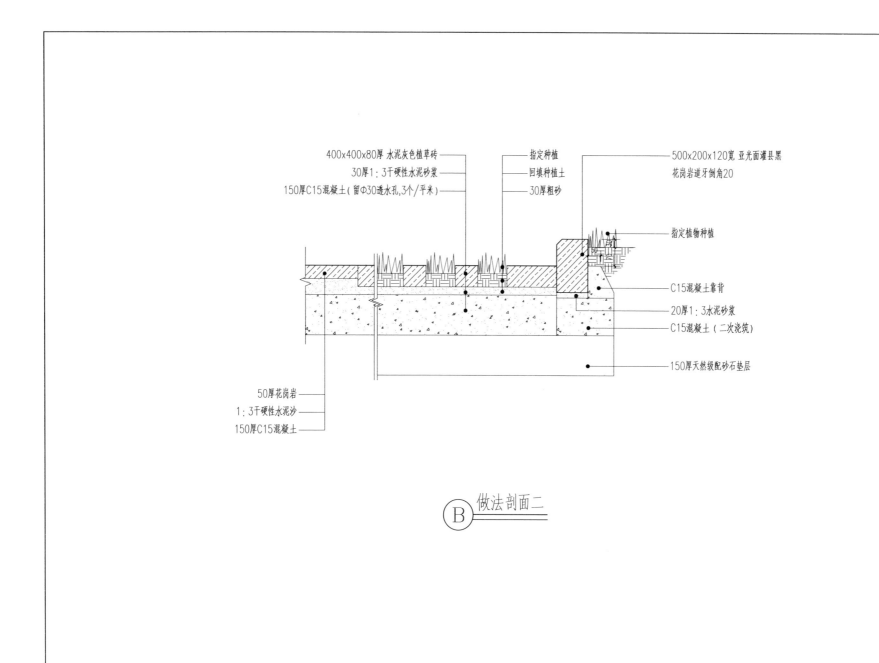

400x400x80厚 水泥灰色植草砖
30厚1：3干硬性水泥砂浆
150厚C15混凝土(留Φ30透水孔,3个/平米)

指定种植
回填种植土
30厚粗砂

500x200x120宽 亚光面灌县黑
花岗岩道牙倒角20

指定植物种植

C15混凝土靠背

20厚1：3水泥砂浆

C15混凝土（二次浇筑）

150厚天然级配砂石垫层

50厚花岗岩
1：3干硬性水泥沙
150厚C15混凝土

Ⓑ 做法剖面二

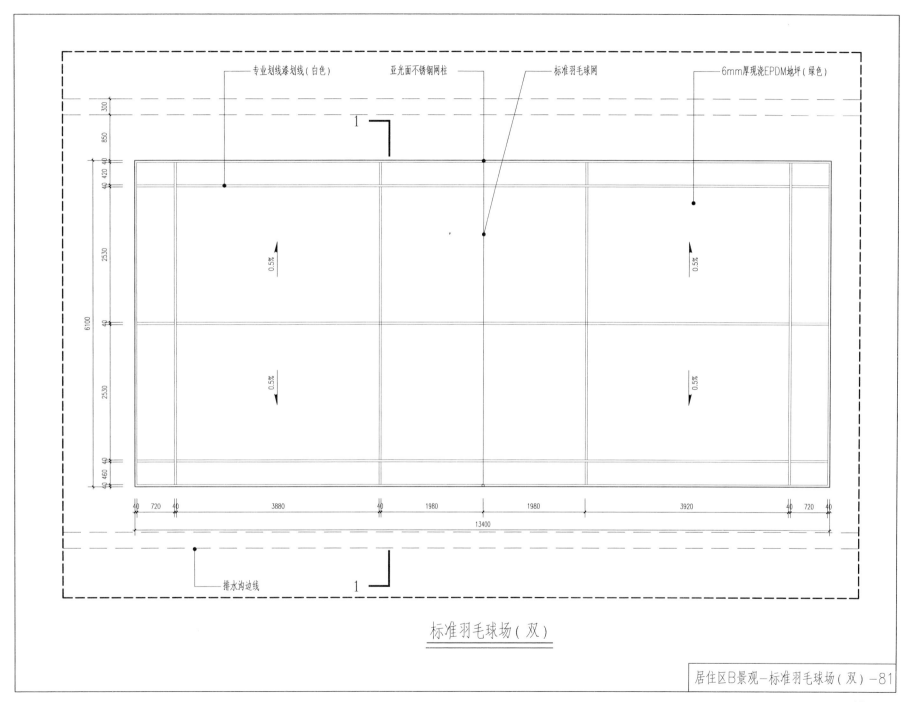

专业划线漆划线(白色) 亚光面不锈钢网柱 标准羽毛球网 6mm厚现浇EPDM地坪(绿色)

0.5% 0.5%

0.5% 0.5%

排水沟边线

标准羽毛球场(双)

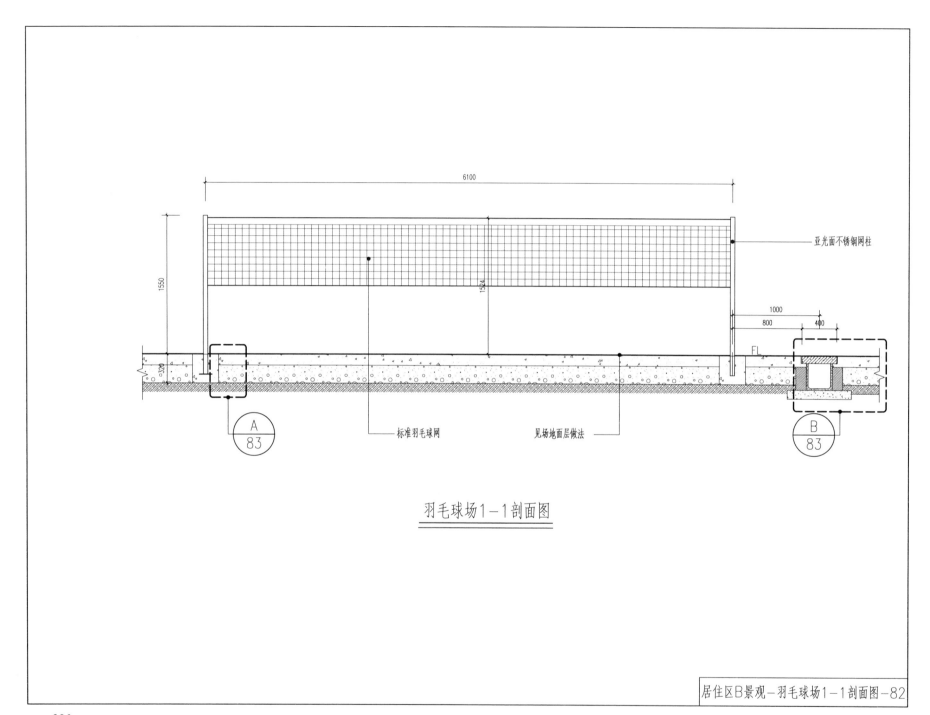

6100

1550

1524

320

1000

800

400

亚光面不锈钢网柱

FL

A
83

B
83

标准羽毛球网

见场地面层做法

羽毛球场1-1剖面图

居住区B景观-羽毛球场1-1剖面图-82

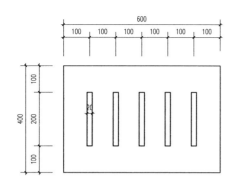

说明：
1、排水沟接入小区排水系统，沟内沿排水方向做0.5%的纵向找坡，沟内最浅处不得低于150mm。
2、排水沟盖板分有孔和无孔两种（600x400x80），有孔盖板之间间距1800m。

盖板详图

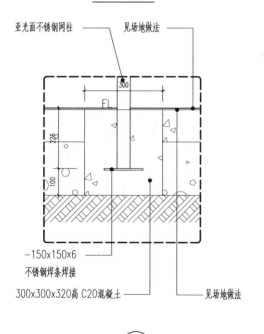

亚光面不锈钢网柱
见场地做法
300
FL
226
100
-150x150x6
不锈钢焊条焊接
300x300x320高 C20混凝土
见场地做法

Ⓐ

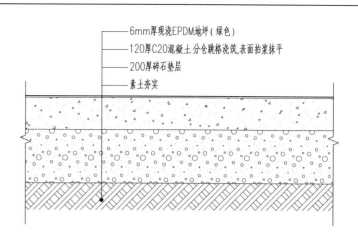

6mm厚现浇EPDM地坪（绿色）
120厚C20混凝土分仓跳格浇筑,表面拍浆抹平
200厚碎石垫层
素土夯实

羽毛球场做法

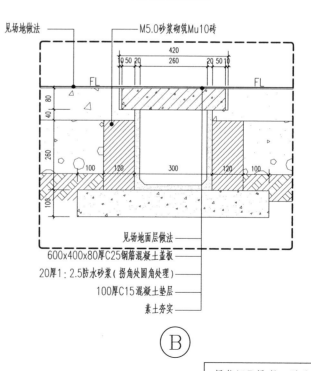

见场地做法
M5.0砂浆砌筑Mu10砖
420
10 50 20   260   20 50 10
FL   FL
80
40
260
100 120   300   120 100
108
见场地面层做法
600x400x80厚C25钢筋混凝土盖板
20厚1:2.5防水砂浆（拐角处圆角处理）
100厚C15混凝土垫层
素土夯实

Ⓑ

居住区B景观－羽毛球场节点详图-83

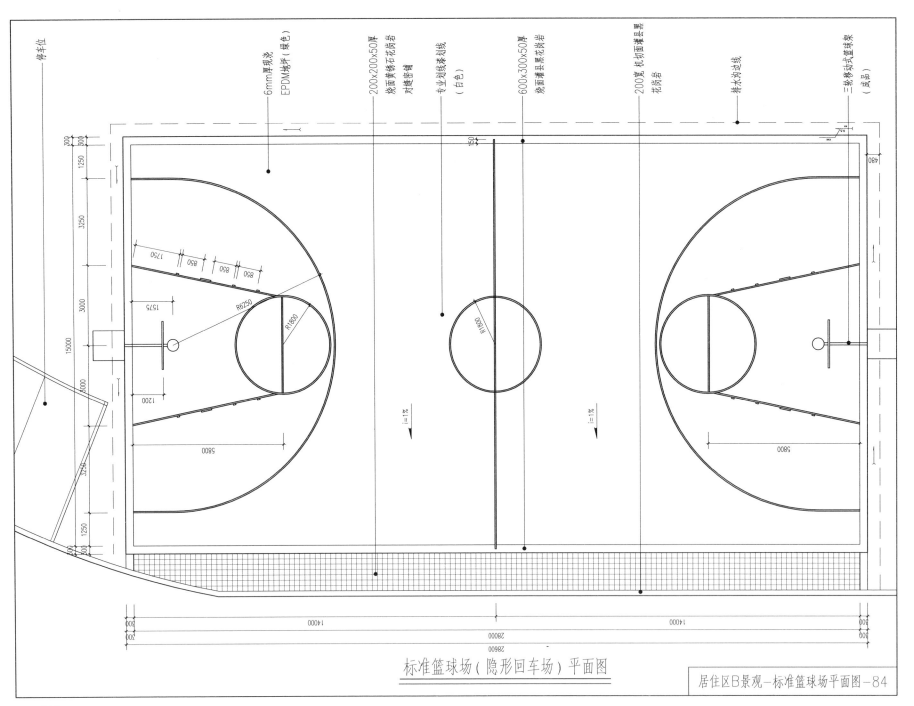

停车位

6mm厚现浇EPDM地坪(绿色)

200x200x50厚烧面黄锈石花岗岩对缝密铺

专业划线漆划线(白色)

600x300x50厚烧面灌黑县黑花岗岩

200宽机切面灌黑县黑花岗岩

排水沟过线

三轮移动式篮球架(成品)

300
300
1250
3250
3000
15000
3000
3250
1250
300
300

1750
850
850
850
850
R6250
R1800
1575
1200

R1800

5800

i=1%

i=1%

5800

150

480

0.5
XXX

300
14000
300
28000
28600

300
14000
300
28600

标准篮球场(隐形回车场)平面图

居住区B景观-标准篮球场平面图-84

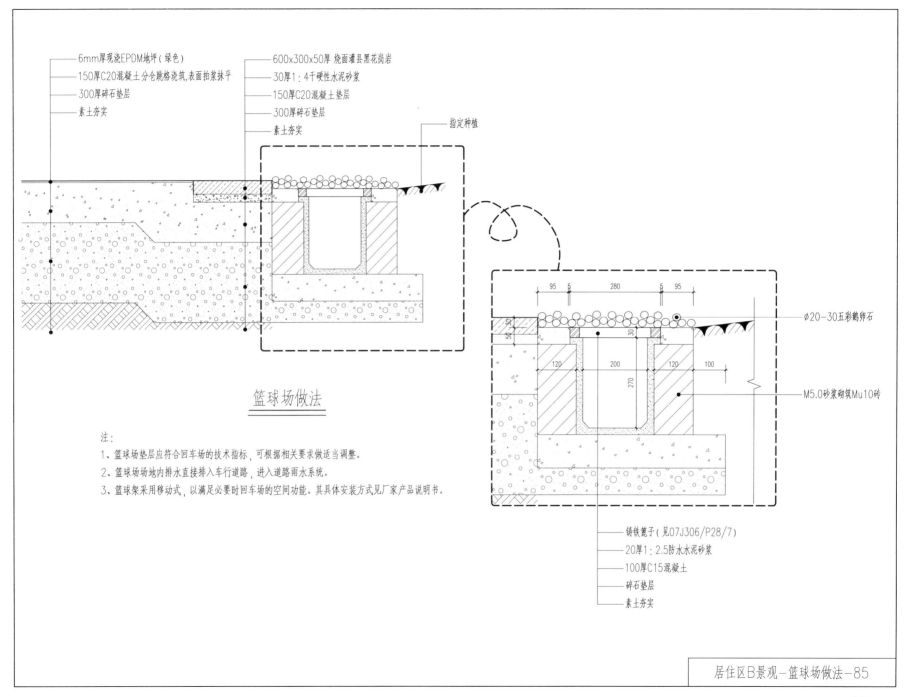

6mm厚现浇EPDM地坪（绿色）
150厚C20混凝土分仓跳格浇筑,表面拍浆抹平
300厚碎石垫层
素土夯实

600x300x50厚 烧面灌县黑花岗岩
30厚1：4干硬性水泥砂浆
150厚C20混凝土垫层
300厚碎石垫层
素土夯实

指定种植

篮球场做法

注：
1、篮球场垫层应符合回车场的技术指标,可根据相关要求做适当调整。
2、篮球场场地内排水直接排入车行道路,进入道路雨水系统。
3、篮球架采用移动式,以满足必要时回车场的空间功能。其具体安装方式见厂家产品说明书。

φ20-30五彩鹅卵石

M5.0砂浆砌筑Mu10砖

铸铁箅子（见07J306/P28/7）
20厚1：2.5防水水泥砂浆
100厚C15混凝土
碎石垫层
素土夯实

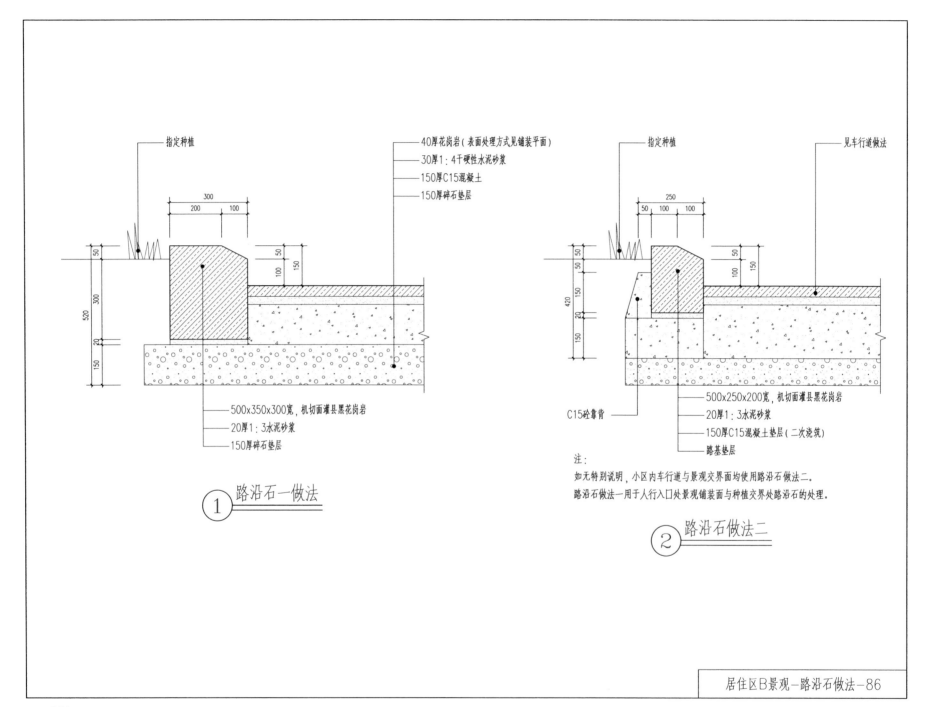

指定种植

40厚花岗岩(表面处理方式见铺装平面)
30厚1:4干硬性水泥砂浆
150厚C15混凝土
150厚碎石垫层

300
200   100

50
300
520
20
150

50
100
150

500x350x300宽,机切面灌县黑花岗岩
20厚1:3水泥砂浆
150厚碎石垫层

① 路沿石一做法

指定种植

见车行道做法

250
50 100 100

50
50
420
150
20
150

50
100
150

500x250x200宽,机切面灌县黑花岗岩
20厚1:3水泥砂浆
150厚C15混凝土垫层(二次浇筑)
路基垫层

C15砼靠背

注:
如无特别说明,小区内车行道与景观交界面均使用路沿石做法二。
路沿石做法一用于人行入口处景观铺装面与种植交界处路沿石的处理。

② 路沿石做法二

居住区B景观-路沿石做法-86

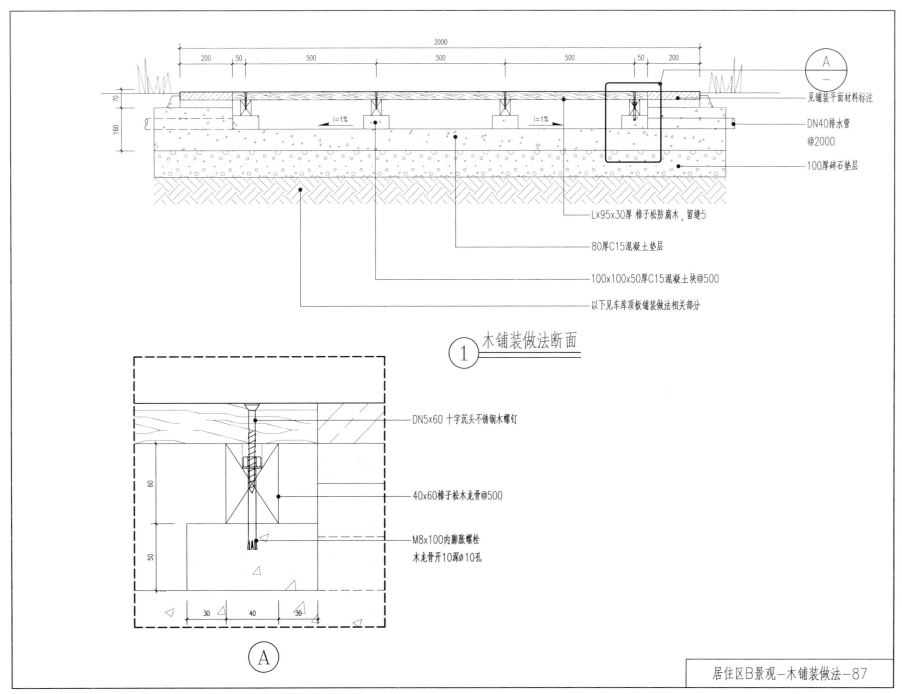

2000

200 · 50 · 500 · 500 · 500 · 50 · 200

70

160

i=1% · i=1%

A
—

见铺装平面材料标注

DN40排水管
@2000

100厚碎石垫层

Lx95x30厚 樟子松防腐木，留缝5

80厚C15混凝土垫层

100x100x50厚C15混凝土块@500

以下见车库顶板铺装做法相关部分

① 木铺装做法断面

DN5x60 十字沉头不锈钢木螺钉

60

40x60樟子松木龙骨@500

50

M8x100内膨胀螺栓
木龙骨开10深∅10孔

30 · 40 · 30

Ⓐ

居住区B景观-木铺装做法-87

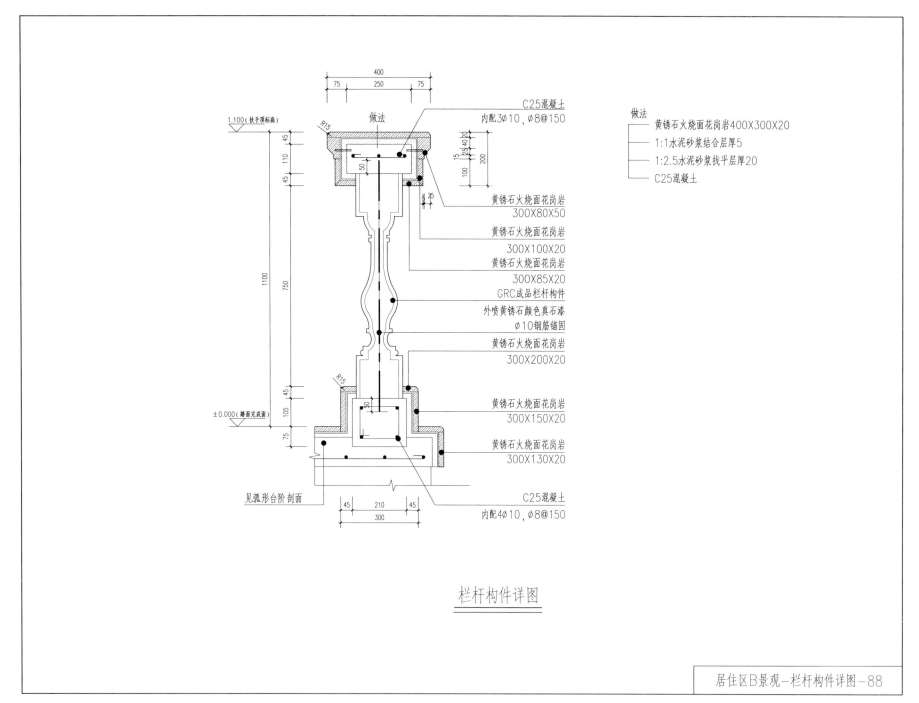

栏杆构件详图

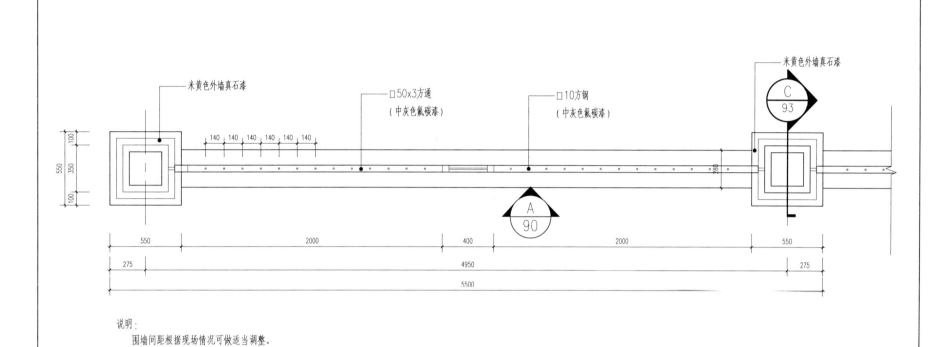

米黄色外墙真石漆

米黄色外墙真石漆

□50x3方通
（中灰色氟碳漆）

□10方钢
（中灰色氟碳漆）

C
93

140　140　140　140　140　140

550
350
100
100

280

A
90

550　　2000　　400　　2000　　550

275　　4950　　275

5500

说明：
围墙间距根据现场情况可做适当调整。

① 小区围墙平面图

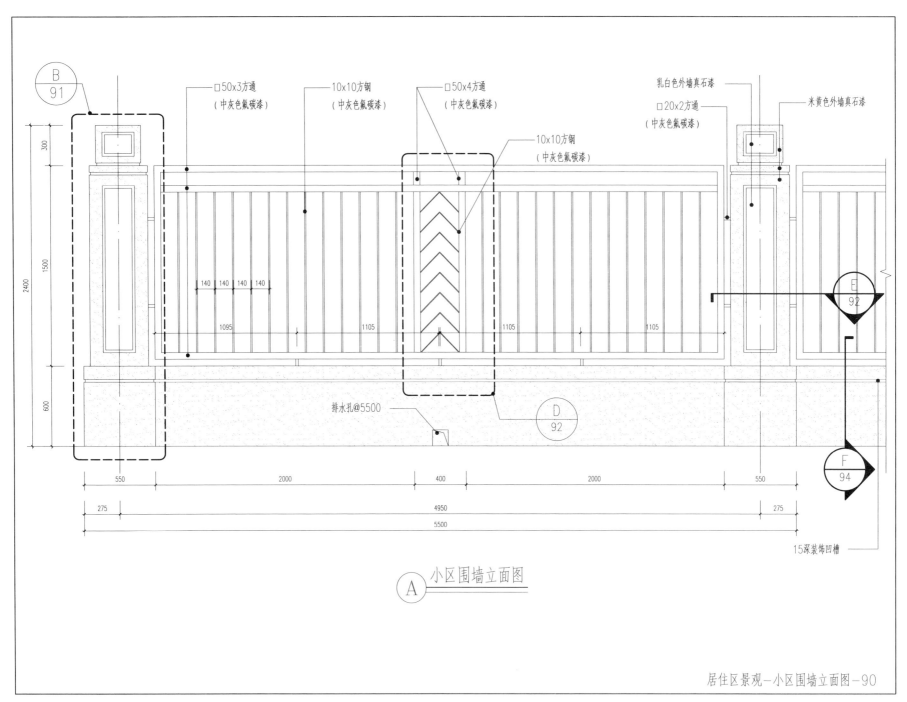

□50x3方通
（中灰色氟碳漆）

10x10方钢
（中灰色氟碳漆）

□50x4方通
（中灰色氟碳漆）

乳白色外墙真石漆

□20x2方通
（中灰色氟碳漆）

米黄色外墙真石漆

10x10方钢
（中灰色氟碳漆）

300

1500

2400

600

140 140 140 140

1095   1105   1105   1105

排水孔@5500

D
92

E
92

F
94

550   2000   400   2000   550

275   4950   275

5500

15深装饰凹槽

A 小区围墙立面图

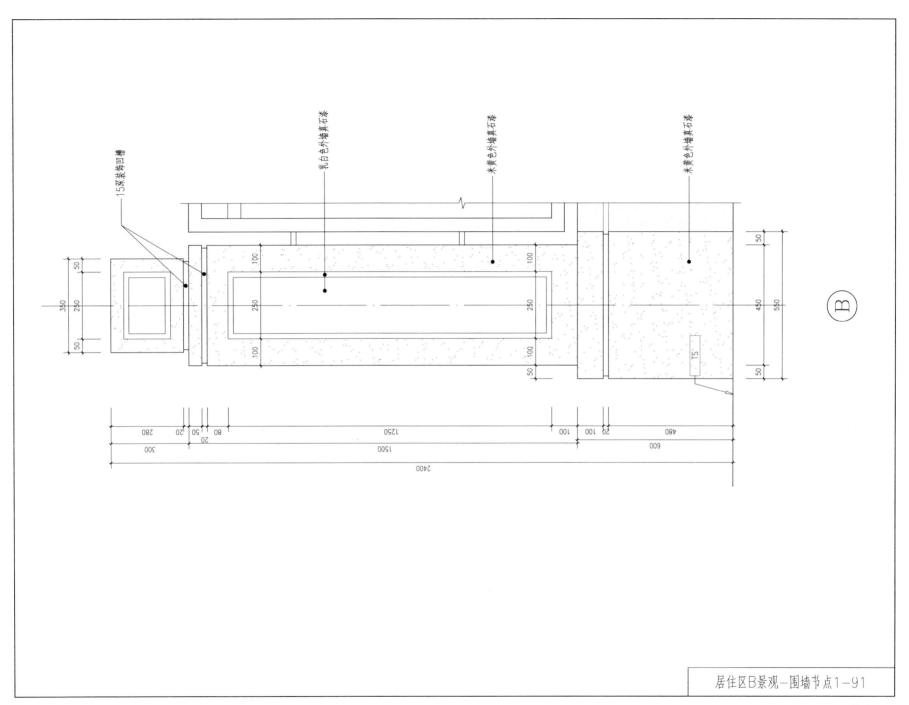

居住区B景观—围墙节点1-91

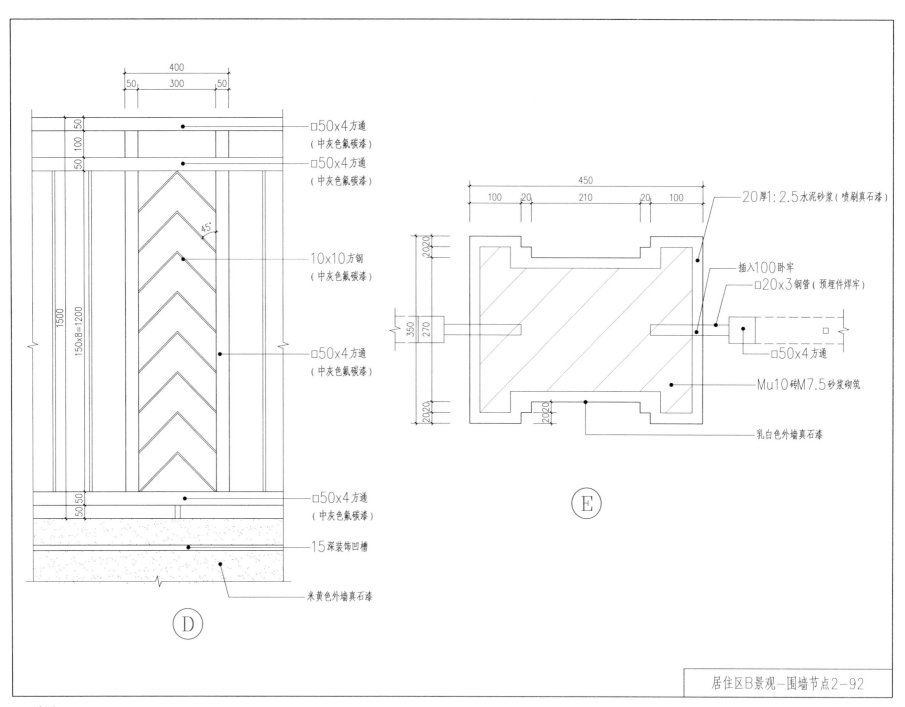

400
50 300 50

□50x4方通
（中灰色氟碳漆）

□50x4方通
（中灰色氟碳漆）

45°

10x10方钢
（中灰色氟碳漆）

1500
150x8=1200

□50x4方通
（中灰色氟碳漆）

50 50

□50x4方通
（中灰色氟碳漆）

15深装饰凹槽

米黄色外墙真石漆

Ⓓ

450
100 20 210 20 100

20 20
350
270
20 20

20 20

20厚1:2.5水泥砂浆（喷刷真石漆）

插入100卧牢

□20x3钢管（预埋件焊牢）

□50x4方通

Mu10砖M7.5砂浆砌筑

乳白色外墙真石漆

Ⓔ

居住区B景观-围墙节点2-92

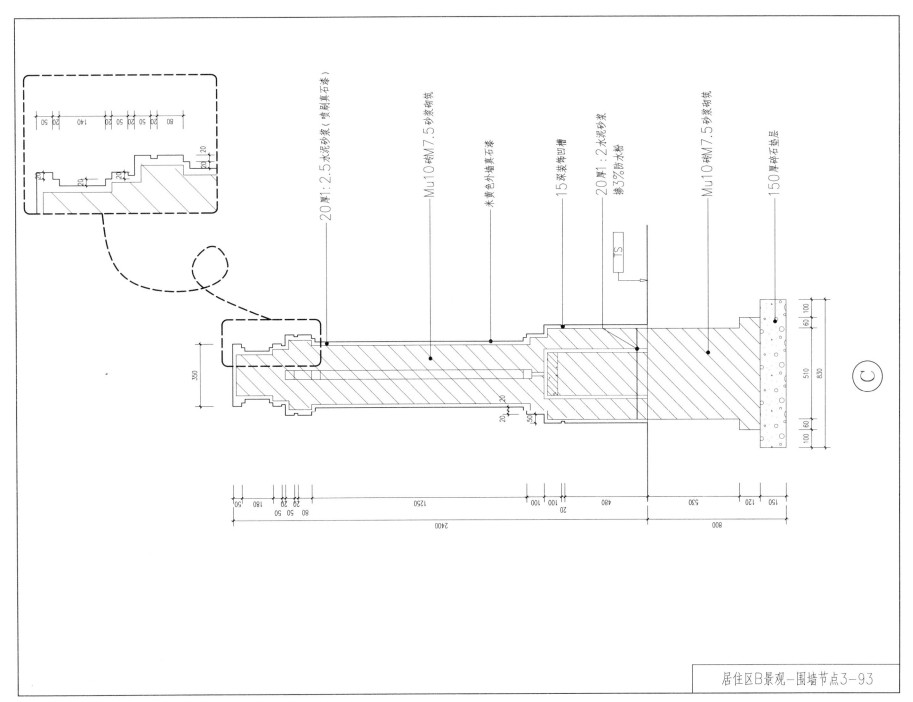

20厚1：2.5水泥砂浆（喷刷真石漆）

Mu10砖M7.5砂浆砌筑

米黄色外墙真石漆

15深装饰凹槽

20厚1：2水泥砂浆掺3%防水粉

Mu10砖M7.5砂浆砌筑

150厚碎石垫层

350

20 20 20 20

20 20

80 50 20 20 50 140

ST

20
50
20

60 100
510 830
60
100

50 180 50 50 20 20 80 50 20

1250

100 100 20

480

530

120

150

2400

800

Ⓒ

居住区B景观－围墙节点3-93

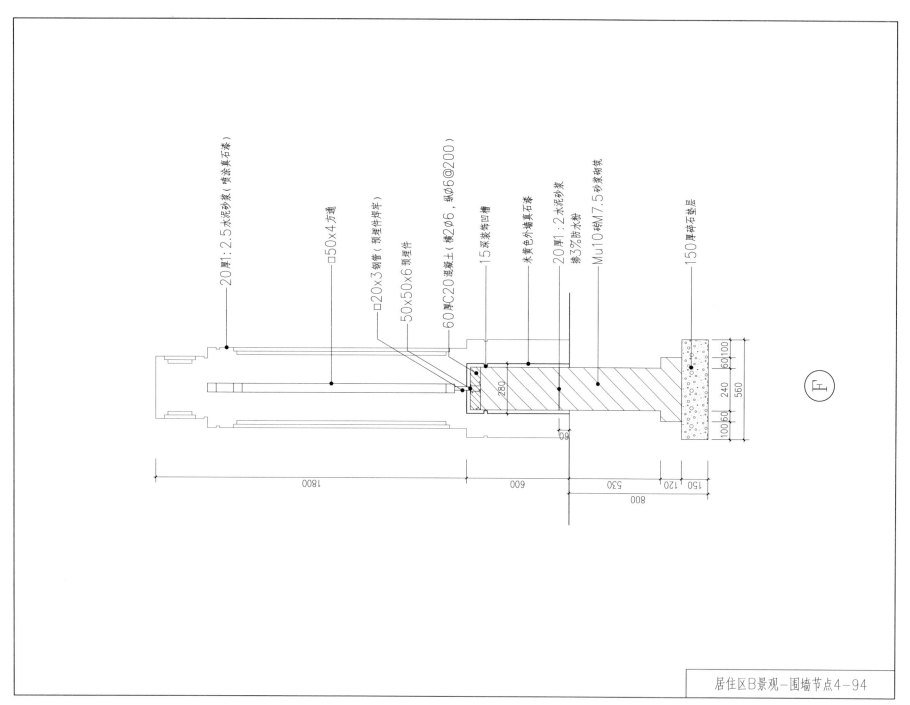

居住区B景观—围墙节点4-94

乔木及点缀性植物配置表

序号	图例	苗木名称	数量	单位	规格（cm）			备注
					胸径	冠幅	高度	
1		银杏	8	株	12-18	300-400	700-800	
2		朴树	3	株	20-30	400-500	600-700	
3		皂荚	1	株	20-30	400-500	600-700	
4		灯台树	1	株	12-16	300-400	500-600	
5		海漆	1	株			200-300	干高1m以内
6		桂花	5	株	8-10	200-300	250-350	
7		香樟	18	株	7-8	200-300	250-350	
8		杜英	20	株	7-8	200-300	250-350	
9		天竺桂	113	株	7-8	200-300	250-350	
10		桢楠	65	株	7-8	180-250	300-400	
11		芙蓉	17	株	6-7	150-200	150-250	
12		棕竹	17	丛		80-100	120-150	
13		紫薇	12	株	5-6		120-150	
14		贴梗海棠	16	株			120-150	
15		腊梅	12	丛			150-200	地面分枝≥3
16		红枫	11	株	5-6	120-180	120-180	
17		黄花槐	16	株	5-6	120-180	120-180	
18		红叶李	22	株	6-7	150-250	200-350	
19		龟背竹	28	株			40-50	5片叶以上
20		海芋	8	株			70-150	5片叶以上
21		紫藤	8	株			藤长250	地面分枝≥3
22		女贞球	6	株		70-80	70-80	
23		海桐	37	株		70-80	70-80	
24		三角梅	14	株		70-80	藤长180	地面分枝≥3
25		迎春	43	丛			70-80	地面分枝≥3

居住区B景观-乔木配置表-95

地被灌木配置表

序号	苗木名称	数量	单位	高度	备注
1	二栀子	54	m²	15-25	
2	满天星	58	m²	20-25	
3	鸭脚木	28	m²	30-35	
4	金叶女贞	100	m²	30-35	
5	小叶女贞	346	m²	35-40	
6	肾蕨	51	m²	20-25	
7	杜鹃	35	m²	20-25	具体品种以开盘时有花为准
8	红继木	157	m²	30-35	
9	八角金盘	71	m²	40-50	
10	矮棕竹	40	m²	40-50	
11	六月雪	47	m²	25-35	
12	洒金珊瑚	37	m²	30-40	
13	花叶良姜	28	m²	40-50	
14	金边吊兰	28	m²	15-20	
15	时花	21.6	m²	15-25	具体品种以开盘时有花

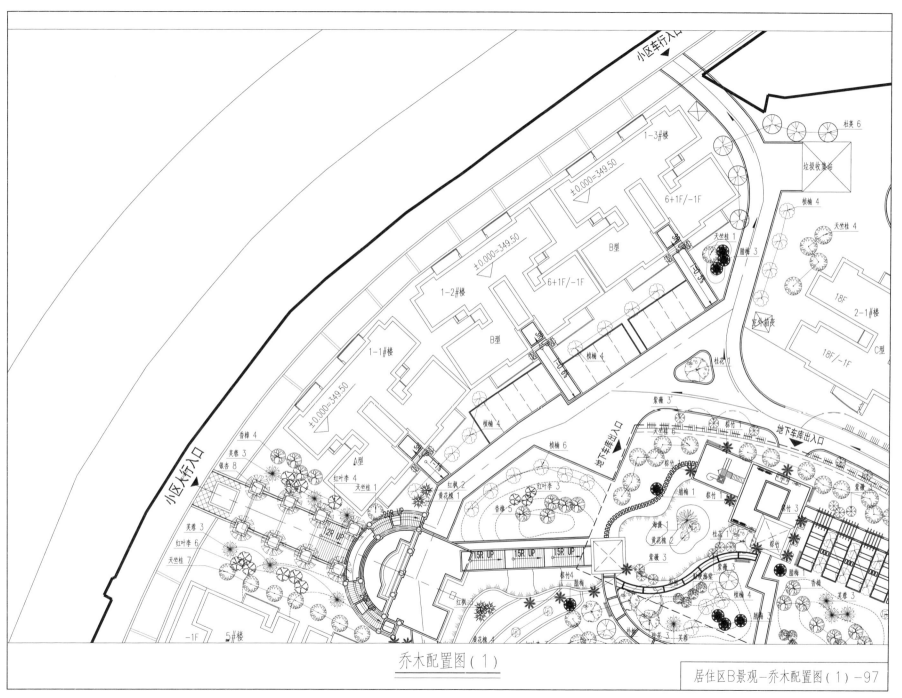

乔木配置图（1）

居住区B景观-乔木配置图（1）-97

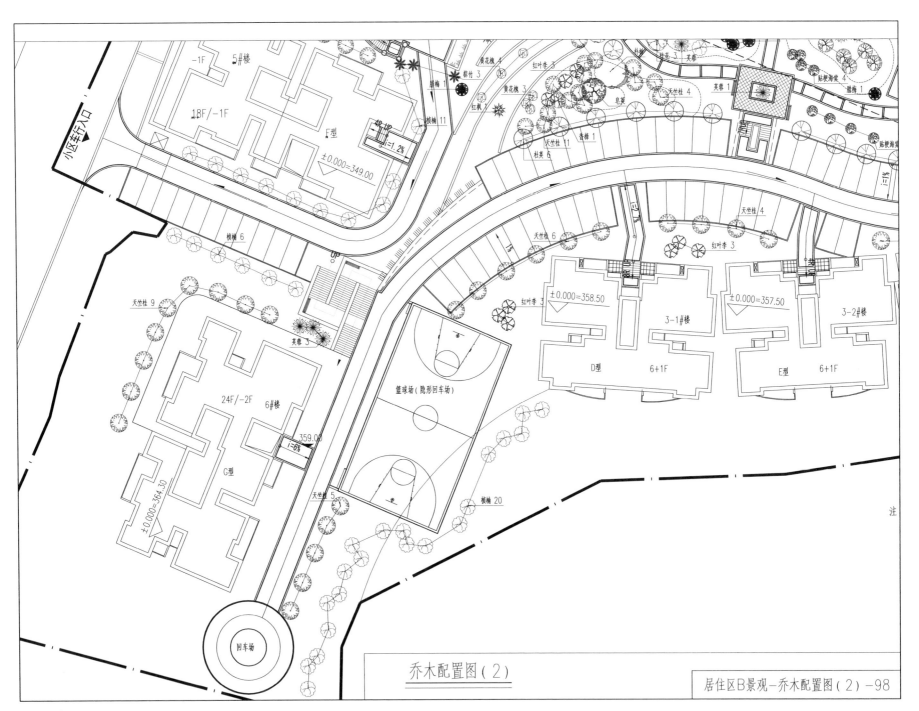

乔木配置图（2）

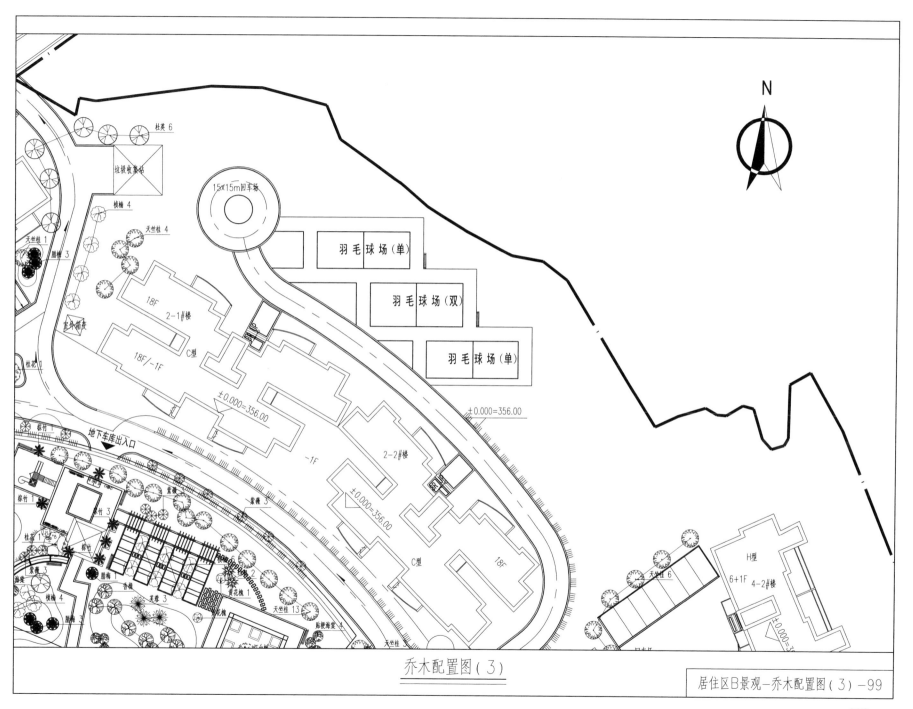

乔木配置图（3）

居住区B景观-乔木配置图（3）-99

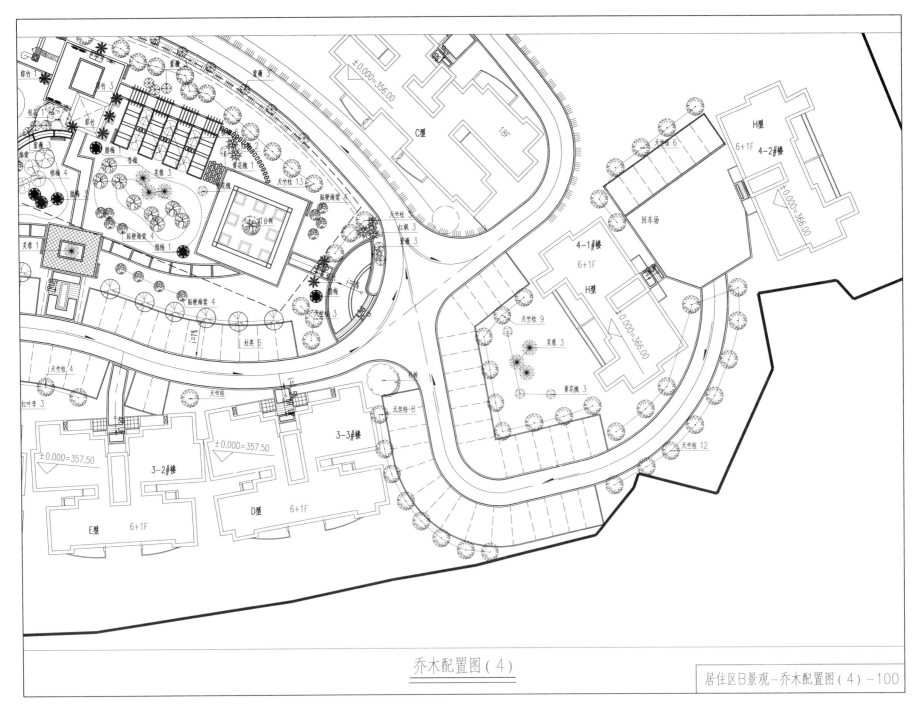

棕竹 1

棕竹 3

紫藤

紫藤 3

C型

18F

±0.000=356.00

桂花

紫薇 3

海棠

±0.000=366.00

H型

槙楠 4

腊梅

腊梅

香樟

黄花槐 1

芙蓉

天竺桂 6

天竺桂 13

平台树

贴梗海棠

天竺桂 4

±0.000=366.00

回车场

天竺桂

贴梗海棠 4

腊梅 1

红枫 3

紫薇 3

4-1#楼

6+1F

芙蓉 1

H型

天竺桂 9

芙蓉 3

贴梗海棠 4

腊梅

杜英 6

腊梅 3

黄花槐 3

天竺桂 4

天竺桂

樱树

红叶李 3

天竺桂 8

天竺桂 12

3-3#楼

±0.000=357.50

±0.000=357.50

3-2#楼

±0.000=357.50

E型   6+1F

D型   6+1F

乔木配置图（4）

居住区B景观—乔木配置图（4）—100

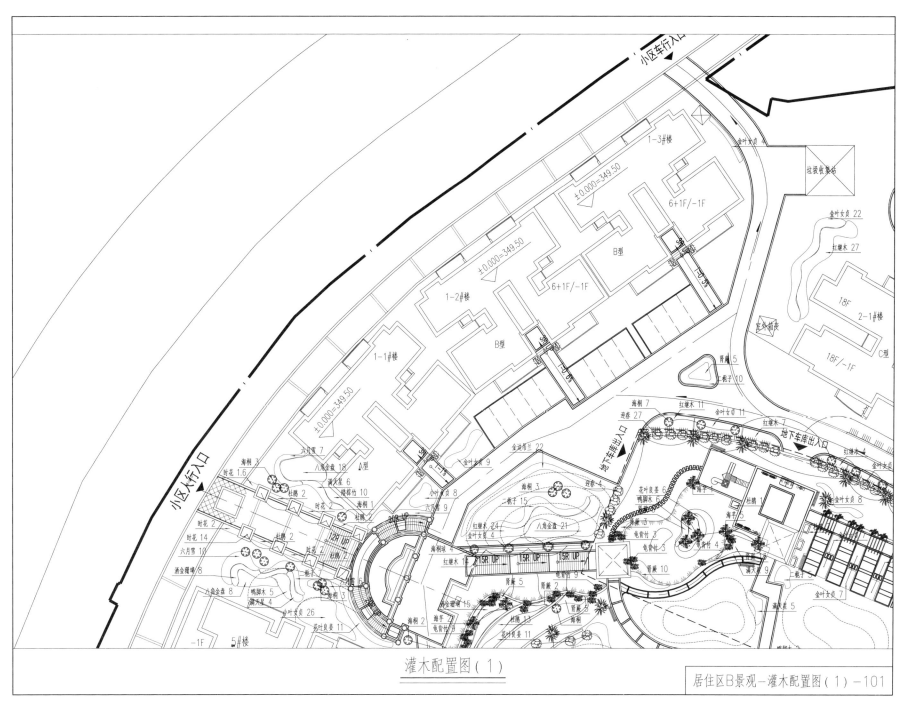

灌木配置图（1）

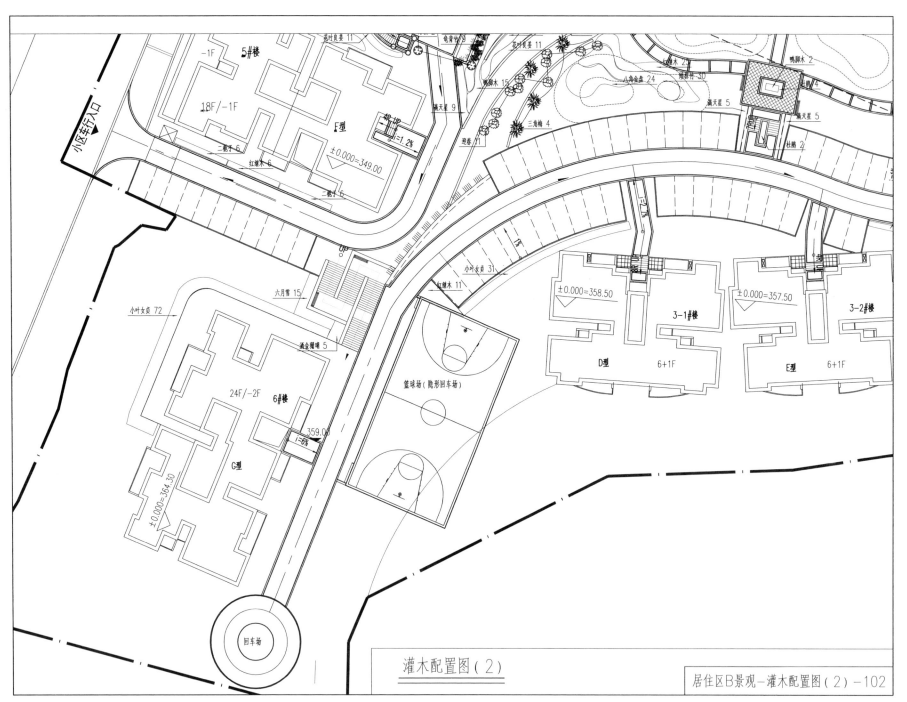

灌木配置图（2）

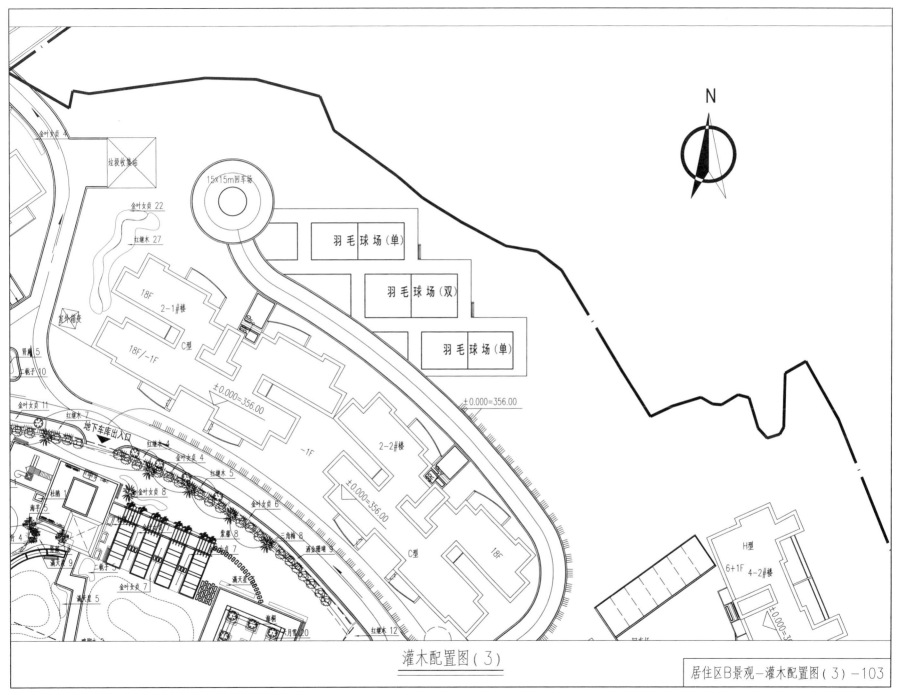

N

垃圾收集站

15x15m回车场

金叶女贞 4

金叶女贞 22

红继木 27

室外插座

18F

2-1#楼

C型

18F/-1F

羽毛球场（单）

羽毛球场（双）

羽毛球场（单）

±0.000=356.00

±0.000=356.00

肾蕨 5

二栀子 10

金叶女贞 11

红继木 7

地下车库出入口

红继木 4

金叶女贞 4

红继木 5

杜鹃 1

金叶女贞 8

金叶女贞 6

海芋

紫薇

女贞 7

三角梅 8

满天星 9

二栀子

海桐

金叶女贞 7

满天星 5

满天星 30

红继木 12

2-2#楼

-1F

±0.000=356.00

C型

18F

H型

6+1F 4-2#楼

±0.000=356.00

灌木配置图（3）

居住区B景观—灌木配置图（3）—103

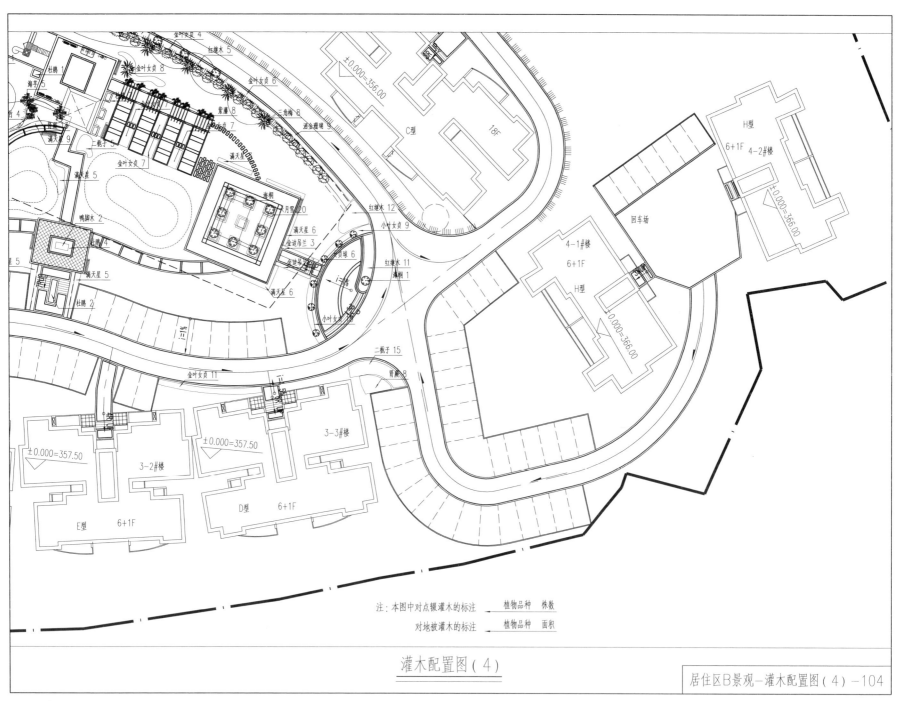

注：本图中对点缀灌木的标注 植物品种 株数
对地被灌木的标注 植物品种 面积

灌木配置图（4）

居住区B景观—灌木配置图（4）-104

电气设计说明

一、设计概况

本工程位于位于xxxxx

二、设计依据

1. 建设单位认可的设计方案及设计要求。
2. 相关专业提供的工程设计资料。
3. 中华人民共和国现行主要标准及法规。
《民用建筑电气设计规范》JGJ 16-2008
《建筑电气工程施工质量验收规范》GB50303-2002
《供配电系统设计规范》GB50052-2009
《低压配电设计规范》GB50054-95
《建筑照明设计标准》GB50034-2004
《电力工程电缆设计规范》GB 50217-2007
《公园设计规范》
《城市道路照明设计标准》CJJ 45--2006
《城市夜景照明设计规范》JGJ/T 163-2008

三、设计范围

1. 本工程设计园林景观电气系统:
（1）220/380V景观照明配电系统。
（2）设备接地系统及安全措施。
2. 本工程电源分界点箱变及配电柜内的出线开关后景观配电。

四、技术要求

1. 景观照明及配电负荷等级按三级负荷供电。
2. 室外配电箱及控制箱要求:1、环境温度为-10～+45℃ 2、防护等级为IP54
3. 低压配电系统的接地形式为TN-S系统,园林配电箱进线需做重复接地,在靠近建筑时利用建筑基础做接地极,详见图集接地装置03D501-4。配电箱接地电阻小于等于10欧姆。当遇地质条件为岩石结构而无法设置垂直接地体时,可采用沿建筑道方向做水平接地体。
4. 灯具接地保护采用TN-S系统。
5. 室外灯具应选用密闭型,防护等级:室外灯具防护等级不低于IP55,地埋灯具防护等级不低于IP67,水下灯具防护等级IP68。
6. 环境照明供电回路考虑了灯具的起动电流和供电线路的电压降(<5%),在相关灯具和设备确定后,应根据实际情况对配电电缆截面进行校验。为减少压降,本设计选择电缆截面考虑了适当加粗。
7. 本工程灯具功率因数应为0.85以上,不足的灯具必须采用电容进行分散补偿。

五、景观220/380V供配电系统:

计费:对景观照明负荷用电由甲方在园林配电箱以前设计量装置。

六、设备安装

1. 室外型景观配电箱材质应采用304不锈钢,厚度不小于1.2mm。
2. 景观配电箱尽量设置在室内,落地或壁挂安装;当不具备室内条件的,应设置在绿化带隐蔽的地方,配电箱落地安装,做200mm高基础;图中配电箱位置可根据实际调整。
3. 当低压安全变压器就近与用电设备放置时应设在电缆手井内,变压器设防护箱且为防水防潮直理型。
4. 灯具的安装方法参见《GJBT-456-2002常用灯具安装》图集,所有紧固件均要求必须做防锈、防腐处理。
5. 灯具的布置如平面图示。照树的埋地灯圆壁灯,灯具中心离树外皮至少500mm。
6. 当穿越水池池壁的设备电源电缆需加设防水套管。接线头必须做好防水处理。

七、景观照明系统控制:

1. 控制方式C-BUS方式,控制器置于甲方指定管理处。
2. 灯具工作时间为两种:一、半夜灯18:30-23:00,二、全夜灯18:30-06:00,由管理人员根据实际需要调整各路工作时间。
3. 全夜灯设置为主要照明灯,其它加强照明灯及景观装饰照明灯设为半夜灯。假日装饰照明,时间可根据需要调整,由甲方自定。

八、电缆、管线选择及敷设

1. 景观配电干线选用YJV-1kv交联聚乙烯绝缘电力电缆穿PE埋地暗敷安装。
2. 景观照明供电回路选用VV-1KV聚氯乙烯绝缘聚氯乙烯护套电线穿PE管埋地暗敷。
3. 电力电缆在建筑内沿桥架或镀锌线槽敷设,室外穿PVC管敷设,在建筑顶板上贴楼面暗敷。在土层中埋深:人行道0.5m,绿化带0.7m,过路穿钢管埋深1.0m,两端正超出路基1.0m,穿出地面向上明装时在2.5m范围内用钢保护套管敷设,管径的选择为电线束外径的1.5倍。
4. 电力电管在与其它管路交叉、平行时,应按规范要求的间距执行,电线在其连续点分、分支处、盘留点,方面改变处及其它管道交叉处地面设警线标志,并根据规范做电缆敷设接力井,线管敷设路径与其它管道有冲突时,在满足电气规范要求下可适当调整,具体施工时参见《建筑电气安装工程图集》及《室外电气施工图集》。
5. 电缆敷设其弯曲半径最小不得小于电缆外径的15倍,外观应无损,绝缘良好,电缆敷设前应用1kV兆欧表进行绝缘电阻测量,阻值不得小于10兆欧,在灯具两侧预留电线不应小于0.5m。
6. 所有穿过建筑物伸缩缝、沉降缝、后浇带的管线应按《建筑电气安装工程图集》中有关作法施工。
7. 过路处、手孔井之间需留备用管,线管穿越消防通道或机动车道时须穿石英玻纤管(DBS100)埋地敷设。
8. 用于通信控制的C-bus通讯线采用穿TC薄壁镀锌线管敷设,TC薄壁镀锌线须外壁刷两道沥青漆防腐处理,敷设时要求距强电有200mm的间距。

九、建筑物接地系统及安全措施

1. 本工程电气设备的接地保护与建筑共用统一的接地极,要求接地电阻为4Ω,实测不满足要求时,增设人工接地极。
2. 凡正常不带电,而当绝缘破坏有可能呈现电压的电气设备金属外壳均应可靠接地。接地体截面面积应符合热稳定和机械强度要求,采用镀锌角钢厚度不小于4mm。
3. 路灯(庭院灯)线路采用穿管埋地敷设,并随之通长埋设-25X4镀锌扁钢作为接地装置,在灯杆基础处,通过φ10镀锌圆钢与灯杆基础的地脚螺栓焊接相连。
4. 在水池、水景坑内做局部等电位联结,用等电位联结线(BVR-6)将电器设备金属外壳和金属管道等联结至局部等电位联结板。具体做法见国家标准图集02D501-2第18页。

十、其他

1. 凡与施工有关而又未说明之处,参见国家,地方标准图集施工,或与设计单位协商解决。
2. 本工程所选设备、材料必须具有国家级检测中心的检测合格证书(3C认证),必须满足与产品相关的国家标准,供电产品应具有入网许可证。
3. 根据国务院发布的《建筑工程质量管理条例》本设计文件需经县级以上人民政府建设行政主管部门或其他部门审批准后,方可用于施工。
4. 建设方应提供景观供电原始资料,原始资料应真实、准确、齐全。
5. 施工单位必须按照工程施工图纸和施工技术标准施工,不得擅自修改工程设计。
6. 建设工程竣工验收时,必须具备设计单位签署的质量合格文件。

十一、本工程引用国家建筑标准设计图集

02D501-2《等电位联结安装》
03D501-3《利用建筑物金属体做防雷及接地装置安装》
03D603《住宅小区建筑电气设计与施工》
00DX001《建筑电气工程设计常用图形和文字符号》
GJBT-456-2002《常用灯具安装》
03D702-3《特殊灯具安装》

十二、图例

<table>
<tr><th colspan="9">灯具图例表</th></tr>
<tr><th>序号</th><th>图例</th><th>名称</th><th>型号 (规格)</th><th>安装高度或位置</th><th>数量</th><th>单位</th><th>备注</th></tr>
<tr><td>1</td><td>●─▥</td><td>路灯</td><td>高压钠灯 1x150W H=6米 IP55</td><td>灯中心距道路外侧400</td><td>实计</td><td>套</td><td>配就地电容补偿</td></tr>
<tr><td>2</td><td>▣</td><td>庭院灯</td><td>高压钠灯 1x70W H=4.0米 IP55</td><td></td><td>实计</td><td>套</td><td>配就地电容补偿</td></tr>
<tr><td>3</td><td>•─●</td><td>壁灯</td><td>节能灯 2x18W 6500K IP54</td><td></td><td>实计</td><td>套</td><td></td></tr>
<tr><td>4</td><td>◄</td><td>泛光灯</td><td>金卤灯 70W IP65</td><td></td><td>实计</td><td>套</td><td></td></tr>
<tr><td>5</td><td>✳</td><td>草坪灯</td><td>节能灯 1x18W 6500K IP55</td><td>灯中心距道路边缘400</td><td>实计</td><td>套</td><td></td></tr>
<tr><td>6</td><td>⊥</td><td>嵌墙灯</td><td>节能灯 1x7W 6500K IP65</td><td></td><td>实计</td><td>套</td><td></td></tr>
<tr><td>7</td><td>⊠</td><td>水下灯</td><td>LED 5w/12V IP68</td><td></td><td></td><td></td><td></td></tr>
<tr><td>8</td><td>▢</td><td>手井</td><td>600x600x600h</td><td>见平面图</td><td>实计</td><td>座</td><td></td></tr>
<tr><td>9</td><td>▬</td><td>配电箱</td><td>见系统图</td><td>室外：落地型 (IP54)</td><td>实计</td><td>台</td><td>(非标订做)</td></tr>
<tr><td>10</td><td>▭</td><td>动力配电箱</td><td>见系统图</td><td>室外：落地型 (IP54)</td><td>实计</td><td>台</td><td>(非标订做)</td></tr>
<tr><td>11</td><td>◉</td><td>潜水泵</td><td></td><td></td><td>实计</td><td>台</td><td>详水施</td></tr>
</table>

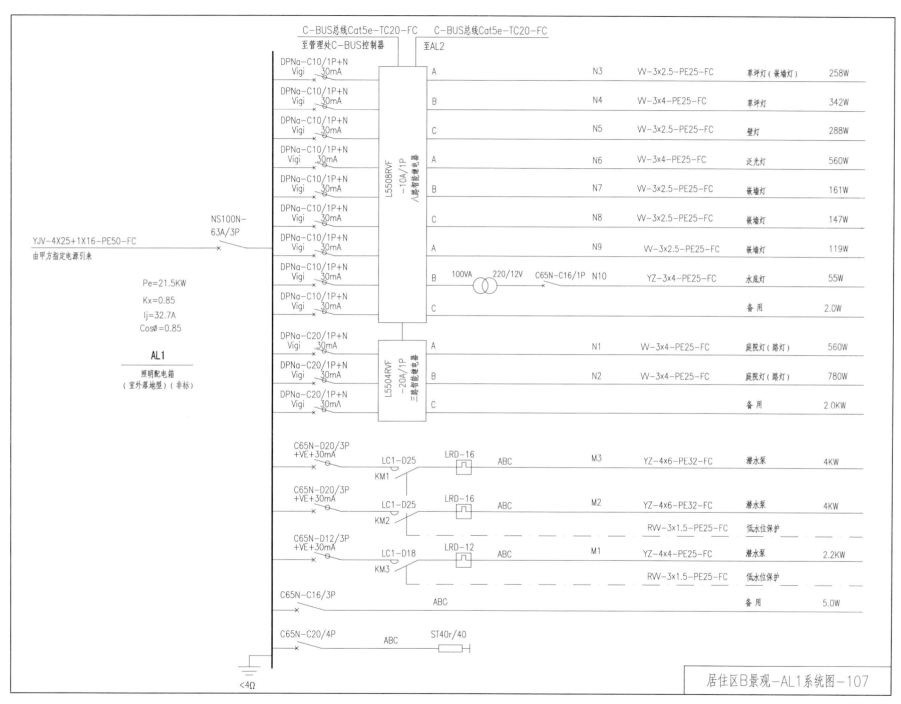

居住区B景观-AL1系统图-107

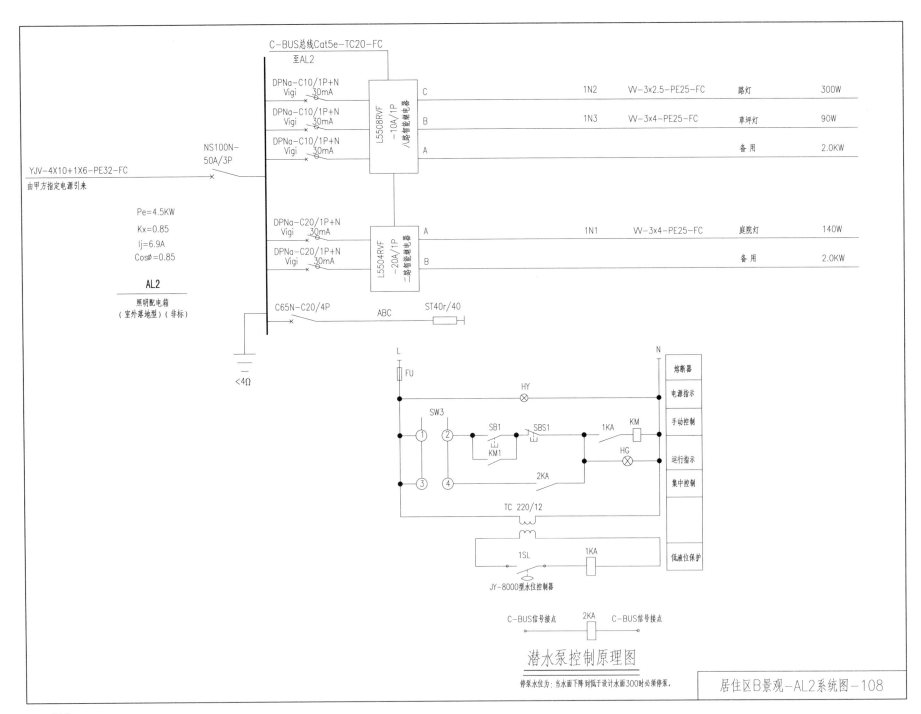

C-BUS总线Cat5e-TC20-FC

至AL2

DPNa-C10/1P+N
Vigi
30mA

DPNa-C10/1P+N
Vigi
30mA

DPNa-C10/1P+N
Vigi
30mA

L5508RVF
-10A/1P
八路智能继电器

C　　　1N2　　W-3x2.5-PE25-FC　　路灯　　300W

B　　　1N3　　W-3x4-PE25-FC　　草坪灯　　90W

A　　　　　　　　　　备用　　2.0KW

NS100N-
50A/3P

YJV-4X10+1X6-PE32-FC
由甲方指定电源引来

Pe=4.5KW
Kx=0.85
Ij=6.9A
Cosø=0.85

DPNa-C20/1P+N
Vigi
30mA

DPNa-C20/1P+N
Vigi
30mA

L5504RVF
-20A/1P
二路智能继电器

A　　　1N1　　W-3x4-PE25-FC　　庭院灯　　140W

B　　　　　　　　　　备用　　2.0KW

AL2

照明配电箱
（室外落地型）（非标）

C65N-C20/4P　　ABC　　ST40r/40

<4Ω

L　　　　　　　　　　　　　N

FU

HY

熔断器

电源指示

SW3

SB1　　SBS1　　　1KA　　KM

手动控制

①　②

KM1

③　④

HG

2KA

运行指示

集中控制

TC 220/12

1SL　　1KA

低液位保护

JY-8000型水位控制器

C-BUS信号接点　　2KA　　C-BUS信号接点

潜水泵控制原理图

停泵水位为：当水面下降到低于设计水面300时必须停泵。

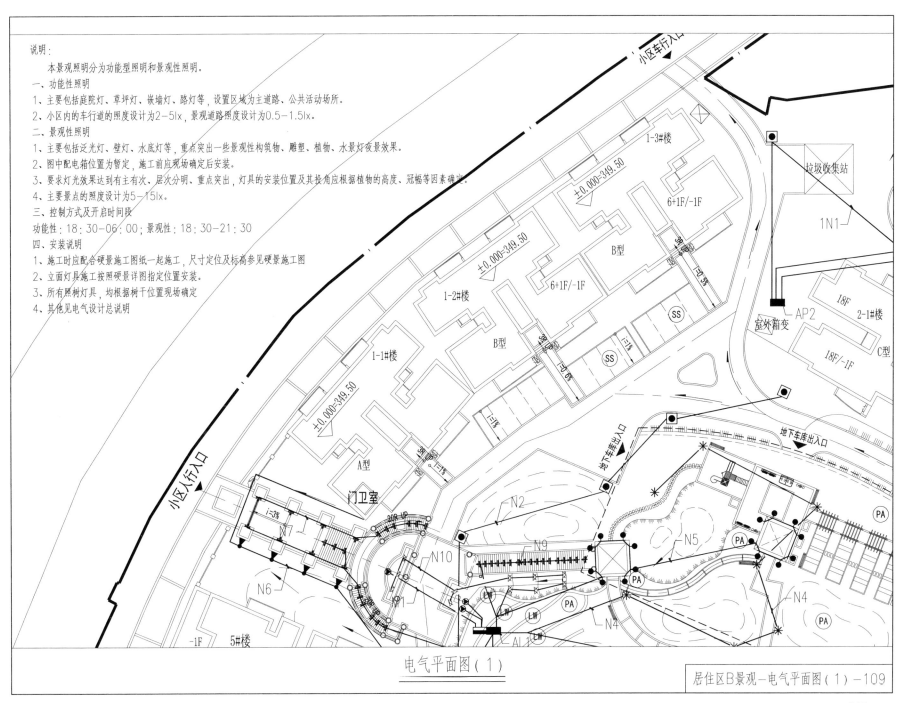

说明:
　　本景观照明分为功能型照明和景观性照明。
一、功能性照明
1、主要包括庭院灯、草坪灯、嵌墙灯、路灯等,设置区域为主道路、公共活动场所。
2、小区内的车行道的照度设计为2-5lx,景观道路照度设计为0.5-1.5lx。
二、景观性照明
1、主要包括泛光灯、壁灯、水底灯等,重点突出一些景观性构筑物、雕塑、植物、水景灯夜景效果。
2、图中配电箱位置为暂定,施工前应现场确定后安装。
3、要求灯光效果达到有主有次、层次分明、重点突出,灯具的安装位置及其投角应根据植物的高度、冠幅等因素确定。
4、主要景点的照度设计为5-15lx。
三、控制方式及开启时间段
功能性:18:30-06:00;景观性:18:30-21:30
四、安装说明
1、施工时应配合硬景施工图纸一起施工,尺寸定位及标高参见硬景施工图
2、立面灯具施工按照硬景详图指定位置安装。
3、所有照树灯具,均根据树干位置现场确定
4、其他见电气设计总说明

电气平面图(1)

居住区B景观-电气平面图(1)-109

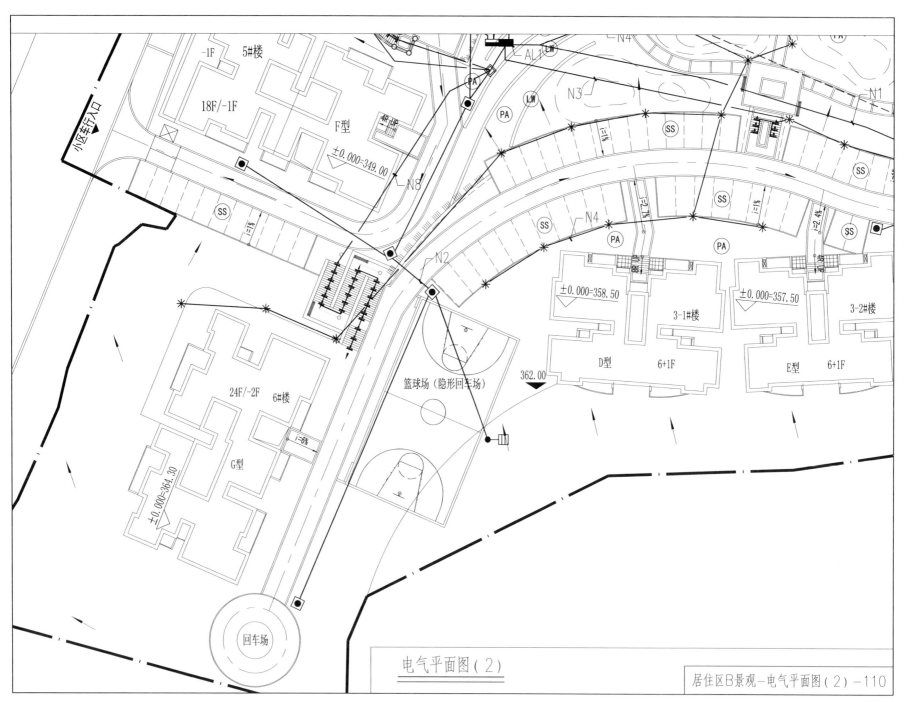

电气平面图（2）

居住区B景观-电气平面图（2）-110

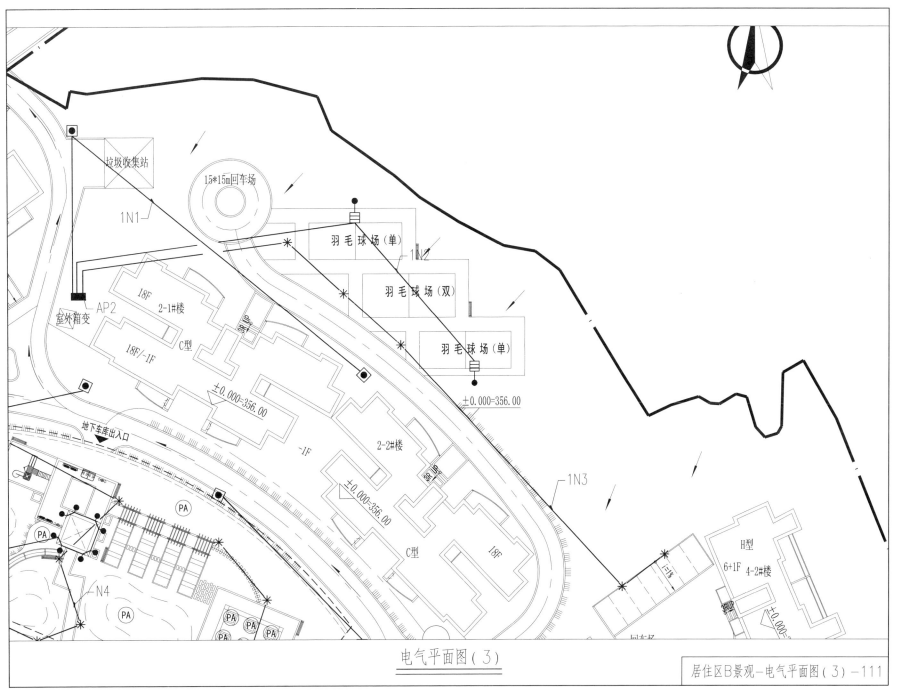

垃圾收集站

15*15m回车场

1N1

室外箱变 AP2

18F 2-1#楼

18F/-1F C型

羽毛球场（单）

1N2

羽毛球场（双）

羽毛球场（单）

±0.000=356.00

地下车库出入口

±0.000=356.00

-1F

2-2#楼

±0.000=356.00

C型

18F

1N3

PA

PA

PA

PA

N4

PA

PA PA PA

PA PA

H型
6+1F 4-2#楼

±0.000=

电气平面图（3）

居住区B景观-电气平面图（3）-111

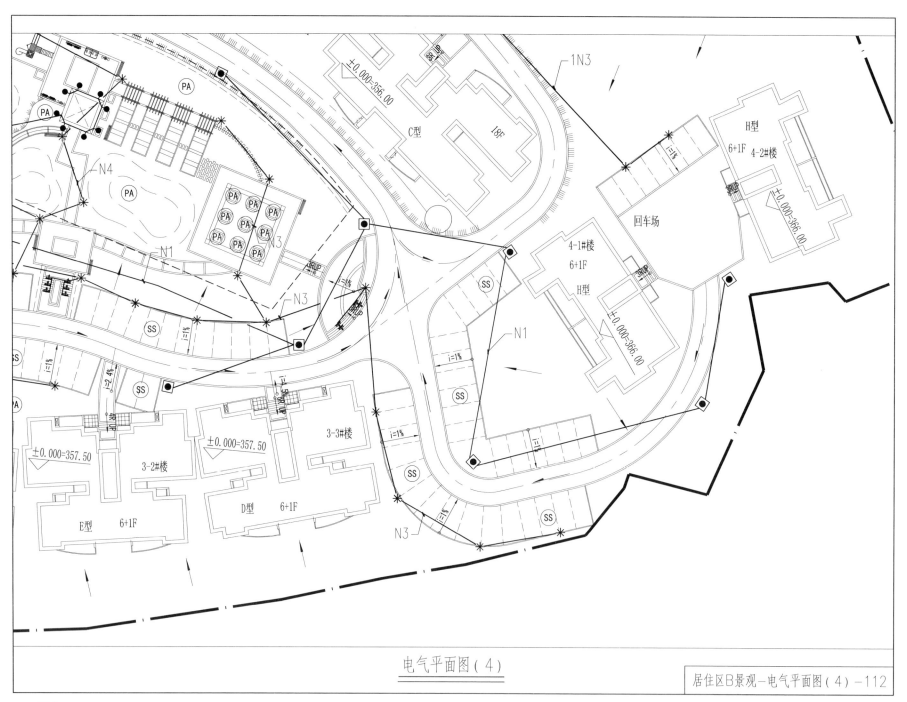

电气平面图（4）

居住区B景观-电气平面图（4）-112

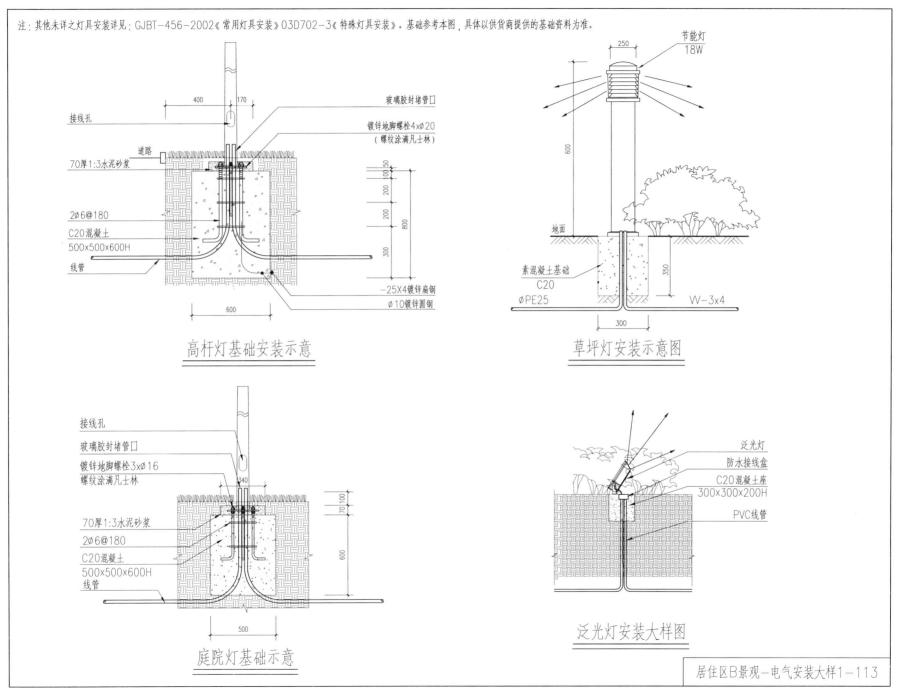

注：其他未详之灯具安装详见：GJBT-456-2002《常用灯具安装》03D702-3《特殊灯具安装》。基础参考本图，具体以供货商提供的基础资料为准。

高杆灯基础安装示意

接线孔
玻璃胶封堵管口
镀锌地脚螺栓4xØ20
（螺纹涂满凡士林）
道路
70厚1:3水泥砂浆
2Ø6@180
C20混凝土
500x500x600H
线管
-25X4镀锌扁钢
Ø10镀锌圆钢
400 170
800
600
50 100 200 200 300

草坪灯安装示意图

节能灯
18W
250
600
地面
素混凝土基础
C20
ØPE25
350
W-3x4
300

庭院灯基础示意

接线孔
玻璃胶封堵管口
镀锌地脚螺栓3xØ16
螺纹涂满凡士林
70厚1:3水泥砂浆
2Ø6@180
C20混凝土
500x500x600H
线管
340
70 100
600
500

泛光灯安装大样图

泛光灯
防水接线盒
C20混凝土座
300x300x200H
PVC线管

居住区B景观-电气安装大样1-113

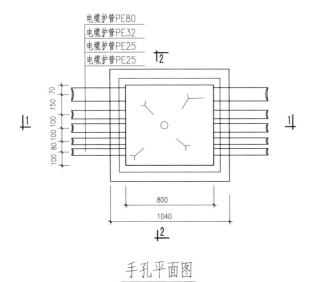

电缆护管PE80
电缆护管PE32
电缆护管PE25
电缆护管PE25

800
1040

手孔平面图

电缆护管
600×600复合材料井盖

100
700~800
50
200
50 150
100 120
Ø100PVC排水管
自然渗水孔

手孔1−1剖面图

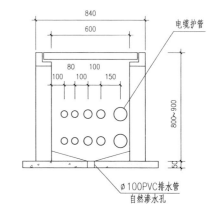

840
600
80 100
100 100 150
电缆护管
800~900
Ø100PVC排水管
自然渗水孔

手孔2−2剖面图

说明:

1. 手孔采用Mu10砖砌筑, 水泥砂浆强度为M5。

2. 手孔内壁用1:2.5水泥砂浆抹面。

3. 手孔底部浇筑混凝土垫层强度为C15。

4. 手孔具体进出管线数量详各照明平面图(各进出管位置可根据实际情况调整)。

5. 手孔井盖复合材料井盖。

一、设计依据
 1. 建设单位提供的设计依据和要求。
 2. 园林景观设计提供的景观设计图和植物配置图。
 3. 室外给水设计规范GB50013-2006。
 4. 室外排水设计规范GB50014-2006。
 5. 室外排水设计规范GB50014-2006。

二、一般设计施工说明
 1. 图中所注尺寸除管长、距离标高以米（m）计外，其余以毫米计。
 2. 本图所注管道标高给水管指管道中心，雨水、溢水、泄水等重力流管道指管内底。
 3. 给水管道
 （1）景观给水系统采用PE给水管，管道公称压力为1.6MPa。
 （2）绿化灌溉取水采用人工快速取水阀DN20，间距为30-40m，或见图纸标注。
 （3）水池补水由景观给水管提供或由甲方指定。
 4. 排水管道
 （1）景观排水系统采用UPVC排水管，就近排入小区雨水管道。雨水口（雨水沟）与雨水井连接管为UPVC排水管DN200，或见图纸标注，景观排水
     干管及管径≤300mm为UPCV双壁波纹管，就近连接于小区雨水管道。
 （2）景观花池、树池内的绿化渗水盲管采用DN50-UPVC排水管，顶板上绿化渗水为DN100结合排水板铺设，进水口采用不锈钢纱网包扎，堆积
     卵石敷设在渗水层内，盲管开孔Φ10，间距50mm。
 5. 阀门及附件
 （1）景观给水管上采用ABS工程塑料或全铜质阀门，工作压力为1.6MPa。
 （2）景观排水管上的阀门采用铜芯球墨铸铁外壳阀门，工作压力为1.0MPa。
 6. 管道敷设
 （1）各种管道在施工前，应对施工点进行标高实测复核，如与施工图标高不一致，应各方协调确定调整后，方可施工。管道穿钢筋混凝土墙，
     应根据图中位置配合土建工种预留孔洞或预埋套管，管道穿水池坪时，应预埋防水套管，过干干道部分均用大一级的钢管做套管。
 （2）给水管。
  a. 给水管转弯处利用组合弯头，弯曲管等管件不能完成转弯角度要求时，可在直线管段利用管道承插口偏转进行调整，但承插口的最大偏转角不得大于
     1°，以保证接口的严密性。
  b. 当给水管敷设在污水管的下面时，应采用钢管或钢套管，套管伸出交叉管的长度每边不得小于3.0m，套管两端采用防水材料封闭。
 （3）排水管。
  a. 排水管道的铺设不得出现无坡、倒坡现象。
  b. 两检查井之间的管段坡度应一致，如有困难时后段坡度不应小于前段坡度。
  c. 排水管道转弯和交汇处，应保证水流转角≥90°。当管径小于300mm，且跌水高度大于0.3m时，可不受此限制。
 （4）管道坡度。
  a. 排水管道除图中注明外，均按下表坡度安装：

管径mm	DN50	DN75	DN100	DN150	DN200
标准坡度	-	-	0.02	0.01	0.008

  b. 给水管均按0.002的坡度坡向立管或泄水装置。
 （5）管道连接。
  a. 阀门安装时应将手柄留在易操作处。
  b. 水泵、设备等基础螺栓孔位置，以到货的实际尺寸和设备说明为准。
 （6）管道基础。
  a. 如为未经扰动的原状图层，则天然地基进行夯实达0.95。
  b. 如为回填土应分层夯实达到0.95再垫砂，砂层厚度为300mm。
  c. 如为岩石或多石层，则在岩石或多石地段做150mm厚砂石垫层。
  d. 砂石基础的夯实系数按GB04S516要求施工，回填土密实度按《给排水管道工程施工及验收规范》GB50268-2008规定施工。

  e. 给水管道埋深管顶覆土不小于0.5米，过车处管道埋深管顶覆土不小于0.7米，给水管遇排水管或遇大管上弯敷设，
     过车处埋设深度不够的给水管应穿大一号钢管套管。
  f. 雨水口深一般为0.9m，绿地下不小于0.7m。
 （7）阀门井和检查井。
  a. 排水管管径≤300mm时，采用Φ700聚乙烯塑料直筒型检查井。
  b. 给水、排水阀门井采用砖砌式口式阀门井。
 （8）阀门井和检查井。
  a. 管顶上部500以内，不得回填块石、碎砖和冻土块。
  b. 沟槽内的回填土应分层夯实，机械夯不大于300mm，人工夯不大于200mm。
  c. 管道接口处的回填土应仔细夯实，不得扰动管道的接口。
 （9）给排水构筑物。
  a. 雨水口设于有道牙的路面时采用偏沟式雨水口，而设于无道牙（或平道牙）的路面时采用平篦式雨水口。
  b. 绿化带中和不通车场所的检修井盖可采用轻型井圈和井盖，井盖高出周围绿化地坪50mm，并在井口周围以2%坡度向外做砂浆护坡。
 （10）管道试压。
  a. 景观水泵出水管压力为1.2MPa，其余给水压力为0.9MPa。试压方法参见《给水排水管道工程施工及验收规范》执行。
  b. 室外排水管试验，按《给水排水管道工程施工及验收规范》执行。
  c. 试验压力表应定位于系统或试验部分的最低部位。
 （11）景观水泵。
  a. 水泵起，停为手动控制，吸水口设不锈钢过滤网，出口均加柔性接口。
  b. 给水管道上管径DN<50mm者宜采用球阀，DN≥50mm者宜采用闸阀。
 （12）其他。
  a. 给排水管材及其附件须为国家合格产品。
  b. 施工中应与土建工种和其它专业工种密切合作，及时预留孔洞和预埋套管，以防碰撞和返工。
  c. 本设计说明与图纸有矛盾时，业主及施工单位应及时提出，待各方协商确定调整后施工。
  d. 其他未尽事宜按国家现行的有关施工验收规范进行施工。

图例表

序号	图例	名称	材质型号（规格）	数量	备注
1	——G——	水景补给水管	PE给水管	实计	管径详见平面图
2	——X——	水景放空管	UPVC给水管	实计	管径详见平面图
3	——YL——	水景溢流管	UPVC给水管	实计	管径详见平面图
4	——LT——	水池联通管	UPVC给水管	实计	管径详见平面图
5	▷◁	球阀	不锈钢材质	实计	见平面标注
6	⋈	截止阀	铸铜材质	实计	见平面标注
7	⊠	止回阀	铸铜材质	实计	见平面标注
8	⋈	闸阀	不锈钢材质	实计	见平面标注
9	▶	潜水泵	见水泵选型表	实计	
10	⊙	阀门井	见平面标注		

居住区B景观—给排水设计施工说明-115

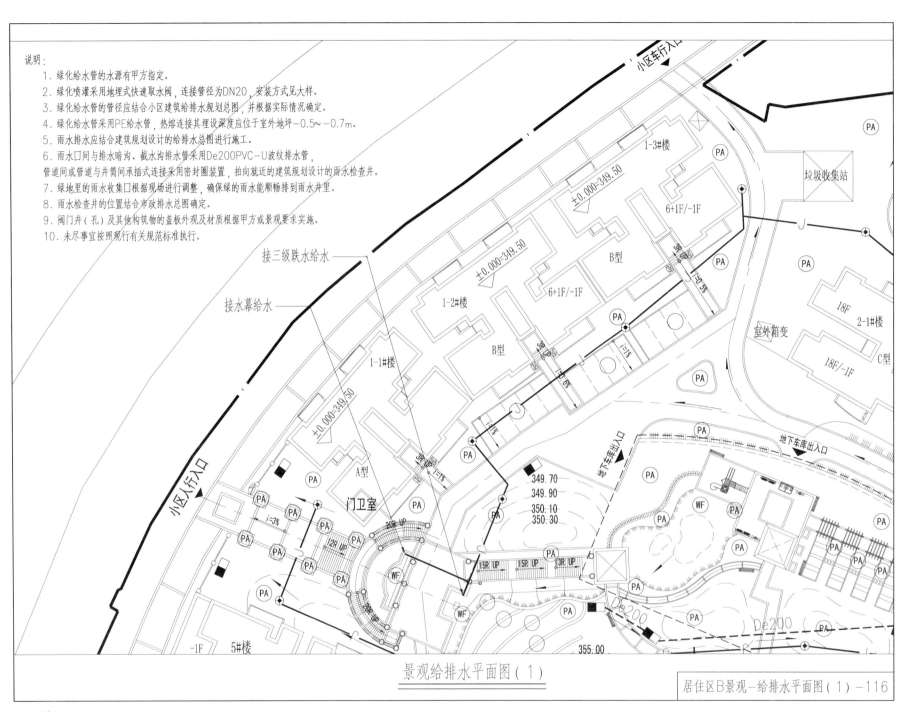

说明:
1. 绿化给水管的水源有甲方指定。
2. 绿化喷灌采用地埋式快速取水阀,连接管径为DN20,安装方式见大样。
3. 绿化给水管的管径应结合小区建筑给排水规划总图,并根据实际情况确定。
4. 绿化给水管采用PE给水管,热熔连接其埋设深度应位于室外地坪-0.5~-0.7m。
5. 雨水排水应结合建筑规划设计的给排水总图进行施工。
6. 雨水口间与排水暗沟、截水沟排水管采用De200PVC-U波纹排水管,
管道间或管道与井筒间承插式连接采用密封圈装置,拍向就近的建筑规划设计的雨水检查井。
7. 绿地里的雨水收集口根据现场进行调整,确保绿的雨水能顺畅排到雨水井里。
8. 雨水检查井的位置结合市政排水总图确定。
9. 阀门井(孔)及其他构筑物的盖板外观及材质根据甲方或景观要求实施。
10. 未尽事宜按照现行有关规范标准执行。

景观给排水平面图(1)

居住区B景观-给排水平面图(1)-116

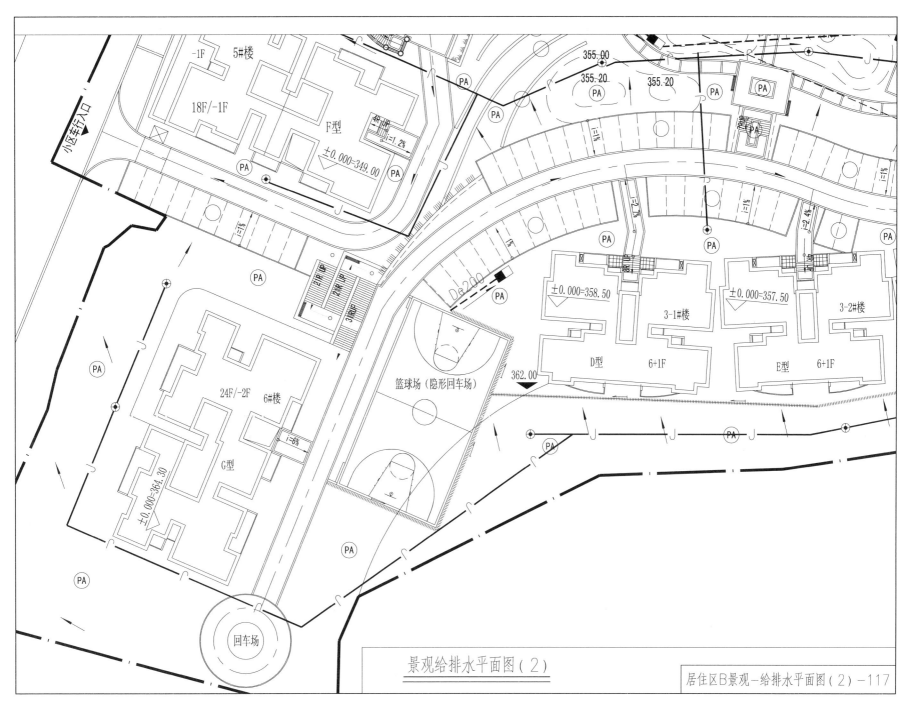

景观给排水平面图（2）

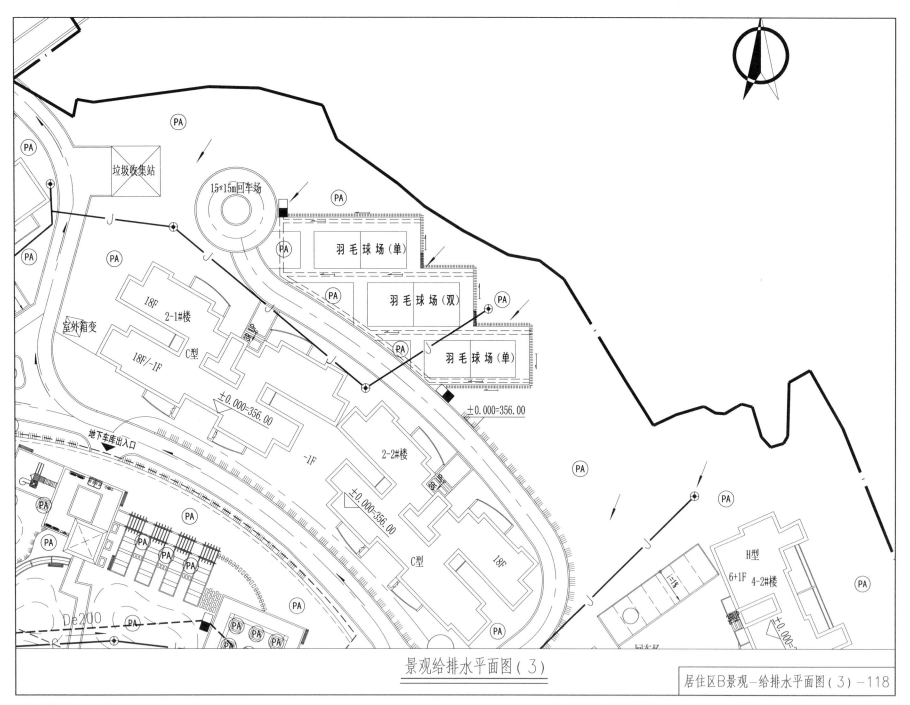

景观给排水平面图（3）

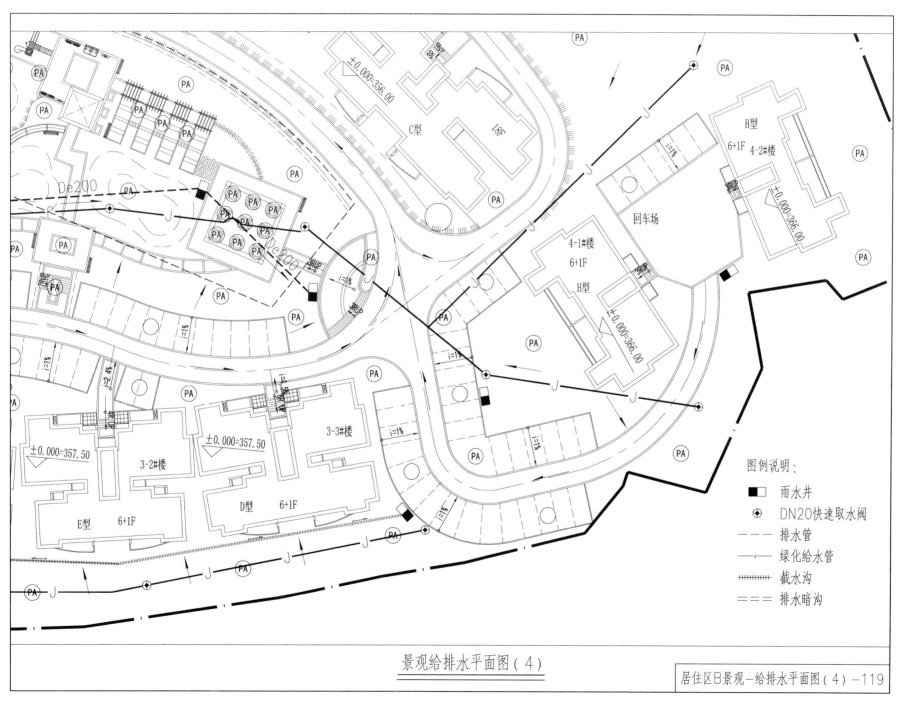

景观给排水平面图（4）

图例说明：

■ 雨水井
⊕ DN20快速取水阀
----- 排水管
——— 绿化给水管
++++++ 截水沟
=== 排水暗沟

C型 18F
±0.000=356.00

H型 6+1F 4-2#楼
±0.000=366.00

回车场

4-1#楼 6+1F H型
±0.000=366.00

3-3#楼

3-2#楼 ±0.000=357.50

E型 6+1F D型 6+1F

±0.000=357.50

居住区B景观—给排水平面图（4）－119

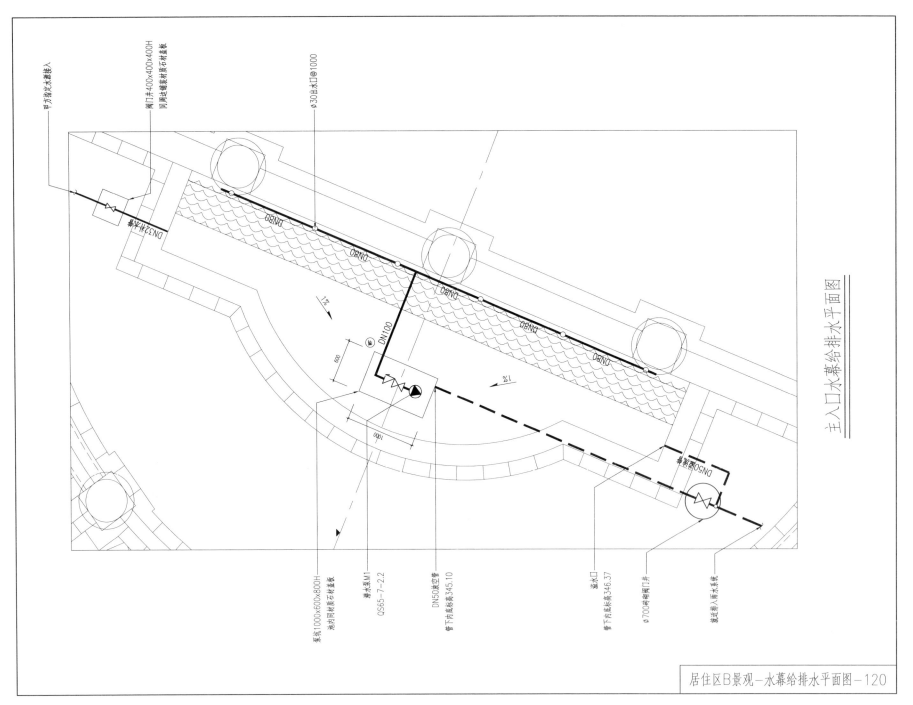

主入口水幕给排水平面图

甲方指定水表接入

阀门井400x400x400H
同周边铺装材质面石材盖板

φ30出水口@1000

DN32补水管

DN80

DN80

DN80

DN80

DN80

DN100

600

1000

DN50溢水管

泵坑1000x600x800H
池内同材质顶石材盖板

潜水泵M1
QS65-7-2.2

φ50放空管
管下内底标高345.10

溢水口

管下内底标高346.37

φ700砖砌阀门井

裝近排入雨水系统

居住区B景观-水幕给排水平面图-120

水景给排水说明：

1. 水景补水由指定水源供给。

2. 水泵起,停为手动控制,吸水口设不锈钢过滤网,出口均加柔性接口。

3. 给水管道采用截止阀。

4. 水景供水管采用PE塑料给水管,电热熔连接,管道试验压力为1.2MPa。

5. 水景排水管采用UPVC排水管,专用胶粘结;

6. 穿水池壁或池底的管道施工前须预埋刚性防水套管,见国标S312-8-4型。

7. 由有专业资质的水景公司复核设计并施工。

水泵选型表						
编号	规格型号	流量(m³/H)	扬程(m)	功率(kW) /电压(V)	安装方式	用途
M1	QS65-7-2.2	65	7	2.2kW/380	卧装	水幕循环

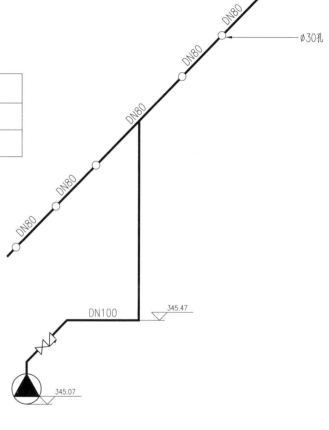

主入口水幕给水系统图

居住区B景观－水幕给水系统图-121

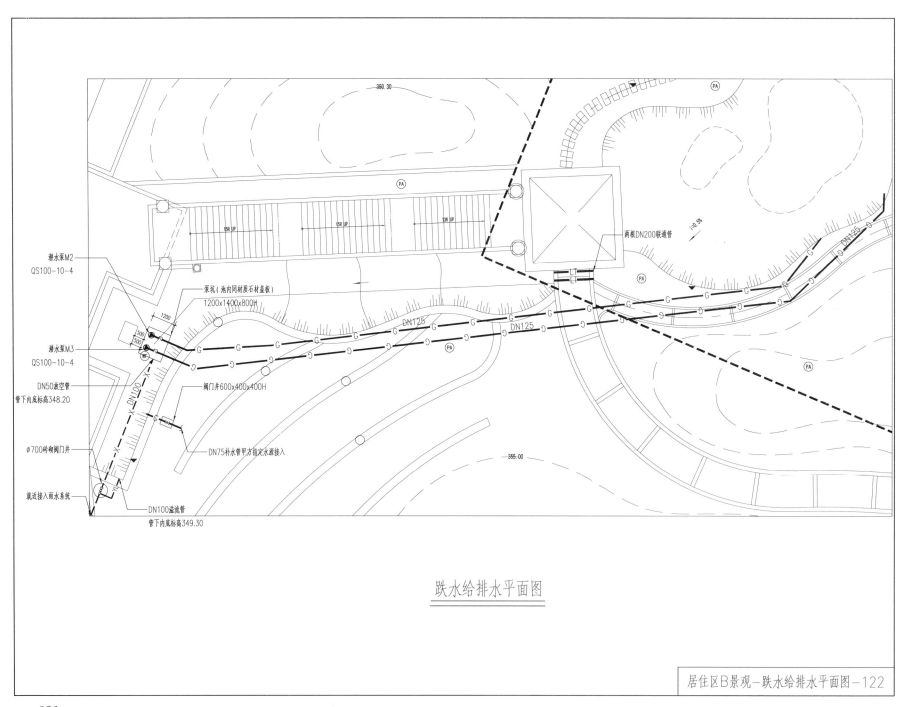

潜水泵M2
QS100-10-4

潜水泵M3
QS100-10-4

DN50放空管
管下内底标高348.20

Ø700砖砌阀门井

就近接入雨水系统

DN100溢流管
管下内底标高349.30

泵坑(池内同材质石材盖板)
1200x1400x800H

阀门井600x400x400H

DN75补水管甲方指定水源接入

两根DN200联通管

350.30

355.00

15R UP

15R UP

13R UP

DN125

DN125

DN125

跌水给排水平面图

水景给排水说明：

1.水景补水由指定水源供给。

2.水泵起,停为手动控制,吸水口设不锈钢过滤网,出口均加柔性接口。

3.给水管道采用闸阀。

4.水景供水管采用PE塑料给水管,电热熔连接,管道试验压力为1.2MPa。

5.水景排水管采用UPVC排水管,专用胶粘接;

6.穿水池壁或池底的管道施工前须预埋刚性防水套管,见国标S312-8-4型。

7.由有专业资质的水景公司复核设计并施工。

水泵选型表						
编号	规格型号	流量（m³/H）	扬程（m）	功率（kW）/电压（V）	安装方式	用途
M2	QS100-10-4	100	10	4.0kW/380	卧装	叠水循环
M3	QS100-10-4	100	10	4.0kW/380	卧装	叠水循环

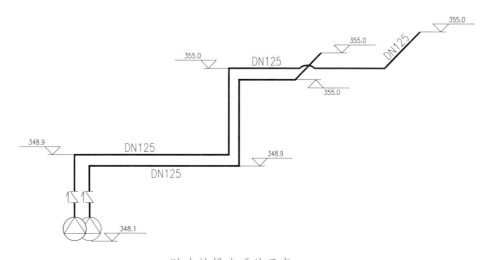

跌水给排水系统示意

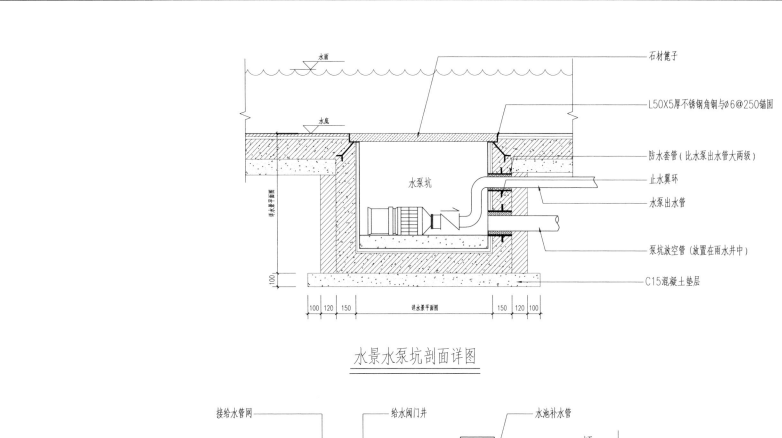

石材篦子

L50X5厚不锈钢角钢与∅6@250锚固

防水套管(比水泵出水管大两级)

止水翼环

水泵出水管

泵坑放空管(放置在雨水井中)

C15混凝土垫层

水泵坑

水面

水底

水泵坑剖面详图

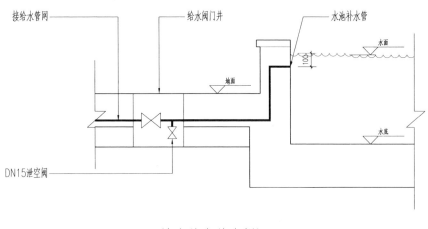

接给水管网

给水阀门井

水池补水管

地面

水面

水底

DN15泄空阀

补水管安装大样图

居住区B景观－水景安装大样1－124

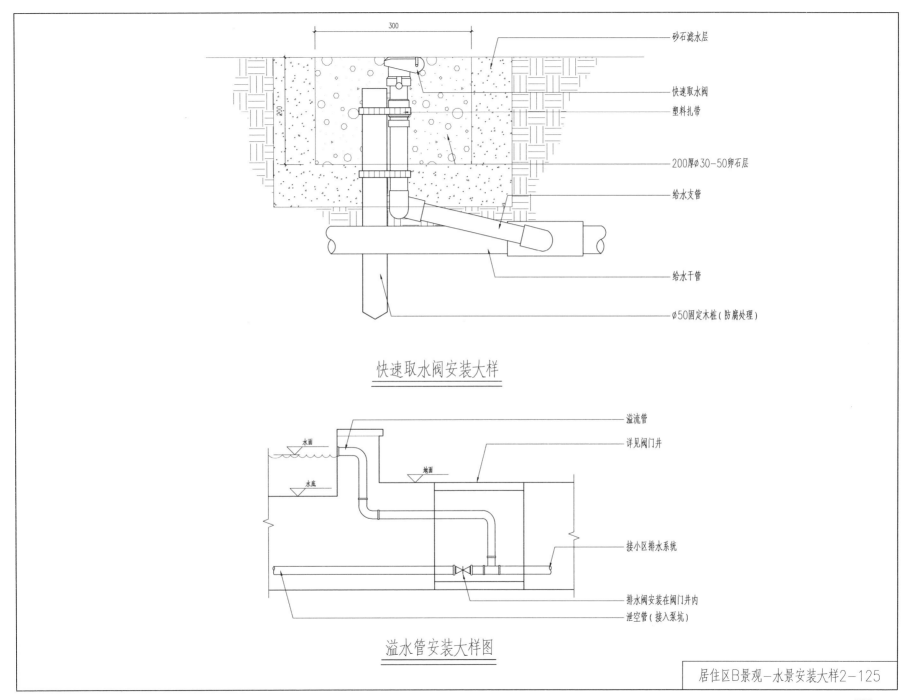

快速取水阀安装大样

溢水管安装大样图

砂石滤水层
快速取水阀
塑料扎带
200厚∅30-50卵石层
给水支管
给水干管
∅50固定木桩(防腐处理)

300
200

溢流管
详见阀门井
水面
地面
水底
接小区排水系统
排水阀安装在阀门井内
泄空管(接入泵坑)

居住区B景观-水景安装大样2-125

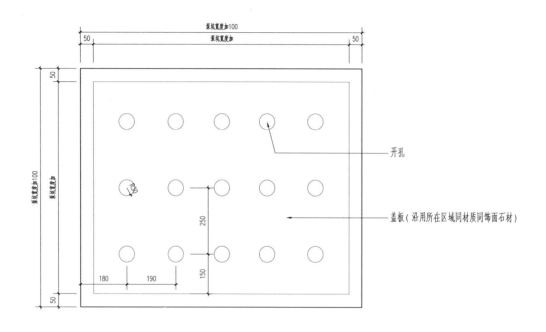

泵坑盖板大样

某古村落景观施工图设计

小城镇建设行动项目

XIAOCHENGZHEN JIANSHEXINGDONG XIANGMU

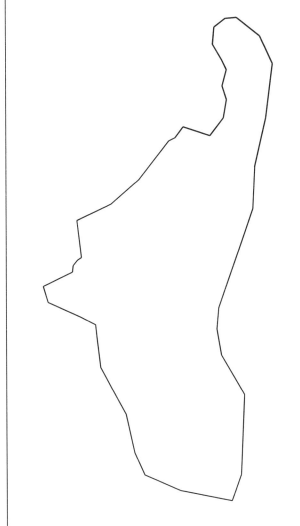

某某县某某某镇

MOUMOUXIAN MOUMOUMOU ZHEN

景观施工图

LANDSCAPEDRAWINGS

04 · 15 · 201x

汇泉广场部分

设 计 总 说 明

本设计为某某县某某某镇小城镇建设行动项目景观施工图设计

一、设计依据

1. 国家《城市园林绿化工程及验收规范CJJ／82－99》中关于环境施工的有关规范标准。

2. 经甲方确认的景观设计方案

3. 国家及地方规范：《公园设计规范》、《道路设计规范》、《城市绿地植物配置及其造景》.

二、工程概况

1. 工程位于山东省某某县某某某镇。

三、设计单位制及设计标高

1. 除标高以米（m）为单位外，本工程施工图中未注明者均以毫米(mm)为单位，道路坡度以%计。

2. 本景观环境工程设计应与规划密切配合，如有相关修改应做相应调整。

四、场地处理

1. 竖向图中竖向设计所注为相对标高（设汇泉路与龙池大街中心线交点 为相对标高0.00点），

施工前应核对场地具体高程现状核实，如有不符须与设计协商调整，地面排水进入市政排水系统.

2. 地形塑造景现地形时应设网格放线，尺寸满足图纸要求，如现场与设计出现较大偏差，

应和景观设计师协商解决。

五、土建工程

1. 图中所选用的饰面样品在施工前由甲方及景观设计师共同审定。

2. 小品做法处理如未说明按当地习惯作法。

3. 土建工程施工工艺除特殊做法图中详细表示外，一般常规做法参相关图集08BJ系列、

L06J002建筑作法图集及当地室外工程图集、建筑材料手册。

4. 铺贴天然石材应在施工前作防泛碱处理（推荐的防碱背涂剂有：德国雅科美石材渗透剂，

美国SG－4防护剂，国产保石店SG－4等），并在施工前不得沾水。

水景石材的铺贴均应采用低碱水泥（要求三氧化硫含量不得超过3.5%，碱含量不得超过0.6%），

用防水水泥砂浆铺贴，铺贴完成后用同色大理石胶封闭所有接缝。

5. 如无特殊说明地面铺地如下做法：

  — 详见大样详图材料；

  — 面层设计材料厚度30厚1：3干硬性水泥砂浆；

  — 120厚C15混凝土层；

  — 150厚3：7灰土垫层；

  — 素土分层夯实；

六、金属结构工程

1. 按设计规格及厂家资料施工。

2. 如无特殊说明防锈均为室外防腐漆两道。颜色除注明外均为浅灰色。

3. 自动焊和半自动焊时采用H08A和H08MnA焊丝，其力学性能符合GB/T 5117－1995的规定。

4. 焊接型钢应采用埋弧焊或半自动焊接，贴角焊缝厚度不小与6mm，长度均为满焊。

5. 所有外露钢件均做防腐防锈处理：打磨除锈，面批原子灰防锈漆一道。

七、木作工程

1. 选材:木铺装等所选木材均为纹理直，木节少优质防腐木。

2. 所有外露木件应作防腐防虫处理，无特殊说明面层景观木油两遍.

八、苗木种植

1. 苗木应选用适于当地生长的苗木，苗木应发育端正、良好，造型姿态优美，适于园林种植。

2. 园林植物种植工程完毕后进行了整型修剪，工程完毕后施工单位对园林植物进行成活保养.

3. 植物要求生长健壮，树型饱满的优良植株，树木应展现其表，树木有表里（美观漂亮一侧为表）之分，应在栽植现场确定树木的栽植朝向等技术问题，地被植袖栽植时应保证密度和景观效果。

4. 绿化实施前应咨询园林设计师有关园林植物的种植密度及数量（参见植物种植图）.

九、设备管线

1. 园林灯具应由设计人员确认后方可施工安装

2. 预埋绿化给水管如材料本身无防腐蚀性能应作防锈、防腐处理，地下管线在

道路、广场垫层施工及绿化施工前铺设完毕，以免造成不必要的二次施工浪费。

3. 高功率的灯具距植物1.0m以外设置，以免影响植物的正常生长。

十、备注

1. 若总平面图与大样图不符之处以大样图为准.

2. 图中有多处类似做法时，若在局部图纸中未做交代，则按已做交代的图纸内容统一做法.

3. 切勿以比例量度此图，一切依图内数字所示为准，尺寸量度以地盘实物为准.

十一、特别说明

1. 硬质铺装的砼垫层须作分仓浇捣。场地铺装处分仓尺寸不大于6×6m，人行路铺装处，分仓间距不大于4m。

2. 图中未注明素土夯实夯实系数的均为≥93%(环刀取样)。

3. 图中未注明的砼强度等级除钢筋砼为C25外，其余均为C15。

5. 未详尽事宜以国家标准规范为准。

图例：

FL	FLOOR LEVEL	完成面底高
PA	PLANTING AREA	植区
TW	TOP OF WALL	墙顶标高
RL	ROAD LEVEL	道路标高
Tk	TOP OF CURB	路牙顶面标高
TS	TOP OF SOIL	土壤面标高
BP	BOTOM OF PLANTER	种植池底标高
TL	TOP OF PLANTER	种植池顶标高
TSW	TOP OF SEAT WALL	座墙顶标高
E.V.A.	EMERGENCY VEHICULAR ACCESS	消防车道
TR	TOP OF RAILING	柱顶标高
BW	BOTTOM OF FOUNTAIN/POND/POOL	水池底标高
WL	WATER LEVEL	水面标高
TD	TOP OF THE DECK	木平台标高
→	FALL TO DRAIN	排向雨水管
P1		铺装样式一

<table>
<tr><th colspan="4">图纸一览表</th></tr>
<tr><td>序号</td><td>图纸编号</td><td>图纸标题</td><td>备注</td></tr>
<tr><td colspan="4">总体资料</td></tr>
<tr><td>1</td><td>NP-100</td><td>图纸封面</td><td></td></tr>
<tr><td>2</td><td>NP-101</td><td>设计说明</td><td></td></tr>
<tr><td>3</td><td>NP-102</td><td>图纸目录</td><td></td></tr>
<tr><td colspan="4">总图部分</td></tr>
<tr><td>3</td><td>GP-100</td><td>总平面布置图</td><td></td></tr>
<tr><td>4</td><td>GP-101</td><td>总平面索引图</td><td></td></tr>
<tr><td>5</td><td>GP-102</td><td>总平面竖向图</td><td></td></tr>
<tr><td>6</td><td>GP-103</td><td>总平面网格定位图</td><td></td></tr>
<tr><td>7</td><td>GP-104</td><td>总平面铺装图</td><td></td></tr>
<tr><td>8</td><td>GP-105</td><td>总平面尺寸图</td><td></td></tr>
<tr><td colspan="4">详图部分：汇泉广场部分</td></tr>
<tr><td>9</td><td>YP-101</td><td>文化墙</td><td></td></tr>
<tr><td>10</td><td>YP-102</td><td>文化墙详图</td><td></td></tr>
<tr><td>11</td><td>YP-103</td><td>A剖面图</td><td></td></tr>
<tr><td>12</td><td>XP-101</td><td>仿古四角方亭</td><td></td></tr>
<tr><td>13</td><td>XP-102</td><td>仿古四角亭详图</td><td></td></tr>
<tr><td>14</td><td>XP-103</td><td>仿古四角亭详图</td><td></td></tr>
<tr><td>15</td><td>XP-104</td><td>仿古四角亭详图</td><td></td></tr>
<tr><td>16</td><td>XP-105</td><td>仿古四角亭详图</td><td></td></tr>
<tr><td>17</td><td>XP-106</td><td>连廊</td><td></td></tr>
<tr><td>18</td><td>XP-107</td><td>连廊详图</td><td></td></tr>
<tr><td colspan="4">铺装大样</td></tr>
<tr><td>19</td><td>PP-101</td><td>铺装详图一</td><td></td></tr>
<tr><td>20</td><td>PP-102</td><td>铺装详图二</td><td></td></tr>
<tr><td>21</td><td>PP-103</td><td>铺装详图三</td><td></td></tr>
</table>

<table>
<tr><th colspan="4">图纸一览表</th></tr>
<tr><td>序号</td><td>图纸编号</td><td>图纸标题</td><td>备注</td></tr>
<tr><td>22</td><td>PP-104</td><td>铺装详图四</td><td></td></tr>
<tr><td>23</td><td>PP-200</td><td>铺装做法</td><td></td></tr>
<tr><td colspan="4">通用图类</td></tr>
<tr><td>24</td><td>TP-101</td><td>停车场做法</td><td></td></tr>
<tr><td>25</td><td>TP-102</td><td>台阶做法</td><td></td></tr>
<tr><td>26</td><td>TP-103</td><td>种植池，树池</td><td></td></tr>
<tr><td>27</td><td>TP-104</td><td>做法详图</td><td></td></tr>
<tr><td colspan="4">植物部分</td></tr>
<tr><td>28</td><td>YS-100</td><td>总平面植物关系图</td><td></td></tr>
<tr><td>29</td><td>YS-101</td><td>种植苗木表</td><td></td></tr>
<tr><td>30</td><td>YS-102</td><td>总平面乔木定位图</td><td></td></tr>
<tr><td>31</td><td>YS-103</td><td>灌木（地被）定位图</td><td></td></tr>
</table>

城镇广场-汇泉图纸目录-03

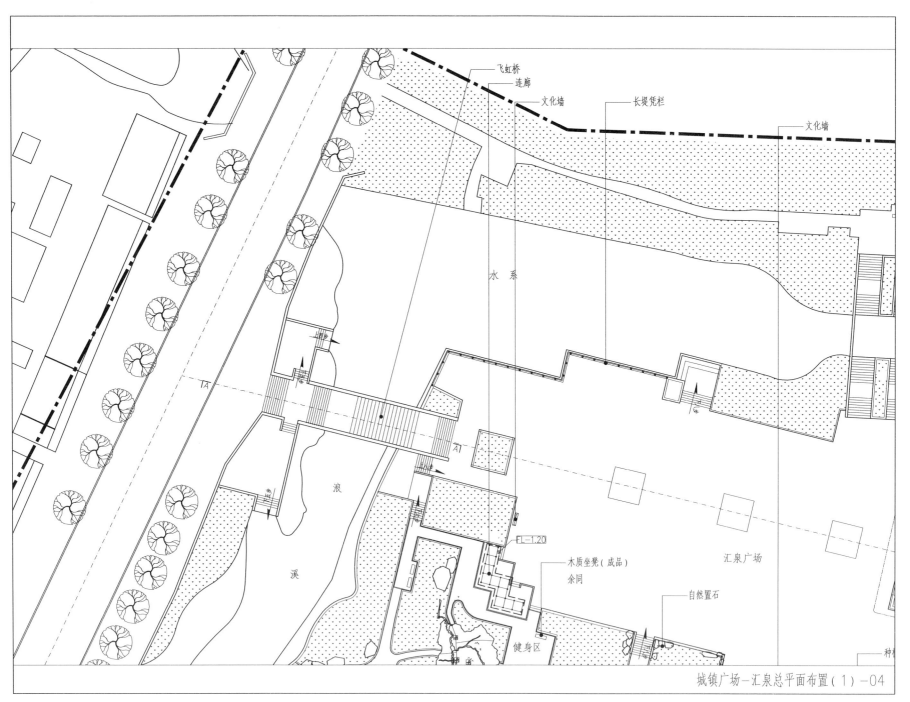

飞虹桥
连廊
文化墙
长堤凭栏
文化墙

水　系

浪

溪

汇泉广场

木质坐凳（成品）
余同

自然置石

健身区

种

城镇广场-汇泉总平面布置（1）-04

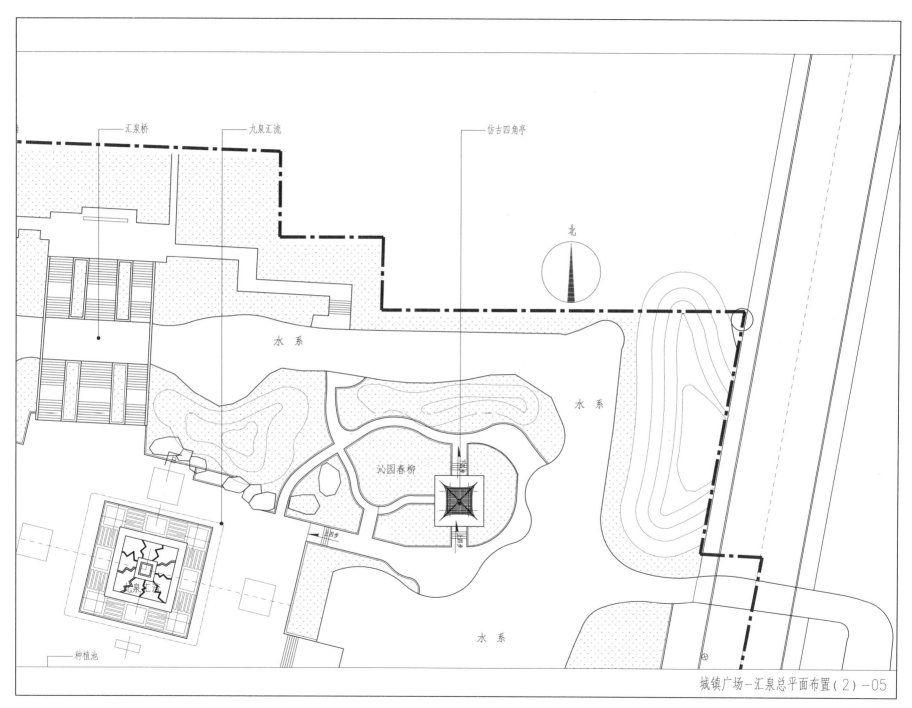

汇泉桥　　　九泉汇流　　　　　　　仿古四角亭

北

水　系

水　系

沁园春柳

水　系

种植池

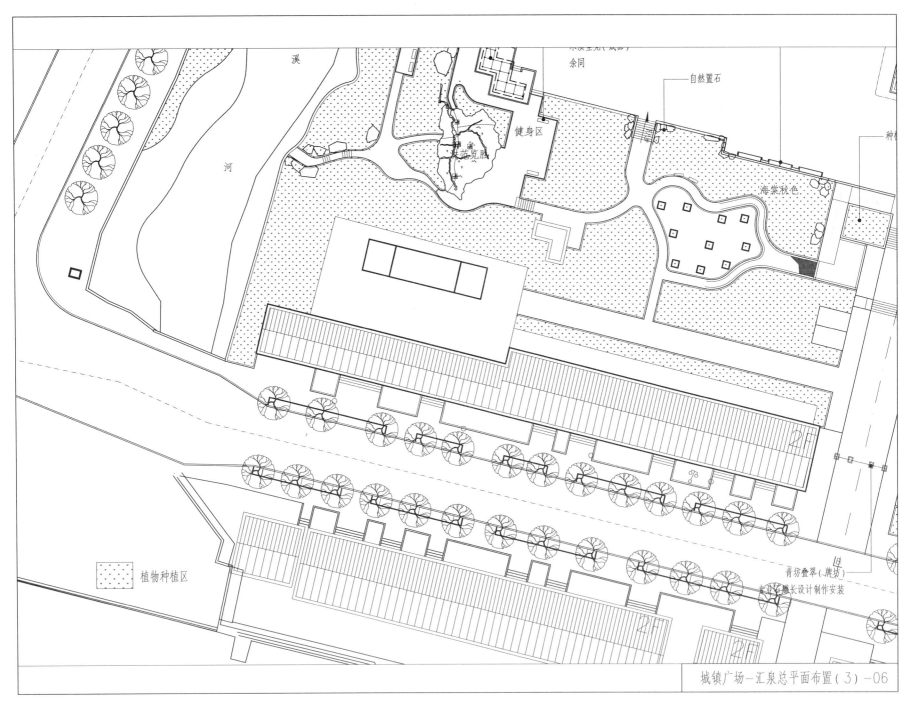

溪

河

自然置石

健身区

海棠秋色

种植

植物种植区

青坊叠翠(牌坊)
专业牌坊长设计制作安装

2F

2F

城镇广场—汇泉总平面布置(3)-06

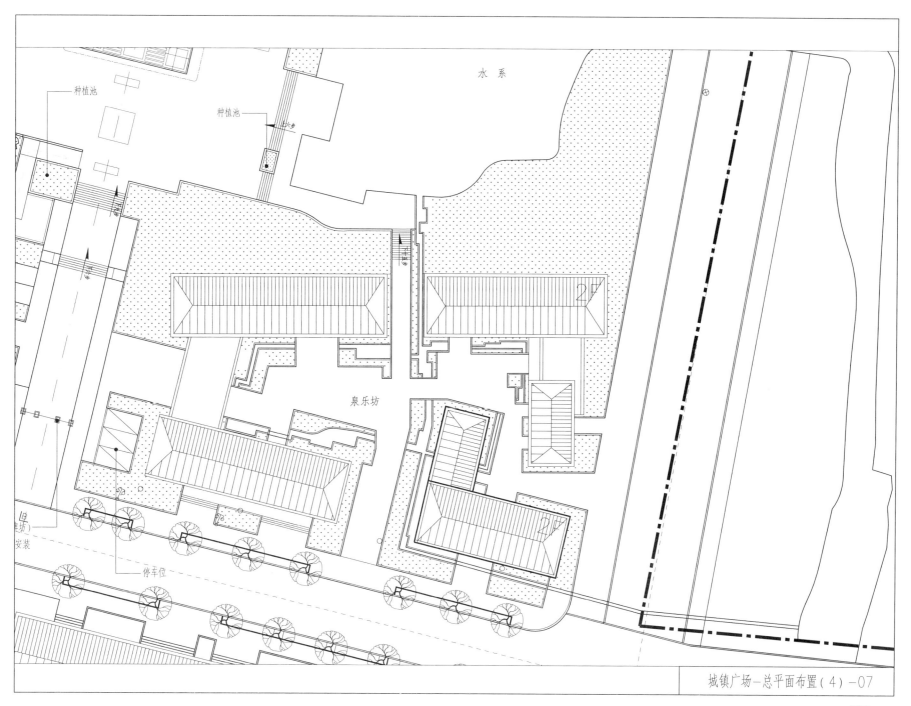

种植池

种植池

散步

水　系

泉乐坊

停车位

（电）坊
安装

城镇广场—总平面布置（4）-07

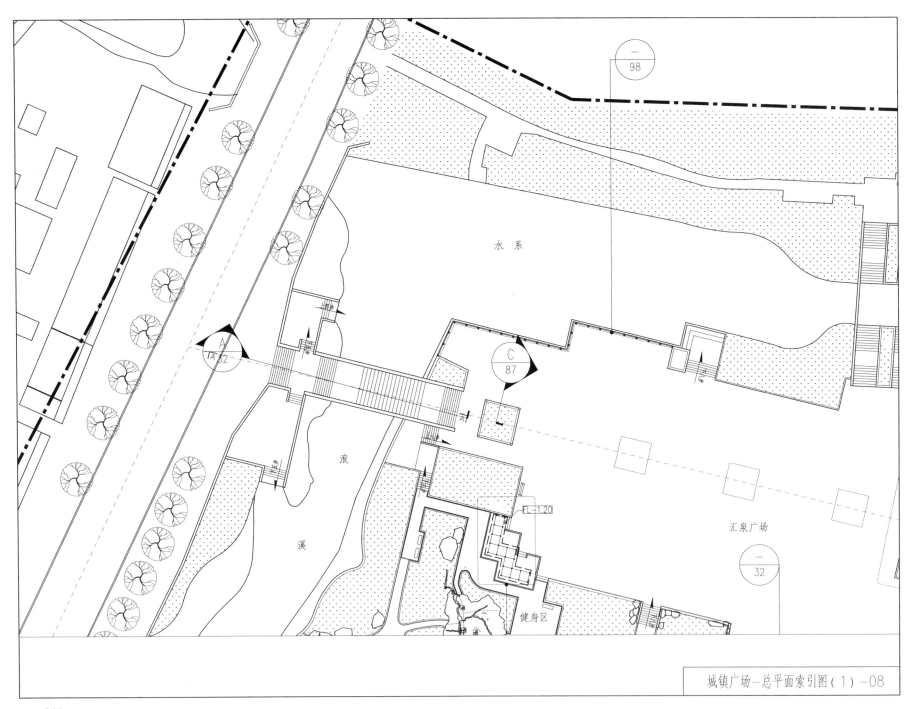

水 系

浪

溪

汇泉广场

健身区

EL=1.20

城镇广场-总平面索引图（1）-08

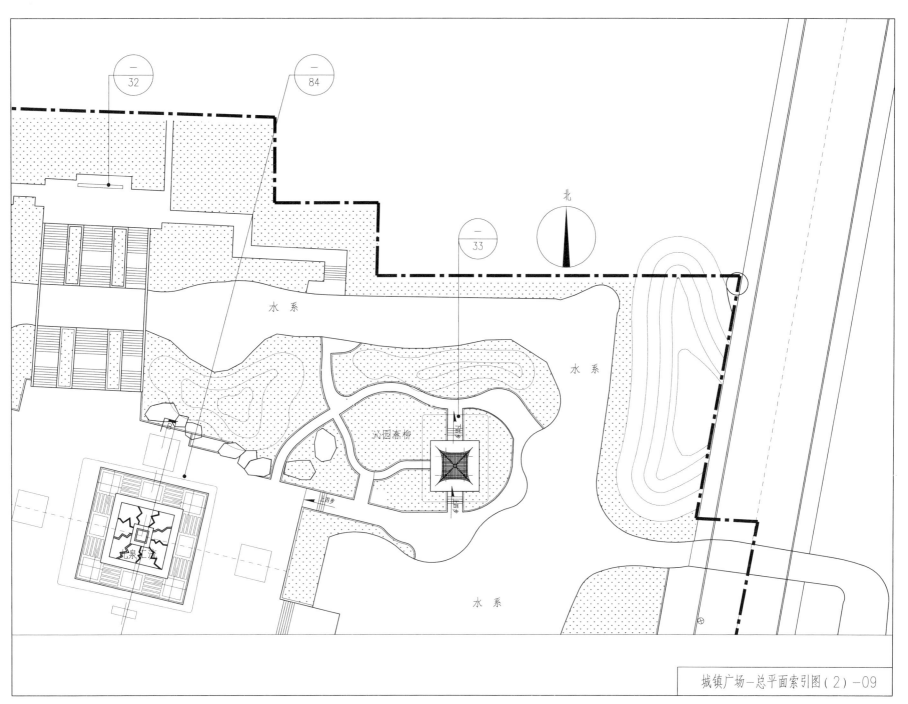

北

水系

水系

水系

沁园春柳

城镇广场–总平面索引图（2）–09

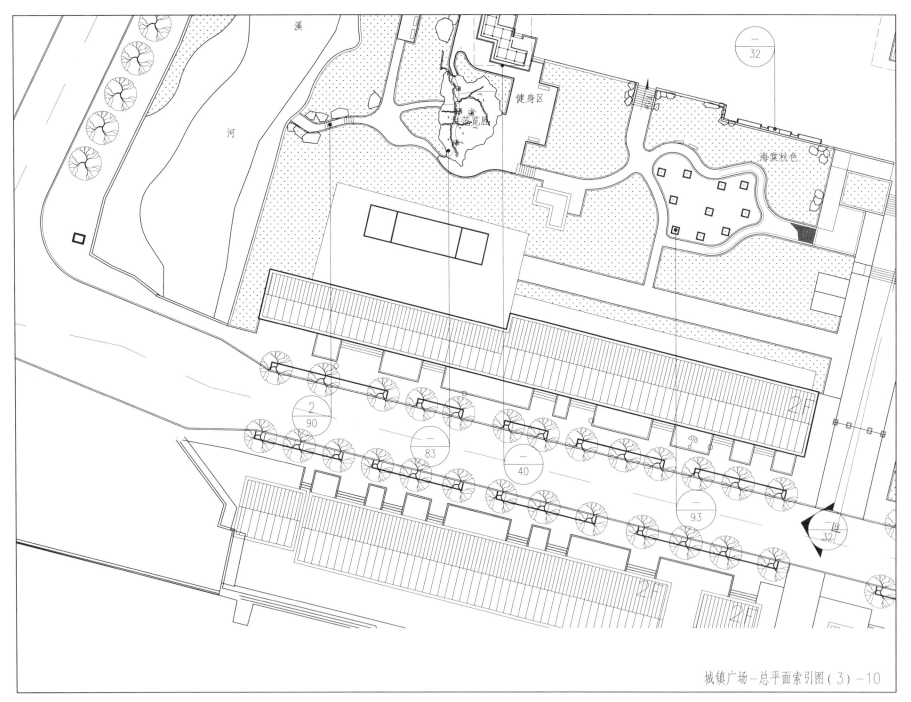

城镇广场—总平面索引图（3）—10

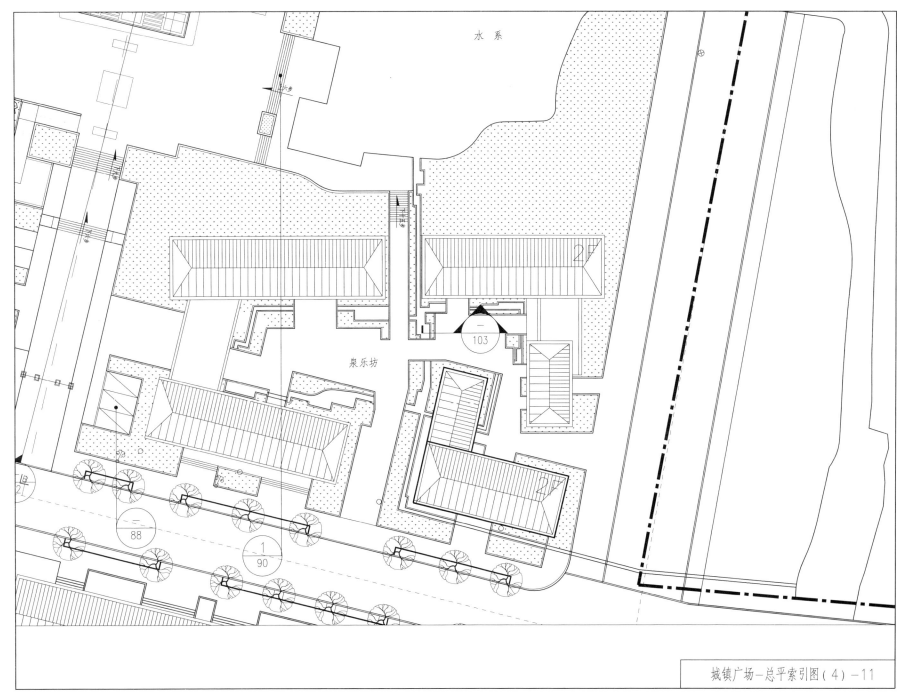

水 系

泉乐坊

城镇广场—总平索引图（4）—11

水 系

WL-3.35
BL-7.50

FL-2.25

RL-0.35

FL-0.15

FL-1.50

FL-2.85

FL-2.70

FL-1.05

FL-2.85

FL-2.40

FL-1.50

浪

FL-2.55

溪

FL-1.20

FL-1.20

汇泉广场

FL-1.20

健身区
FL-1.20

TW-0.30

FL-1.35

城镇广场–总平面竖向图（1）–12

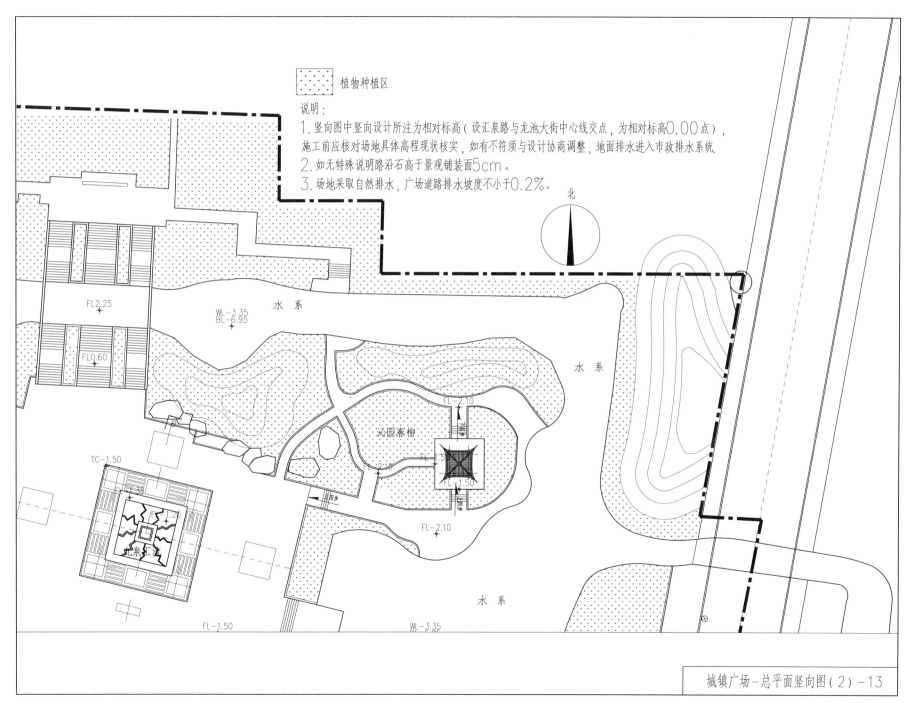

植物种植区

说明：
1. 竖向图中竖向设计所注为相对标高（设汇泉路与龙池大街中心线交点，为相对标高0.00点），
施工前应核对场地具体高程现状核实，如有不符须与设计协商调整，地面排水进入市政排水系统。
2. 如无特殊说明路沿石高于景观铺装面5cm。
3. 场地采取自然排水，广场道路排水坡度不小于0.2%。

北

FL2.25

WL-3.35
BL-6.95

水 系

水 系

FL0.60

沁园春柳

FL-2.10

TC-1.50

FL-1.50

FL-2.10

FL-2.10

水 系

FL-1.50

WL-3.35

城镇广场-总平面竖向图（2）-13

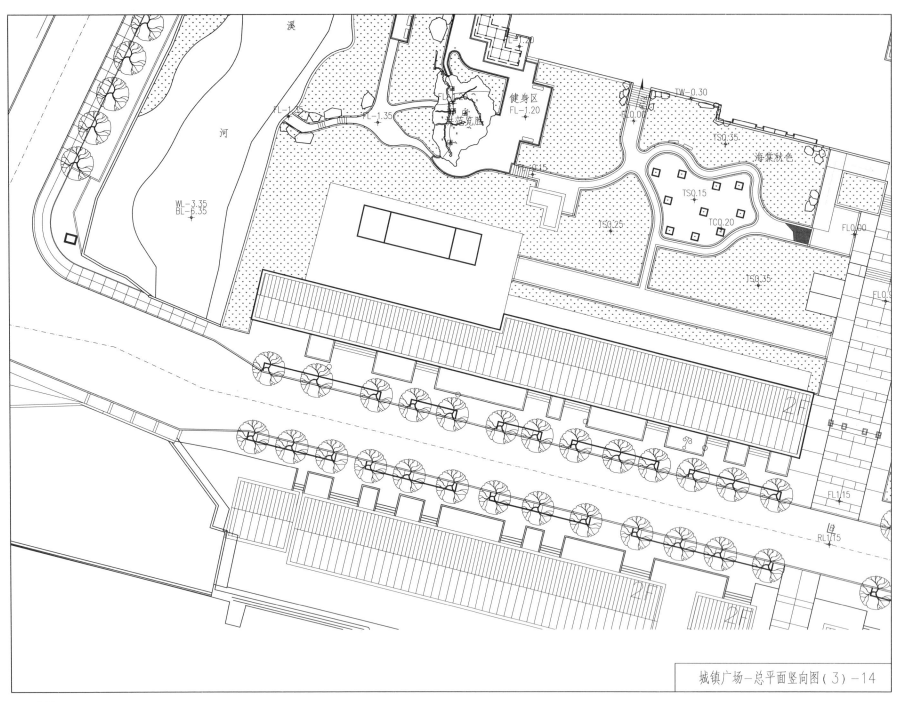

城镇广场—总平面竖向图（3）—14

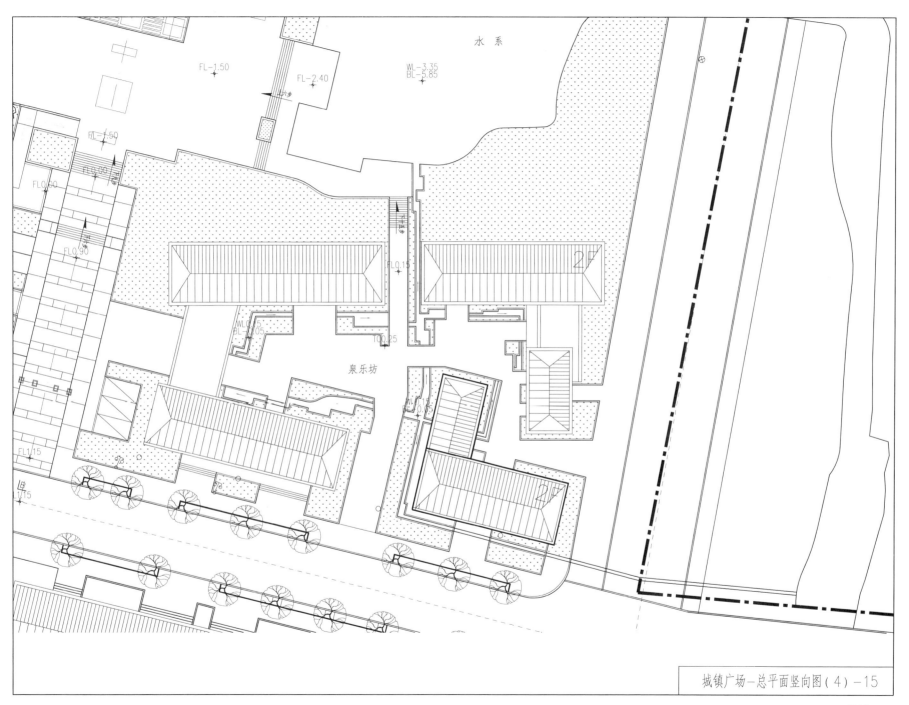

水系

FL-1.50

FL-2.40

WL-3.35
BL-5.85

FL-1.50

FL0.00

FL0.00

FL0.90

FL0.15

WL0.25
BL-1.05

T0.25

泉乐坊

2F

FL1/15

2F

城镇广场-总平面竖向图（4）-15

A=−80

A=−60

A=−40

A=−2

水系

浪

溪

EL.1.20

汇泉广场

健身区

城镇广场—总平面网格定位图（1）—16

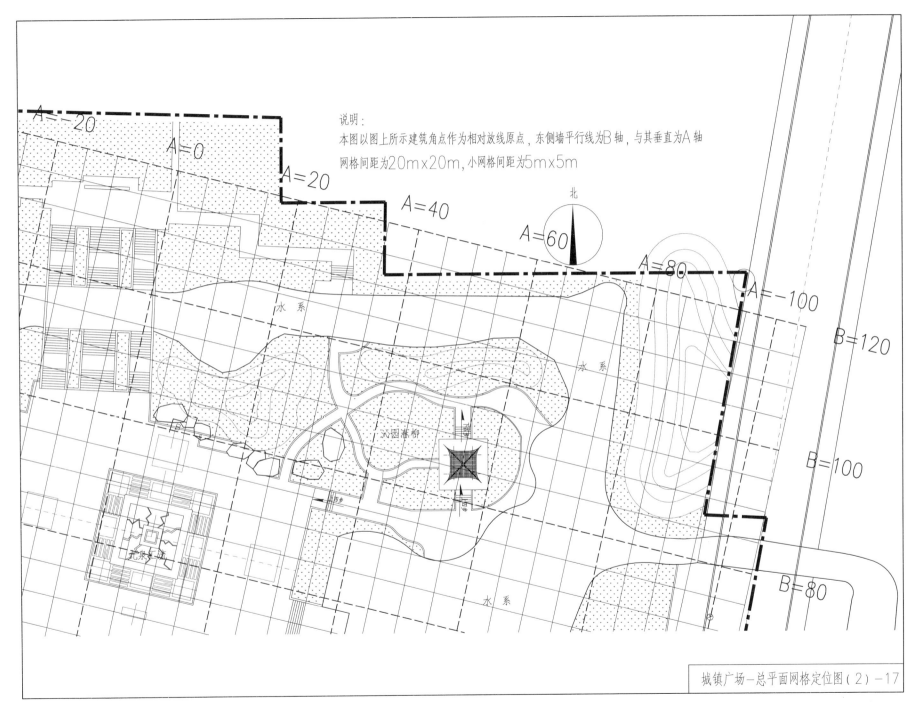

说明：
本图以图上所示建筑角点作为相对放线原点，东侧墙平行线为B轴，与其垂直为A轴
网格间距为20m×20m，小网格间距为5m×5m

北

A=-20
A=0
A=20
A=40
A=60
A=80
A=-100
B=120
B=100
B=80

水系
水系
水系

沁园慕柳

城镇广场—总平面网格定位图（2）-17

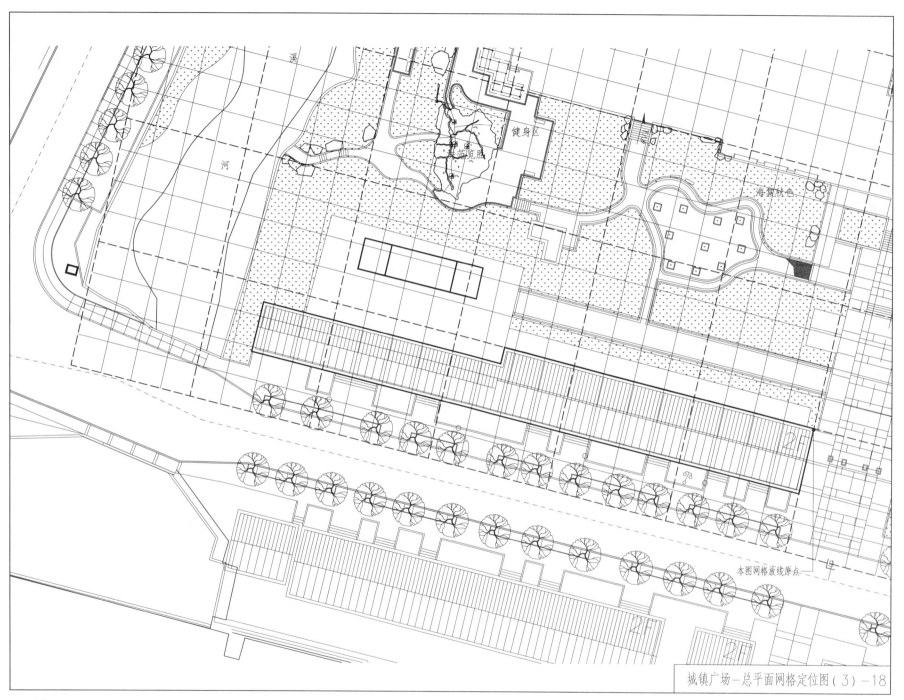

河

溪

健身区

花苑览胜

海棠秋色

本图网格放线原点

城镇广场—总平面网格定位图（3）—18

水系

泉乐坊

B=80

B=60

B=40

B=20

B=0

城镇广场—总平面网格定位图（4）—19

水　系

汇泉广场

浪

溪

健身区

P3

P3

P3

P3

P3

P6

P6

P6

P9

FL-1.20

城镇广场—总平面铺装图（1）-20

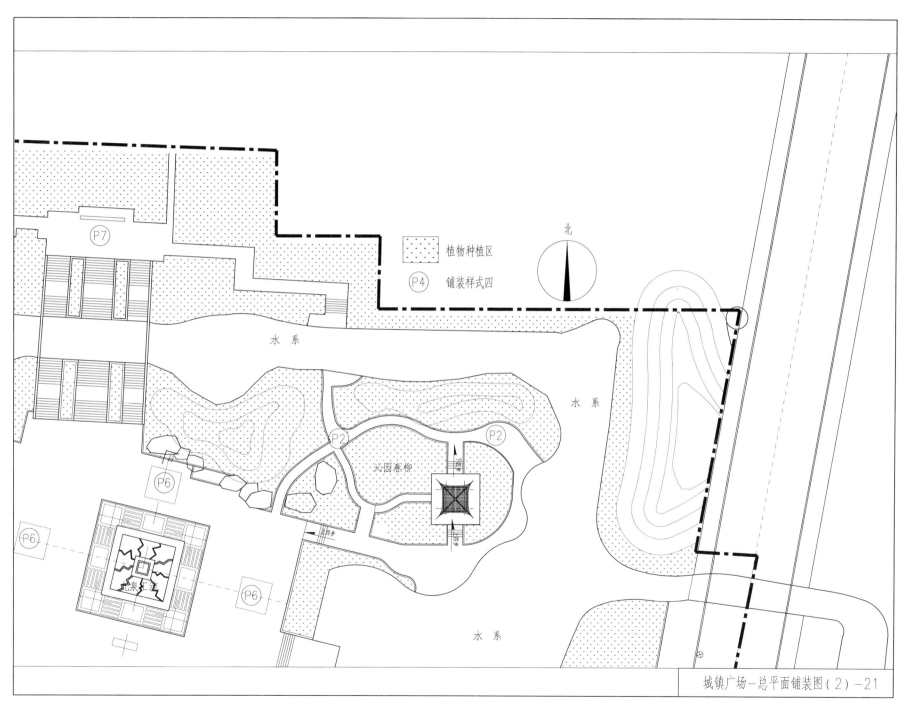

植物种植区

P4 铺装样式四

北

P7

水 系

水 系

沁园春柳

P2 P2

P6

P6

P6

水 系

城镇广场—总平面铺装图(2)—21

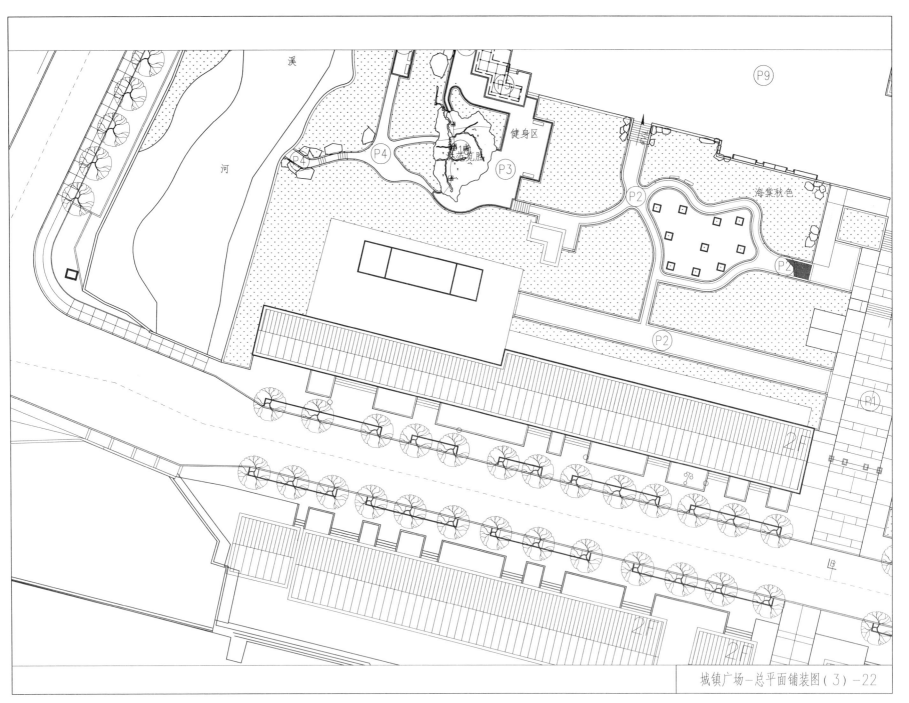

溪

河

健身区

海棠秋色

P9

P4

P4

P3

P2

P2

P2

P1

城镇广场—总平面铺装图（3）-22

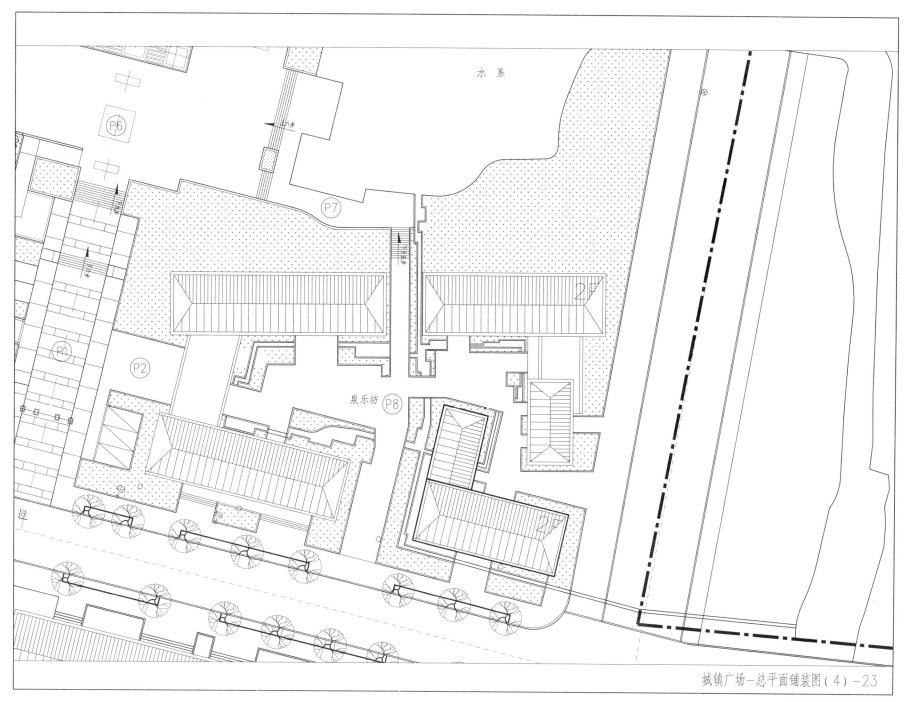

水 系

P6

P7

P1

P2

泉乐坊 P8

城镇广场–总平面铺装图（4）–23

水　系

汇泉广场

浪

溪

健身区

城镇广场－总平面尺寸图（1）－24

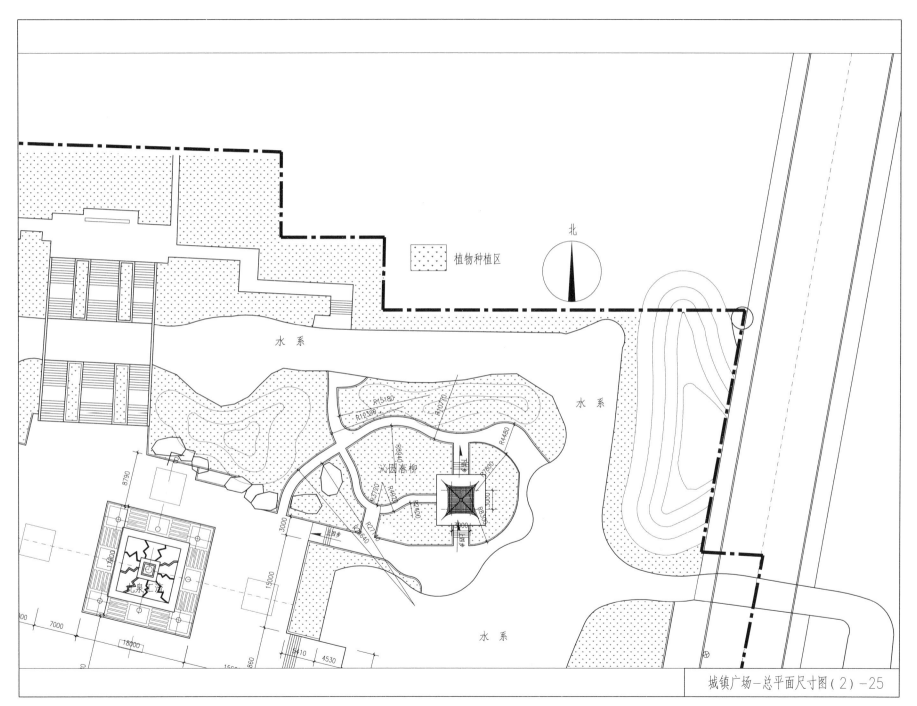

植物种植区

北

水 系

水 系

水 系

沁园春柳

城镇广场—总平面尺寸图（2）—25

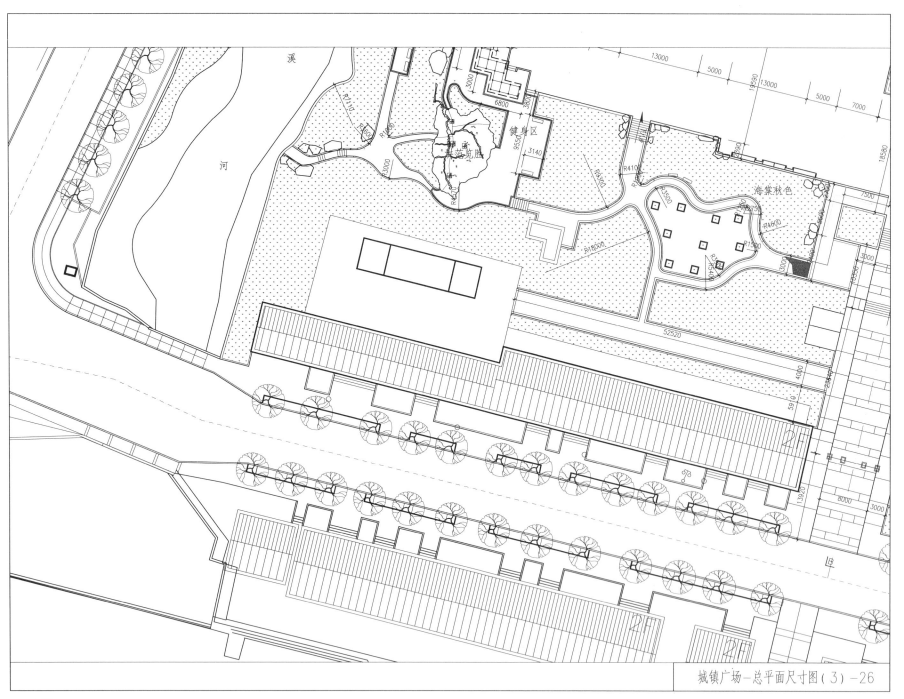

溪

河

健身区

海棠秋色

城镇广场—总平面尺寸图（3）-26

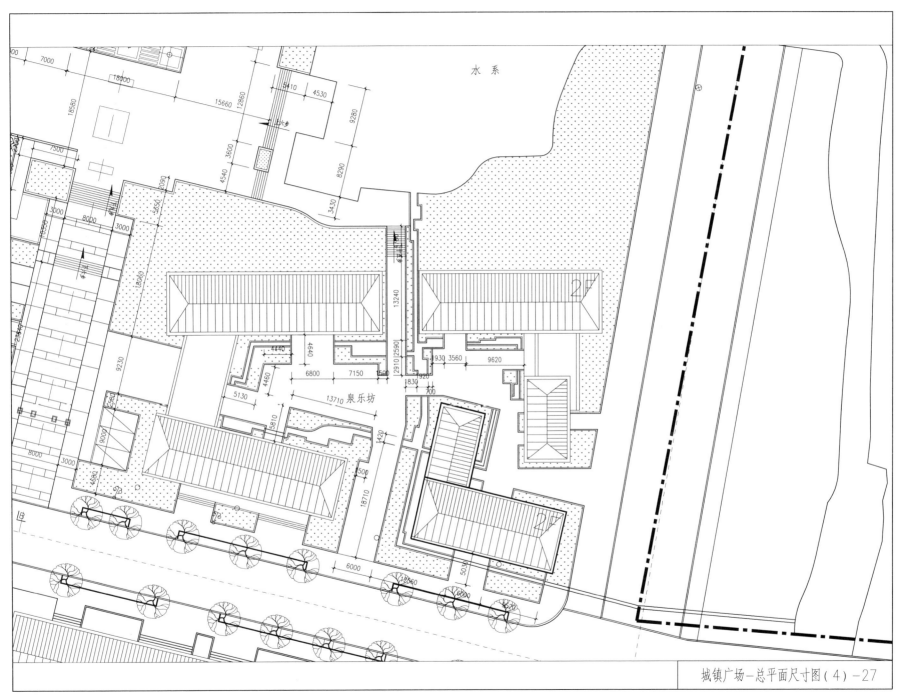

水 系

泉乐坊

城镇广场—总平面尺寸图（4）-27

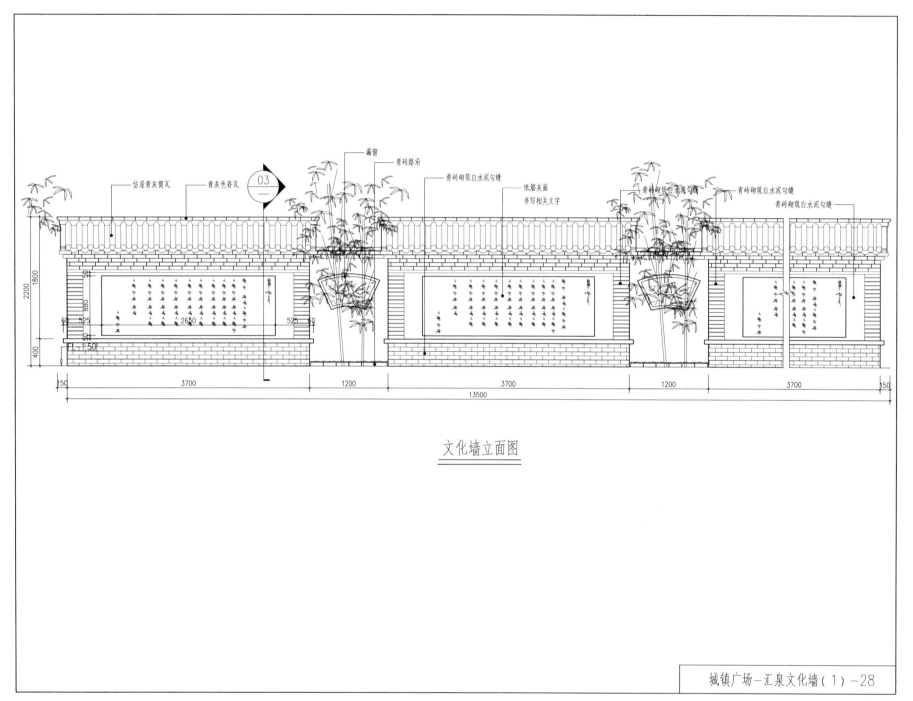

仿屋青灰筒瓦　　青灰色脊瓦　　漏窗　　青砖路沿　　青砖砌筑白水泥勾缝　　纸筋灰面书写相关文字　　青砖砌筑白水泥勾缝　　青砖砌筑白水泥勾缝　　青砖砌筑白水泥勾缝

03

2200　1800　880　525　60　400

FL-1.50

2650　525

150　　3700　　1200　　3700　　1200　　3700　　150

13500

文化墙立面图

城镇广场–汇泉文化墙(1)–28

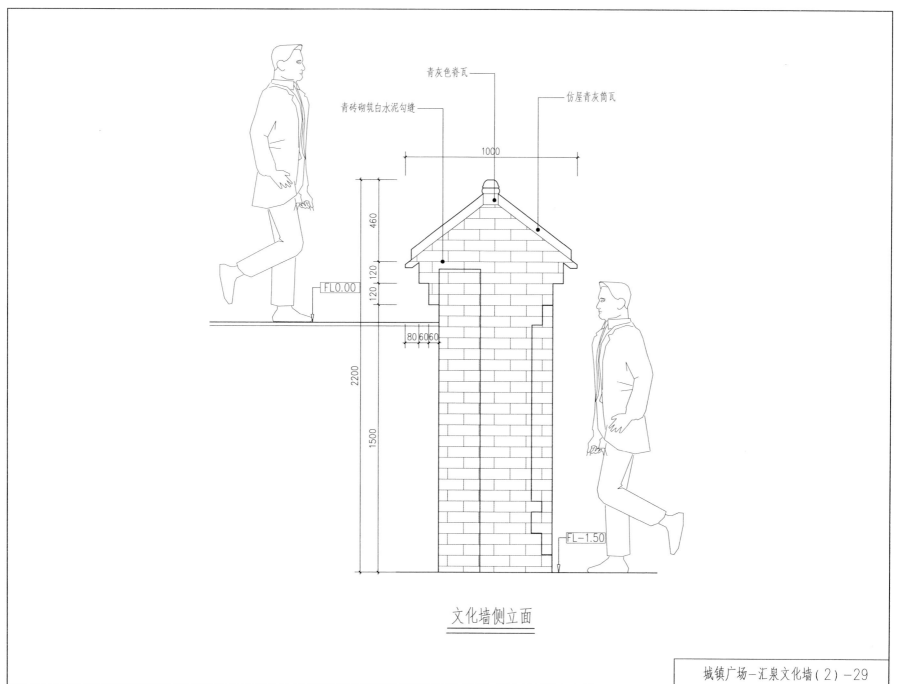

青砖砌筑白水泥勾缝

青灰色脊瓦

仿屋青灰筒瓦

1000

460

120 120

FL0.00

80 60 60

2200

1500

FL-1.50

文化墙侧立面

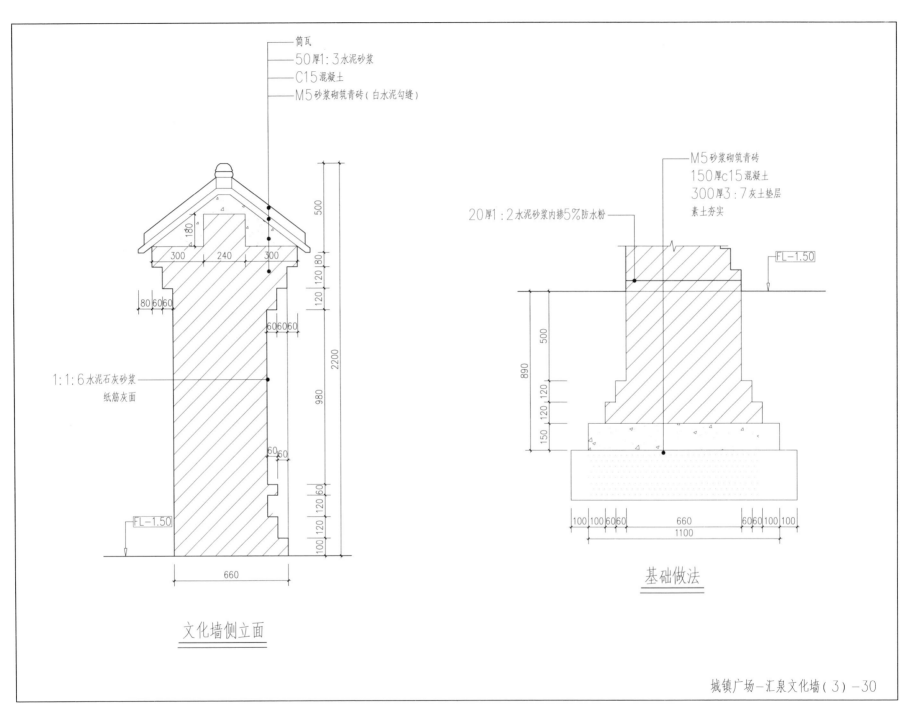

筒瓦

50厚1：3水泥砂浆

C15混凝土

M5砂浆砌筑青砖（白水泥勾缝）

M5砂浆砌筑青砖

150厚c15混凝土

300厚3：7灰土垫层

素土夯实

20厚1：2水泥砂浆内掺5%防水粉

FL-1.50

1：1：6水泥石灰砂浆

纸筋灰面

FL-1.50

文化墙侧立面

基础做法

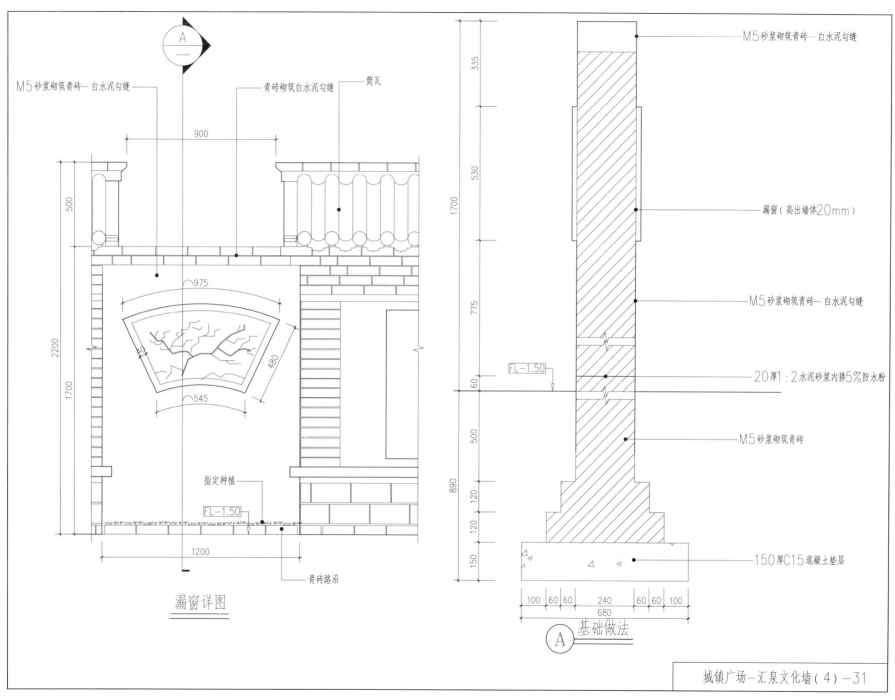

M5砂浆砌筑青砖—白水泥勾缝

青砖砌筑白水泥勾缝

筒瓦

900

M5砂浆砌筑青砖—白水泥勾缝

漏窗（高出墙体20mm）

M5砂浆砌筑青砖—白水泥勾缝

20厚1：2水泥砂浆内掺5%防水粉

M5砂浆砌筑青砖

150厚C15混凝土垫层

500

2200

1700

⌒975

480

⌒545

指定种植

FL-1.50

1200

青砖路沿

漏窗详图

335

530

775

1700

60

500

890

120

120

150

FL-1.50

100 60 60 240 60 60 100

680

A 基础做法

城镇广场-汇泉文化墙（4）-31

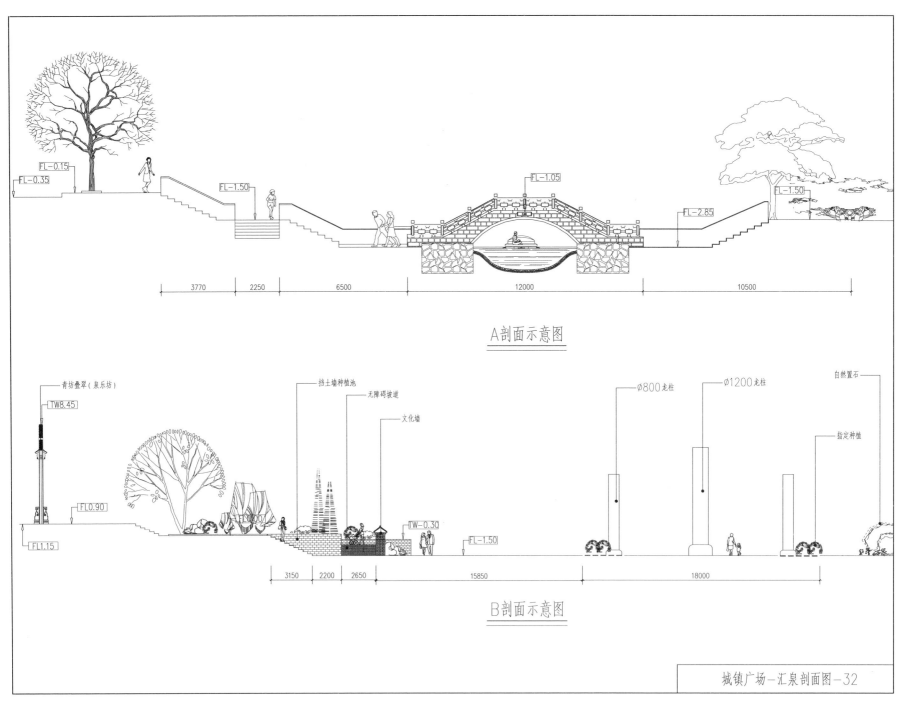

FL-0.15
FL-0.35
FL-1.50
FL-1.05
FL-1.50
FL-2.85

3770 2250 6500 12000 10500

A剖面示意图

青坊叠翠(泉乐坊)
TW8.45
挡土墙种植池
无障碍坡道
文化墙
Ø800龙柱
Ø1200龙柱
自然置石
指定种植
FL0.90
FL1.15
TW-0.30
FL-1.50

3150 2200 2650 15850 18000

B剖面示意图

城镇广场—汇泉剖面图—32

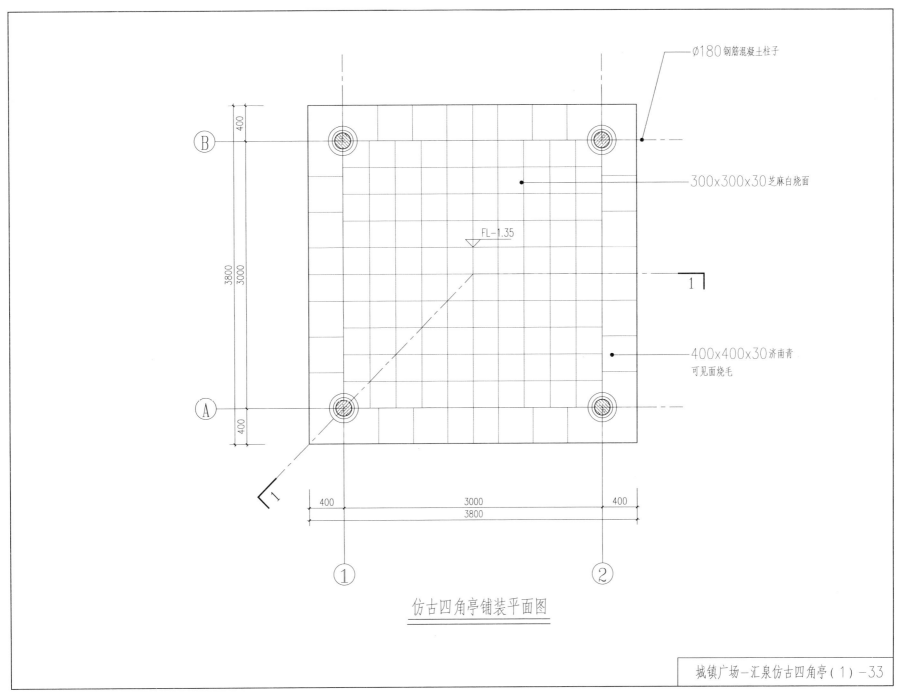

Φ180钢筋混凝土柱子

300x300x30芝麻白烧面

400x400x30济南青
可见面烧毛

FL-1.35

400
3000
3800

400
3000
400
3800

仿古四角亭铺装平面图

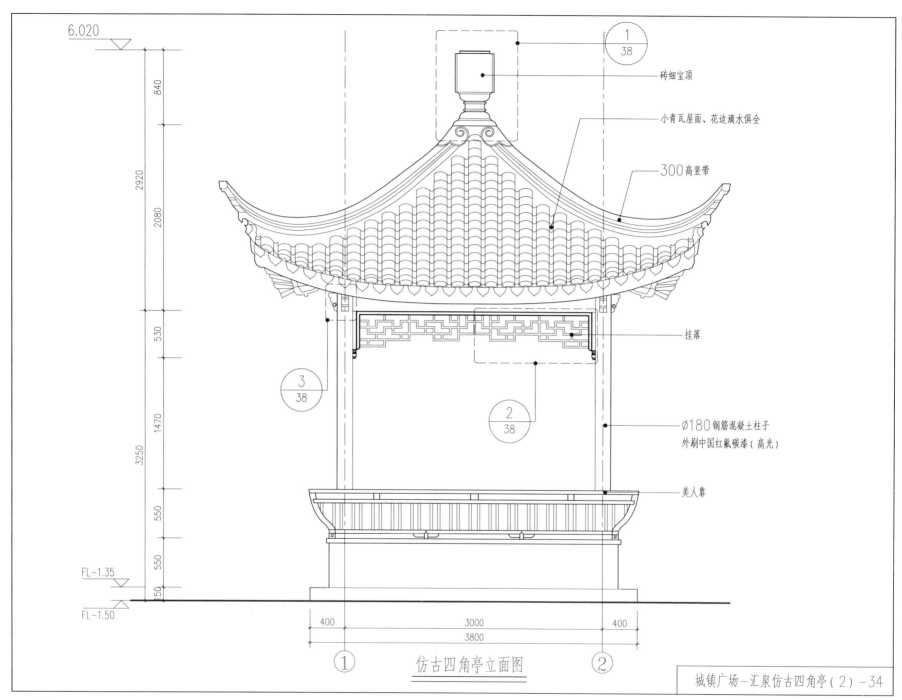

6.020

砖细宝顶

小青瓦屋面、花边滴水俱全

300高竖带

挂落

∅180钢筋混凝土柱子
外刷中国红氟碳漆（高光）

美人靠

840

2920

2080

530

3250

1470

550

550

150

FL-1.35

FL-1.50

$\frac{1}{38}$

$\frac{3}{38}$

$\frac{2}{38}$

400   3000   400
3800

① ②

仿古四角亭立面图

城镇广场—汇泉仿古四角亭（2）－34

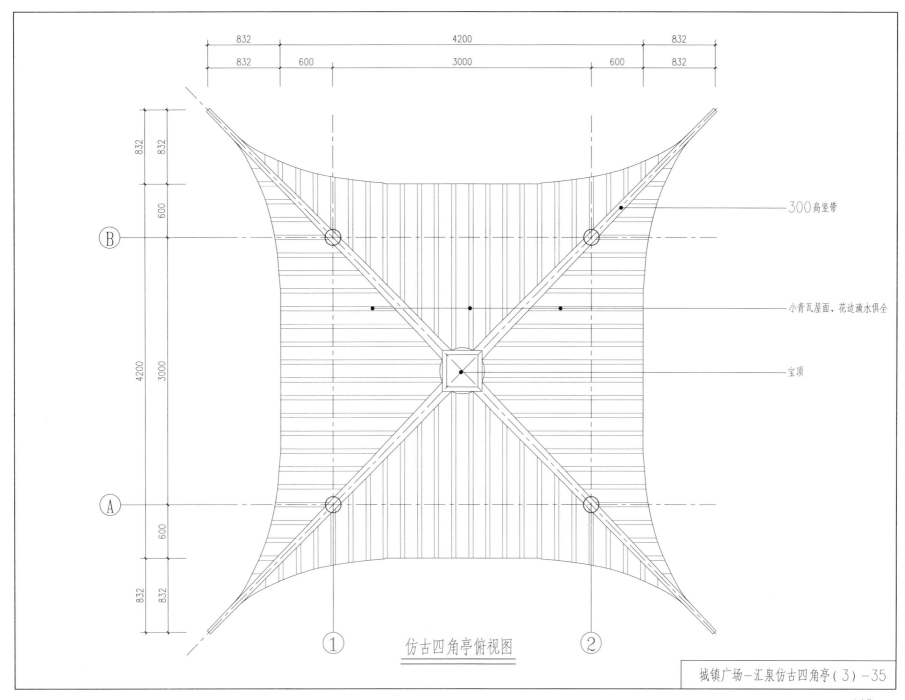

300高竖带

小青瓦屋面、花边滴水俱全

宝顶

仿古四角亭俯视图

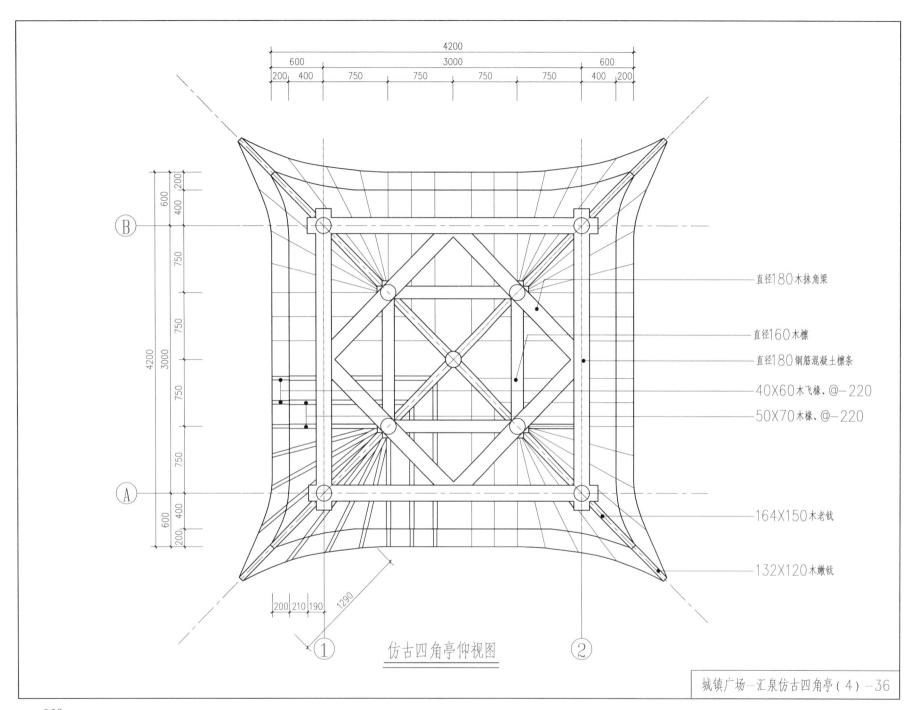

4200
600 3000 600
200 400 750 750 750 750 400 200

600
400 200

750

750

4200 3000

750

750

600
400
200 200

200 210 190 1290

直径180木抹角梁

直径160木檩

直径180钢筋混凝土檩条

40X60木飞椽、@-220

50X70木椽、@-220

164X150木老戗

132X120木嫩戗

仿古四角亭仰视图

城镇广场-汇泉仿古四角亭(4)-36

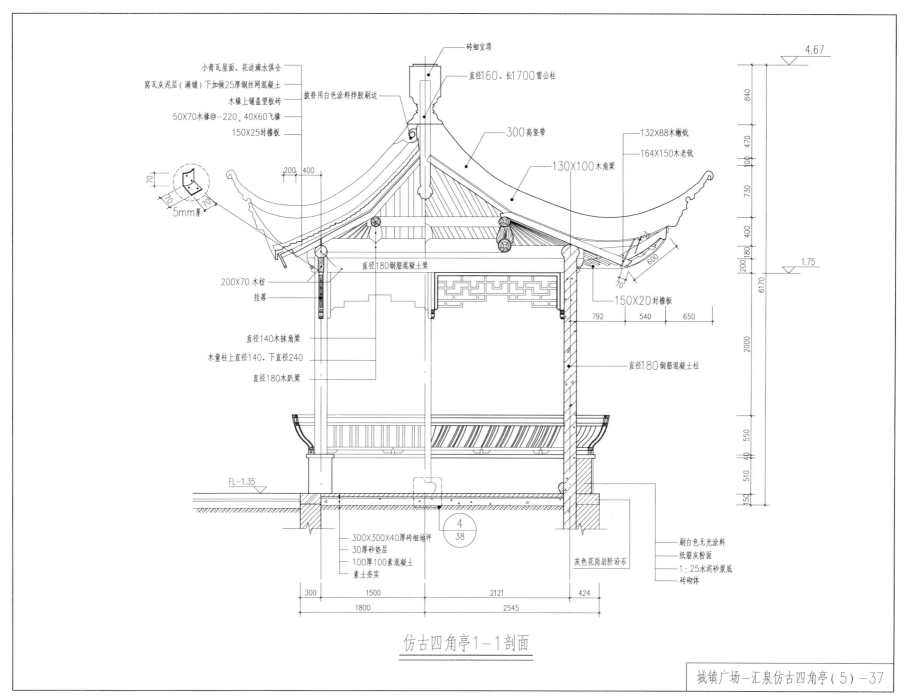

小青瓦屋面、花边滴水俱全
窝瓦灰泥层（满铺）下加做25厚钢丝网混凝土
木椽上铺盖塑板砖
50X70木椽@-220、40X60飞椽
150X25封檐板

5mm厚

披脊用白色涂料拌胶刷边

砖细宝顶

直径160、长1700雷公柱

300高竖带

130X100木角梁

132X88木嫩戗
164X150木老戗

直径180钢筋混凝土梁

200X70 木枋

挂落

150X20封檐板

直径140木抹角梁
木童柱上直径140、下直径240
直径180木趴梁

直径180钢筋混凝土柱

FL-1.35

4
38

300X300X40厚砖细地坪
30厚砂垫层
100厚100素混凝土
素土夯实

灰色花岗岩阶沿石

刷白色无光涂料
纸筋灰粉面
1：25水泥砂浆底
砖砌体

4.67

840
470
100
730
400
200 180
6170
2000
550
40
510
150

1.75

792   540   650

300   1500   2121   424
1800   2545

仿古四角亭1-1剖面

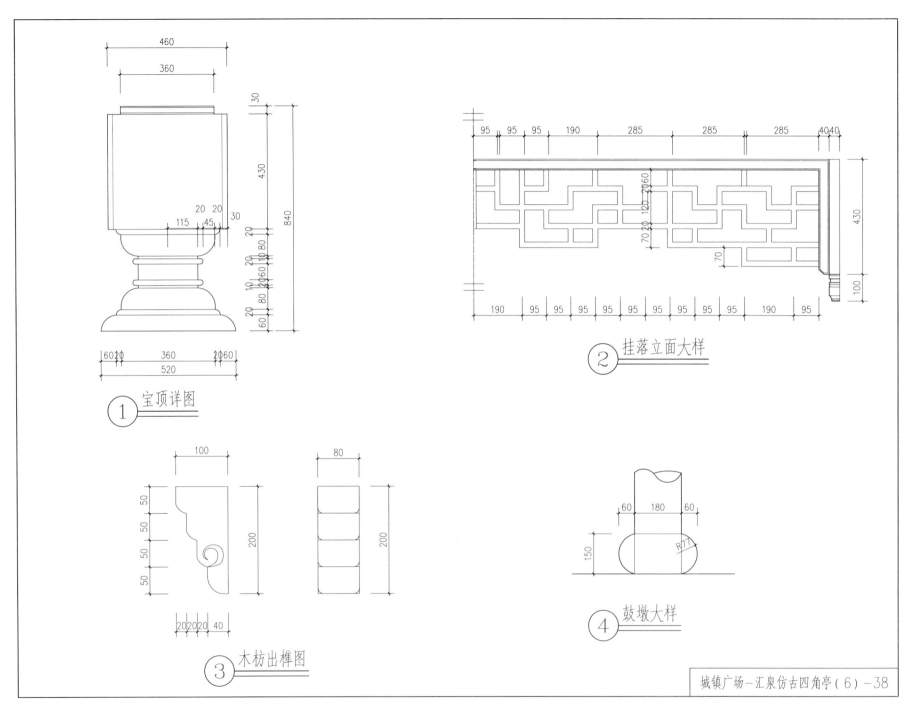

① 宝顶详图

② 挂落立面大样

③ 木枋出榫图

④ 鼓墩大样

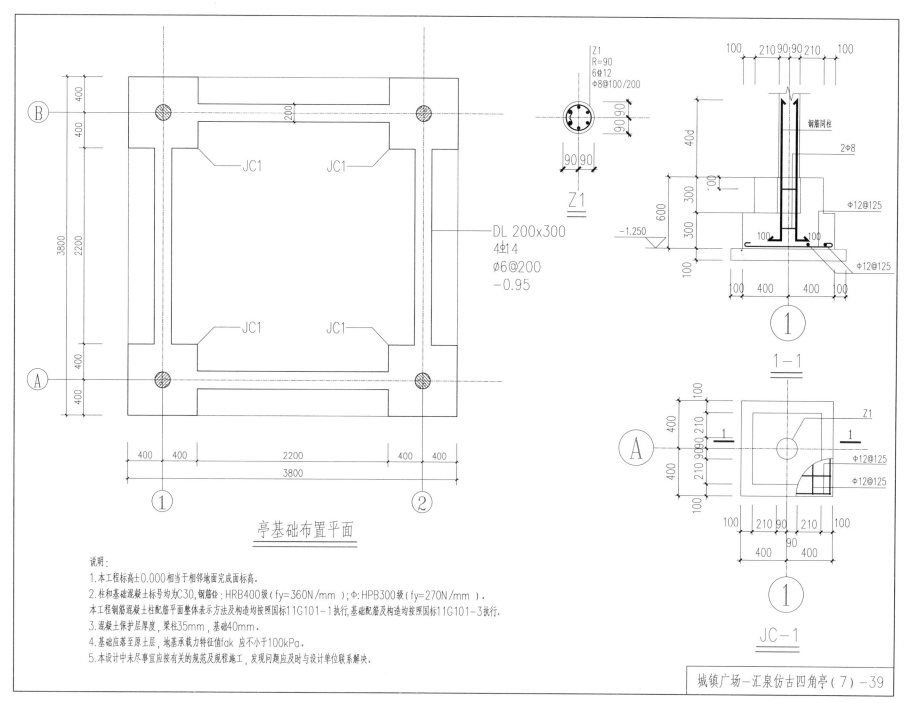

Z1
R=90
6Φ12
Φ8@100/200

Z1

DL 200x300
4Φ14
Φ6@200
−0.95

钢筋同柱

2Φ8

Φ12@125

Φ12@125

−1.250

40d

600

300

300

100

100

400

400

100

1−1

①

亭基础布置平面

Z1

Φ12@125

Φ12@125

JC−1

①

A

说明：
1.本工程标高±0.000相当于相邻地面完成面标高。
2.柱和基础混凝土标号均为C30,钢筋Φ：HRB400级(fy=360N/mm)；Φ:HPB300级(fy=270N/mm)。
本工程钢筋混凝土柱配筋平面整体表示方法及构造均按照国标11G101−1执行,基础配筋及构造均按照国标11G101−3执行。
3.混凝土保护层厚度，梁柱35mm，基础40mm。
4.基础应落至原土层，地基承载力特征值fak 应不小于100kPa。
5.本设计中未尽事宜应按有关的规范及规程施工，发现问题应及时与设计单位联系解决。

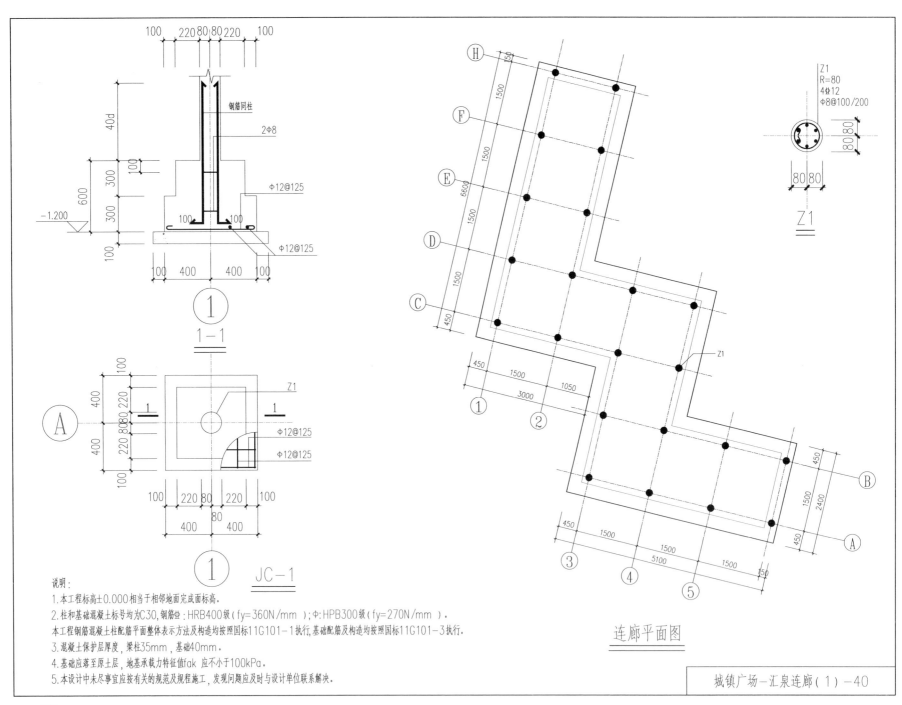

钢筋同柱

2Φ8

Φ12@125

Φ12@125

−1.200

1−1

① 1−1

JC−1

Z1

① 1

Φ12@125

Φ12@125

Z1
R=80
4Φ12
Φ8@100/200

Z1

连廊平面图

说明：
1.本工程标高±0.000相当于相邻地面完成面标高。
2.柱和基础混凝土标号均为C30,钢筋Φ:HRB400级(fy=360N/mm);Φ:HPB300级(fy=270N/mm)。
本工程钢筋混凝土柱配筋平面整体表示方法及构造均按照国标11G101-1执行,基础配筋及构造均按照国标11G101-3执行。
3.混凝土保护层厚度,梁柱35mm,基础40mm。
4.基础应落至原土层,地基承载力特征值fak应不小于100kPa。
5.本设计中未尽事宜应按有关的规范及规程施工,发现问题应及时与设计单位联系解决。

城镇广场—汇泉连廊(1)−40

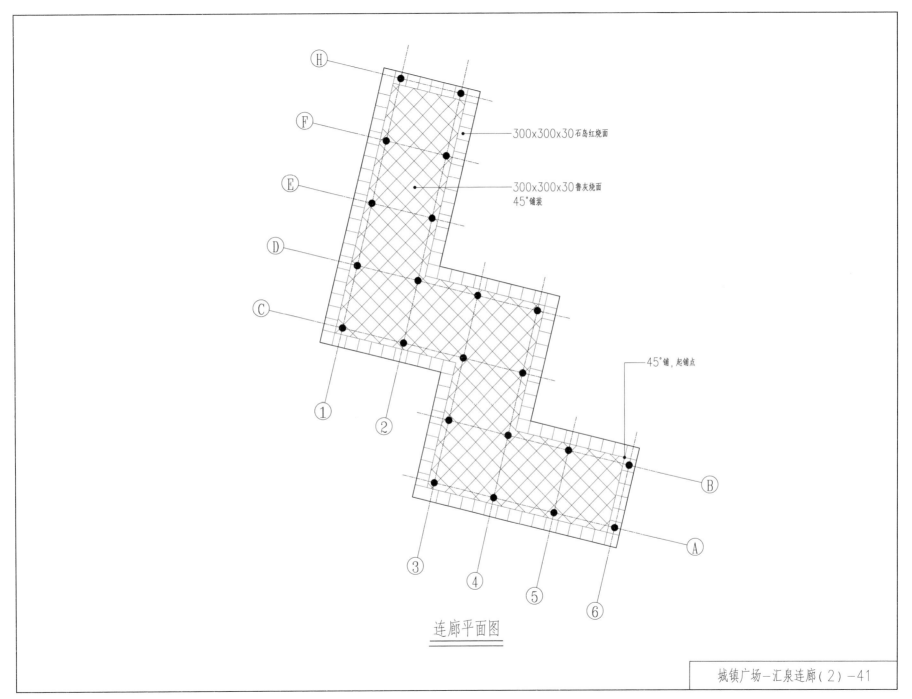

300x300x30石岛红烧面

300x300x30鲁灰烧面
45°铺装

45°铺, 起铺点

连廊平面图

城镇广场—汇泉连廊(2)—41

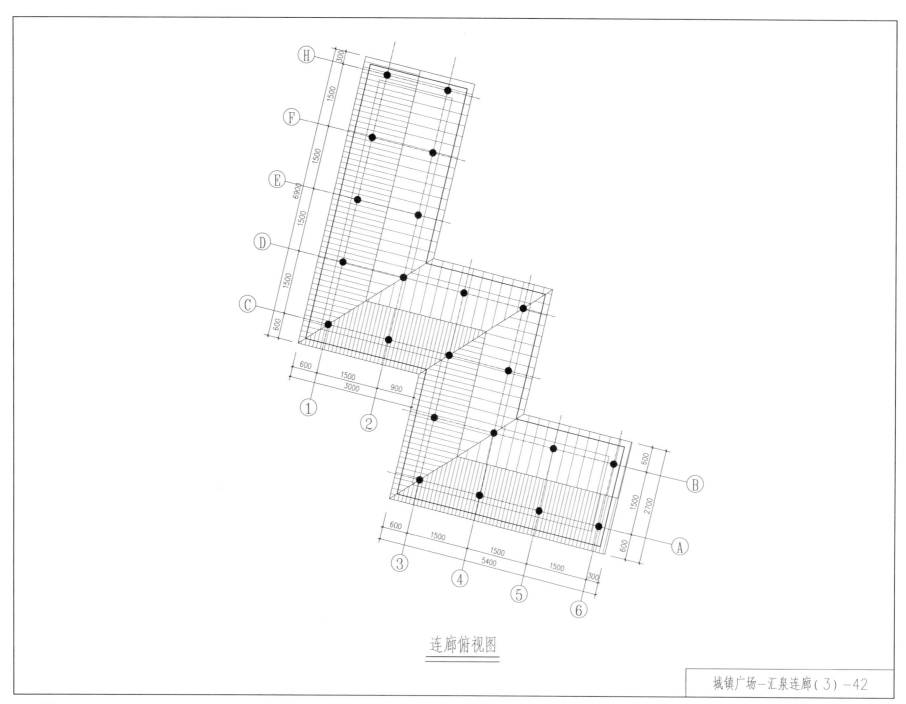

连廊俯视图

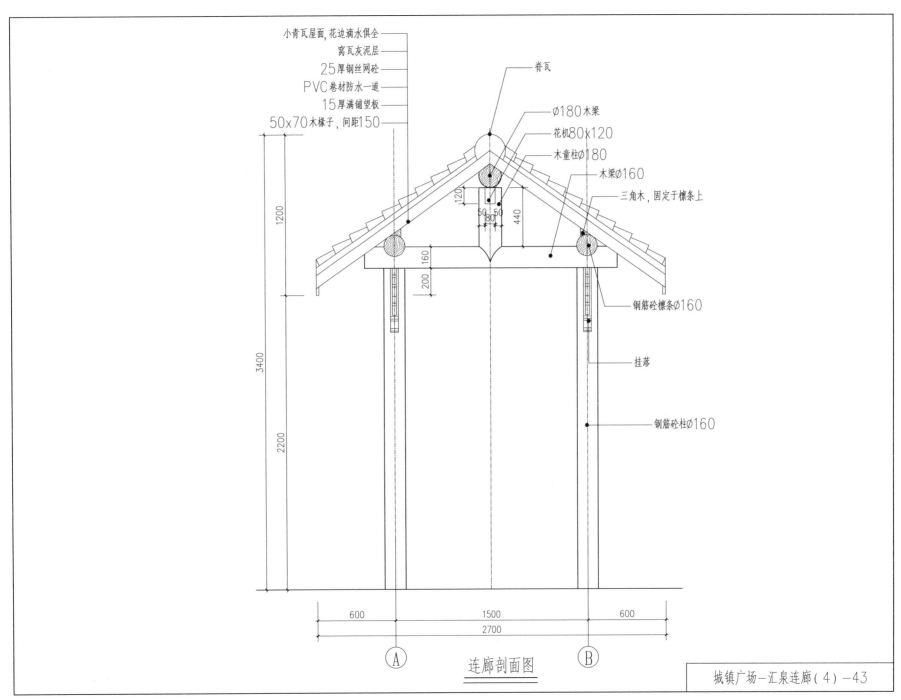

小青瓦屋面,花边滴水俱全
窝瓦灰泥层
25厚钢丝网砼
PVC卷材防水一道
15厚满铺望板
50x70木椽子,间距150

脊瓦
∅180木梁
花机80x120
木童柱∅180
木梁∅160
三角木,固定于檩条上
钢筋砼檩条∅160
挂落
钢筋砼柱∅160

连廊剖面图

城镇广场—汇泉连廊(4)—43

小城镇建设行动项目

XIAOCHENGZHEN JIANSHEXINGDONG XIANGMU

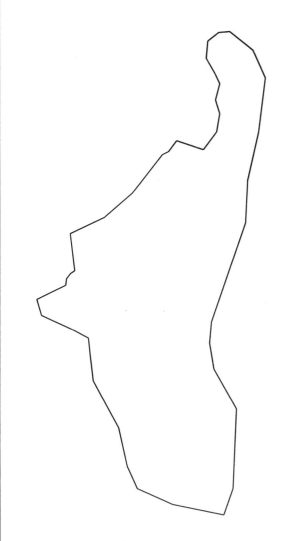

某某县某某某镇

MOUMOUXIAN MOUMOUMOU ZHEN

景观施工图

LANDSCAPEDRAWINGS

04 · 28 · 201x

书院古村部分

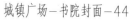

城镇广场-书院封面-44

设 计 总 说 明

本设计为某某县某某某镇小城镇建设行动项目景观施工图设计。

一、设计依据

1. 国家《城市园林绿化工程及验收规范CJJ／82-99》中关于环境施工的有关规范标准。

2. 经甲方确认的景观设计方案

3. 国家及地方规范：《公园设计规范》、《道路设计规范》、《城市绿地植物配置及其造景》.

二、工程概况

工程位于山东省某某县某某某镇。

三、设计单位制及设计标高

1. 除标高以米（m）为单位外，本工程施工图中未注明者均以毫米(mm)为单位，道路坡度以%计。

2. 本景观环境工程设计应与规划密切配合，如有相关修改应做相应调整。

四、场地处理

1. 竖向图中竖向设计所注为相对标高（设汇泉路与龙池大街中心线交点 为相对标高0.00点），

施工前应核对场地具体高程现状核实，如有不符须与设计协商调整，地面排水进入市政排水系统.

2. 地形塑造展现地形时应设网格放线，尺寸满足图纸要求，如现场与设计出现较大偏差，

应和景观设计师协商解决。

五、土建工程

1. 图中所选用的饰面样品在施工前由甲方及景观设计师共同审定.

2. 小品做法处理如未说明按当地习惯作法.

3. 土建工程施工工艺除特殊做法图中详细表示外，一般常规做法参相关图集08BJ系列、

L06J002建筑作法图集及当地室外工程图集、建筑材料手册。

4. 铺贴天然石材应在施工前作防泛碱处理（推荐的防碱背涂剂有：德国雅科美石材渗透剂，

美国SG-4防护剂，国产保石洁SG-4等），并在施工前不得沾水。

水景石材的铺贴均应采用低碱水泥（要求三氧化硫含量不得超过3.5%，碱含量不得超过0.6%），

用防水水泥砂浆铺贴，铺贴完成后用同色大理石胶封闭所有接缝。

5. 如无特殊说明地面铺地见如下做法：

— 详见大样详图材料；

— 面层设计材料厚度30厚1：3干硬性水泥砂浆；

— 120厚C15混凝土层；

— 150厚3：7灰土垫层；

— 素土分层夯实；

六、金属结构工程

1. 按设计规格及厂家资料施工。

2. 如无特殊说明防锈均为室外防腐漆两道。颜色除注明外均为浅灰色。

3. 自动焊和半自动焊时采用H08A和H08MnA焊丝，其力学性能符合GB/T 5117-1995的规定。

4. 焊接型钢应采用埋弧焊或半自动焊接，贴角焊缝厚度不小与6mm，长度均为满焊。

5. 所有外露钢件均做腐防锈处理：打磨除锈，面批原子灰防锈漆一道。

七、木作工程

1. 选材:木铺装等所选木材均为纹理直，木节少优质防腐木。

2. 所有外露木件均应作防腐防虫处理，无特殊说明面层景观木油两遍.

八、苗木种植

1. 苗木应选用适于当地生长的苗木，苗木应发育端正、良好，造型姿态优美，适于园林种植。

2. 园林植物种植工程完毕后进行的整型修剪，工程完毕后施工单位对园林植物进行成活保养.

3. 植物要求生长健壮，树型饱满的优良植株，树木应展现其表，树木有表里（美观漂亮一侧为表）

之分，应在栽植现场确定树木的栽植朝向等技术问题，地被植袖栽植时应保证密度和景观效果。

4. 绿化实施前应咨询园林设计师有关园林植物的种植密度及数量（参见植物种植图）.

九、设备管线

1. 园林灯具应由设计人员确认后方可施工安装

2. 预埋绿化给水管如材料本身无防腐蚀性能应作防锈、防腐处理，地下管线在

道路、广场垫层施工及绿化施工前铺设完毕，以免造成不必要的二次施工浪费。

3. 高功率的灯具距植物1.0M以外设置，以免影响植物的正常生长。

十、备注

1. 若总平面图与大样图不符之处以大样图为准。

2. 图中有多处类似做法时，若在局部图中未做交代，则按已做交代的图纸内容统一做法。

3. 切勿以比例量度此图，一切依图内数字所示为准。尺寸量度以地盘实物为准。

十一、特别说明

1. 硬质铺装的砼垫层须作分仓浇捣。场地铺装处分仓尺寸不大于6×6m，人行路铺装处，分仓间距不大于4m。

2. 图中未注明素土夯实夯实系数的均为≥93%(环刀取样)。

3. 图中未注明的砼强度等级除钢筋砼为C25外，其余均为C15。

4. 未详尽事宜以国家标准规范为准。

图例：

FL	FLOOR LEVEL	完成面标高
PA	PLANTING AREA	种植区
TW	TOP OF WALL	墙顶面标高
RL	ROAD LEVEL	道路标高
Tk	TOP OF CURB	路牙顶面标高
TS	TOP OF SOIL	土壤面标高
BP	BOTOM OF PLANTER	种植池底标高
TL	TOP OF PLANTER	种植池顶标高
TSW	TOP OF SEAT WALL	座墙顶标高
E.V.A.	EMERGENCY VEHICULAR ACCESS	消防车道
TR	TOP OF RAILING	柱顶标高
BW	BOTTOM OF FOUNTAIN/ POND/POOL	水池底标高
WL	WATER LEVEL	水面标高
TD	TOP OF THE DECK	木平台标高
→	FALL TO DRAIN	斜向雨水管

 铺装样式一

城镇广场-书院设计说明-45

图纸一览表

序号	图纸编号	图纸标题	备注
总体资料: 书院古村部分			
1	NP-300	图纸封面	
2	NP-301	设计说明	
3	NP-302	图纸目录	
总图部分: 书院古村部分			
4	GP-300	书院古村平面布置图	
5	GP-301	书院古村索引图	
6	GP-302	书院古村竖向图	
7	GP-303	书院古村定位图	
8	GP-304	书院古村铺装图	
9	GP-305	书院古村尺寸图	
详图部分: 书院古村部分			
10	YP-301	泉眼坐凳及石栏杆做法	
11	YP-302	挡墙及素心桥	
12	YP-303	石书	
13	YP-304	景墙	
14	YP-305	水车	
15	YP-306	渠道剖面一	
16	YP-307	渠道剖面二	

图纸一览表

序号	图纸编号	图纸标题	备注
铺装大样			
17	PP-200	铺装做法	
通用图类			
18	TP-202	台阶，树池做法	
19	TP-203	种植池，树池	
20	TP-204	铁链栏杆及石桥	
植物部分: 书院古村部分			
21	YS-300	书院古村植物关系图	
22	YS-301	种植苗木表	
23	YS-302	书院古村乔木定位图	
24	YS-303	书院古村灌木(地被)定位图	

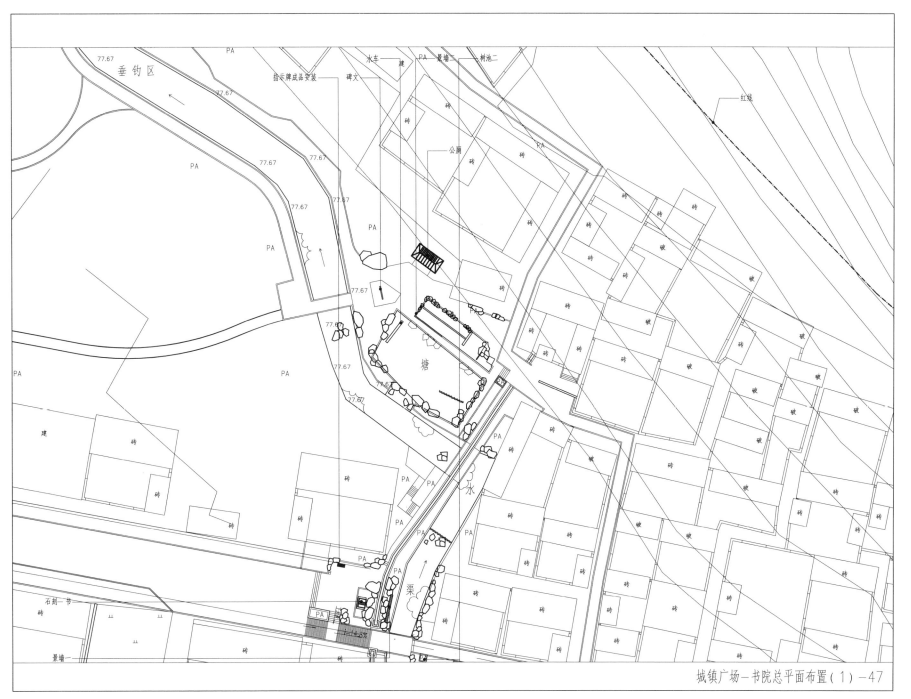

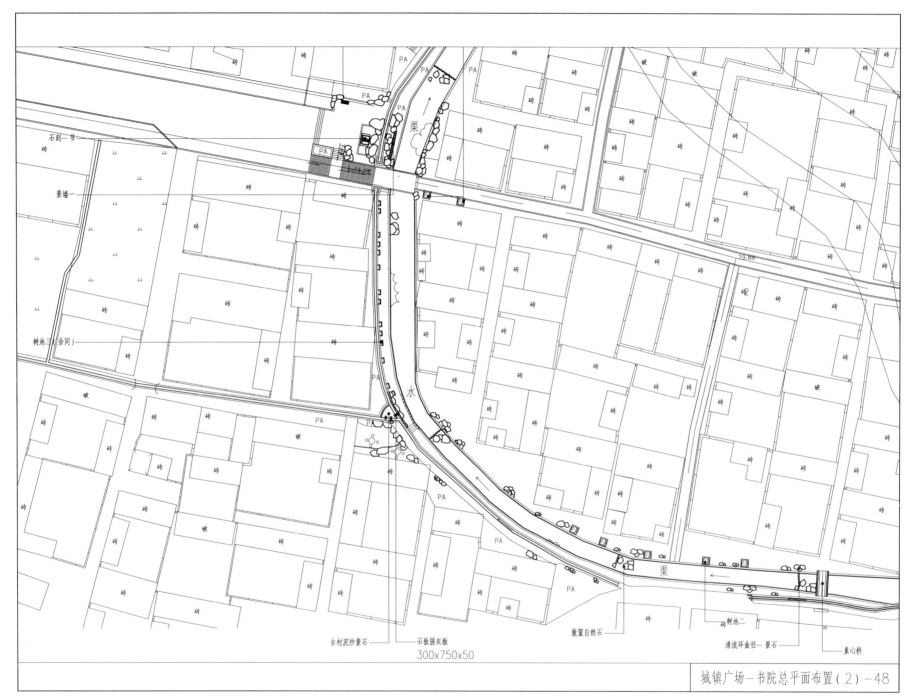

石刻一节

景墙一

树池三(余同)

渠

水

PA

古村浣纱景石　　　石板搓衣板
300x750x50

散置自然石

石板搓衣板

清流环曲径—景石

渠

素心桥

树池二

砖

城镇广场—书院总平面布置(2)-48

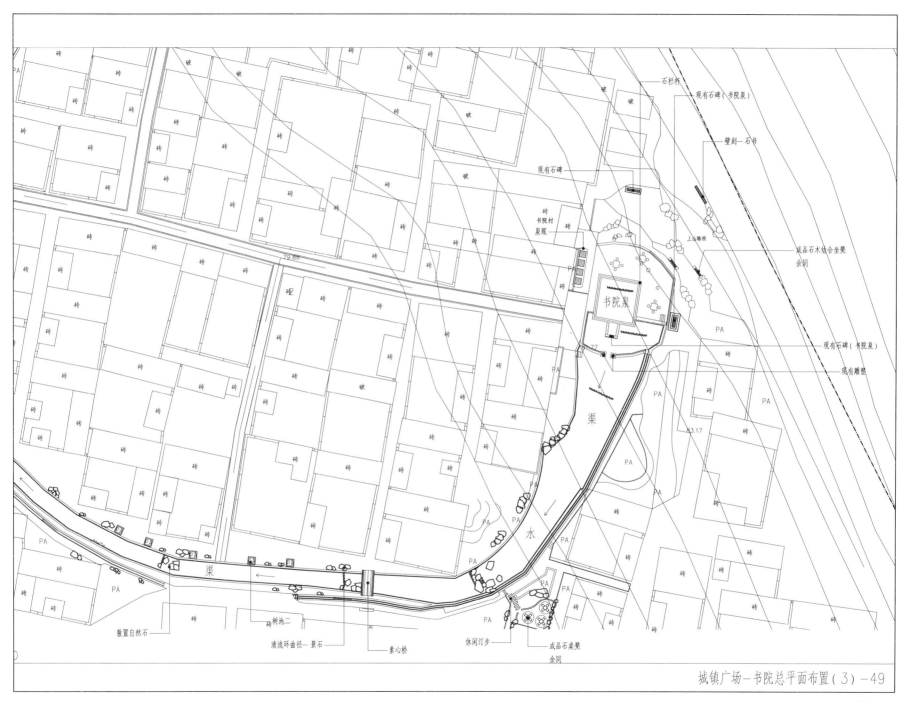

石栏杆

现有石碑（书院泉）

壁刻—石书

现有石碑

成品石木结合坐凳
余同

书院村
泉眼

上山略径

书院泉

现有石碑（书院泉）

现有雕塑

渠

水

渠

散置自然石

清流环曲径—景石

素心桥

休闲汀步

成品石桌凳
余同

城镇广场—书院总平面布置(3)－49

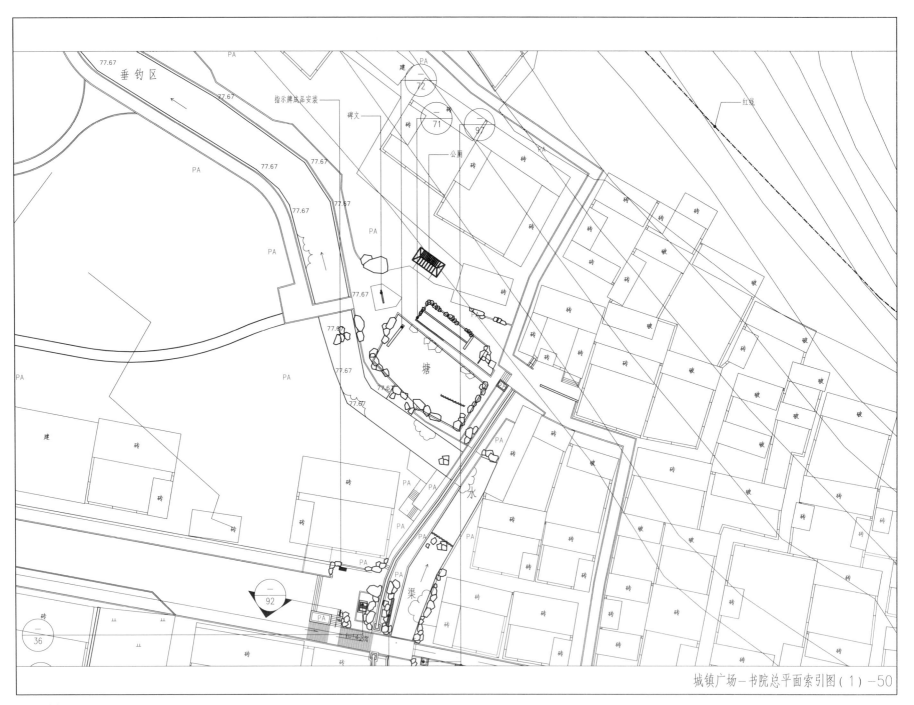

垂钓区

指示牌成品安装

碑文

公厕

塘

水

渠

城镇广场—书院总平面索引图（1）-50

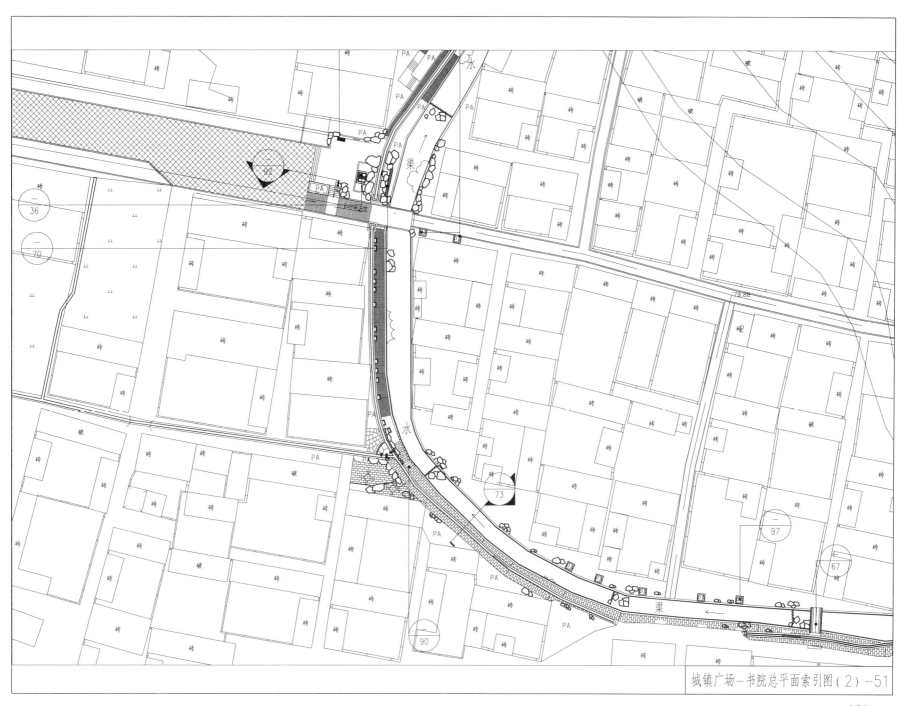

城镇广场—书院总平面索引图（2）—51

城镇广场—书院总平面索引图（3）-52

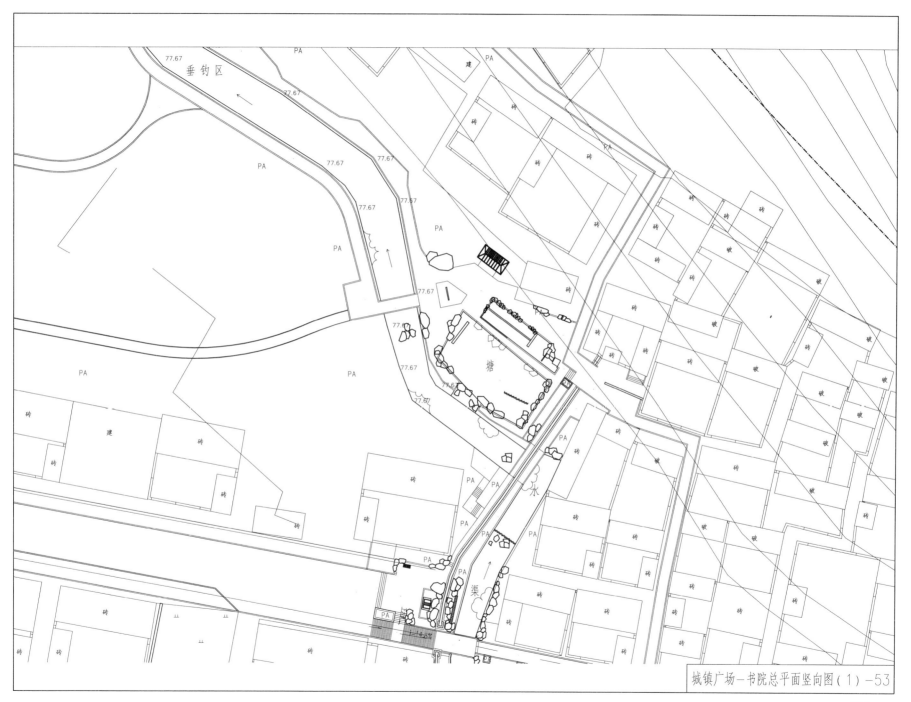

垂钓区

塘

水

渠

城镇广场—书院总平面竖向图（1）—53

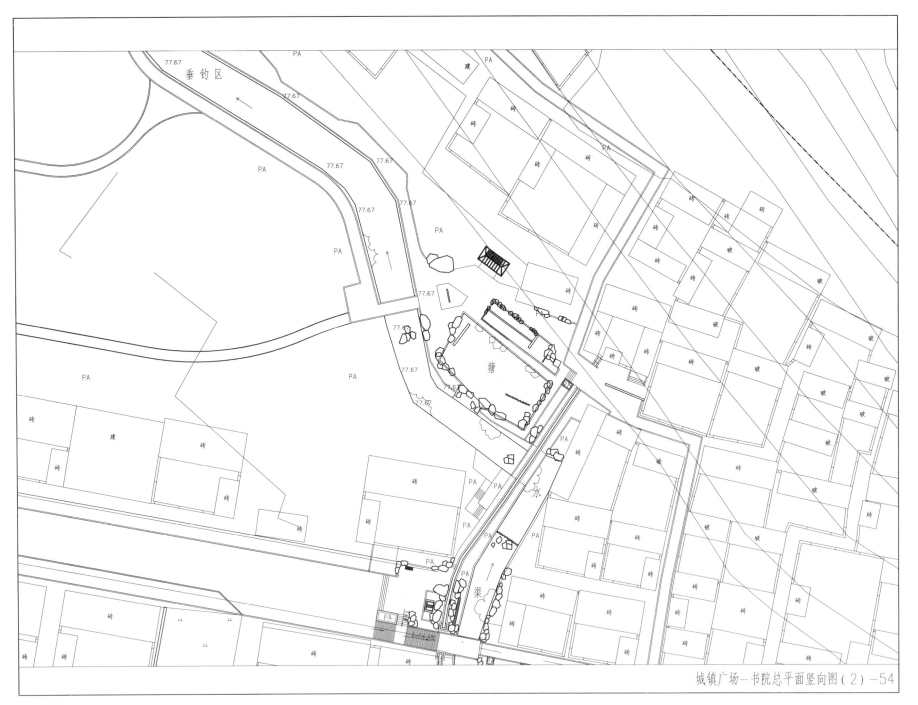

垂钓区

塘

渠

水

城镇广场—书院总平面竖向图（2）-54

城镇广场—书院总平面竖向图（3）-55

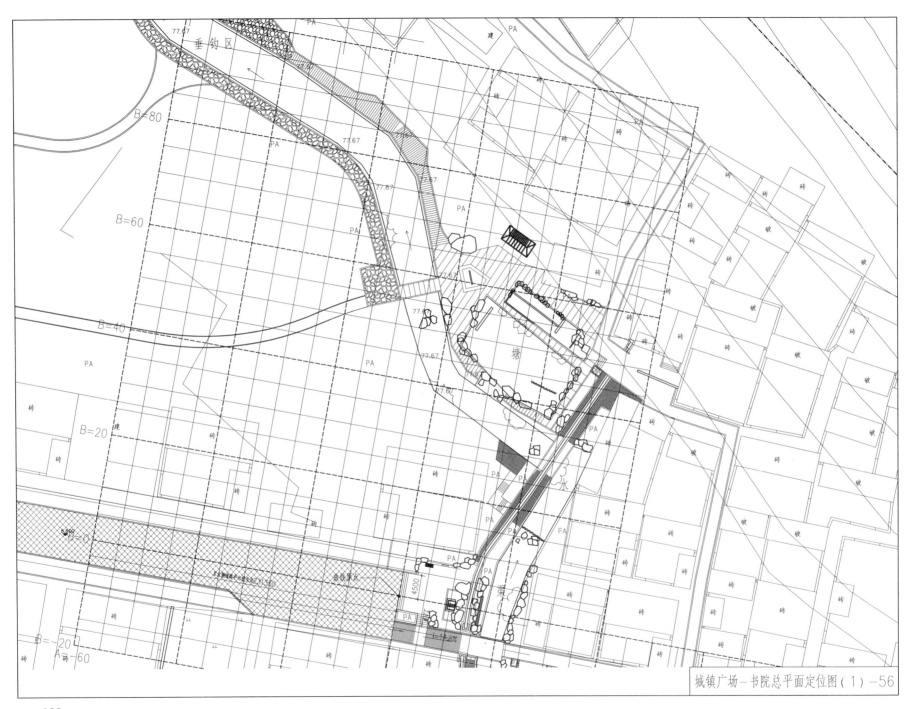

城镇广场—书院总平面定位图（1）-56

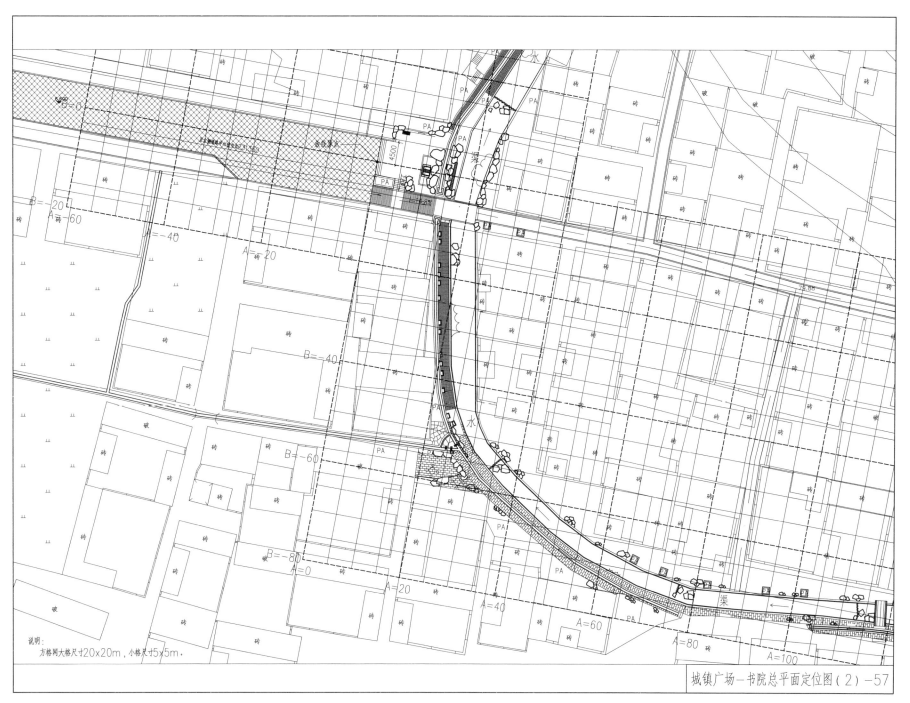

城镇广场—书院总平面定位图（2）-57

说明：
方格网大格尺寸20×20m，小格尺寸5×5m。

城镇广场—书院总平面定位图（3）-58

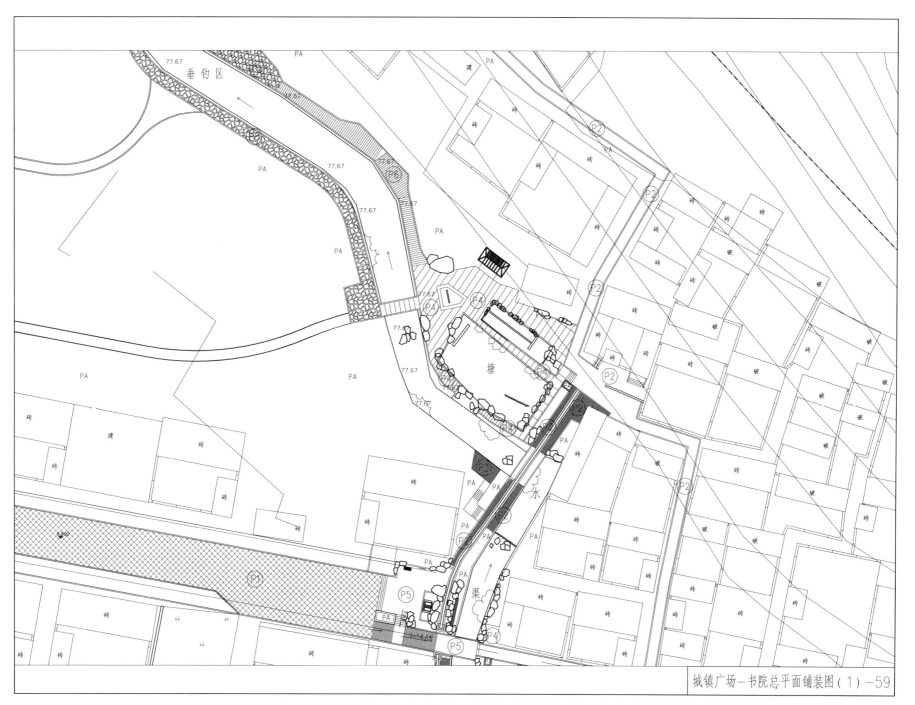

垂钓区

塘

水

渠

城镇广场—书院总平面铺装图（1）-59

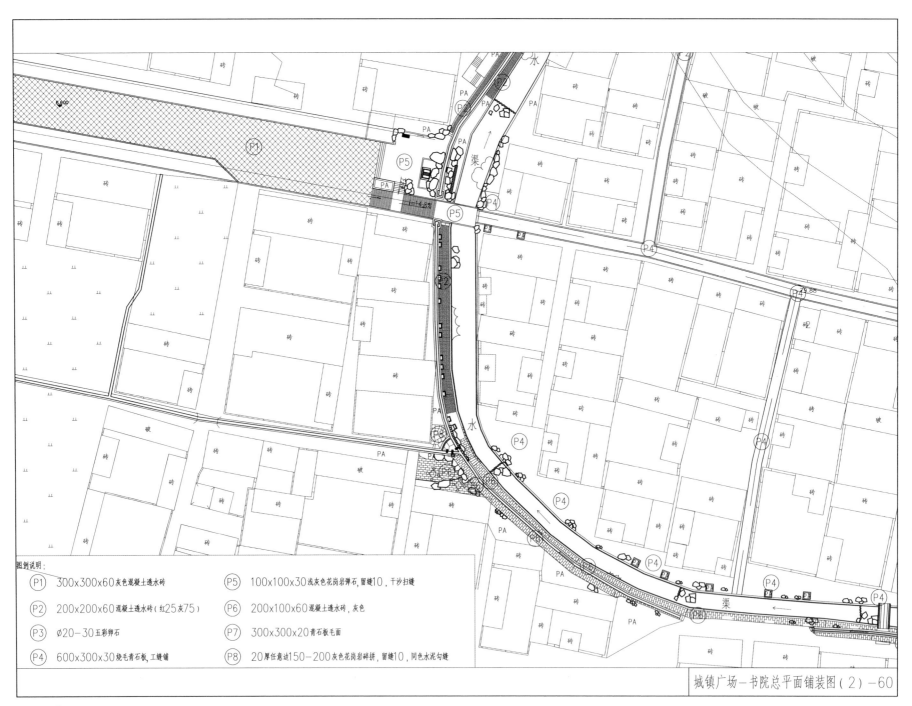

图例说明：

P1　300x300x60灰色混凝土透水砖

P2　200x200x60混凝土透水砖（红25灰75）

P3　∅20-30五彩卵石

P4　600x300x30烧毛青石板，工缝铺

P5　100x100x30浅灰色花岗岩弹石，留缝10，干沙扫缝

P6　200x100x60混凝土透水砖，灰色

P7　300x300x20青石板毛面

P8　20厚任意边150-200灰色花岗岩碎拼，留缝10，同色水泥勾缝

城镇广场-书院总平面铺装图（2）-60

城镇广场—书院总平面铺装图（3）—61

城镇广场-书院总平面尺寸图（1）-62

城镇广场—书院总平面尺寸图(2)-63

城镇广场—书院总平面尺寸图（3）-64

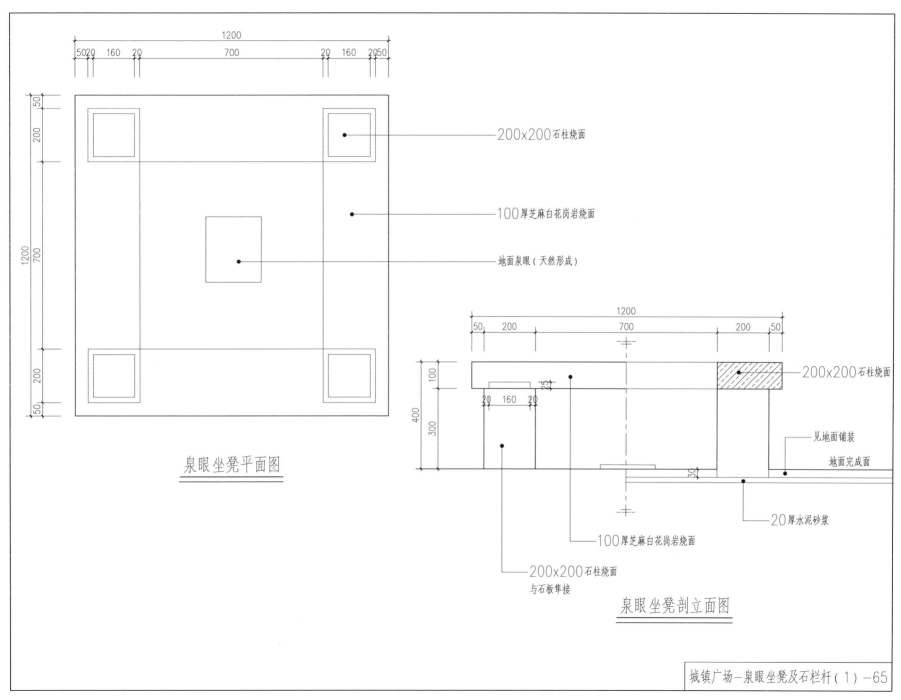

200x200石柱烧面

100厚芝麻白花岗岩烧面

地面泉眼(天然形成)

200x200石柱烧面

泉眼坐凳平面图

见地面铺装

地面完成面

20厚水泥砂浆

100厚芝麻白花岗岩烧面

200x200石柱烧面
与石板隼接

泉眼坐凳剖立面图

城镇广场—泉眼坐凳及石栏杆(1)-65

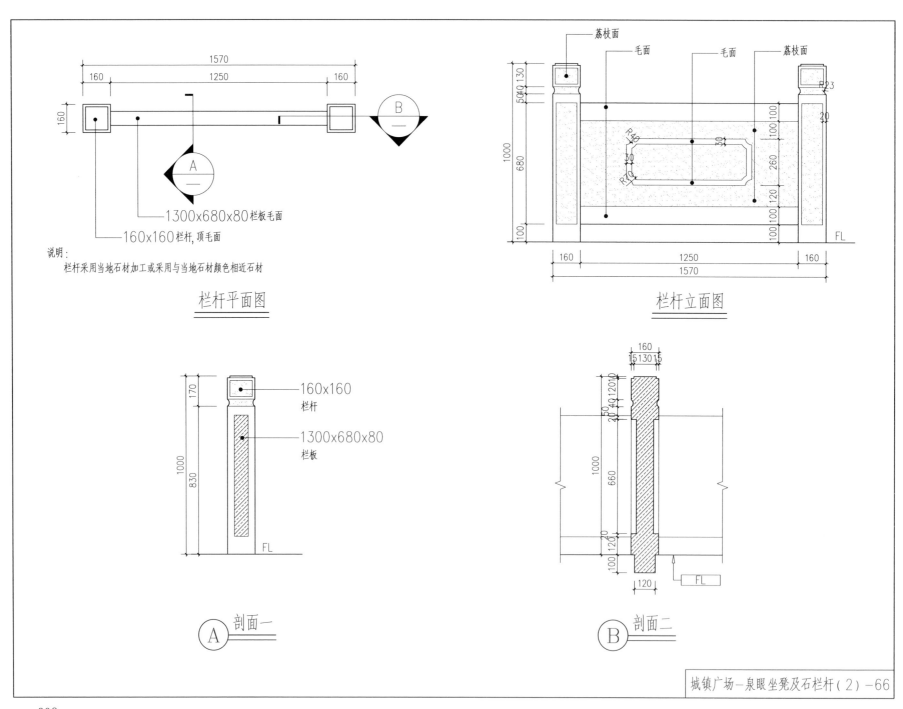

1570
160 1250 160
160

1300x680x80栏板毛面

160x160栏杆,顶毛面

说明：
栏杆采用当地石材加工或采用与当地石材颜色相近石材

栏杆平面图

荔枝面 毛面 毛面 荔枝面

R23
1000
680
100
50 40 130
100 100
260
100 120
100 100
20
R40
30
30
R10

160 1250 160
1570

FL

栏杆立面图

160x160
栏杆

1300x680x80
栏板

1000
830
170

FL

A 剖面一

160
15 130 15
1000
660
25 40 120 10
100 120
120

FL
FL

B 剖面二

城镇广场－泉眼坐凳及石栏杆(2)-66

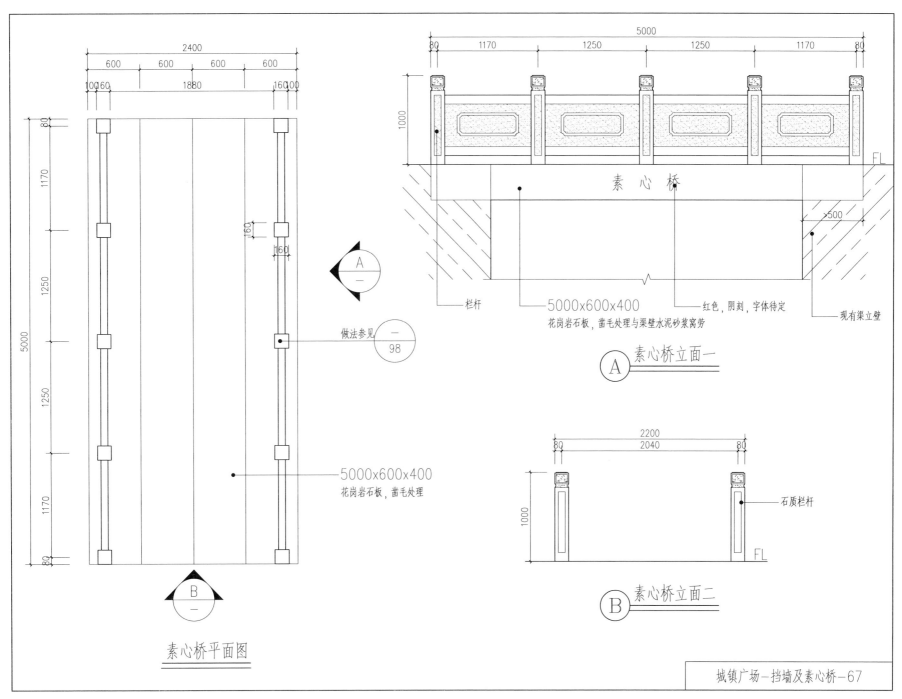

素心桥平面图

5000×600×400
花岗岩石板，凿毛处理

做法参见 $\dfrac{-}{98}$

栏杆

5000×600×400
花岗岩石板，凿毛处理与渠壁水泥砂浆窝劳

红色，阴刻，字体待定

现有渠立壁

A 素心桥立面一

石质栏杆

B 素心桥立面二

城镇广场—挡墙及素心桥—67

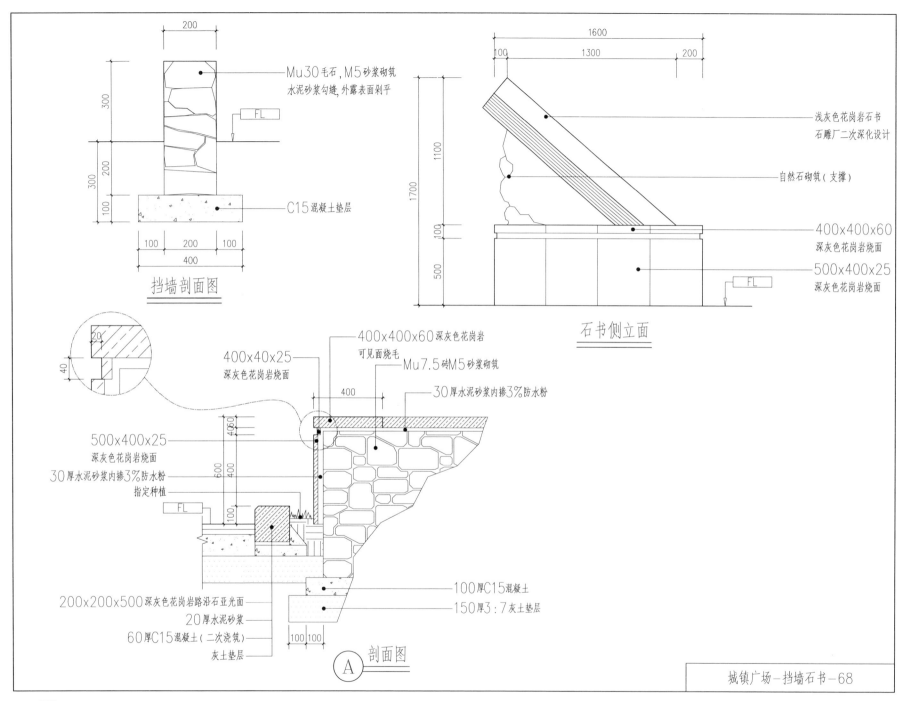

200

300

300

200

100

Mu30毛石, M5砂浆砌筑
水泥砂浆勾缝, 外露表面剁平

FL

C15混凝土垫层

100 200 100
400

挡墙剖面图

1600

100 1300 200

1100

1700

500

浅灰色花岗岩石书
石雕厂二次深化设计

自然石砌筑(支撑)

400x400x60
深灰色花岗岩烧面

500x400x25
深灰色花岗岩烧面

FL

石书侧立面

20

40

400x40x25
深灰色花岗岩烧面

400x400x60深灰色花岗岩
可见面烧毛

Mu7.5砖M5砂浆砌筑

30厚水泥砂浆内掺3%防水粉

400

40 60

500x400x25
深灰色花岗岩烧面

600

400

100

30厚水泥砂浆内掺3%防水粉

指定种植

FL

100厚C15混凝土

150厚3:7灰土垫层

200x200x500深灰色花岗岩路沿石亚光面
20厚水泥砂浆
60厚C15混凝土(二次浇筑)
灰土垫层

100 100

Ⓐ **剖面图**

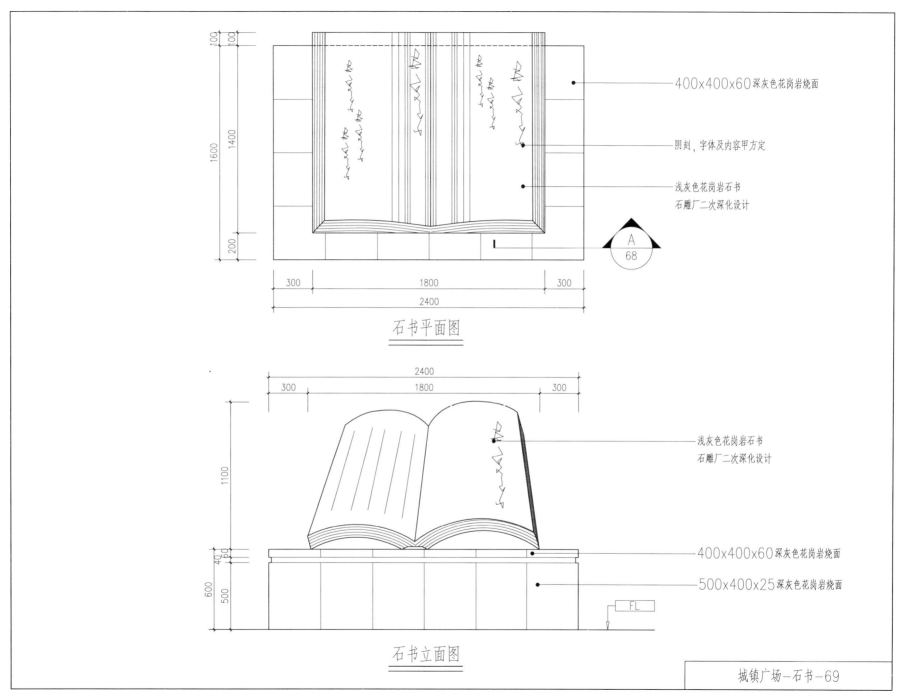

400x400x60深灰色花岗岩烧面

阴刻，字体及内容甲方定

浅灰色花岗岩石书
石雕厂二次深化设计

石书平面图

浅灰色花岗岩石书
石雕厂二次深化设计

400x400x60深灰色花岗岩烧面

500x400x25深灰色花岗岩烧面

FL

石书立面图

城镇广场—石书—69

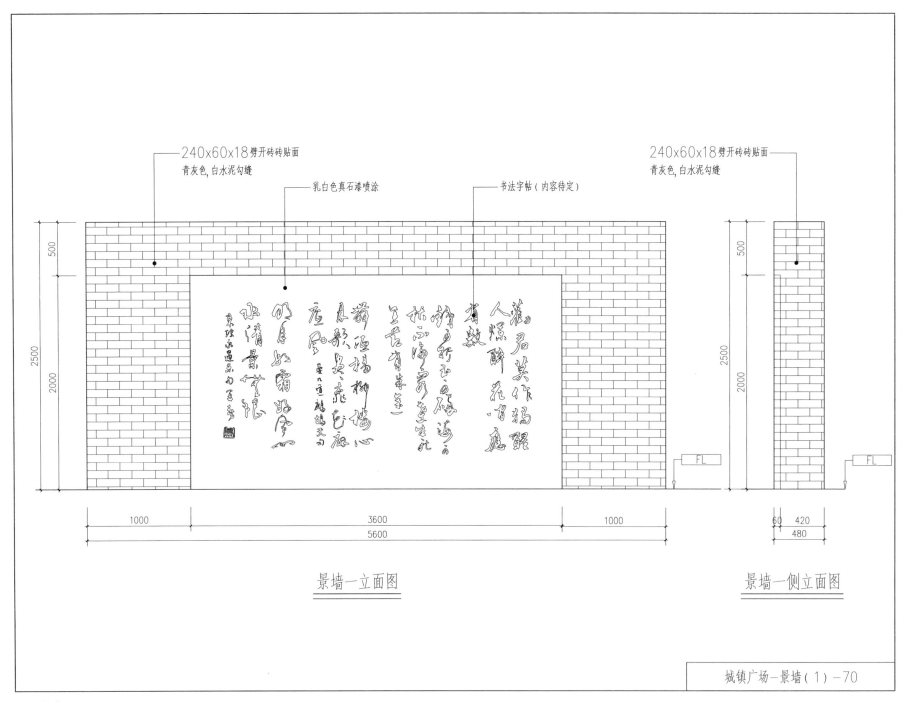

240x60x18劈开砖砖贴面
青灰色, 白水泥勾缝

乳白色真石漆喷涂

书法字帖(内容待定)

240x60x18劈开砖砖贴面
青灰色, 白水泥勾缝

500

2500

2000

500

2500

2000

FL

FL

1000

3600

1000

5600

60 420

480

景墙一立面图

景墙一侧立面图

城镇广场-景墙(1)-70

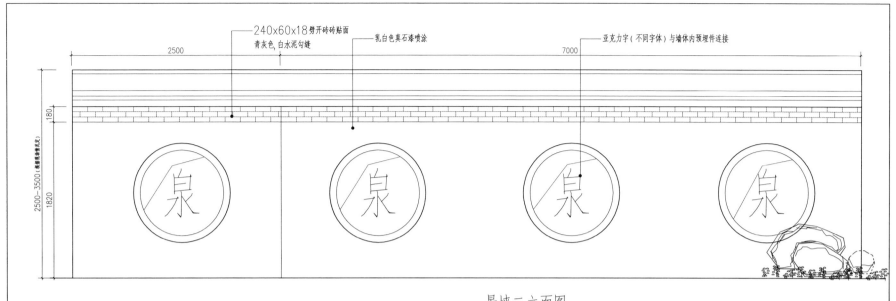

240x60x18劈开砖砖贴面
青灰色,白水泥勾缝

乳白色真石漆喷涂

亚克力字(不同字体)与墙体内预埋件连接

2500

7000

180

2500~3500(根据现场情况定)

1820

泉　泉　泉　泉

景墙二立面图

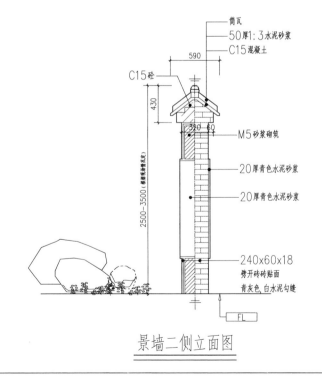

筒瓦
50厚1:3水泥砂浆
C15混凝土

C15砼

590

430

320　60

M5砂浆砌筑

20厚青色水泥砂浆

20厚青色水泥砂浆

2500~3500(根据现场情况定)

240x60x18
劈开砖砖贴面
青灰色,白水泥勾缝

FL

景墙二侧立面图

城镇广场-景墙(2)-71

— 403 —

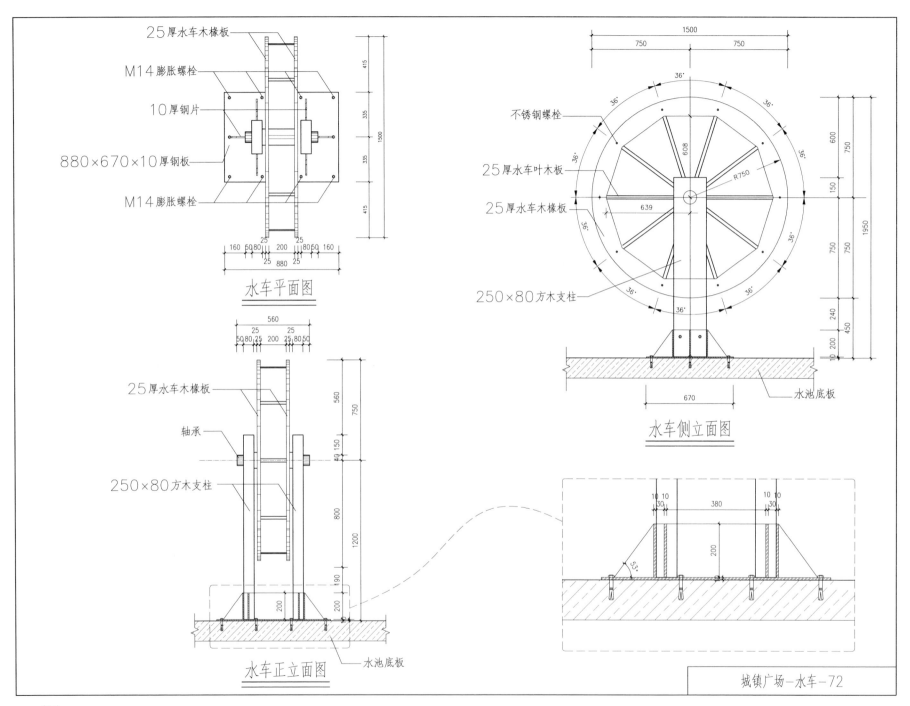

25厚水车木橡板

M14膨胀螺栓

10厚钢片

880×670×10厚钢板

M14膨胀螺栓

水车平面图

不锈钢螺栓

25厚水车叶木板

25厚水车木橡板

250×80方木支柱

水车侧立面图

水池底板

25厚水车木橡板

轴承

250×80方木支柱

水车正立面图

水池底板

城镇广场-水车-72

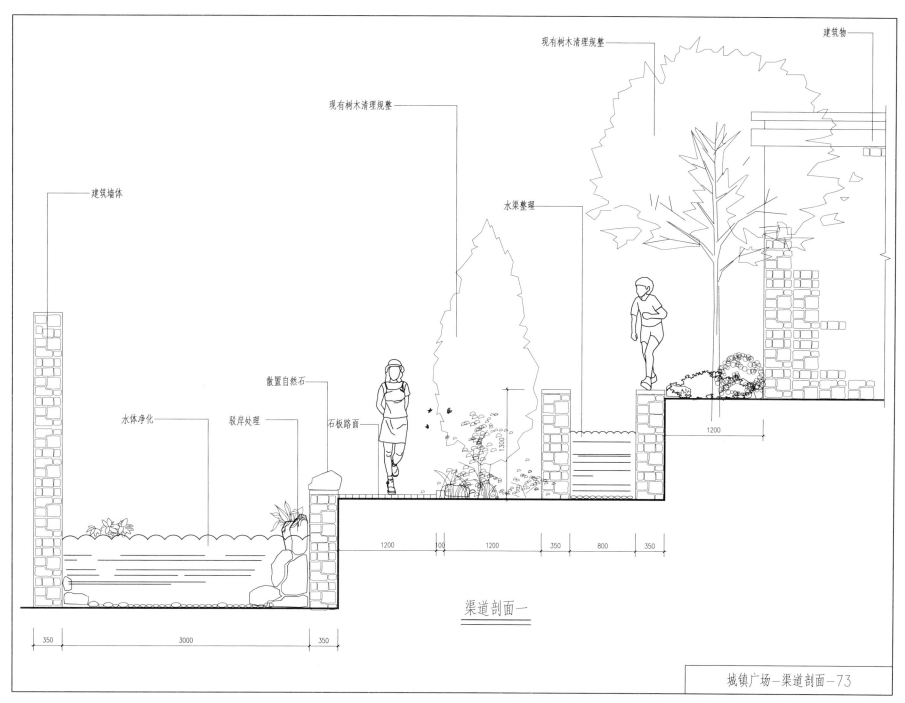

建筑物

现有树木清理规整

现有树木清理规整

水渠整理

建筑墙体

散置自然石

水体净化

驳岸处理

石板路面

1300

1200

1200 100 1200 350 800 350

渠道剖面一

350 3000 350

书 院 村 植 物 种 植 苗 木 表

序号	编号（图例）	植物名称	拉丁学名	规格			特殊形态要求	数量／株	备注
				胸（地径）／cm	冠幅／m	净干高／m			
		乔木							
1		现有树木保留					姿态优美		选择性保留槐树、白杨等
2		大叶女贞	Ligustrun lucidum Ait	D=7-8	5-6	2.0-2.5	姿态优美	124	
3		红枫	Acer truncatum Bunge	D=7-8	4-5	1.7-2.2	姿态优美	18	
4		白蜡	Fraxinus velutina Torr.	D=8-10	4-5	2.0-2.5	姿态优美，树干直	5	
5		水杉	Metasequoia glyptostroboides	D=6-8	4-5	2.0-2.5	姿态优美，树干直	26	
						高度／m			
6		圆柏	Sabina chinensis (L.)Ant.cv.Kaizuca			H=2.5-3	姿态优美	72	
7		紫叶李	Lagerstroemia indica L.	d=3-5	1-1.5	H=1.5-2	姿态优美	33	
8		海棠	Malus x micromalus	d=5-6	3-4	H=1.5-2	姿态优美	9	
9		花石榴	Punica granatum	d=4-5	0.8-1.2	H=1.5-2	姿态优美	25	
10		大叶黄杨球	Euonymus japonicus		0.9-1.2	H=0.7-1.0		23	
11		早园竹				H=1.6-2.5	2-3年生	17m²	
12		迎春	Jassminum nudiflorum Lindl.				2-3年生	76	
13		草坪						700m²	

城镇广场—书院植物种植图（1）—75

说明：
方格网大格尺寸20×20m，小格尺寸5×5m。

城镇广场—书院植物种植图（3）-77

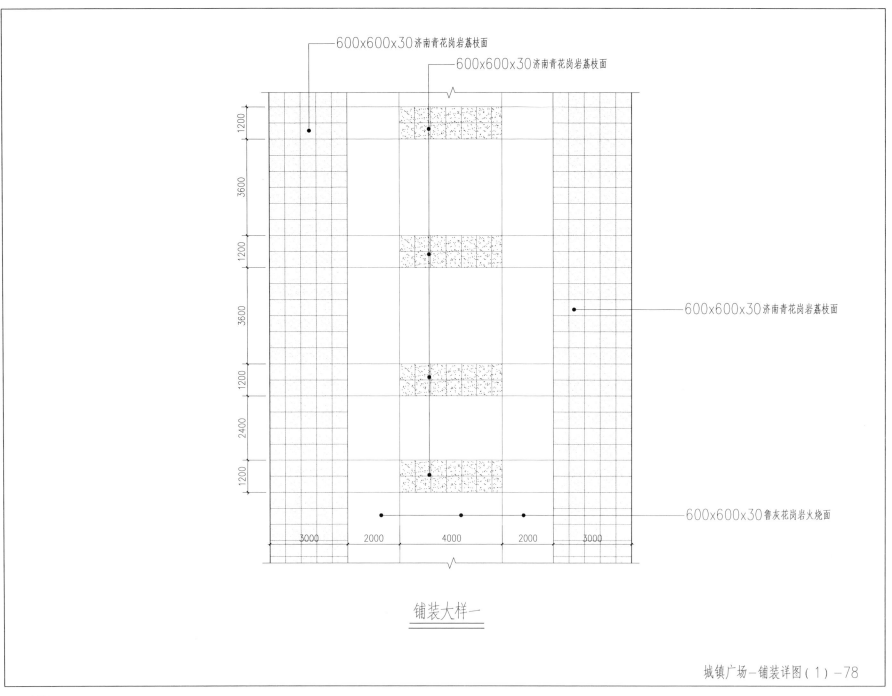

600x600x30济南青花岗岩荔枝面

600x600x30济南青花岗岩荔枝面

600x600x30济南青花岗岩荔枝面

600x600x30鲁灰花岗岩火烧面

铺装大样一

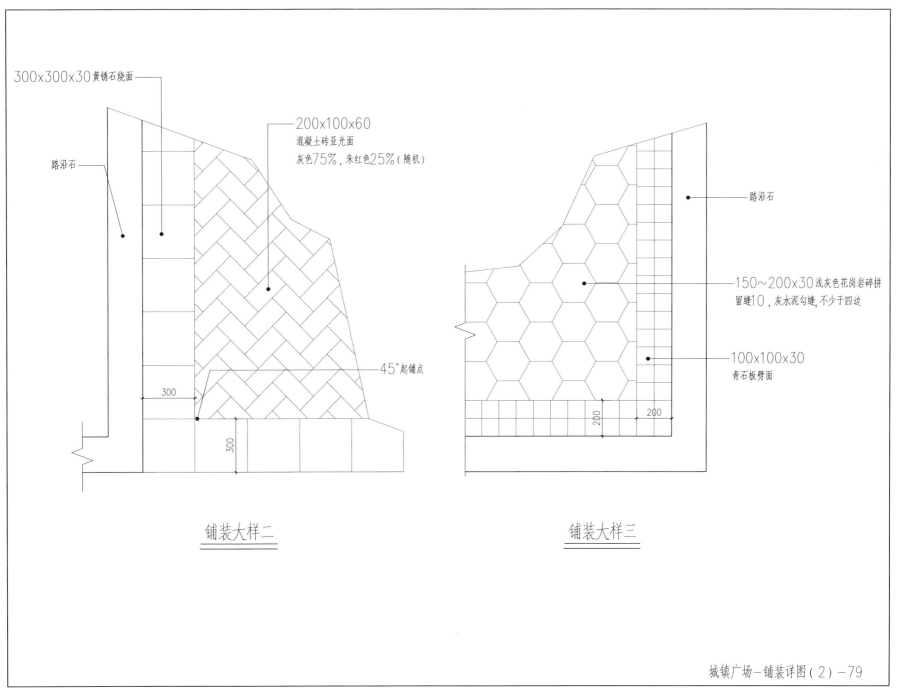

300x300x30黄锈石烧面

路沿石

200x100x60
混凝土砖亚光面
灰色75%，朱红色25%（随机）

45°起铺点

300

300

铺装大样二

路沿石

150～200x30浅灰色花岗岩碎拼
留缝10，灰水泥勾缝，不少于四边

100x100x30
青石板劈面

200

200

铺装大样三

城镇广场-铺装详图（2）-79

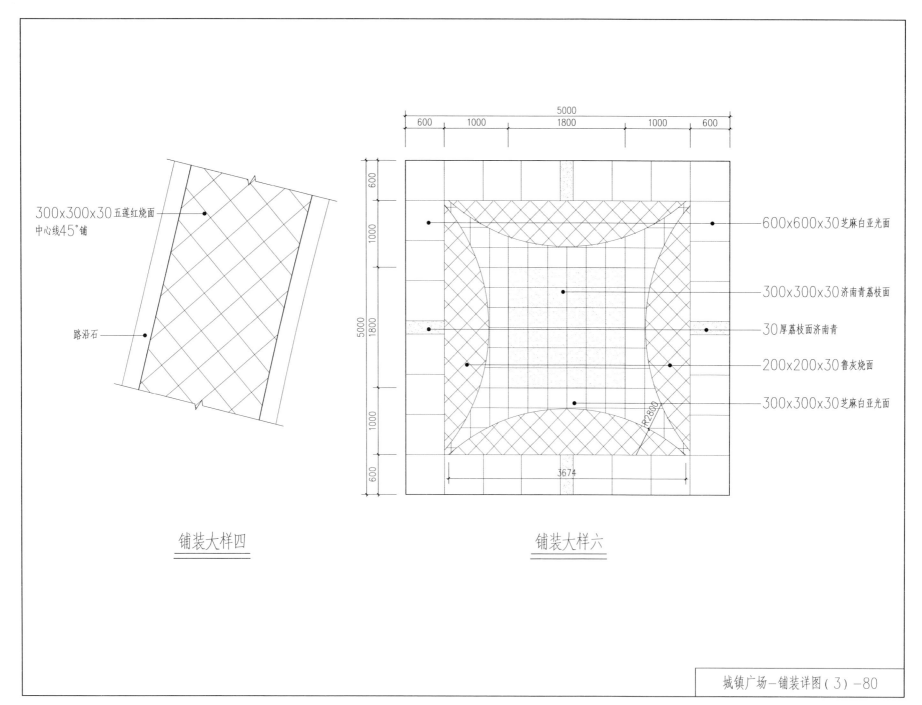

300x300x30五莲红烧面
中心线45°铺

路沿石

铺装大样四

5000
600　1000　1800　1000　600

600

1000

5000

1800

1000

600

600x600x30芝麻白亚光面

300x300x30济南青荔枝面

30厚荔枝面济南青

200x200x30鲁灰烧面

300x300x30芝麻白亚光面

R2800

3674

铺装大样六

城镇广场—铺装详图（3）—80

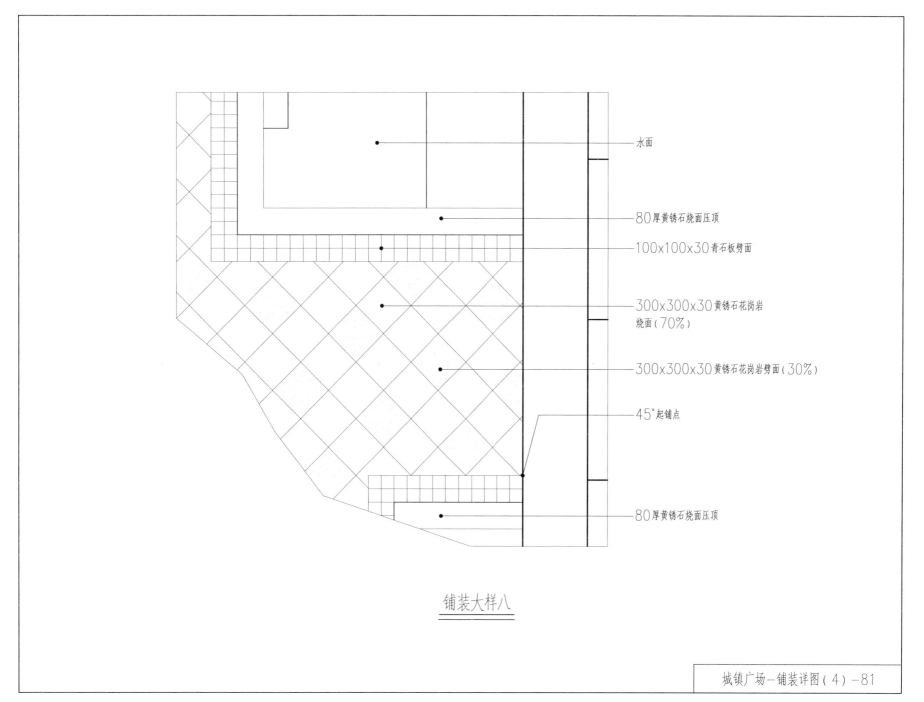

水面

80厚黄锈石烧面压顶

100x100x30青石板劈面

300x300x30黄锈石花岗岩
烧面(70%)

300x300x30黄锈石花岗岩劈面(30%)

45°起铺点

80厚黄锈石烧面压顶

铺装大样八

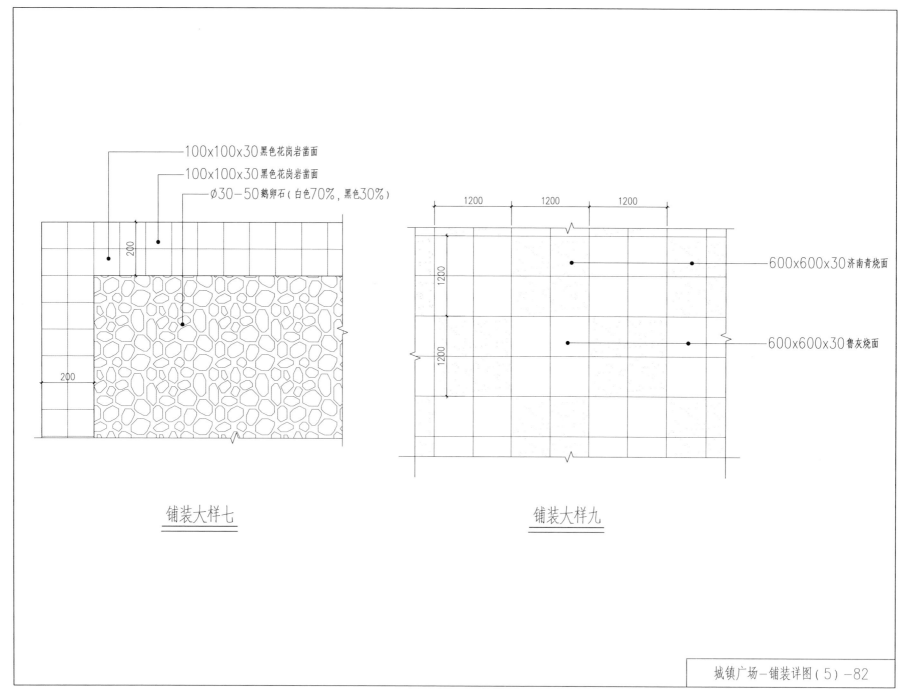

100x100x30黑色花岗岩凿面

100x100x30黑色花岗岩凿面

∅30-50鹅卵石（白色70%，黑色30%）

200

200

铺装大样七

1200 1200 1200

1200

1200

600x600x30济南青烧面

600x600x30鲁灰烧面

铺装大样九

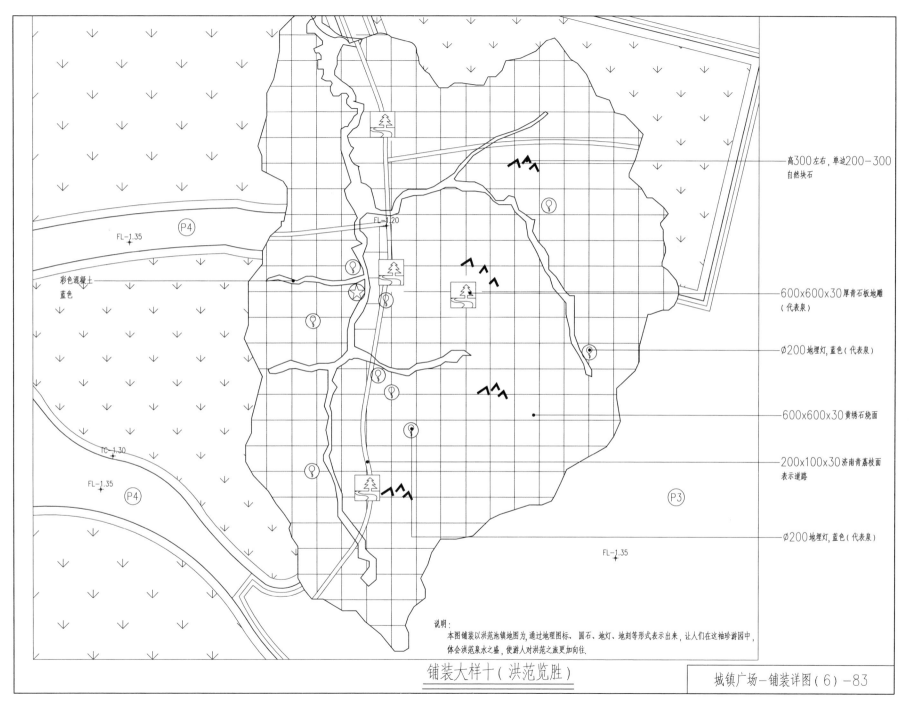

高300左右,单边200－300
自然块石

彩色混凝土
蓝色

600x600x30厚青石板地雕
(代表泉)

∅200地埋灯,蓝色(代表泉)

600x600x30黄绣石烧面

200x100x30济南青荔枝面
表示道路

∅200地埋灯,蓝色(代表泉)

FL-1.35

FL-1.35

FL-1.35

TC-1.30

FL-1.20

(P4)

(P4)

(P3)

说明:
　　本图铺装以洪范池镇地图为,通过地理图标、圆石、地灯、地刻等形式表示出来,让人们在这袖珍游园中,
体会洪范泉水之盛,使游人对洪范之旅更加向往.

铺装大样十(洪范览胜)

城镇广场－铺装详图(6)－83

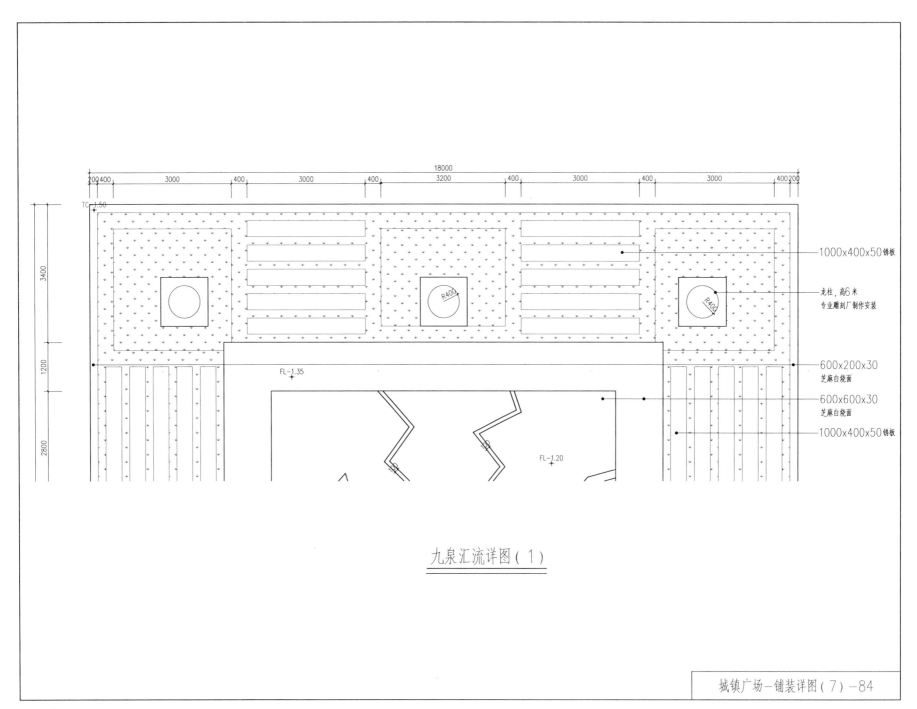

18000

200 400　3000　400　3000　400　3200　400　3000　400　3000　400 200

TC-1.50

3400

1200

2800

1000x400x50锈板

龙柱，高6米
专业雕刻厂制作安装

R400

600x200x30
芝麻白烧面

600x600x30
芝麻白烧面

1000x400x50锈板

FL-1.35

FL-1.20

九泉汇流详图（1）

城镇广场-铺装详图（7）-84

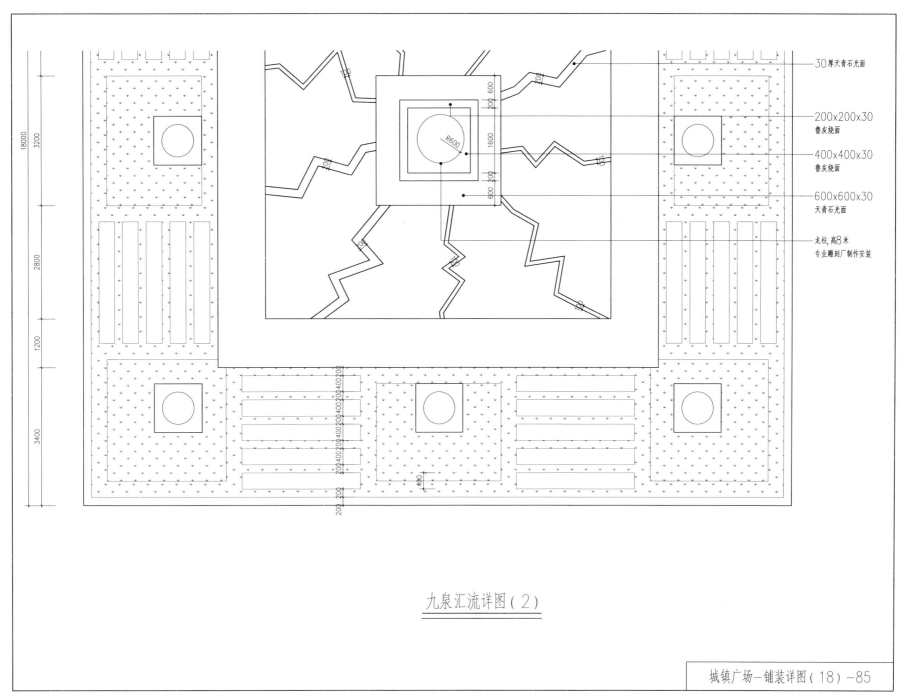

九泉汇流详图（2）

右侧标注：
30厚天青石光面

200x200x30
鲁灰烧面

400x400x30
鲁灰烧面

600x600x30
天青石光面

龙柱，高8米
专业雕刻厂制作安装

R600

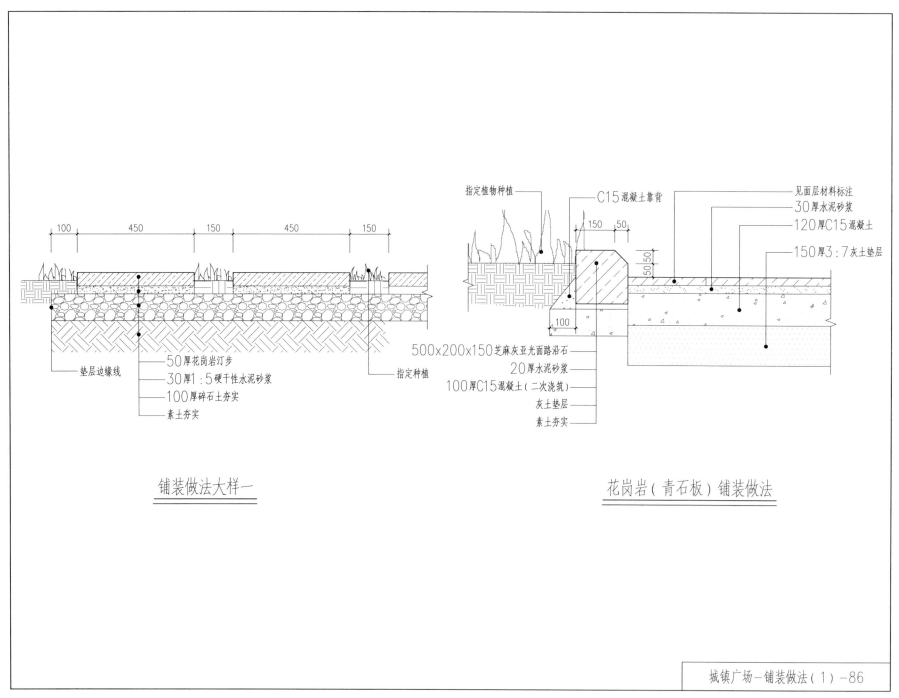

铺装做法大样一

花岗岩（青石板）铺装做法

指定植物种植

C15混凝土靠背

见面层材料标注

30厚水泥砂浆

120厚C15混凝土

150厚3：7灰土垫层

150

50

50

50

100

500x200x150芝麻灰亚光面路沿石

20厚水泥砂浆

100厚C15混凝土（二次浇筑）

灰土垫层

素土夯实

100

450

150

450

150

垫层边缘线

50厚花岗岩汀步

30厚1：5硬干性水泥砂浆

100厚碎石土夯实

素土夯实

指定种植

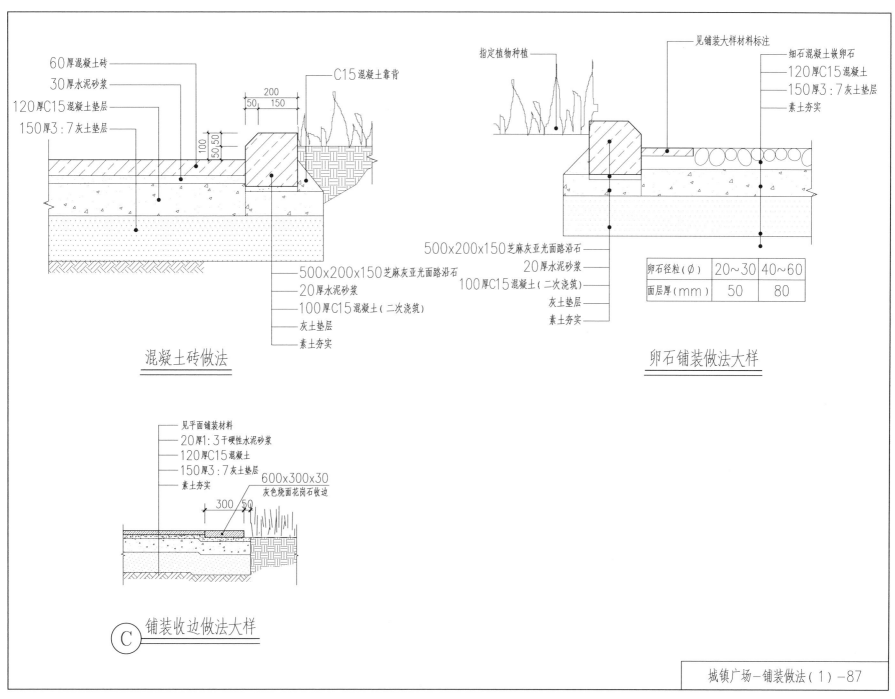

60厚混凝土砖
30厚水泥砂浆
120厚C15混凝土垫层
150厚3:7灰土垫层

200
50 150

100
50 50

C15混凝土靠背

指定植物种植
见铺装大样材料标注
细石混凝土嵌卵石
120厚C15混凝土
150厚3:7灰土垫层
素土夯实

500x200x150芝麻灰亚光面路沿石
20厚水泥砂浆
100厚C15混凝土(二次浇筑)
灰土垫层
素土夯实

卵石径粒(∅)	20~30	40~60
面层厚(mm)	50	80

500x200x150芝麻灰亚光面路沿石
20厚水泥砂浆
100厚C15混凝土(二次浇筑)
灰土垫层
素土夯实

混凝土砖做法

卵石铺装做法大样

见平面铺装材料
20厚1:3干硬性水泥砂浆
120厚C15混凝土
150厚3:7灰土垫层
素土夯实

300 50
600x300x30
灰色烧面花岗石收边

Ⓒ 铺装收边做法大样

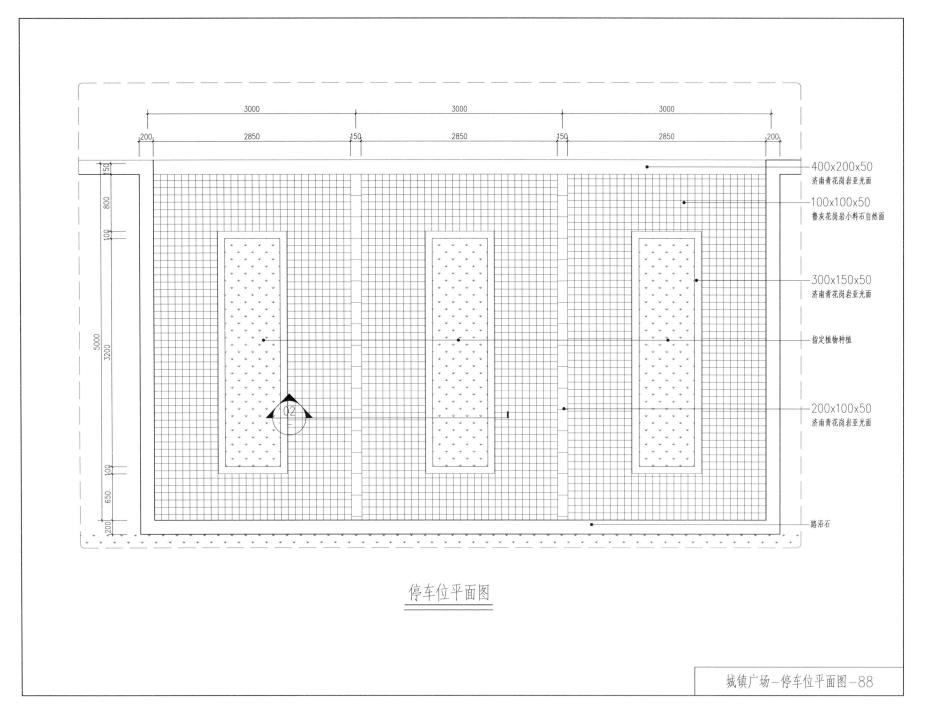

3000 3000 3000

200 2850 150 2850 150 2850 200

150

800

100

5000

3200

100

650

200

400x200x50
济南青花岗岩亚光面

100x100x50
鲁灰花岗岩小料石自然面

300x150x50
济南青花岗岩亚光面

指定植物种植

02

200x100x50
济南青花岗岩亚光面

路沿石

停车位平面图

城镇广场-停车位平面图-88

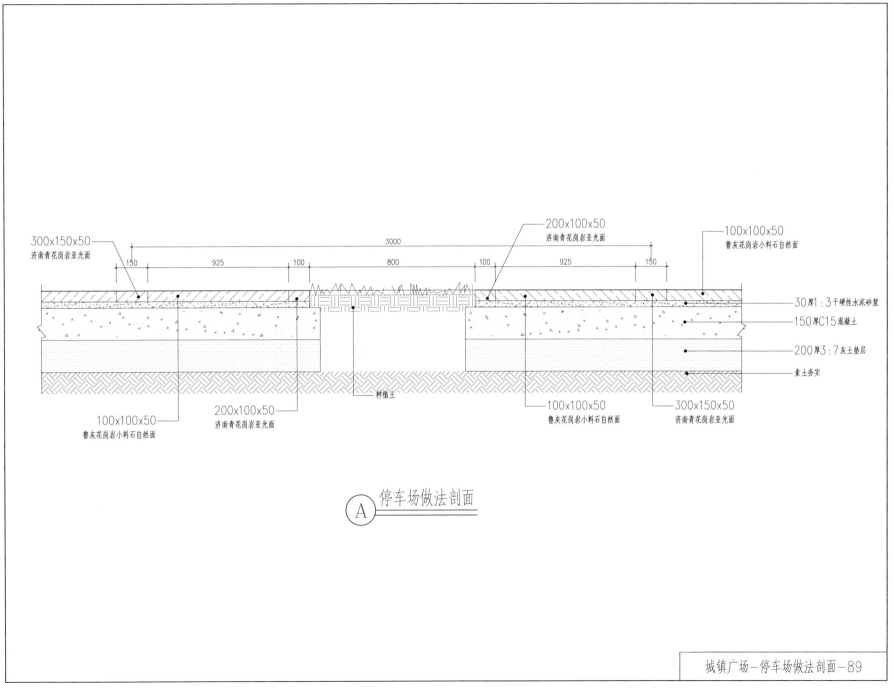

300x150x50
济南青花岗岩亚光面

200x100x50
济南青花岗岩亚光面

100x100x50
鲁灰花岗岩小料石自然面

3000

150　925　100　800　100　925　150

30厚1:3干硬性水泥砂浆

150厚C15混凝土

200厚3:7灰土垫层

素土夯实

种植土

100x100x50
鲁灰花岗岩小料石自然面

200x100x50
济南青花岗岩亚光面

100x100x50
鲁灰花岗岩小料石自然面

300x150x50
济南青花岗岩亚光面

A　停车场做法剖面

城镇广场-停车场做法剖面-89

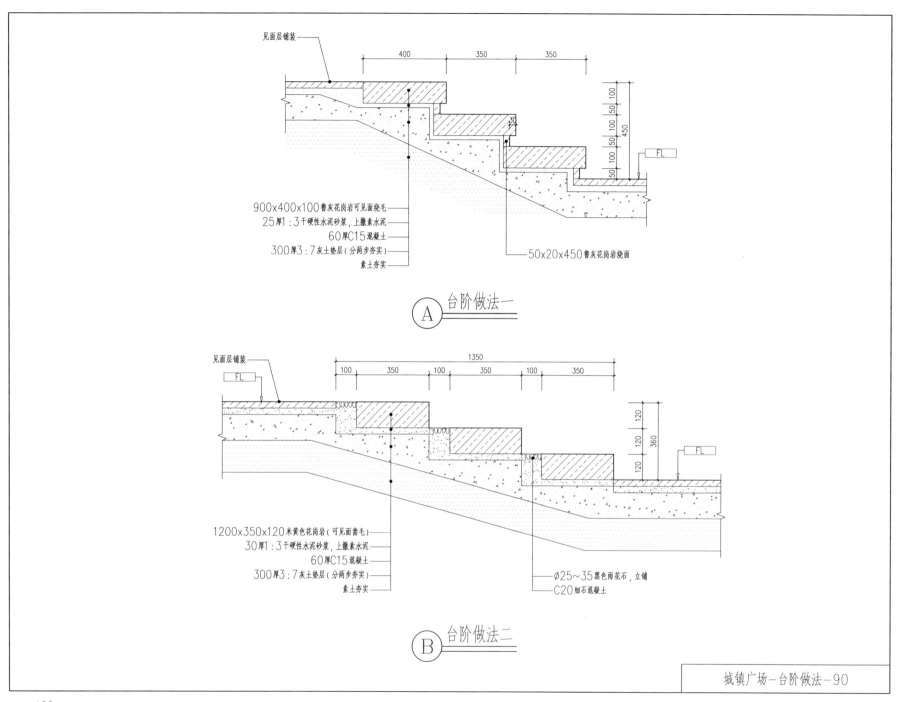

见面层铺装

400 350 350

100 100
50 50
100 100
50 50
450
100
50

FL

900x400x100鲁灰花岗岩可见面烧毛
25厚1:3干硬性水泥砂浆,上撒素水泥
60厚C15混凝土
300厚3:7灰土垫层(分两步夯实)
素土夯实

50x20x450鲁灰花岗岩烧面

Ⓐ 台阶做法一

见面层铺装

1350

100 350 100 350 100 350

FL

120 120
120
120
360

FL

1200x350x120米黄色花岗岩(可见面凿毛)
30厚1:3干硬性水泥砂浆,上撒素水泥
60厚C15混凝土
300厚3:7灰土垫层(分两步夯实)
素土夯实

Ø25~35黑色雨花石,立铺
C20细石混凝土

Ⓑ 台阶做法二

城镇广场-台阶做法-90

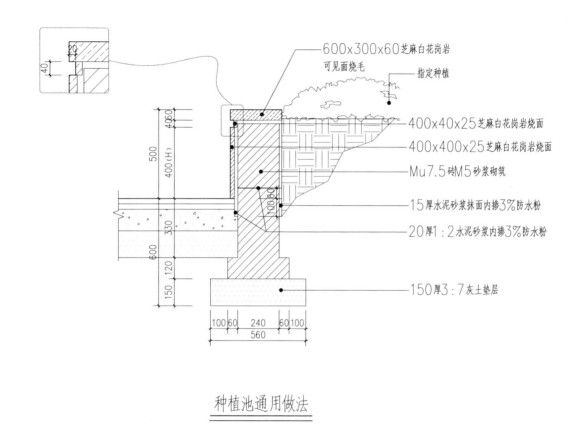

600x300x60芝麻白花岗岩
可见面烧毛
指定种植
400x40x25芝麻白花岗岩烧面
400x400x25芝麻白花岗岩烧面
Mu7.5砖M5砂浆砌筑
15厚水泥砂浆抹面内掺3%防水粉
20厚1：2水泥砂浆内掺3%防水粉
150厚3：7灰土垫层

40
20

400
500
400（H）
330
600
120
150

100 60 240 60 100
560

种植池通用做法

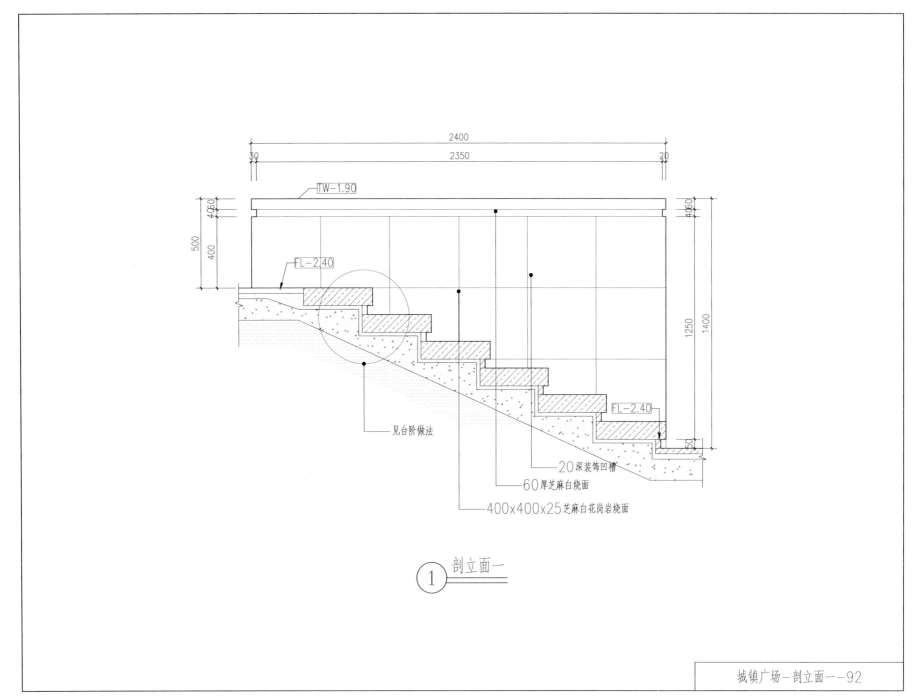

2400
30   2350   20

TW-1.90
4 60
500 400
FL-2.40

4 60
1250 1400
50

见台阶做法

20深装饰凹槽
60厚芝麻白烧面
400x400x25芝麻白花岗岩烧面

FL-2.40

① 剖立面一

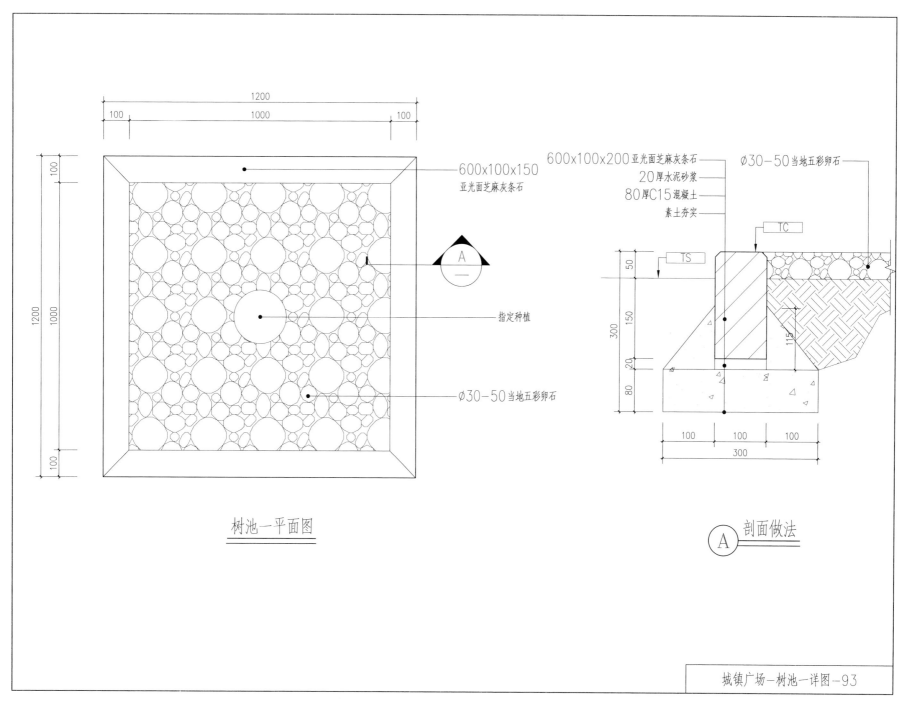

1200

100　1000　100

100

1000

100

600x100x150
亚光面芝麻灰条石

A
—

指定种植

∅30-50当地五彩卵石

树池一平面图

600x100x200亚光面芝麻灰条石
20厚水泥砂浆
80厚C15混凝土
素土夯实

∅30-50当地五彩卵石

TC

TS

50

300

150

115

20

80

100　100　100

300

A　剖面做法

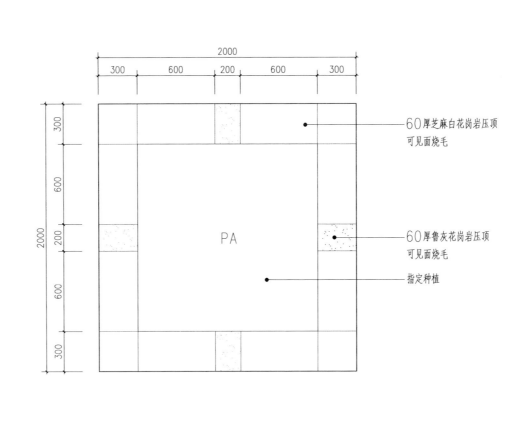

2000

300 600 200 600 300

300

600

2000 200

600

300

PA

60厚芝麻白花岗岩压顶
可见面烧毛

60厚鲁灰花岗岩压顶
可见面烧毛

指定种植

树池二平面图

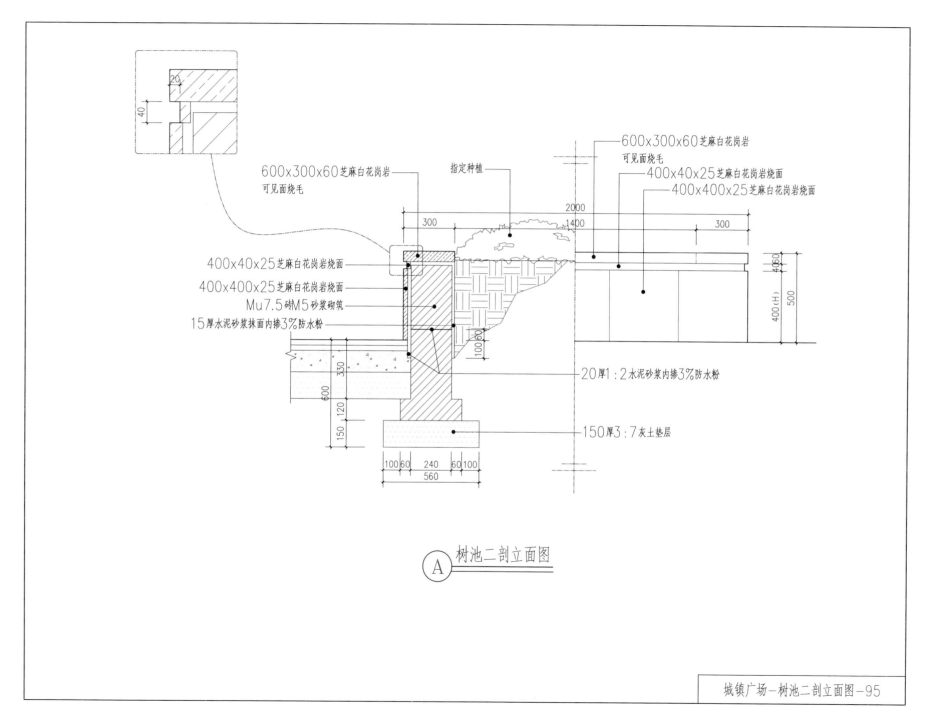

600x300x60芝麻白花岗岩
可见面烧毛

指定种植

600x300x60芝麻白花岗岩
可见面烧毛

400x40x25芝麻白花岗岩烧面

400x400x25芝麻白花岗岩烧面

20

40

2000

300

1400

300

400x40x25芝麻白花岗岩烧面

400x400x25芝麻白花岗岩烧面

Mu7.5砖M5砂浆砌筑

15厚水泥砂浆抹面内掺3%防水粉

60

40

500

400(H)

100

60

330

600

120

150

20厚1:2水泥砂浆内掺3%防水粉

150厚3:7灰土垫层

100 60 240 60 100

560

Ⓐ 树池二剖立面图

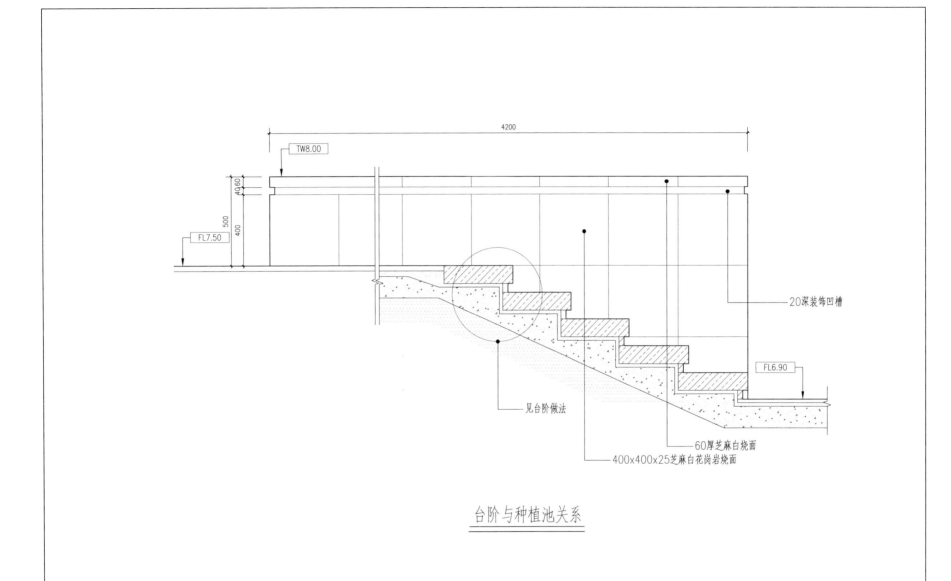

4200

TW8.00

40,60

500

400

FL7.50

20深装饰凹槽

见台阶做法

60厚芝麻白烧面

400x400x25芝麻白花岗岩烧面

FL6.90

台阶与种植池关系

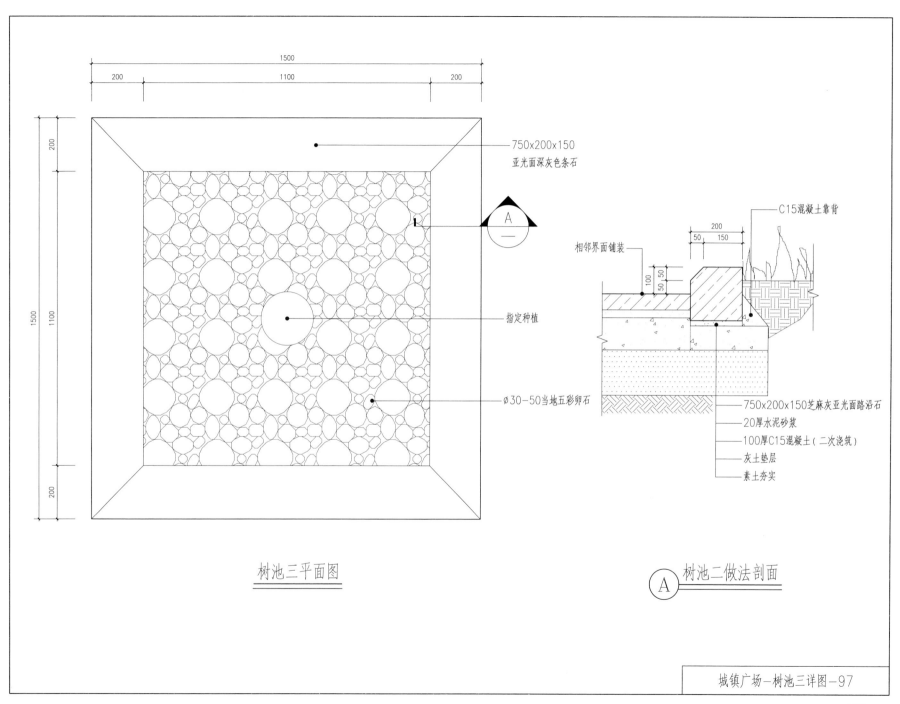

树池三平面图

A 树池二做法剖面

750x200x150
亚光面深灰色条石

指定种植

Ø30-50当地五彩卵石

C15混凝土靠背

相邻界面铺装

750x200x150芝麻灰亚光面路沿石
20厚水泥砂浆
100厚C15混凝土（二次浇筑）
灰土垫层
素土夯实

城镇广场—树池三详图—97

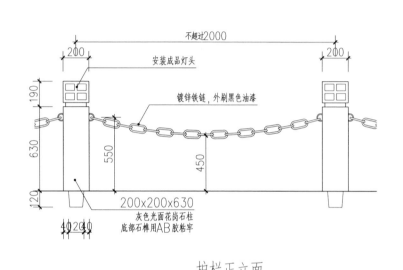

不超过2000

200　　　　　　　　　　　200

安装成品灯头

镀锌铁链，外刷黑色油漆

190

630

550

450

120

200x200x630
灰色光面花岗石柱
底部石榫用AB胶粘牢

护栏正立面

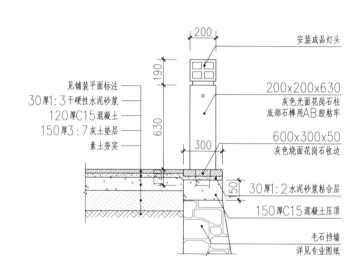

200

190

安装成品灯头

见铺装平面标注
30厚1：3干硬性水泥砂浆
120厚C15混凝土
150厚3：7灰土垫层
素土夯实

630

300

200x200x630
灰色光面花岗石柱
底部石榫用AB胶粘牢

600x300x50
灰色烧面花岗石收边

30厚1：2水泥砂浆粘合层

150厚C15混凝土压顶

毛石挡墙
详见专业图纸

护栏做法剖面

城镇广场－护栏详图－98

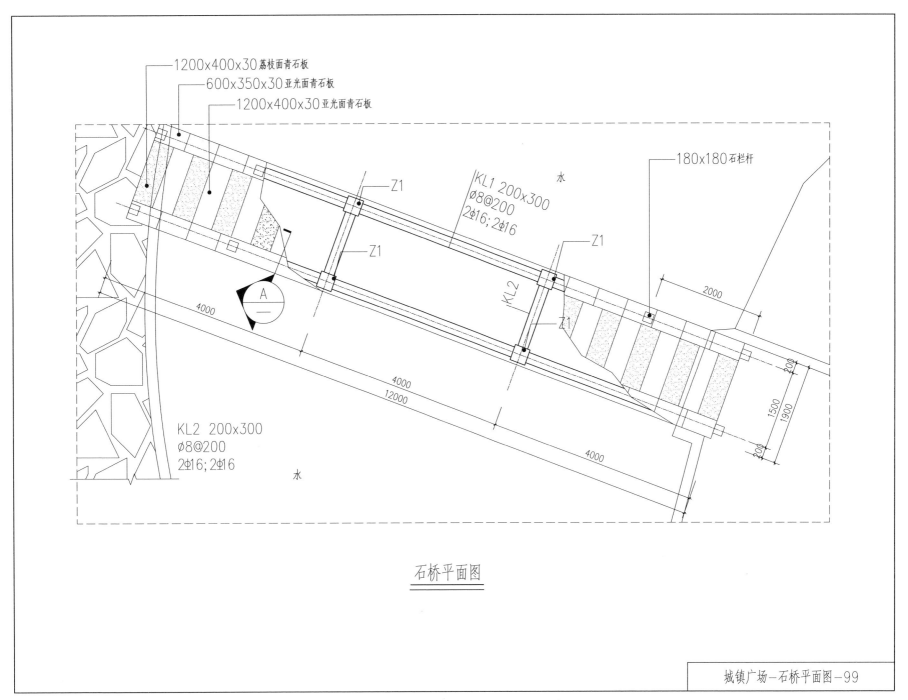

1200x400x30荔枝面青石板

600x350x30亚光面青石板

1200x400x30亚光面青石板

180x180石栏杆

Z1

Z1

KL1 200x300
Ø8@200
2Φ16; 2Φ16

KL2

2000

Z1

Z1

4000

A

4000

200

1500

1900

200

KL2 200x300
Ø8@200
2Φ16; 2Φ16

水

12000

4000

水

石桥平面图

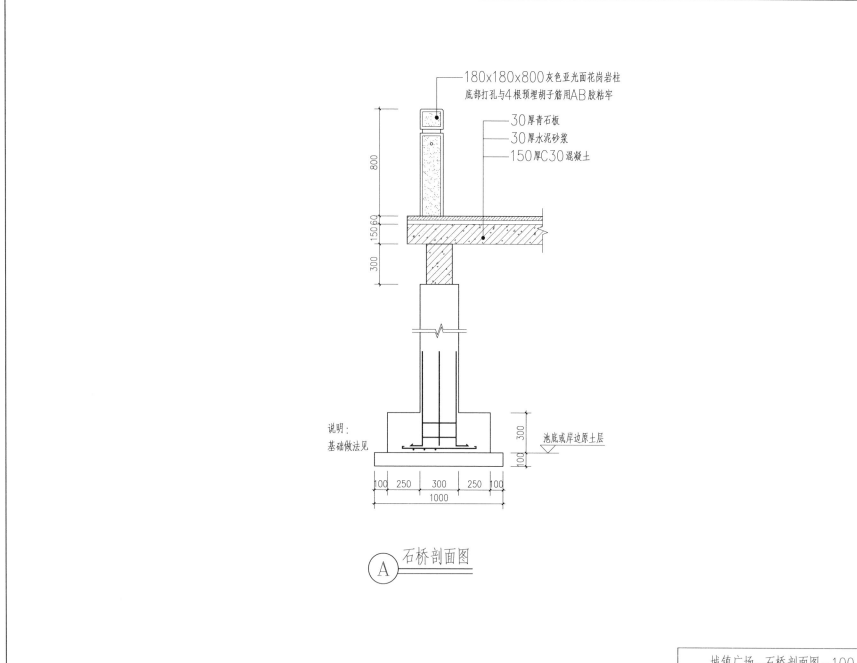

180x180x800灰色亚光面花岗岩柱
底部打孔与4根预埋胡子筋用AB胶粘牢

30厚青石板
30厚水泥砂浆
150厚C30混凝土

800

150 60

300

说明：
基础做法见

300
100

池底或岸边原土层

100 250 300 250 100
1000

Ⓐ 石桥剖面图

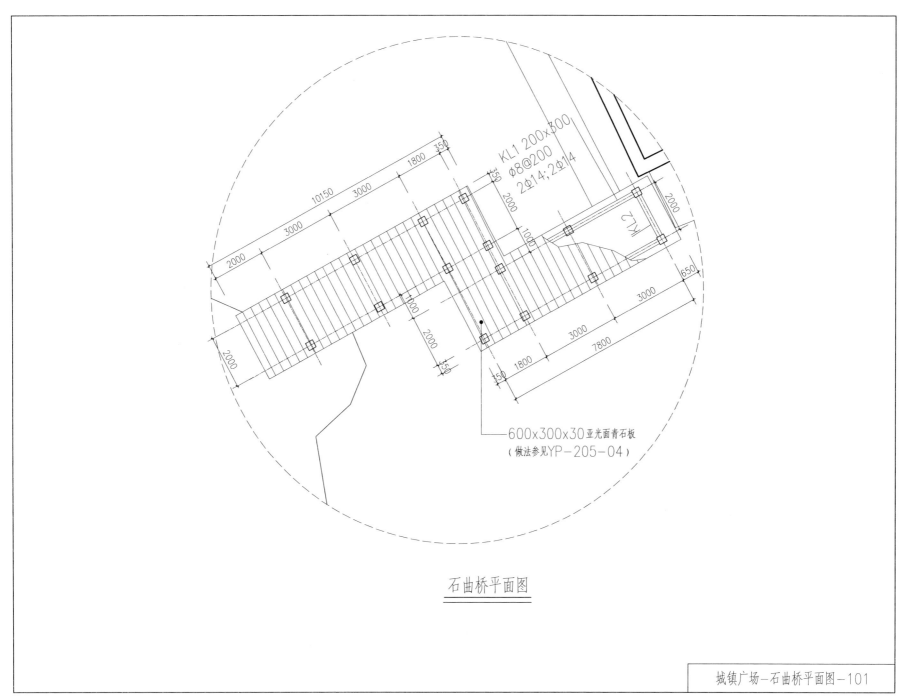

石曲桥平面图

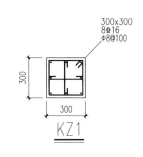

300x300
8±16
Φ8@100

300

300

KZ1

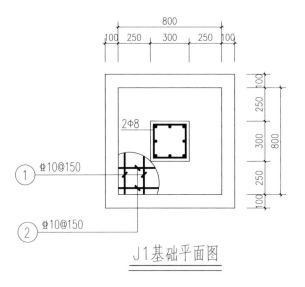

800
100 250 300 250 100

100
250
300
800
250
100

2Φ8

① ±10@150

② ±10@150

J1基础平面图

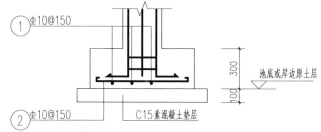

① ±10@150

② ±10@150

300

100

池底或岸边原土层

C15素混凝土垫层

J1基础做法

注:1.落至水中基础底标高为(池底标高-800mm)
　　落至岸上的基础,其底标高根据施工时现场具体情况确定,基础上覆土至少500mm.
　2.插筋锚入基础内至少Lae.
　3.基础应落至原土层,地基承载力f_{ak}≥100kPa.

说明:
　1.所有柱均为KZ1,均沿轴线居中.
　2.所有柱下基础均为J1.
　3.所有混凝土标号均为C30.
　4.本工程钢筋混凝土梁柱配筋及构造除注明外,均按照国标03G101-1执行,
　　基础配筋及构造除注明外,均按照国标06G101-6执行.
　5.落在水中的基础,自基础底往下1.0m范围内采用毛石混凝土填至池底,每边超出基础边缘0.2m.
　6.未注明现浇板均为150mm厚,板内均配置Φ8@200双层双向钢筋网.
　7.所有梁、柱均采用抗渗混凝土,抗渗等级P6.
　8.所有梁、柱顶标高均为平台顶标高.
　9.主次梁相交时于主梁上次梁两侧分别附加3Φd@50的附加箍筋,d为主梁箍筋直径.

城镇广场-石曲桥做法-102

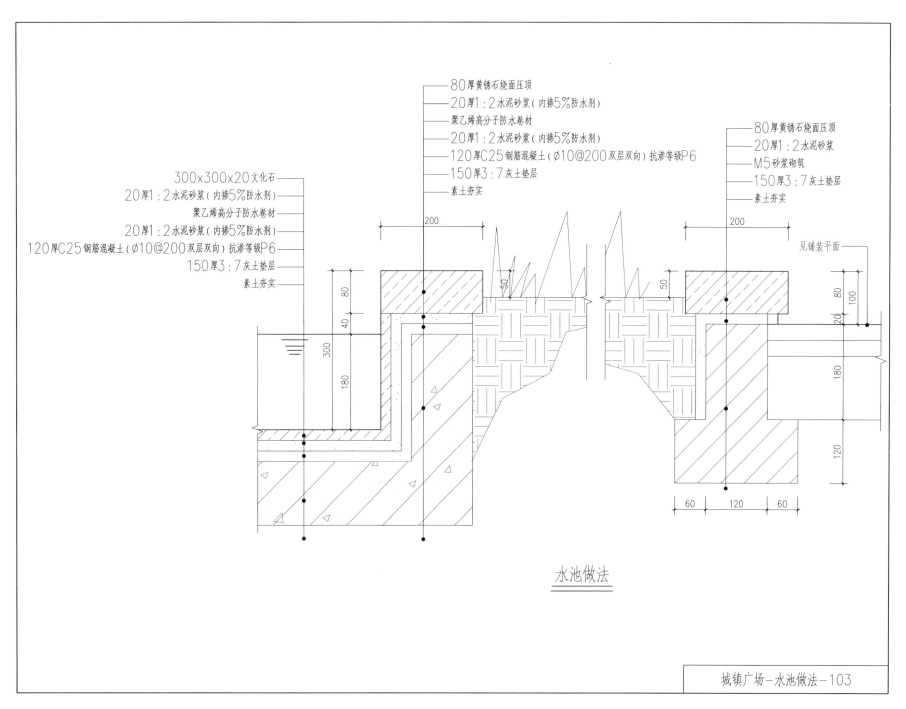

80厚黄锈石烧面压顶
20厚1：2水泥砂浆（内掺5%防水剂）
聚乙烯高分子防水卷材
20厚1：2水泥砂浆（内掺5%防水剂）
120厚C25钢筋混凝土（∅10@200双层双向）抗渗等级P6
150厚3：7灰土垫层
素土夯实

80厚黄锈石烧面压顶
20厚1：2水泥砂浆
M5砂浆砌筑
150厚3：7灰土垫层
素土夯实

300x300x20文化石
20厚1：2水泥砂浆（内掺5%防水剂）
聚乙烯高分子防水卷材
20厚1：2水泥砂浆（内掺5%防水剂）
120厚C25钢筋混凝土（∅10@200双层双向）抗渗等级P6
150厚3：7灰土垫层
素土夯实

见铺装平面

200

200

80
40
300
180
50
50
80
20
100
180
120

60 120 60

水池做法

城镇广场-水池做法-103

— 435 —

王　强

1974 年生，山东泰安人，南京林业大学风景园林专业研究生毕业，现任教于山东工艺美术学院，研究方向为园林景观设计

李志猛

1982 年生，山东乐陵人，沈阳大学景观设计专业本科毕业，主要从事园林景观工程设计